高等职业教育“十四五”规划教材
中国特色高水平高职专业建设计划成果
现代农业装备应用技术专业群系列

机械结构与创新

主　编　许光驰
副主编　何　鑫　王丽丽
主　审　王新年

中国农业大学出版社
·北京·

内 容 简 介

本教材以典型机械结构为载体，结合机电设备的特点和研制过程，创新机械设计方法。本教材面向就业岗位和国家技能大赛要求，系统介绍了机械结构（供料、输送、定位夹紧、包装、机架等）方案的选定、传动（轴、链带、齿轮、丝杠、气缸、液压缸等）参数的计算、外购件（轴承、电动机、联轴器等）的选用、应用实例（切削车床、印刷机、汽车、农用机械、机械手）和创新设计方法等内容。

本教材适用于高等职业技术学院和高职本科教育的机械制造及自动化专业、机电一体化专业等机电设备相关专业，也可作为成人高校、民办高校及本科院校举办的二级职业技术学院的机电设备类专业的学习用书，并可供专业教师及工程技术人员参考使用。

图书在版编目(CIP)数据

机械结构与创新 / 许光驰主编． -- 北京 ：中国农业大学出版社，2024. 8. -- ISBN 978-7-5655-3263-4

Ⅰ. TH122

中国国家版本馆 CIP 数据核字第 2024P4D941 号

书　　名　机械结构与创新
作　　者　许光驰　主编

策划编辑　张　玉　张秀环　　**责任编辑**　杨俊梅
封面设计　李尘工作室
出版发行　中国农业大学出版社
社　　址　北京市海淀区圆明园西路 2 号　　**邮政编码**　100193
电　　话　发行部 010-62733489，1190　　读者服务部 010-62732336
　　　　　　编辑部 010-62732617，2618　　出　版　部 010-62733440
网　　址　http://www. caupress. cn　　**E-mail** cbsszs@cau. edu. cn
经　　销　新华书店
印　　刷　北京溢漾印刷有限公司
版　　次　2024 年 9 月第 1 版　　2024 年 9 月第 1 次印刷
规　　格　185 mm×260 mm　　16 开本　　14. 75 印张　　365 千字
定　　价　39. 00 元

图书如有质量问题本社发行部负责调换

编审人员

主　　编　许光驰　（黑龙江农业工程职业学院）

副主编　何　鑫　（黑龙江农业工程职业学院）
　　　　王丽丽　（哈尔滨北方航空职业技术学院）

参　　编　张　琴　（甘肃畜牧工程职业技术学院）
　　　　孔凡坤　（黑龙江农业工程职业学院）
　　　　谢书旬　（黑龙江省一恒建设有限公司）

审　　稿　王新年　（黑龙江农业工程职业学院）

前　言

党的二十大报告提出,“教育是国之大计、党之大计。”“统筹职业教育、高等教育、继续教育协同创新,推进职普融通、产教融合、科教融汇,优化职业教育类型定位。”本教材按照国家关于职业教育发展的规划和要求,重点进行机械结构的分析、应用和创新,将典型机械结构形成过程通俗化、真实化、过程化和颗粒化,便于高职学生理解和掌握。

在对原有高职课程“机械基础”“机械零件课程设计”等进行分析的基础上,编者结合十几年的机械设备设计和研制经验,通过体现机械结构形成的完整过程,提取相关的知识和要素,并进行整理和重构,最终形成本教材的结构和内容。

本教材结合相应岗位工作任务和核心能力培养要求,规划课程的知识及能力目标,形成教材的理论主体及技能核心。本教材的主要特点是:①在结构设计方面,形成机械结构设计的系统化知识框架,内容丰富,图文并茂,深入浅出,层次分明,详略得当;②在内容选择上,强调生产现场和使用现场岗位能力需求,体现对机械结构的作用、意义和原理的直观感知理解;③形成包括机械结构分析、外购件(包括标准件、电动机、轴承、联轴器等)选择的完整内容;④强调理论的先进性,以实践工作任务的全面性和系统性作为教材的理念,以认知规律和知识迁移为理论基础,更适合高等职业教育的特点和教学改革的需求;⑤形成立体化教材,适用于实践操作、工作任务性学习、实习实训等实践教学,便于现场使用、现场考核,满足不同难易程度的需求,便于个性化教学;⑥对接职业岗位需求,适合机械行业创新型人才的培养。

本教材由黑龙江农业工程职业学院许光驰担任主编,黑龙江农业工程职业学院何鑫、哈尔滨北方航空职业技术学院王丽丽担任副主编,编写分工如下:黑龙江农业工程职业学院许光驰编写第一、二、三章;甘肃畜牧工程职业技术学院张琴和黑龙江省一恒建设有限公司谢书旬编写第四章;黑龙江农业工程职业学院学院孔凡坤编写第五章第一节;甘肃畜牧工程职业技术学院张琴编写第五章第二节;哈尔滨北方航空职业技术学院王丽丽编写第五章第三、四、五节;黑龙江农业工程职业学院何鑫编写第六章。本教材由黑龙江农业工程职业学院机械工程学院院长王新年担任主审。

本教材具有一定的创新性,由于篇幅有限,有些知识点未包括在内,内容不够全面,留待将来进一步修改和丰富。由于编者水平所限,书中难免有错误和不当之处,恳请读者批评指正。本教材中的视频等资源为编者原创,版权所有,未经许可,不得侵权使用。

编　者

2024 年 2 月

目　　录

第一章　机械结构的基本知识

第一节　机械结构概述

机械结构作为机械设备的核心，是指用来传递与变换运动和力的可动装置，是由若干零件通过一定方式进行连接，以实现某种预想运动的组合。

一、机械设备的分类和系统组成

1. 机械设备的分类

机械设备的分类方法很多，有按设备与能源关系分类的，也有按设备管理部门分类的。按设备管理部门分类，机械设备主要包括以下几大类。

①机床：包括金属切削机床（如车床、铣床、磨床等）、锻压机械、铸造机械、木工机械等。数控机床如图 1-1 所示。

②农业机械：包括拖拉机、耕整地机械、播种机、收割机械、排灌机械等。高速精量播种机如图 1-2 所示。

图 1-1　数控机床

图 1-2　高速精量播种机

③工程机械：包括叉车、铲土运输机械、压实机械、混凝土机械等。叉车的机械结构如图 1-3 所示，挖掘机的机械结构如图 1-4 所示。

④汽车：包括载货汽车、客车、轿车、改装汽车、摩托车等。常见的家用汽车如图 1-5 所示。

⑤包装机械：指完成全部或部分包装过程的机械。包装过程包括充填、裹包、封口、捆扎等主要包装工序，以及与其相关的前后工序，如开箱、洗瓶、堆垛和拆卸等；此外还包括在包装件上喷码、贴标签、计量等附属工序。立式螺杆粉末（奶粉）包装机的结构如图 1-6 所示，首先将奶粉放入粉末储料斗中，螺旋输送机的入口在下方，粉料经圆筒状的螺旋输送机向斜上方传送至储料感应机构，经螺杆计量机构称重后，进行包装。包装部分由翻领成型器、纵封机构、端封机构、成品出料口等组成，卷筒包装材料经翻领成型器完成整型并被套在粉料出口管外侧；纵封机构实现筒状的成型；端封机构实现包装袋底部、顶部的加热封口。

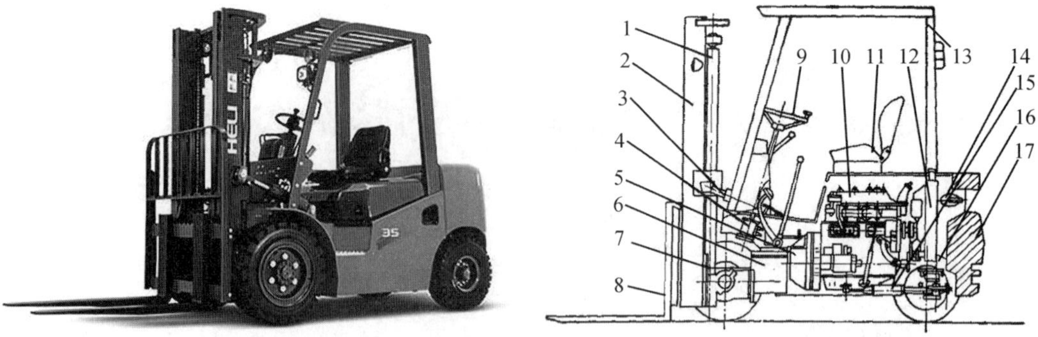

1—起升油缸；2—门架；3—倾斜油缸；4—全液压转向器；5—离合器；6—变速器；7—驱动桥；8—货叉；9—方向盘；10—发动机；11—司机座；12—散热器；13—护顶架；14—排气管；15—转向油缸；16—转向桥；17—车架和平衡重块

图 1-3　叉车的机械结构

叉车的结构和工作原理

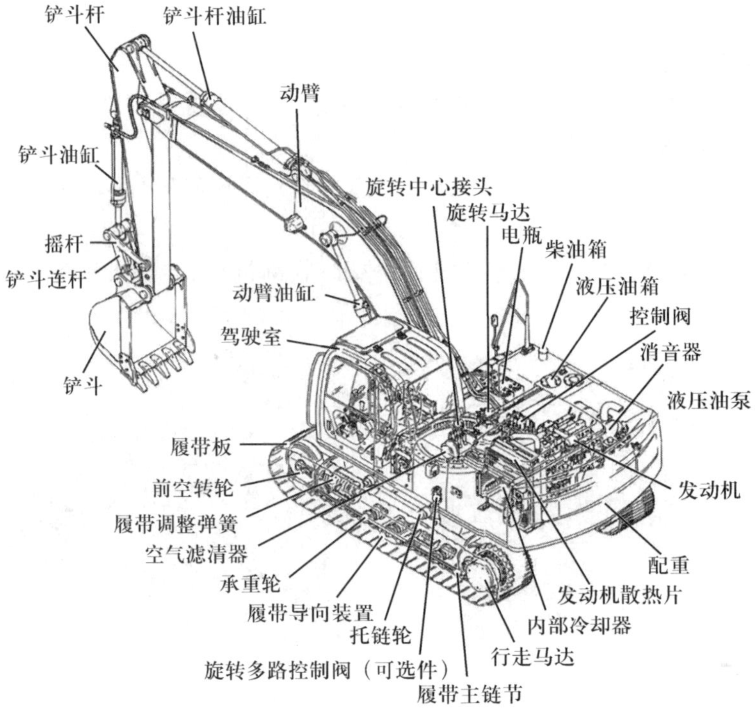

图 1-4　挖掘机的机械结构

图 1-5　常见的家用汽车

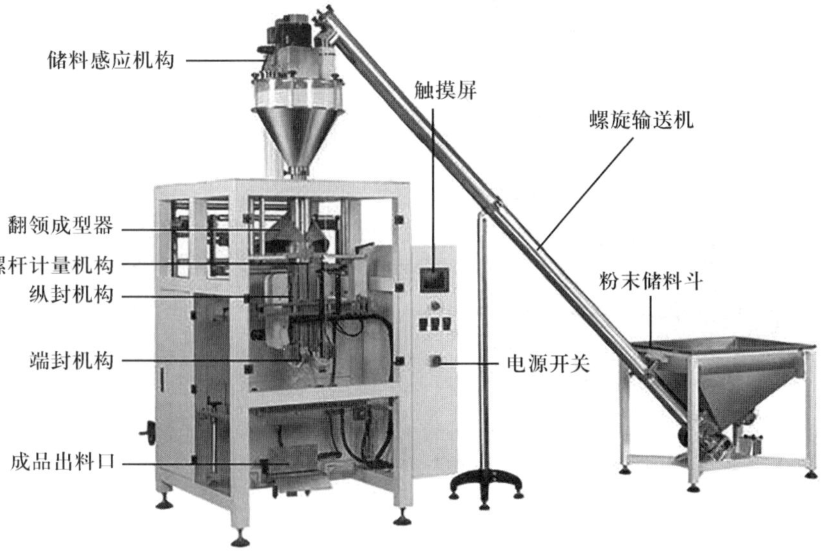

图 1-6 立式螺杆粉末(奶粉)包装机的结构

【知识链接】

粉末包装机从定量原理的角度来看,主要有 2 种方式:容积式和称重式。

容积式:例如,通过控制充填机螺杆的旋转圈数或时间来控制充填物料的容积,或通过控制振动给料机的振动时间来控制充填物料的容积等。另外,还可以用同一种计量容器(如量筒、量杯或柱塞式定量充填机等)计量物料来实现定量充填。

称重式:称重式定量充填是通过控制被充填物料的质量来保证充填的精度,与前面提到的容积式定量充填相比,其结构较为复杂,成本较高,充填效率较低。充填的对象主要是颗粒大小不均匀、堆密度不稳定、价格相对较高的物料。目前称重式定量充填采用的秤主要有 3 种,分别是机械式杠杆秤、电子秤和机械电子组合秤。给料方式可分为单级给料和多级给料。为了提高定量精度和给料速度,一般采用多级给料且一边给料一边称重的动态称量方式。

装箱机如图 1-7 所示,一般由输送机构、开箱机构、封箱机构等部分组成。

搬运机械手如图 1-8 所示,其为四自由度关节型机械手,在机械手的末端安装有夹爪结构,可实现货物的水平状态抓取和搬运。

图 1-7 装箱机

图 1-8 搬运机械手

⑥重型矿山机械:包括冶金机械、矿山机械(图 1-9)、起重机械、装卸机械、工矿车辆、水泥设备、窑炉设备等。盾构机的基本组成如图 1-10 所示。

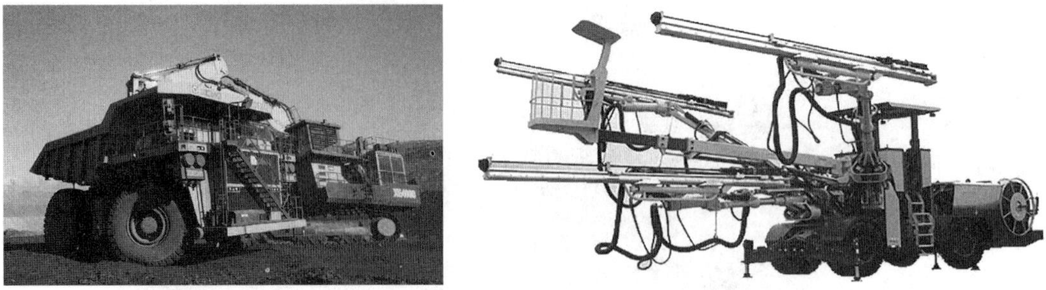

(a) 挖掘机和运输车配合工作　　(b) 凿岩台车(钻孔台车)

图 1-9　矿山机械

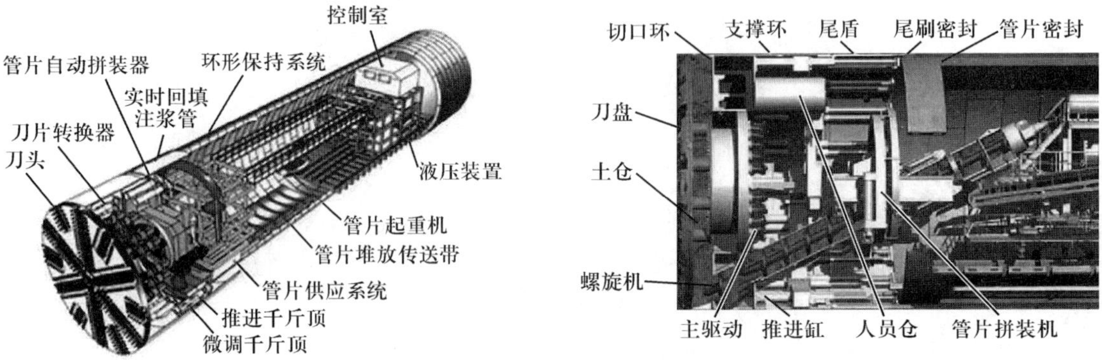

图 1-10　盾构机的基本组成

起重机分为轻型、桥式、门式、臂架等类型。桥式起重机的整体结构如图 1-11 所示。桥式起重机架设在建筑物固定跨间支柱的轨道上,在室内或露天用于装卸和起重搬运。

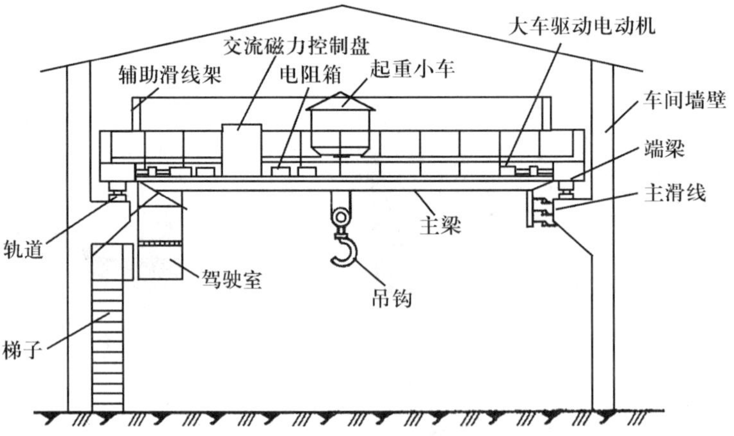

图 1-11　桥式起重机的整体结构

桥式起重机的桥架由主梁、端梁等部分组成;大车移动行走机构由大车驱动电动机、制动器、传动轴(减速器)和车轮等部分组成;小车运行机构由小车架、小车移动行走机构(小车电动机、小车减速器、小车走轮）和提升机构（提升电动机、提升机构减速器、卷筒、钢丝绳、吊钩等）组成，结构如图 1-12 所示。桥式起重机挂着物体可作上、下、左、右、前、后 6 个方向的运动来完成物体的移动，其中上、下方向的运动由提升电动机驱动，左、右方向的运动由小车电动机驱动，前、后方向的运动由大车驱动电动机驱动。

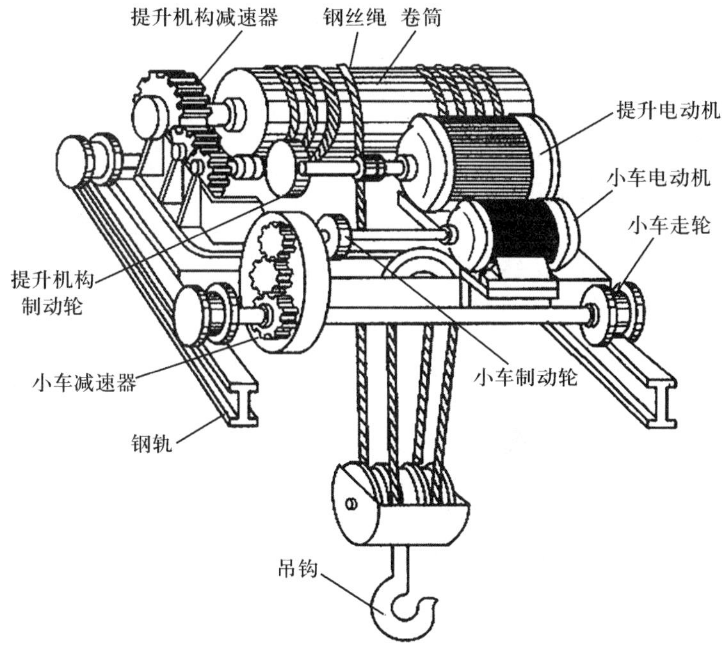

图 1-12　小车运行机构的结构

⑦石化通用机械：包括石油钻采机械、炼油机械（图 1-13）、化工机械、泵、风机、阀门、气体压缩机、制冷空调机械、造纸机械、印刷机械、塑料加工机械、制药机械等。

图 1-13　炼油机械

⑧环保机械：包括水污染防治设备、大气污染防治设备、固体废物处理设备等。

⑨电工机械：包括发电机、变压器、电动机、高低压开关、电焊机、家用电器等。波轮全自动洗衣机的结构如图 1-14 所示。

洗衣机的传动结构

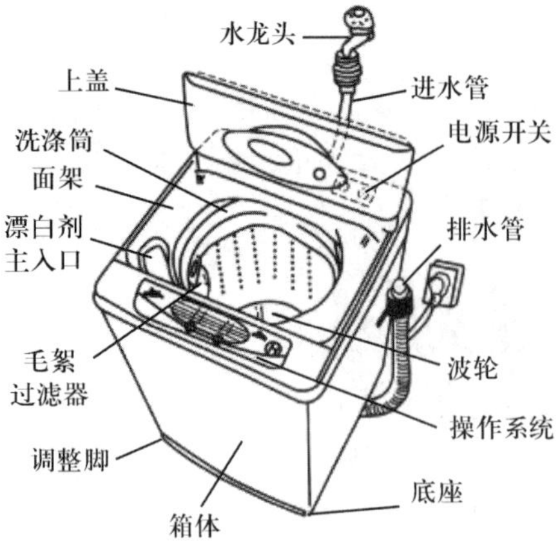

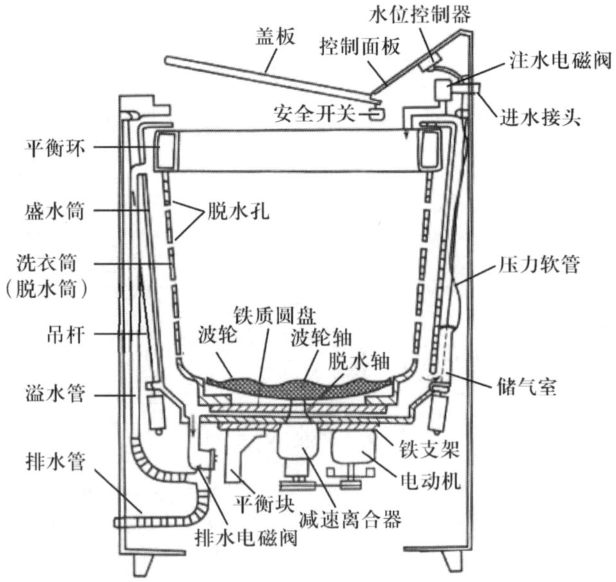

图 1-14　波轮全自动洗衣机的结构

【知识链接】

缝纫机在生产和生活中较为常见,其传动结构如图 1-15 所示。世界缝纫机产业经历了由欧洲、美国向日本、韩国、新加坡等的转移后,自 20 世纪 90 年代初开始向中国全面转移,21 世纪初全球已有 70%以上的缝纫机产量在中国。但是,中国 70%~90%的高端缝纫机市场被德国等国家的企业占领。而在中低端缝纫机产品方面,世界缝纫机产业已经完成了向中国的转移,并逐步向中高端产品延伸。

缝纫机传动
结构

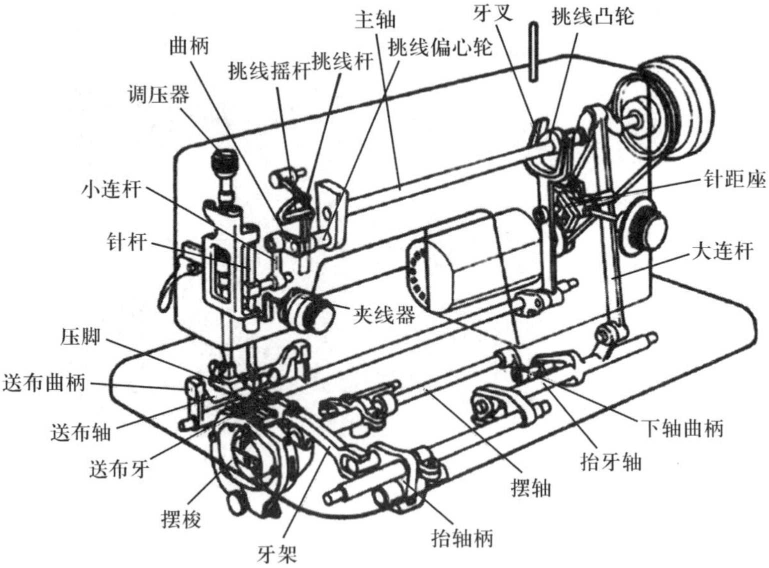

图 1-15　缝纫机的传动结构

缝纫机一般由机头、机座、传动和附件 4 部分组成。机头是缝纫机的主要部分，由刺料、钩线、挑线、送料 4 个主要机构和绕线、压料、落牙等辅助机构组成，各机构合理地配合运动，循环工作，把缝料缝合起来。

2. 机械设备的系统组成

现代的机械设备大多数与控制技术有机结合，所以也称为机电设备或自动化设备。机械设备一般由动力系统、传动系统、执行系统、支承系统和操纵控制系统组成，如图 1-16 所示，具体可参考汽车的总体构成（图 1-17）。

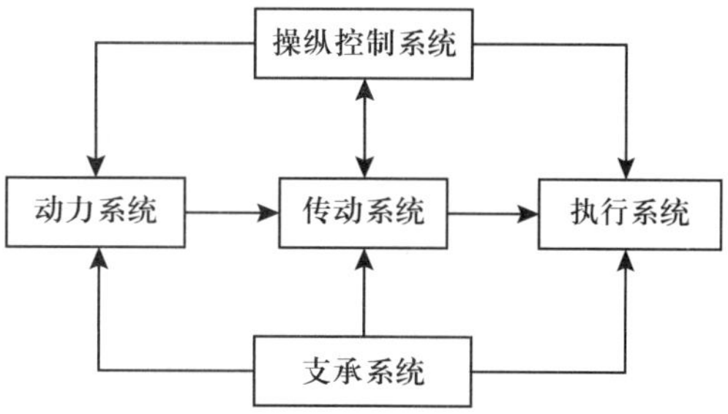

图 1-16　机械设备的系统组成

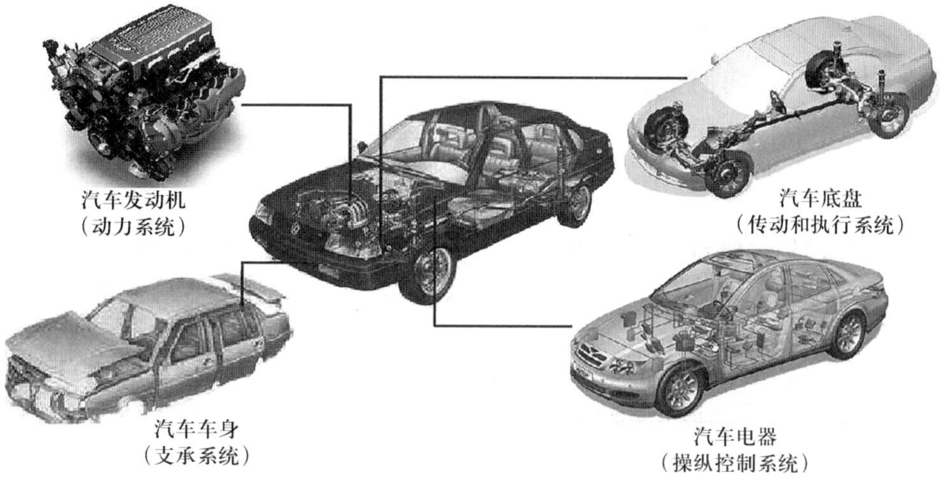

图 1-17　汽车的总体构成

①动力系统：是给机械系统提供动力、实现能量转换的部分，是驱动执行机构运动的机械。常用的动力机有电动机、液压马达、气动马达和内燃机等。

②传动系统：是将动力机（如电动机、内燃机等）的动力和运动传递给执行系统的中间装置。

③执行系统：是利用机械能来改变作业对象的性质、状态、形状、位置，或对作业对象进行检测、度量等，以进行生产或达到其他预定要求的装置。

④支承系统：包括基础件（如床身、底座、立柱等）和支承构件（如轴、轴承、支架、箱体等）。支承系统不仅能支承和安装机械系统中的其他系统，承受各种静态力和动态力，还能保证各零部件之间的相对位置精度和运动部件的运动精度，并提供内部空间用作电器箱及液压油、润滑油、冷却液的储存器等。

⑤操纵控制系统：功能是实现信号的转换，即把操纵者施加于机械的信号，经过转换传递到执行系统，以实现机械的启动、停止、制动、换向、变速和变力等。例如，汽车的控制系统包括动力控制系统和舒适控制系统。其中，动力控制系统主要控制和汽车 ECU（电子控制单元）相关的程序，如发动机控制单元、ABS 防抱死系统、安全气囊和一些仪表等，这些进程属于紧急进程，所以优先级较高；而舒适控制系统则主要控制非 ECU 动力系统，如电动门窗、车灯、后

视镜等，通常优先级较低。

操纵控制系统必须满足下列要求：操纵灵活、轻便、省力；操纵件定位可靠；系统反馈准确、迅速且具有可调性；操纵方便、舒适。

二、机械结构的发展方向

1. 机械结构的内涵

机械结构是指机械设备中所具有的传动结构与零件的组合方式，即通过零件的配合形成构件，进而形成具有一定运动规律的机构，实现完整的功能。在机械结构的设计过程中不仅要考虑选取何种机构、设计机构参数、进行受力计算，还要考虑选取零件的结构尺寸等内容，以保证机构工作的可靠性和稳定性。

2. 机械结构的发展方向

机械经过长期发展和时代变迁，在结构和设计方法上有了很大的改变。

①机械的模块化：由于社会分工的细化，很多机械结构已规格化，可以方便地在市场上购买到，如滚珠丝杠、直线导轨、气动元件、液压元件等，它们作为标准化的部件，已被全世界较多公司生产和供货。这不仅有利于缩短设计、制造和调试周期，还可以提高产品的质量。

由于控制的先进性，很多传统的机械结构已日益趋于简单化，原有的变速箱已被变频调速器和伺服电动机控制器取代，大大降低了机械结构成本和调试成本。另外，很多机电设备系统已不仅包括机械和电器部分，还包括气动、液压系统，它们也已越来越广泛地被各制造企业选用。

②组合的柔性化：由于人们的个性化需求和产品的多样化，传统的机械加工设备和生产线已不能满足企业的需要。例如，某公司的冰箱门生产线为适应多种冰箱门尺寸，在生产线上设置连接接口，按市场的订单需求随时更换充料模具，并配有能抓取各种尺寸冰箱门的带吸盘机械手。夹具和模具也可以通过更换零件或调整位置，以适应其他尺寸的零件产品。

③控制的智能化：世界高科技竞争和突破正在创造着新的生产方式和经济秩序，高新技术渗透到传统产业，引起传统产业的深刻变革。机械结构除了需要精度、动力、快速性功能外，更需要自动化、柔性化、信息化、智能化，逐步实现自适应、自控制、自组织、自管理，向智能化过渡。从典型的机电产品来看，如数控机床、加工中心、机器人和机械手等，无一不是机械类、电子类、电脑类、电力电子类等技术的集成融合。

④设计的先进化：先进的机械结构设计应利用软件进行运动、动力仿真，进行尺寸的干涉检验和零件的强度校核，满足强度、刚度、位置、速度和动力等参数要求；应符合人机工程，兼顾外观设计，满足安装、操作、维修的方便性和感观要求。

三、课程的职业定位和要求

1. 职业定位

“机械结构与创新”课程面向机械类相关专业，适应机械制造及自动化、机电一体化、数控技术等专业的需求和特点，并具体面向机械设备的操作人员、安装调试人员和维修人员的岗位需求，通过对机械结构的分析，使读者更好地完成对机械设备的原理、结构和功能的认知，理解设备设计说明书、设备使用维护说明书的内容，深化对结构图、传动图和调整机构的理解，将设备的具体操作步骤、方法、注意事项等与设备的传动、控制方式更好地融合，提升对设备的日常维护和管理能力。装配维修人员能扩展对机械设备的分类、特点与结构的衔接要求，对机械结构有深入的认识，并对外购件的规格型号和订货要求有更好的把握，以便购买和准备配件。

2. 目标要求

(1)知识目标

通过本课程的学习，学生能掌握机械结构的基本知识并进行实际应用，熟悉基本的机械创新设计理念和创新原理及方法；掌握机械创新设计的工作过程；熟悉典型的机械结构及其特点，并善于应用；了解新产品开发合同、产品设计方案和产品使用维护说明书的内容和组成。

(2)技能目标

①善于分析机械结构原理和机械结构，能识读机械产品的结构特点和传动原理。

②形成创新性思维方式，掌握机械结构的研制过程，能设计基本的机械结构和零件，正确选用外购件。

(3)素质目标

通过本课程的教学，注重培养学生以下素质。

①求真务实：培养学生踏实工作、实事求是的科学态度和刻苦钻研的工作作风。

②质量意识：使学生树立产品设计、制造的质量意识，理解质量就是企业的生命。

③工程素质：培养学生的工程意识，使学生学会应用设计、制造技术的理论知识，并逐步形成综合分析问题、解决问题的科学素质。

④价值效益意识：逐步增强学生的价值效益意识，从机械结构角度提升设备的性价比和降低维护成本。

⑤创新意识：激发学生的求知热情、探索精神，以及敢于创新的意识。

思考与练习 1-1

1. 判断：学习“机械结构与创新”课程，既要学会分析机械结构，又要学习机械创新设计方法。 (　　)

2. 填空：桥式起重机挂着物体可作上、下、左、右、前、后 6 个方向的运动，其中，上、下方向的运动由________电动机来驱动，左、右方向的运动由________电动机来驱动，前、后方向的运动由________电动机来驱动。

3. 填空：机械设备一般由________、________、________、________、________ 5 部分组成。

4. 填空：机械结构的发展方向是________、________、________和设计的先进化。

5. 填空：缝纫机的机头由________、________、________、________ 4 个主要机构和绕线、压料、落牙等辅助机构组成。

6. 简答：如何理解“机械结构与创新”课程的重要性？它与哪些就业岗位有关？

第二节　机械结构的分析和创新

机械结构分析过程一般应从设备的总体功能要求入手，然后进行功能分解和结构研究，目的是更好地帮助设备操作者、维护者了解设备的结构特点，以使设备达到最佳的工作状态。

一、机械结构的应用分析

1. 机械的总体结构

以装配设备为例进行分析。柔性装配系统分为模块积木式和以机器人为主体的装配系统(图 1-18)。装配自动化的基本内容包括零件的自动定向和供料、零件向基件上的安装、零件之间或零件与组件之间的自动连接、装配组件在工序间的自动输送、装配质量的自动检验和其他辅助工作,如分选、清洗、涂油、包装等。

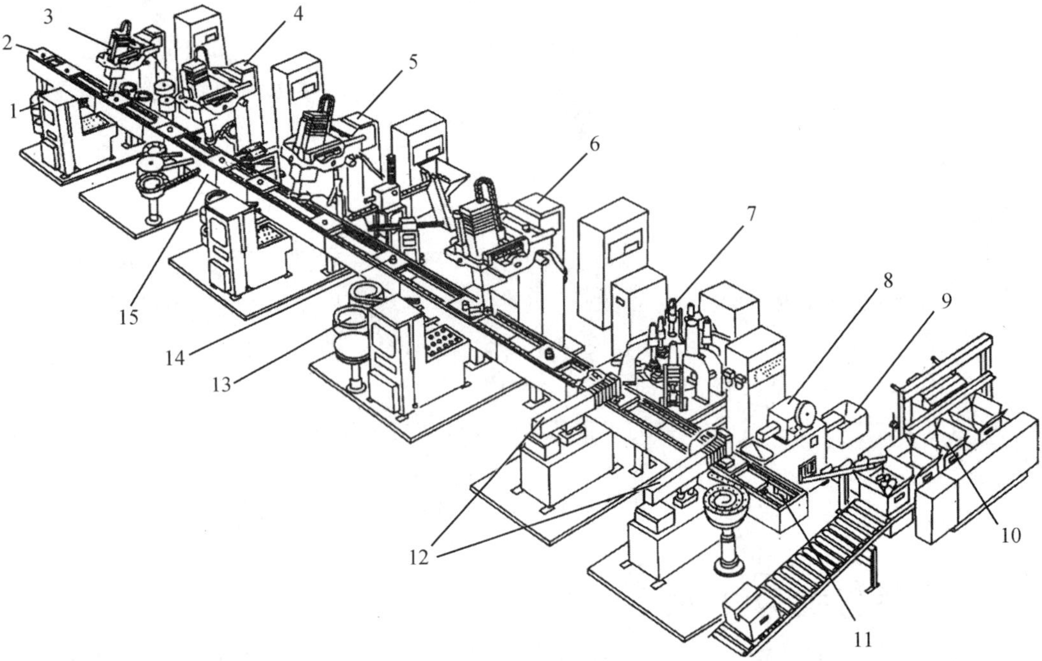

1—料仓;2—夹具提升装置;3、4、5、6—机器人;7—八工位回转试验机;8—贴标签机;9—不合格品斗;10—包装机;11—夹具下降装置;12—气动机械手;13—振动料斗;14—随行夹具;15—传送装置

图 1-18 以机器人为主体的柔性装配系统

在大多数产品的制造过程中,通常先进行各种零件的加工制造和外购件的购买,然后进行产品的装配。自动化装配生产线主要进行产品制造后期的各种装配、检测、标识、包装等工序,操作的对象包括组成产品的各种零件、部件,最后完成成品或半成品,适用于产品设计成熟、市场需求量巨大、装配工序多、长期生产的产品,例如轴承、齿轮变速器、香烟、计算机硬盘、计算机光盘驱动器、电气开关、继电器、灯泡、锁具、笔、印刷线路板、小型电动机、微型泵、食品包装等,具有性能稳定、所需人工少、生产效率高、单件产品的制造成本大幅度降低、占用场地少等优点。

自动化装配生产线在结构原理上与手工装配流水线是非常相似的,在手工装配流水线上操作者是工人,而自动化装配生产线上则由一系列自动化装配专机来完成各种装配工序。

自动化装配生产线除采用典型的直线形式外,为了最大限度地节省使用场地,还可以采用环形输送方式。环形自动化装配生产线(图 1-19)主要有以下组成部分。

①输送系统:一方面自动输送工件,另一方面将各种自动化装配的专用设备连接成一个协

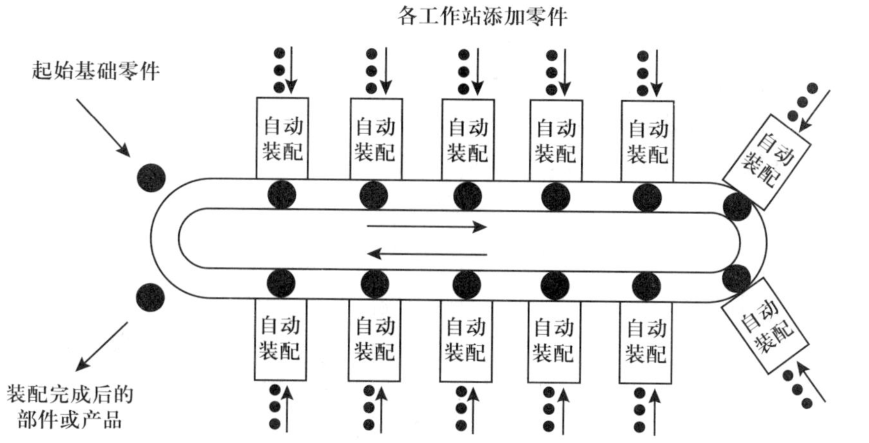

图 1-19　环形自动化装配生产线

调运行的系统。最典型的输送系统有皮带输送线、倍速链输送线、平顶链输送线等。各种专机放置在输送线的上方,安装调试后通过专用的连接件将各种专机与输送线连接为一个整体。

②分隔、挡停及换向机构:由于工件是经过逐台专机的装配,直至最后完成全部装配工序的,通常在输送线上每台专机的前方都设有分隔机构,将输送线上连续排列的工件分隔开;然后再设置挡停装置,工件到达该位置后暂停,专机上的机械手从该位置抓取工件放入定位夹具,进行装配工艺操作;最后机械手将完成装配操作后的工件又送回输送线继续向下一台专机输送,在需要改变工件姿态(方向)的位置还需要设置相应的换向机构。

简单的工艺操作可以直接在输送过程中进行,例如喷码打标、条码贴标等;但有些工序需要在工件静止状态下进行,这时也需要设置挡停机构使工件暂停在输送线上。有些工序不仅需要在工件静止状态下进行,还需要一定的精度,例如激光打标等,这时就需要设置气动机构将工件向输送线上方顶升一定距离,使工件脱离输送皮带或输送链板后再进行工序操作,工序操作完成后再将工件放回到输送线上继续输送。

③自动上下料装置:由于装配工序都是由一系列专机完成的,各种专机自然也需要各自的自动上下料装置来添加零件。应用最多的自动上下料装置为振动盘供料器和机械手,振动盘供料器用于自动输送小型零件,如螺钉、螺母、铆钉、小型冲压件、小型注塑件、小型压铸件等;而机械手抓取的对象范围更广,既可以抓取微小的零件,又可以抓取具有一定质量和尺寸的零件。为了简化设计,通常将这种机械手直接设计成专机的一部分。

④自动化装配专机:可独立完成生产线上的某种特定装配工序,例如零件的插入、铆接、焊接、螺钉螺母连接、黏接、调整、检测、包装等。自动化装配生产线经常会有少数人工操作的工序,用于代替技术上极难实现自动化或成本上并不经济的装配工序,组成同时包括机器自动操作与人工操作的混合型自动化装配生产线。

⑤传感器与控制系统:除每台专机具有相应的传感器与控制系统外,为了使各台专机的装配循环组成一个协调的系统,在输送线上还必须设置各种对工件进行检测确认的传感器。典型的自动化装配生产线通常采用顺序控制系统协调控制各专机的工序操作,前一台专机的装配完成后才可进行下一台专机的装配操作。当前一台专机尚未完成装配操作时,相邻的下一台专机就必须处于等待状态。

2. 机械结构的适应性

螺纹连接件的自动装配装置如图1-20所示，其主要由料管口、隔料器、斜导管等组成，实现了螺钉的排序、分离和供料等功能。此装置在结构设计时应重点考虑被输送零件的形状、质量、尺寸等因素。根据螺钉的具体特点，螺钉的拧入过程如图1-21所示，螺丝刀的上下移动配合螺钉的供料过程，螺丝刀下降时阻挡了下一个螺钉的供给；而螺丝刀上行时，完成螺钉的准备过程，螺钉的输送和定位由重力和锥孔实现。

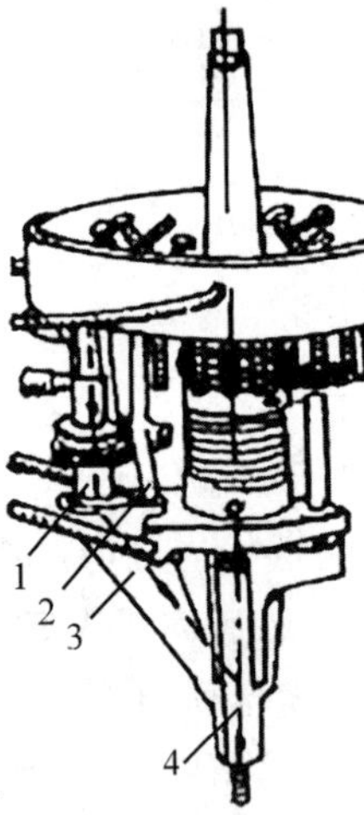

1—料管口；2—隔料器；3—斜导管；4—直导管

图1-20 螺纹连接件的自动装配装置

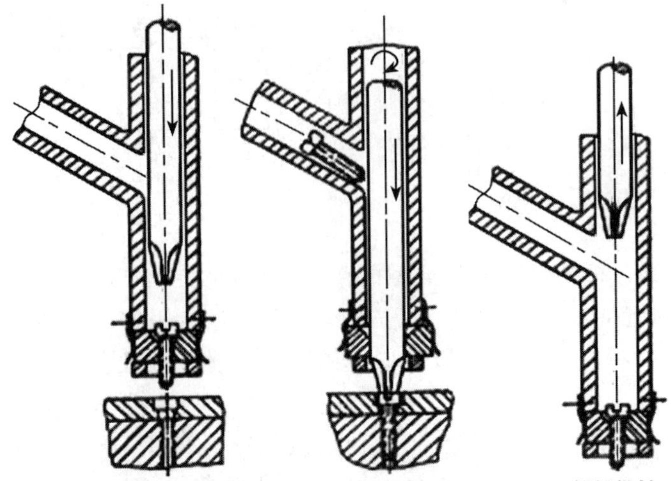

图1-21 螺钉的拧入过程

零件送进装置的原理如图1-22所示，零件在送进过程中完成了形状和方向的选取、分配等过程。

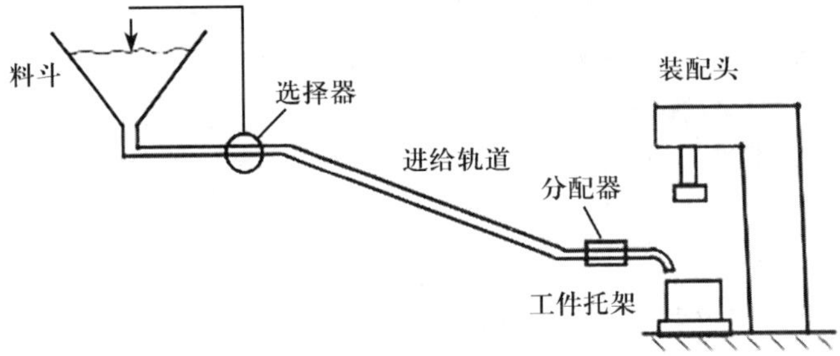

图1-22 零件送进装置的原理

如图1-23所示，零件的擒纵和分配装置是为了完成零件的拾取和定点放置。在图1-23(a)中，从左向右水平传送的零件一直处于压紧等待状态，当右侧的回转分度台到达指定位置后，零件被自行压入其凹槽中；在图1-23(b)中，零件被整齐地码放在竖直的进给轨道中，当回转分度台移动到位后进入凹槽；在图1-23(c)中，弹性擒纵装置可以同时完成零件的抓取和释放，将零件放入工件托架内；在图1-23(d)中，从送进器送来的零件，通过直角坐标机械手的水平伸缩和上下移动，进行抓取或吸取，被放入工件托架内；在图1-23(e)中，从进给轨道来的零件通过回转机械手的水平往复回转和上下移动，被抓取并放入工件托架内。

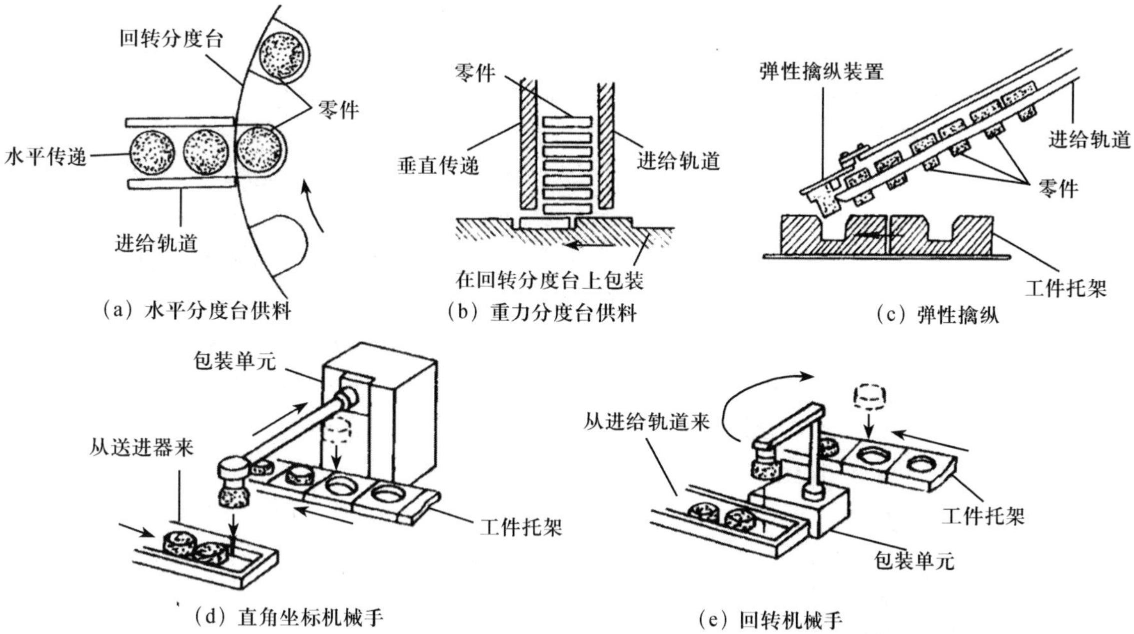

(a) 水平分度台供料　(b) 重力分度台供料　(c) 弹性擒纵

(d) 直角坐标机械手　(e) 回转机械手

图 1-23　零件的擒纵和分配装置

如图 1-24 所示，为了更好地实现零件的传送过程，有时需要对零件的形状或尺寸加以改进，避免出现重叠[图 1-24(a)]、变形[图 1-24(b)]、倾斜[图 1-24(c)、图 1-24(d)]等现象。零件的形状或尺寸经改进后明显提高了可靠性和传送效率。

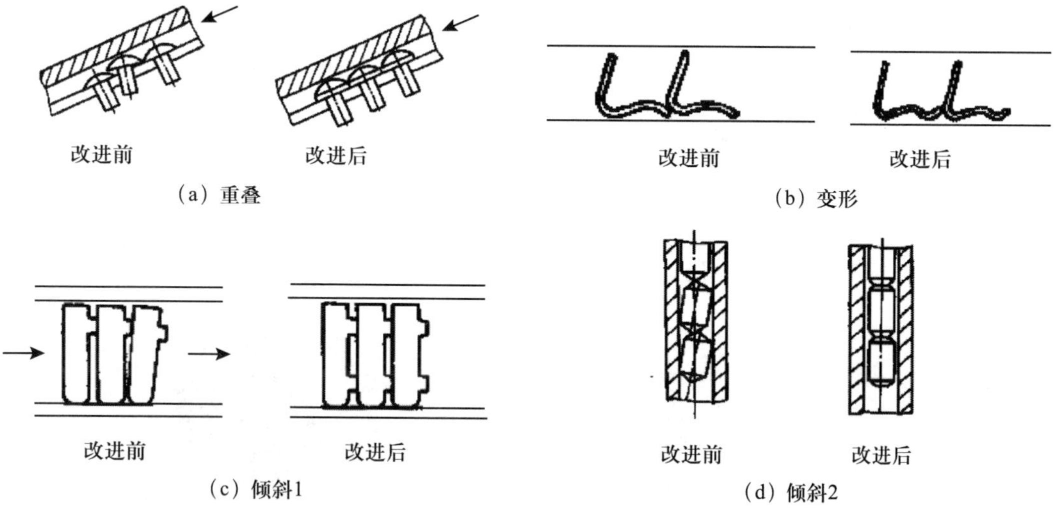

(a) 重叠　(b) 变形

(c) 倾斜1　(d) 倾斜2

图 1-24　零件的形状要求

二、机械结构设计的创新与发展

(一)机械创新设计概述

1. 创新设计与分类

创新推动了人类社会文明的发展和进步,是智慧和汗水的凝结,是人类特有的认识能力和实践能力在追求幸福、舒适、安宁的主观能动性方面的高级表现。

创新是指以在现有的思维模式下提出有别于常规或常人思路的见解为导向,利用现有的知识和物质基础,在特定的环境中,本着理想化需要或为满足社会需求,而改进或创造新的事物、方法、元素、路径、环境,并能获得一定有益效果的行为。创新是更新,是创造新的东西,是改变。一个民族要想走在时代前列,就一刻也不能没有创新思维,一刻也不能停止各种创新。创新在经济、技术、社会学以及建筑学等领域的研究中举足轻重。从本质上说,创新是创新思维蓝图的外化、物化和形式化。

创新设计是创新理念与设计实践的结合,也是设计本质的要求。创新设计源于灵感、热情和坚持,是设计者利用已有的相关科技成果进行创新构思,设计出具有科学性、创造性、新颖性及实用性的产品或方案的一种实践活动。创新设计广泛应用于机械设计、包装设计、家具设计、平面设计、服装设计、环境设计、网站设计和影视动画设计等方面。

2. 机械创新设计

机械创新设计是指在充分发挥设计者创造力的前提下,利用人类已有的相关科学技术成果进行创新构思,从而设计出具有新颖性、创造性及实用性的机构或机械产品的一种实践活动。机械创新设计的目的是解决工程实际问题,设计出新颖、合理、性价比优越且具有先进性的机构或机械产品。

机械创新设计的内容是指从机械产品的性能要求出发,利用人类已有的相关科学技术成果(包括理论、方法、技术、原理等),充分发挥设计者的创造力,通过改进、完善现有机械产品或创造发明新机械产品,设计出具有新颖性、创造性、实用性和经济性的机械产品。

(二)机械创新设计的历史发展

1. 第一阶段

在第一阶段,人类单凭直觉创造活动。如原始人使用的古代石器、陶器(图 1-25)、木棒,穿着的兽皮,都是最初的设计,体现了人类最初的文明、智慧和毅力。

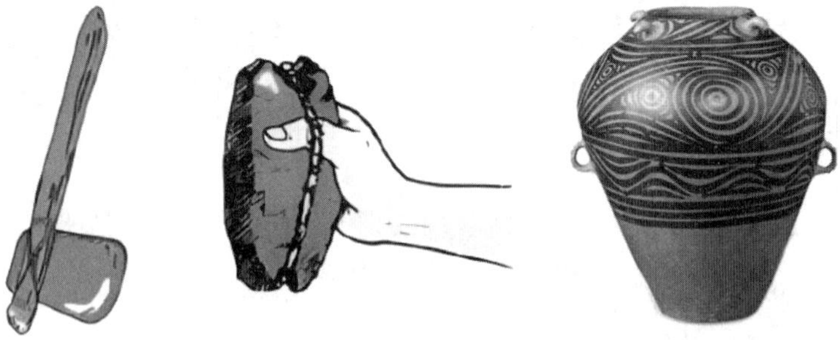

图 1-25 古代石器和陶器

2. 第二阶段

在此阶段,人类有了一定的理论研究及经验积累,并开始归纳各种设计的经验公式,通过实验和测试获得各种设计参数，作为设计依据，同时借助图纸绘制产品。早期的帆船图纸如图1-26所示。

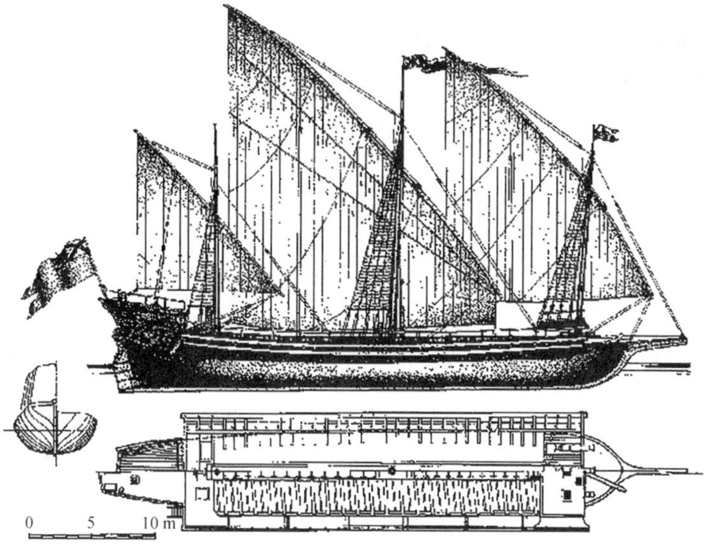

图 1-26　早期的帆船图纸

3. 第三阶段

随着设计手段的进步和更新，在机械结构的现代设计中，出现了优化设计、并行设计、虚拟设计等，使得设计产品更新换代更加便捷。

（1）优化设计

优化设计是指选定在设计时力图改善的一个或几个量作为目标函数，在一定约束条件下，以数学方法和计算机为工具，不断调整设计参数，最后使目标函数获得最佳值的设计。汽车底盘的拓扑优化设计如图1-27所示。

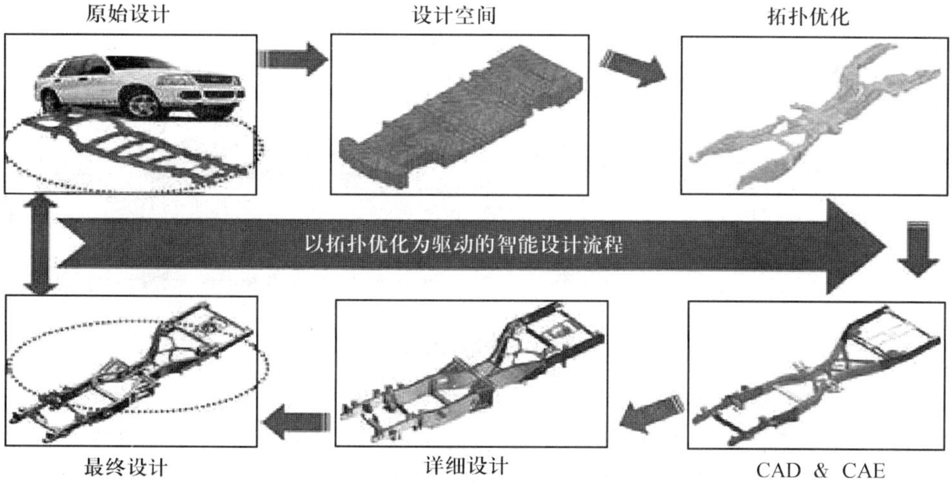

图 1-27　汽车底盘的拓扑优化设计

(2)并行设计

传统的产品设计过程如图 1-28 所示,它是按照一定顺序进行的,其核心思想是将产品开发过程尽可能详细地划分为一系列串联的工作环节,由不同技术人员分别承担不同环节的任务,并依次执行和完成。传统的产品开发过程为一系列串联环节,忽略了各个环节,特别是不相邻环节之间的交流和协调。每个阶段的技术设计人员只承担局部工作,影响了对产品开发整体过程的综合考虑;如果任一环节发生问题,都要向上追溯到某一环节中重新开始,从而导致设计周期过长。

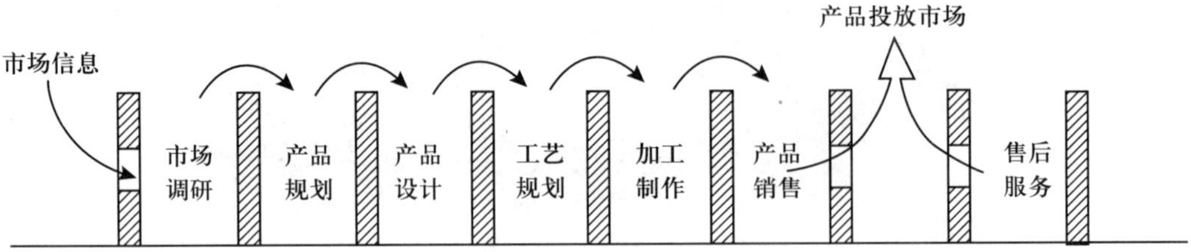

图 1-28　传统的产品设计过程

并行设计是一种对机械产品及其相关过程(包括设计、制造和相关的支持过程)进行并行和集成设计的系统化工作模式。并行设计过程如图 1-29 所示。与传统的产品设计过程相比,并行设计更强调在产品开发的初期阶段,要求产品的设计开发者从一开始就要考虑产品整个生命周期(从产品的工艺规划、制造、装配、检验、销售、使用、维修到产品的报废)的所有环节,建立产品生命周期中各个阶段性能的继承和约束关系及产品各个方面属性间的关系,以追求产品在生命周期全过程中的性能最优。

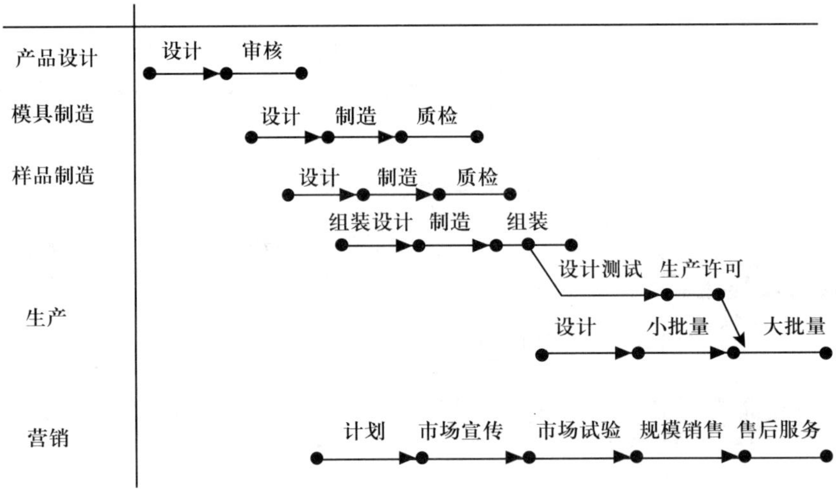

图 1-29　并行设计过程

(3)虚拟设计

虚拟设计是由多学科先进知识形成的综合系统技术,其本质是以计算机支持的仿真技术为前提,在产品设计阶段,实时、并行地模拟出产品开发全过程及其对产品设计的影响,预测产品性能、制造成本、可制造性、可维护性和可拆卸性等,从而提高产品设计的一次性成功率。三维结构的虚拟设计模型如图 1-30 所示。

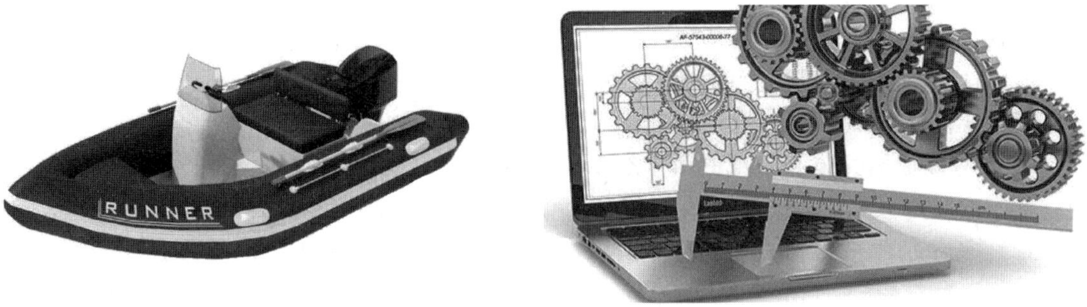

图 1-30　三维结构的虚拟设计模型

（三）机械创新设计的特点

①机械创新设计需要对多学科知识进行交叉运用，互相融合，互相渗透。

②机械创新设计并非主要考量数据计算，而是应该充分结合以往的经验和相关的理论知识，合理判断和提出可行的新设计方案。

③机械创新设计不仅需要理论知识和经验，还十分注重发挥灵感、想象力、创造力的作用。

④创新实践活动需要不断重复、尝试，从中积累经验，多级选择最佳方案，并将其应用在机械创新设计过程中。

可以看出，丰富的知识、对新事物的好奇心和求知欲、强烈的创造和创新意识、坚持不懈的精神、乐观向上的心态和严谨的工作态度是创新设计能力发挥的重要保障。

（四）机械创新设计的行业要求

1. 具备强烈的创新意识

创新活动首先来自强烈的创新意识。日常生活中的一些事物常给人以启迪，引起人们的联想和想象，因此，对日常生活的关注和思索，常常可以触发创新灵感。对新事物强烈的好奇心和有意识的研究，使人们对事物的认知更主动、形象和深入。为积极探索未知世界、开发和创造一个崭新的未来世界，对于改变周围事物的渴望和成就感才是动力之源。

2. 掌握创新原理和创新技法

创新设计是一个创造过程，设计人员创造能力的水平直接影响产品的创新程度和设计质量。因此，必须使广大工程技术人员掌握先进的创新原理和技术方法，调动和训练工程技术人员的创造性思维能力。创新本身具备一定的理论和规律，也具有科学的原理和方法。创新原理和技术方法是以总结创造学理论、创新思维规律为基础，通过大量的创造活动总结出来的原理、技巧和方法。了解和掌握创新原理和创新技法，往往能更自觉、更巧妙地进行创新活动，进一步发挥创新者的潜在能力。

人的创造能力可以通过学习和训练得到激发和提高。通过改进思维习惯，进行独立思考，多思多练，训练自己集中注意力、发挥想象力，进行扩放思维、求异思维训练等，能够提高创新思维能力，而将思维运用到实际中去，才可能起到良好的效果。

3. 强化创新实践能力

形成创新能力，除了学习理论，更重要的在于实践。通过参与创新设计过程，尤其是真实产品的研制过程，有意识地进行各种能力的培养与训练，能系统、全面地增强创造和创新能力，并及时弥补自身知识和能力的不足，使自身对知识的理解更加深入和鲜活。

4. 形成协作精神

机械产品的结构复杂化、控制先进性要求和生产的分工细化，使创新设计的分工合作十分必要。因此，在现代科研工作中应强调团队精神、集体力量、协同合作的重要意义，在教学和创新实践中要注重对团结协作能力的培养。

5. 具有健康的身体和乐观的工作态度

健康的身体和强大的心理承受能力是我们积极和正确面对工作压力、保障工作效率的重要保证。大多数真实、实用的机械创新产品的研制都是一个长期和不断努力的过程，遇到挫折很正常。在此过程中，不但要有好的身体素质、善于自我调整的乐观心态，还要有持续的毅力，这些也是创新成功的重要保障。

思考与练习 1-2

1. 判断：机械创新设计是指利用已有的相关科学技术成果进行创新构思，设计出具有新颖性、创造性和实用性的机构或机械产品的实践活动。（　　）

2. 填空：装配自动化的基本内容包括零件的________、零件________、零件之间或零件与组件之间的________、装配组件在工序间的自动输送、装配质量的________等。

3. 填空：在机械结构的现代设计中，出现了________设计、________设计、________设计等先进的设计方法。

4. 填空：在进行机械装配生产线的结构设计时，应重点考虑被输送零件的________、________、________等因素。

5. 简答：试举例说明机械创新设计的特点是什么。

6. 简答：在机械创新设计过程中，设计人员应该具有哪些能力和素质？

综合项目

在下面2张图中选择一种结构，零件尺寸自拟，完成自动钻孔的设备方案，要求有设计目标、需求分析、设计方案（包括定位、分度机构）、技术方案、成本预算、生产周期（也可根据需要选做自动装配设备、水面垃圾清理船、场地乒乓球捡拾车、清冰雪车等的方案）。

图 1-31　钢管外周的钻孔设备

图 1-32　齿轮端面的钻孔设备

第二章　机械结构的方案

第一节　供料机构

供料机构是指能按照加工、装配或包装等的工艺要求和工作节拍，将物料协调地逐步送达预定位置的机械装备，它影响着整个生产设备的生产效率和自动化水平。按照形状和供料特点，物料一般分为棒料、板料、散料、块状物料和流体物料等。有些物料依靠重力实现传送，有些物料则需要与之相适应的供料机来完成抓取和传送。

一、棒料的自动供给

1. 夹持式

数控车床的棒料供料方式如图 2-1(a)所示，适用于短棒料的供给。首先将棒料放入倾斜料架的槽内，棒料依靠重力向下移动，料槽角度可用调节螺钉调整；气动夹爪夹持棒料后，由上

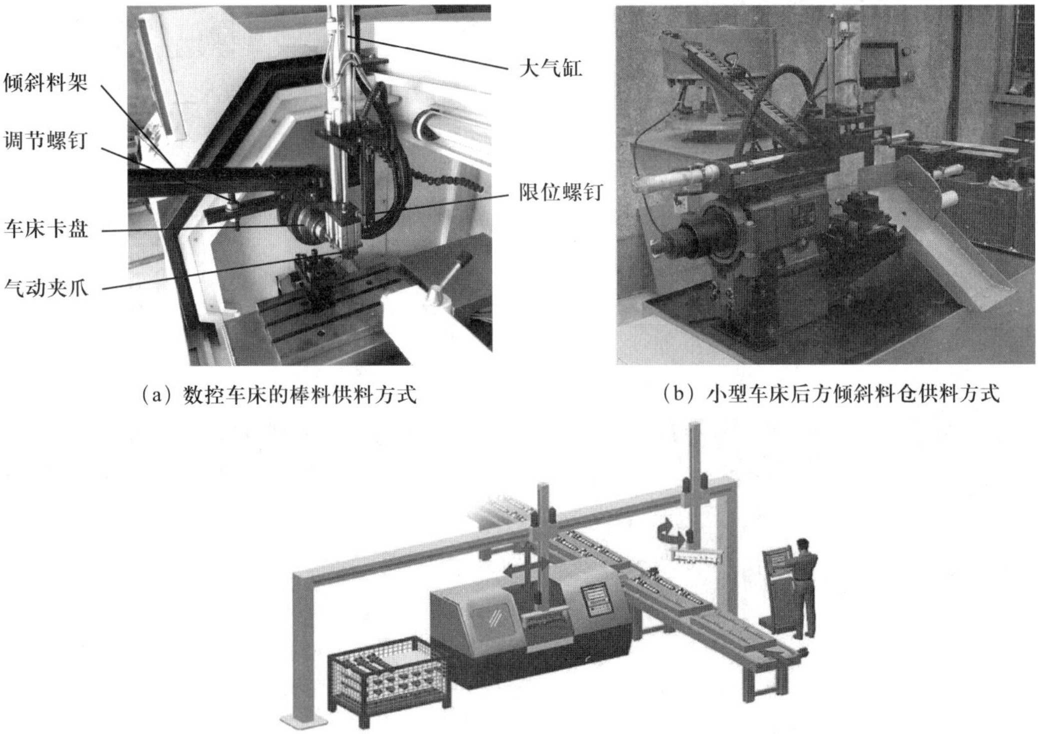

(a) 数控车床的棒料供料方式　　(b) 小型车床后方倾斜料仓供料方式

(c) 生产线的供料方式

图 2-1　棒料的自动供料方式

下移动的大气缸带动，送至数控车床卡盘的对中位置，并由车床尾座配合，实现装夹定位夹紧过程。气缸移动的极限位置通过限位螺钉调整。对于小型车床，也可采用其他的供料方式，如图 2-1(b)所示，为后方倾斜料仓供料方式，依靠重力作用，加工完的工件向前方移动滑出。生产线的供料方式如图 2-1(c)所示，常用于大批量生产中，机械手从右侧传送线上的固定位置取料，放在数控车床上进行定位加工，再将加工后的成品取出放在左侧的托架内。

2. 推板式

推板式供料机的结构如图 2-2 所示，它适用于无心外圆磨、抛光机、滚丝机、矫直机等多种场合的棒料供给。推板式供料机主要由机座、倾斜料仓、皮带输送机、推料板等组成，棒料首先被放入倾斜料仓中，并依靠重力沿斜面向输送机方向滚动，到达推料板上方位置；推料板由气缸带动上下运动，可将棒料向上推起，并沿倾斜滑板滚入输送机的 2 条传送带上(由 2 条传送带支承以使其轴线对中定位)；电动机带动传送带将棒料向前输送至无心外圆磨等加工机械，实现棒料的自动输送。

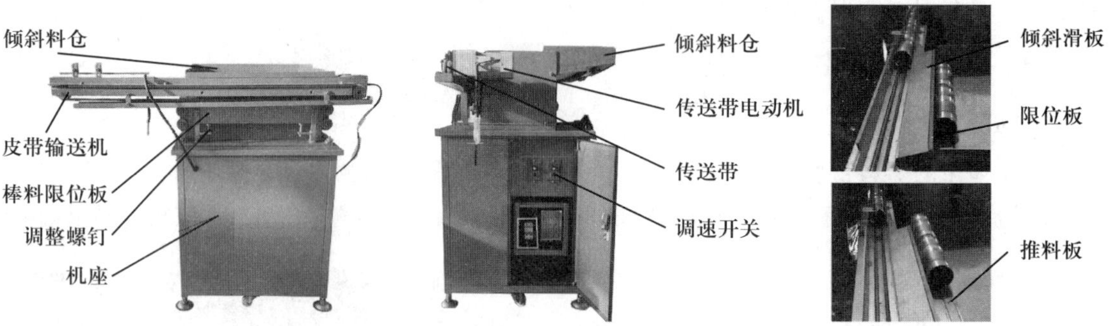

图 2-2　推板式供料机的结构

二、板料的自动供给

对于较薄的板料多采用吸盘、磁铁吸附等抓取方式进行供料，对于较厚的钢板可采用夹持的方式进行供料。吸盘供料方式用于板料质量不太大、不允许划伤的场合(如彩钢板的表面已涂漆或附有塑料保护膜)。吸盘式板料供料机的结构如图 2-3 所示，板料被整齐地放在料仓内的托板上(托板可随着钢板的取出而上移，以保证吸盘的取件位置变化不大。此部分可用链传动提升机构，在图中未示出)；吸盘固定安装在固定架上，并随着 2 个直线运动单元在 x(水平)、z(上下)方向移动，完成物料的上升、水平移动、垂直下放到输送机传送带上的过程。

真空吸盘组件可整体外购，吸盘的结构如图 2-4 所示，其上安装有弹簧、连接螺杆等，可以适应一定的距离误差，保证吸盘吸取工作的顺利进行。真空吸力可由真空发生器产生。

三、散料的自动供给

1. 振动供料

振动供料机适用于质量较小的零件的传送，振动方式分为电磁振动和机械振动 2 种。其中电磁振动供料机可分为圆盘式和直槽式 2 类。螺钉供料机如图 2-5(a)所示，其右侧是圆盘式，左侧是直槽式，螺钉供料机是二者的结合。螺钉供料机的应用如图 2-5(b)所示。

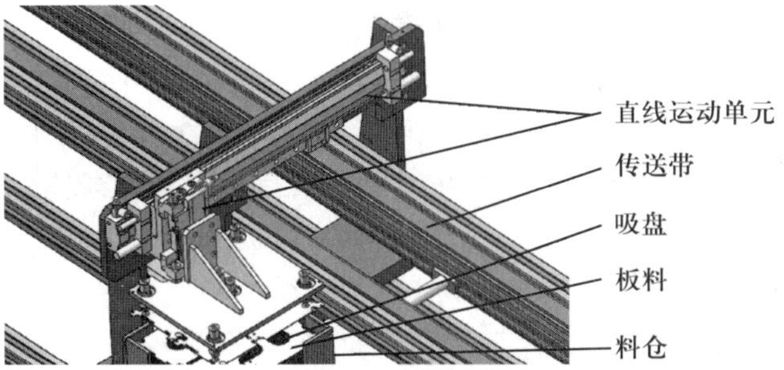

图 2-3　吸盘式板料供料机的结构

图 2-4　吸盘的结构

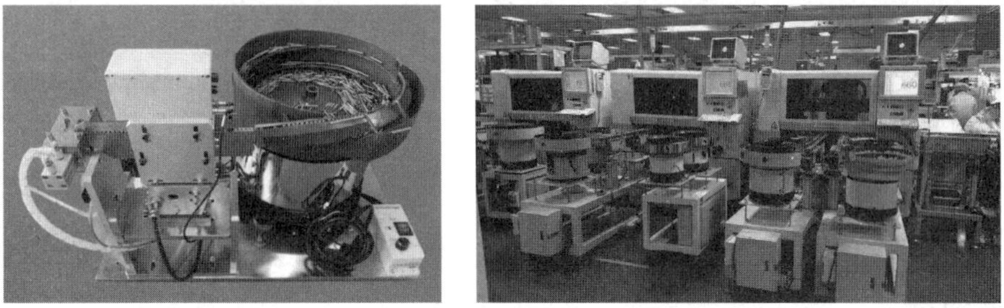

(a) 螺钉供料机

(b) 螺钉供料机的应用

图 2-5　螺钉供料机及其应用

图 2-6(a)为直槽式电磁振动供料机,激振电磁铁驱动主振平板弹簧(通常倾斜安装)支承的工作料槽做定向强迫振动。当槽体向前振动时,依靠物料与槽体间的摩擦力,槽体将动能传递给物料,使其做与槽体振动方向相同的加速运动;当槽体向后振动时,物料因惯性作用仍向前运动,离开槽体做前抛运动,抛出一定距离后仍落回到槽体上,如此往复向前运动。

图 2-6(b)为圆盘式电磁振动供料机,其工作原理与直槽式电磁振动供料机类似(一般由圆周分布的 3 根倾斜主振平板弹簧支承)。杂乱堆放的物料(如螺钉、螺母等)沿圆周方向做定向移动,螺旋上升,在移动过程中完成排序(方向不正确的物料将依靠重力或外力被导正,或利用轨道下方的缺口、侧面的挡边等结构使其落回料槽底部。掉落的物料将重新振动上升,继续进行排序),在圆盘末端按顺序进到入料器。该供料机由 1 个或多个电磁铁驱动,激振力大,效率高,适应性广,与直槽式振动器配合使用效果更好。

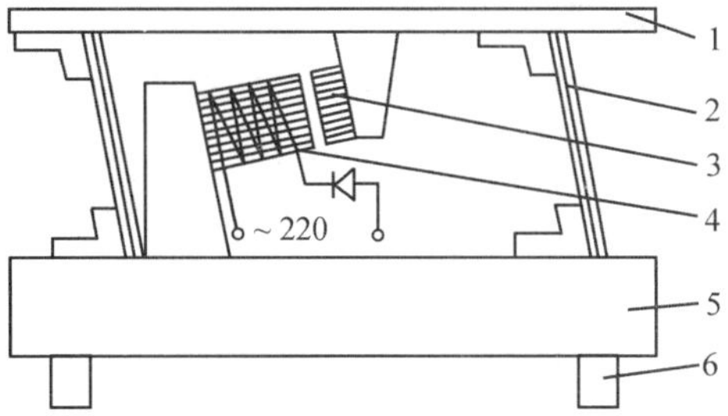

(a) 直槽式

1—料槽;2—主振平板弹簧;3—衔铁;
4—电磁铁;5—底座;6—减振器

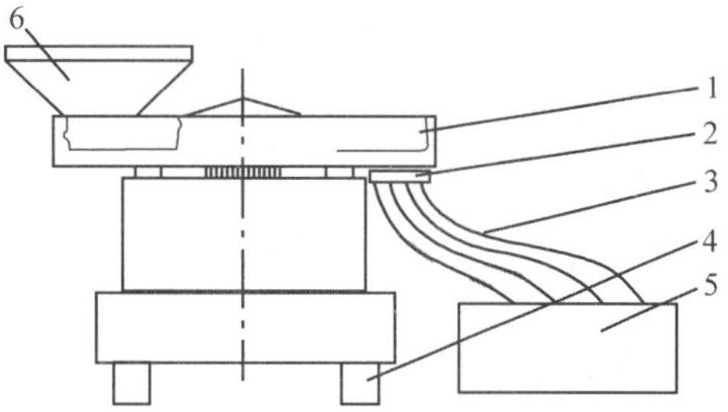

(b) 圆盘式

1—料盘;2—入料器;3—储料器;
4—减振器;5—落料器;6—料斗

图 2-6　电磁振动供料机

2. 输送带供料

水平输送带式供料装置如图 2-7(a)所示。挠性输送带绕在各辊上,由前方的主动辊驱动。物料从进料装置处进入,到卸料装置处落下。带式供料装置的各辊都采用滚动轴承,以减小运转中的摩擦阻力和功率消耗。如果将运行方向相同但速度不同的 2 条输送带串联,可实现周期间歇性供料或密集集合供料;如果速度相同但转向相反的 2 条输送带并列组合,可夹持成件物料进行输送,适用于装箱机等物料或物件的传送。

升降带式供料装置如图 2-7(b)所示。在带式垂直输送机的输送带表面装有多条倾斜的挂料搁板,此搁板随输送带在料斗内循环运动,物料被挂上倾斜挂料搁板后被提升到滑料槽入口处,即可顺滑料槽滚落而下。此装置适用于无正反面朝向要求的圆盘形、圆柱形和球形物料的供料。

磁性带式供料装置如图 2-7(c)所示。磁铁被嵌在垂直输送带内,回转的输送带通过料斗时,铁质物料就会被吸附在输送带上,随输送带提升到顶端后,被切向刮落于倾斜的滑料槽中顺滑落下。此装置适用于无定向排列要求的铁质物料的提升供料。

水平输送带式供料装置动画演示

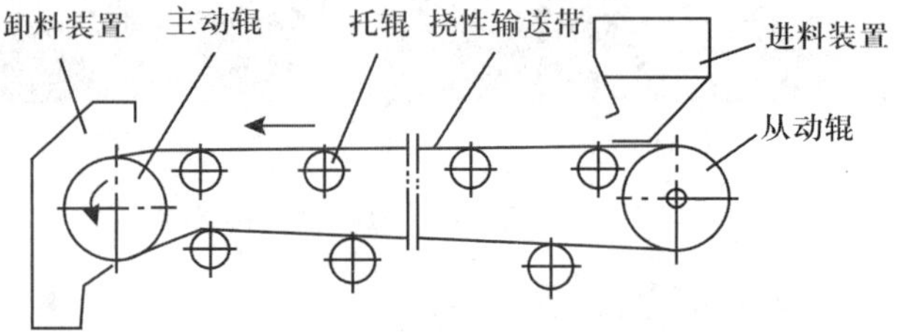

(a)水平输送带式供料装置

升降带式供料装置动画演示

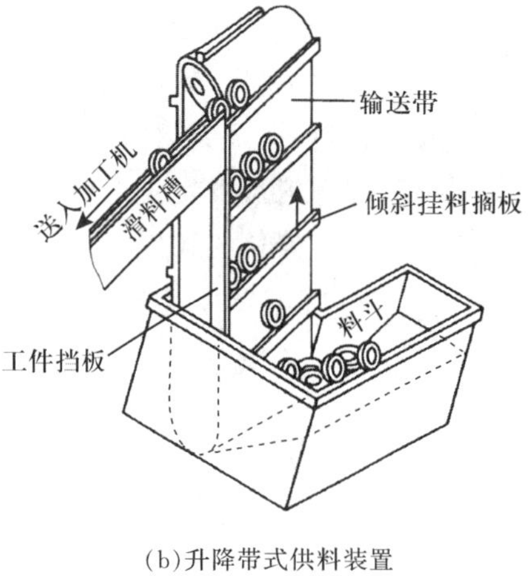

(b)升降带式供料装置

磁性带式供料装置动画演示

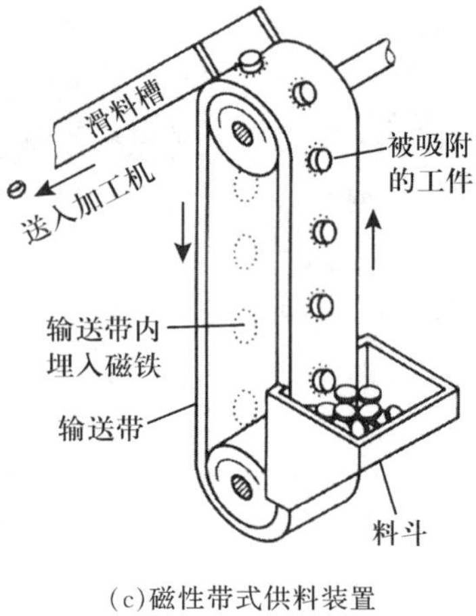

(c)磁性带式供料装置

图 2-7 输送带供料装置

3. 齿式鼓轮供料

齿式鼓轮供料装置如图 2-8 所示。人工或自动定向后的物料存于料斗内,经过齿式鼓轮的旋转逐个送到下部的输送带上,适合于短圆柱形硬物料(如钢、尼龙等)的供料。料斗右下侧小圆辊的转动是为了将物料打散,不发生卡顿或堆积。

4. 螺旋供料

水平螺旋供料装置如图 2-9 所示。螺旋轴一般由电动机驱动，送入输送槽中的物料由转动的螺旋叶片推动沿输送槽轴向前进，直到卸料口的位置排出。该装置适用于输送粉状(如淀粉、水泥)、颗粒状(如玉米、沙子)、小块状物料(如焦炭)，在设计时应注意物料的堆积角度和设备的密封性。

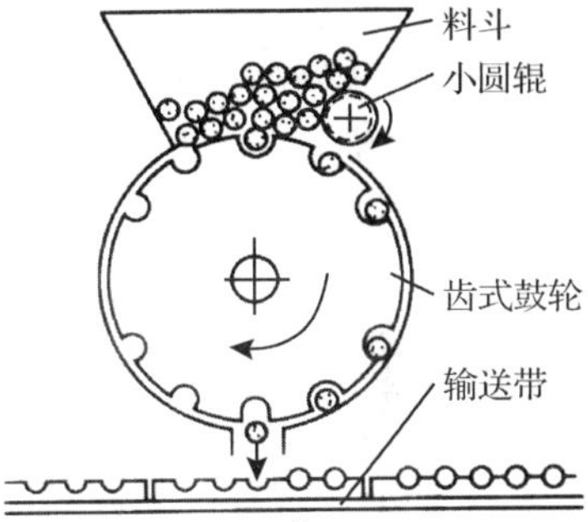

图 2-8 齿式鼓轮供料装置

齿式鼓轮供料装置动画演示

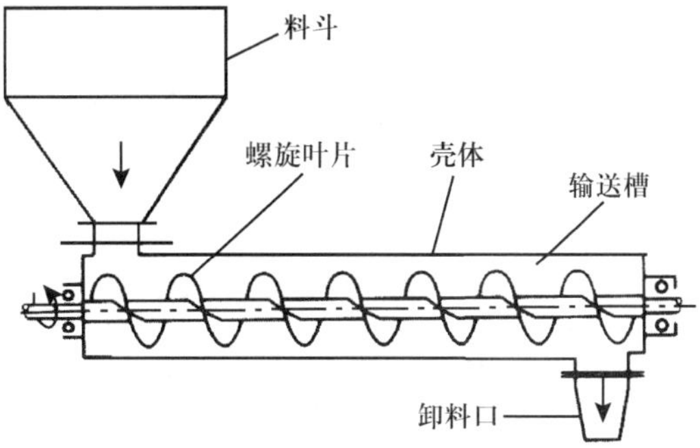

图 2-9 水平螺旋供料装置

四、块状物料的自动供给

块状物料供料装置用于大、中型块状物品的传送，除可运送工件材料外，还可运送香皂、条烟等。块状物料可被单块传送，也可以被多个集中在一起传送，其基本工作要求是能适当控制被传送物料的路线、排列、间距、状态和速度等。常用的块状物料供料装置有链带式、推板式和转盘式等。

1. 链带式供料装置

该装置主要包括机架、链(带)轮、输送链(带)、推头(或托板)、导轨、台面板等构件。推头(或托板)与链节(或链片)铰接在一起，在推移过程中借助导轨定向。当推头(或托板)走到终点时，物料脱离约束，继续绕链上销轴回转滑下。

图 2-10 为链带式供料装置。置于台面板上的块状物料，由随链运动的推头推送向前移动。当物料较宽时，可采用平行双链(带)，以保证物料在传送过程中不发生偏斜。

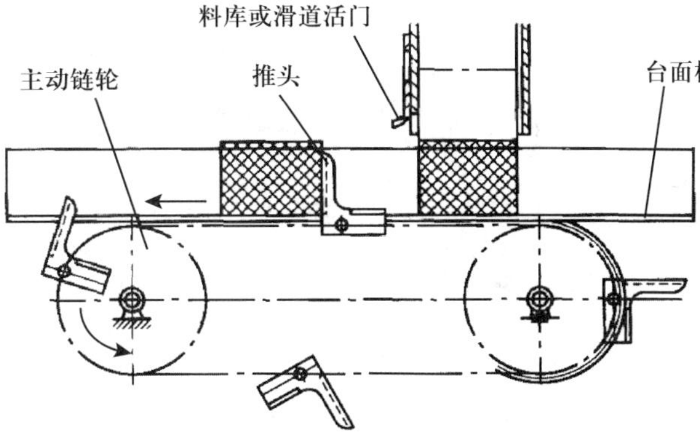

图 2-10 链带式供料装置

链带式供料装置动画演示

2. 推板式供料装置

推板式供料装置(图 2-11)利用推板的间歇往返运动实现间歇式送料,分为单件送料和多件累积送料。推板将块状物料和包装纸推送到预定位置,途中由折角板完成折角,此装置可简化用于只推送物料到包装工位。推板可做往复直线运动或空间曲线运动,后者可增加供料数量和推板推送物料的时间,提高供料效率。

3. 转盘式供料装置

转盘式供料装置如图 2-12 所示。由于锥形盘的快速旋转运动,杂乱的物料在离心力的作用下沿锥形盘分散、滑入螺旋槽中,并由转动的圆盘带动做螺旋运动。反向旋转的毛刷将层叠的物料刷开,经过整理的物料掉落到输送带上,被继续向前输送。

推板式供料装置动画演示

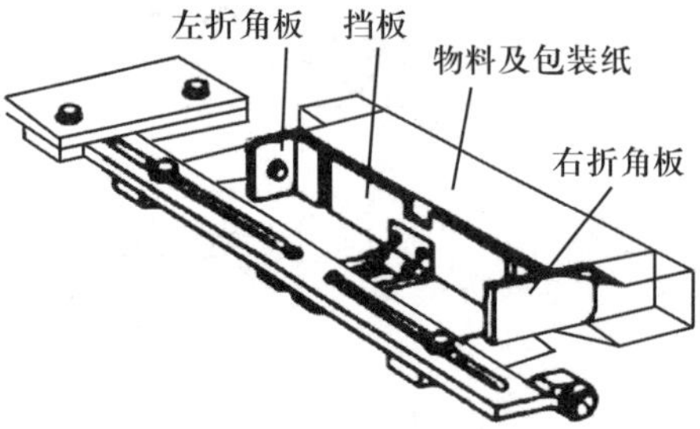

图 2-11　推板式供料装置

转盘式供料装置动画演示

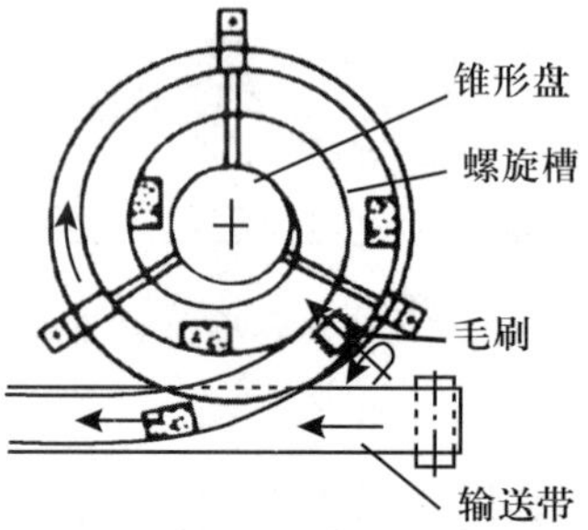

图 2-12　转盘式供料装置

五、流体物料的自动供给

流体物料一般分为气体物料和液体物料 2 种,其输送动力主要由气泵和液压泵提供,泵的种类主要有真空吸料泵、柱塞泵、齿轮泵、螺杆泵等。气体物料主要有真空度密封检测气体、灌装气体等,液体物料主要有喷涂漆、密封胶和灌装液体等。

液体物料的供料装置如图 2-13 所示。真空泵可用于低黏度及中等黏度物料的输送,在输送过程中物料与泵不接触,可减少污染,比较符合卫生要求,特别适合洁净液体(包括医用液体、饮料等)的输送;柱塞泵、齿轮泵、螺杆泵等适用于中等黏度及高黏度物料的输送。

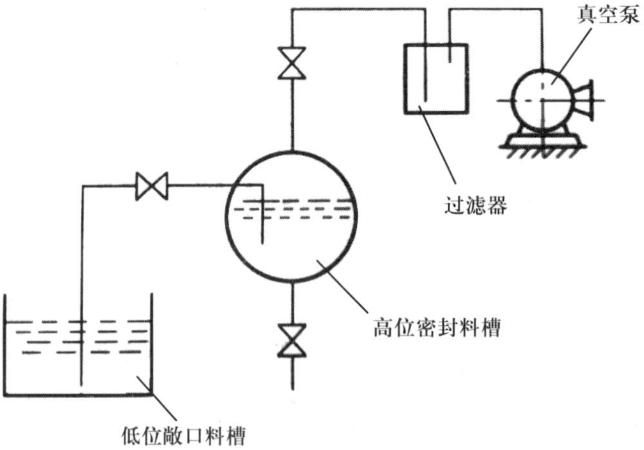

图 2-13　液体物料的供料装置

思考与练习 2-1

1. 判断：吸盘方式适合板料的供料，不容易损伤零件表面。(　　)

2. 填空：振动供料机适用于质量较小的零件的传送，振动方式分为________振动和________振动 2 种。

3. 填空：电磁振动供料机可分为________式和________式 2 类。

4. 填空：按照形状和供料特点，物料一般分为________料、________料、________料、________料和________料等。

5. 简答：如何进行圆柱外形的零件供料？

6. 简答：如果所需供料为叠放在一起的印刷电路板(片状物料)，如何选择其供料方式？

7. 简答：链带式供料的链条与普通链条有什么不同？

第二节　输送机构

一、传送机构

(一)带传送

带传送的机械结构如图 2-14 所示，主要由带减速器电动机、主动滚筒、从动滚筒、传送带和机架等组成。电动机通过蜗轮蜗杆减速器减速后，带动主动滚筒(安置在上方或前方，采用挂胶结构以增加摩擦力)。传送带的张紧可由调松紧装置推动从动滚筒实现，通过调整传送带两侧的张紧程度可实现传送带的左右跑偏调整。挠性带作为牵引件的同时又作为承载件，为保证上方物料平稳输送，常用托板全部或部分代替托辊，并在传送带的上方两侧设置位置可调的挡板或挡杆(图中未示出)，以防止物料从传送带上掉落。

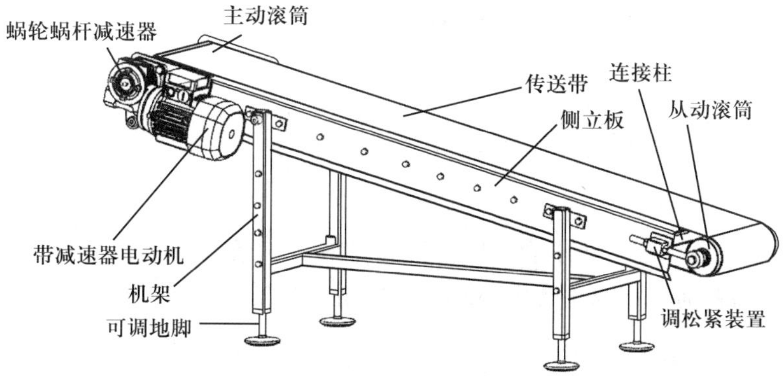

图 2-14　带传送的机械结构

传送带有橡胶带和金属丝网等种类，其中橡胶带又分为织物芯传送带、钢丝绳传送带、花纹带和大倾角挡边带等种类，分别如图 2-15 (a)、图 2-15(b)、图 2-15(c)、图 2-15(d)所示。

带传送的传送机也可以配合其他机械结构，形成各种其他功能，如倒袋传送机(图 2-16)可将袋装物料放倒，使物品由竖直状态变为平放状态。

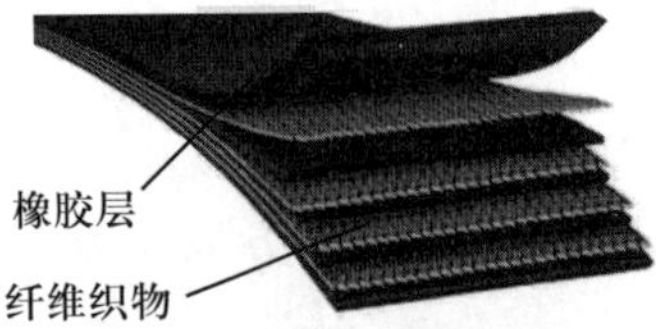

(a) 织物芯传送带

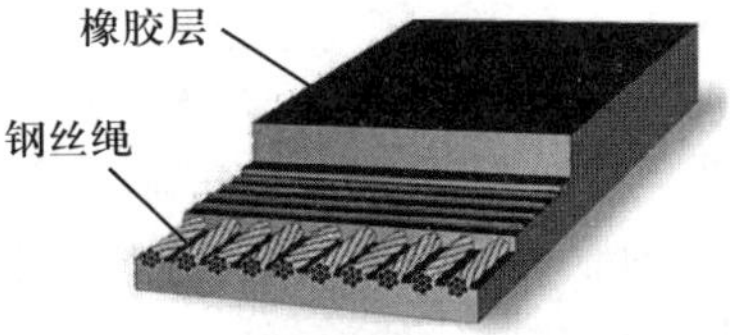

(b) 钢丝绳传送带

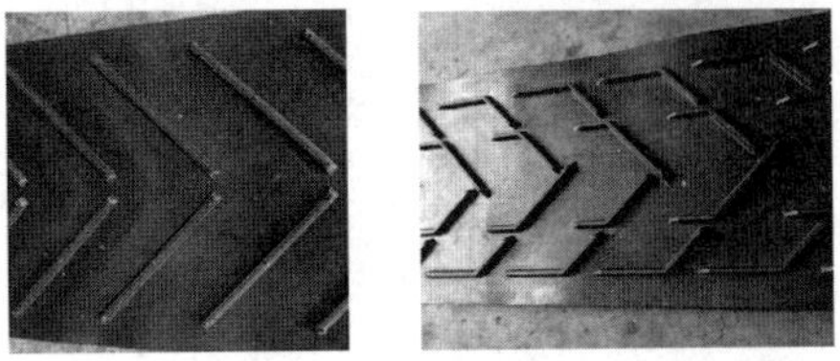
(c) 花纹带

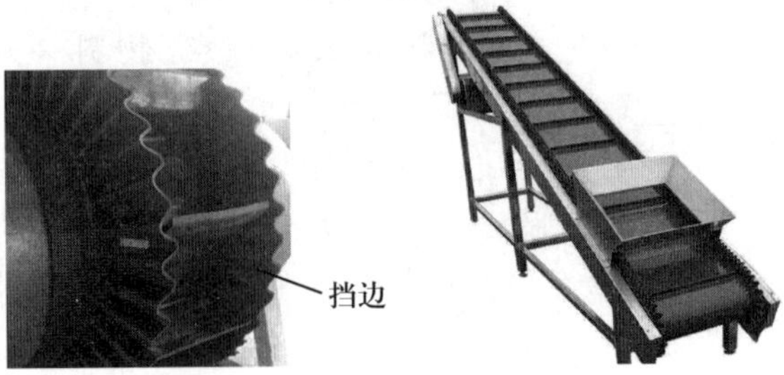

(d) 大倾角挡边带及其应用

图 2-15　橡胶带的种类

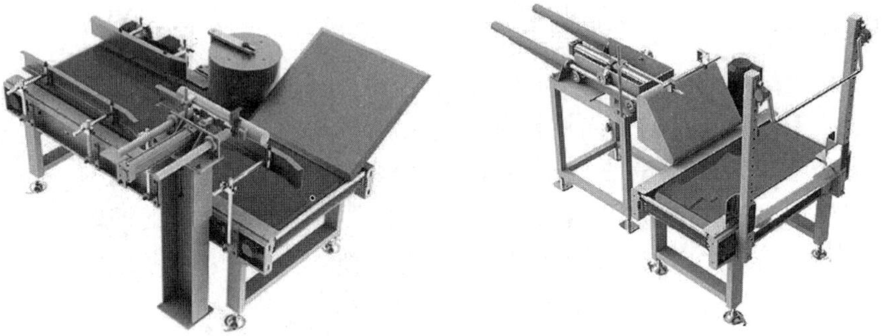

图 2-16　倒袋传送机

(二)链传送

链传送包括平板链片传送、平板式滚子链条传送、推进式链条传送等类型。

平板链片传送链如图 2-17(a)所示,它由一片一片的平板连接形成平整的表面,可以在较高的速度下运行。链片可以是塑料、金属材料,其中塑料链片适用于金属、塑料和其他不耐磨物料的输送,一般采用摩擦因数小的聚甲醛树脂材料,用于低温或高温场合时则可采用聚丙烯材料。耐磨件可用普通碳钢或不锈钢制成的平板链片传送。

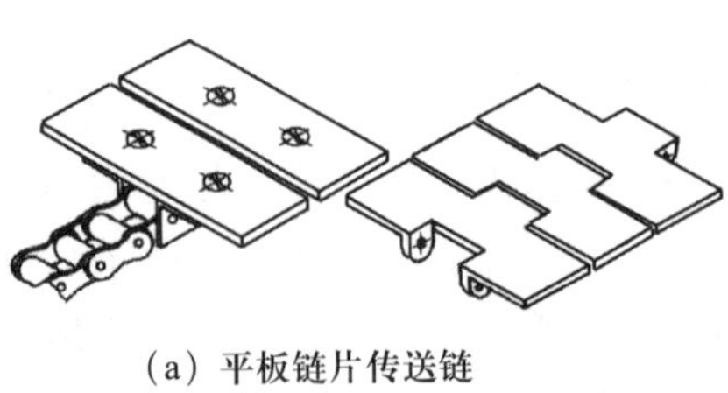
(a) 平板链片传送链

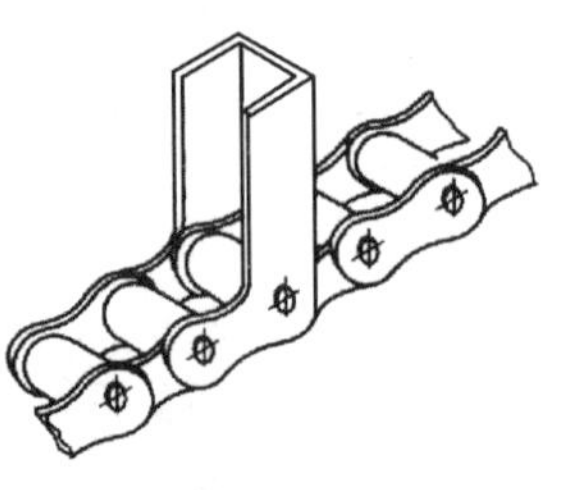
(b) 推进式链条传送链

图 2-17　传送链

推进式链条传送链如图 2-17(b)所示，通常由 2 条并列的套筒滚子链条作牵引，链条间用若干小轴保持平行，且将环链等分成若干节距，推送构件(推头或推板)固连或铰接安装在小轴上，在传送链运行时，推送构件将物料以滑台为导路进行等间距输送。

(三)辊轮传送

辊轮传送机构多用于体积较大、质量较重的物品的传送。将工件置于多根辊子的上方，辊子转动带动工件前进。电动机通过减速器减速后，由链条传动第一根辊子，再由双联链轮依次通过内侧链条、外侧链条向后传动，直至最后一根传动辊子，使所有辊子等速转动。图 2-18 所示为滚筒输送机。

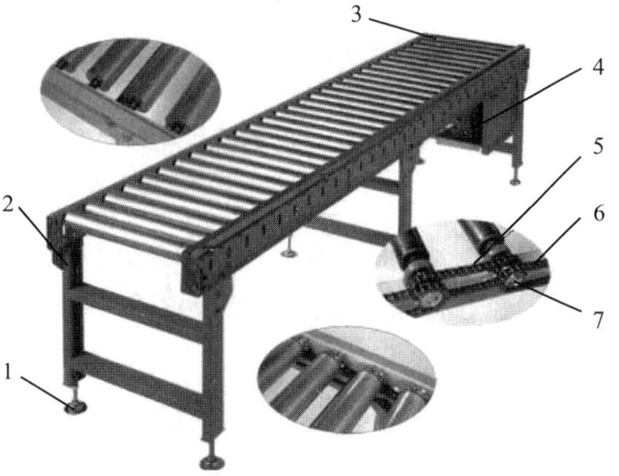

1—地脚；2—机架；3—第一根辊子；4—带减速器电动机；5—内侧链条；6—外侧链条；7—双联链轮

图 2-18 滚筒输送机

辊子形状有圆柱形和圆锥形，分别适应直线传送[图 2-19(a)]和转弯传送[图 2-19(b)]。

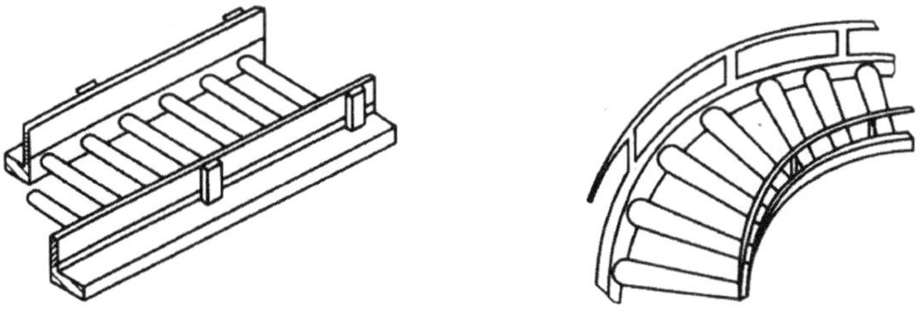

(a) 直线传送　　(b) 转弯传送

图 2-19 辊式传送方式

(四)螺杆传送

螺杆的螺距可取等螺距或变螺距，变螺距的螺杆传送方式如图 2-20 所示。等螺距的螺杆制造简便且精确度高，但当容器导入螺杆螺旋槽时的加速度较大，使分隔传送过程中工件的平稳性较差，且螺旋槽的磨损较大，适用于较低速度的传送。变螺距的螺杆能使工件以较小的加速

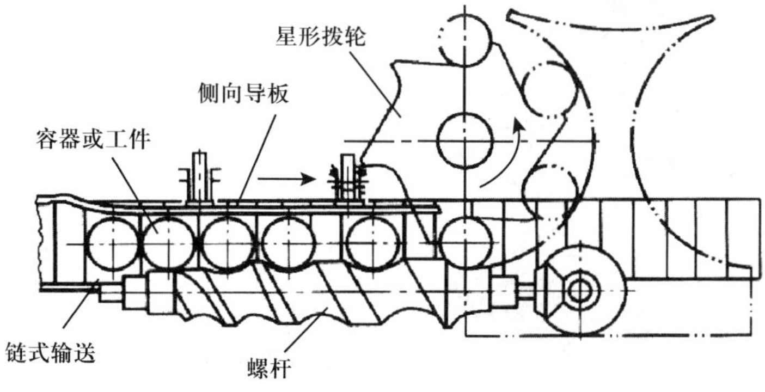

图 2-20 变螺距的螺杆传送方式

螺杆传送方式

度导入螺旋槽中，随后以等加速度进行传送，当工件到达传送螺旋出口端时，工件的间隔距离和前进线速度分别与星形拨轮节圆处的拨齿间距和圆周速度相等，传动平稳，适合高速传送。螺杆多为铝合金或工程塑料材质。

(五)星形拨轮传送

星形拨轮传送结构如图 2-21 所示，可用于传送单个或多个工件。由链(或带)传送过来的工件由齿形拨轮拨送入星形拨轮，再经星形拨轮的转动将工件传送到下一个工位。星形拨轮的槽形因传送工件的形状及传送要求而不同。星形拨轮可以与其他传送装置配合进行物料输送，实现工件分隔、转位和传送。星形拨轮按其结构可分为整体式和组合式 2 种。

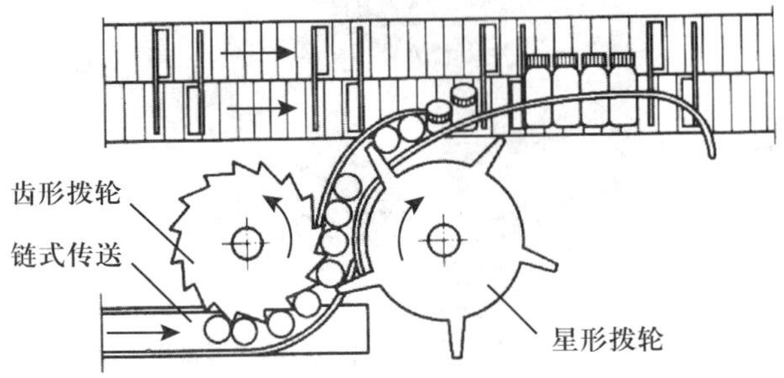

图 2-21　星形拨轮传送结构

星形拨轮与弧形导板配合，既可用于输入，又可用于输出，能完成确定间距的导向、定向和定时传送等工作。

星形拨轮有多种形状，如图 2-22 所示。其中圆弧拨轮[图 2-22(a)]和斜弧拨轮[图 2-22(b)]适合传送圆柱形物料，矩形拨轮[图 2-22(c)]适合传送长方体物料，而杆状拨轮[图 2-22(d)]适合传送多个、多种形状的物料。星形拨轮常用不锈钢板或酚醛树脂板材制造，成对配合使用，固定安装在转轴的一端，其安装高度和相互安装的距离可以根据传送物料的形状和重心进行调整。

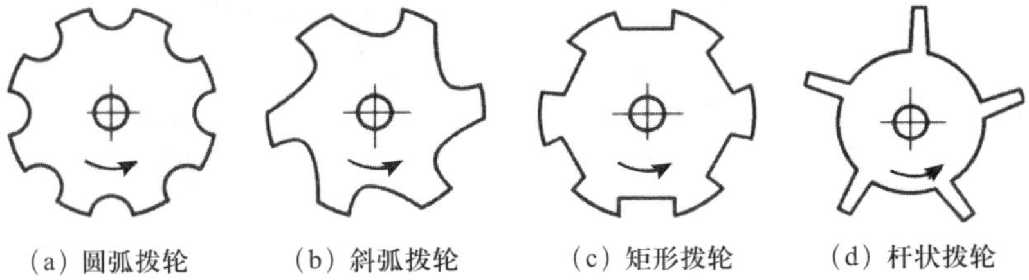

(a) 圆弧拨轮　(b) 斜弧拨轮　(c) 矩形拨轮　(d) 杆状拨轮

图 2-22　星形拨轮的形状

(六)索道式传送

索道式传送机构采用缆索进行物料传送，如图 2-23 所示，它主要由轨道、滚轮、链条(或钢丝绳)、链轮(或 U 槽滑轮)、吊钩(或吊杆)、带减速器电动机和机架等部分组成。索道式传送机构一般采用单列形式传送，当传送较轻物料时速度较快，当传送质量较大物料时传送速度会大大降低。与其他传送方式相比，索道式传送方式成本较低，尤其适合工厂内传送距离较大的场合，如喷漆件吊装、汽车装配等。

图 2-23　索道式传送机构

二、分流、合流机构

(一)分流机构

在自动生产线中,通过配备适当的分流或合流装置可确保后续工序的完成和自动生产线各设备工作的协调。后序设备并联,则配备分流装置;前序设备并联,后序设备串联,则后序设备之前应配备合流装置。分流或合流装置因工件和物料形状、尺寸的不同而种类繁多。

分流装置如图 2-24 所示,可将 1 个通道的物料分为 2 组或多组,进入下一道工序。在图 2-24(a)中,下方挡板有 A 和 A'2 个位置,上方挡板有 B 和 B' 2 个位置,可以实现右侧的物料在向左移动时,进入 3 个不同的通道。例如在图示位置时,上挡板处于 B 位置,下挡板处于 A 位置,此时物料进入最下方的通道。图 2-24(b)是利用挡板间开口大小的设定,依次分流工件。图 2-24(c)是利用气缸推拉带孔的滑块,依靠重力,实现工件在料道 1、料道 2 间的分流。图 2-24(d)是利用摆块进行工件的分流。图 2-24(e)是利用电动缸或双联气缸带动传送带摆动,实现工件的分流。图 2-24(f)是利用固定挡板和传送带实现工件传送方向的改变和分流。

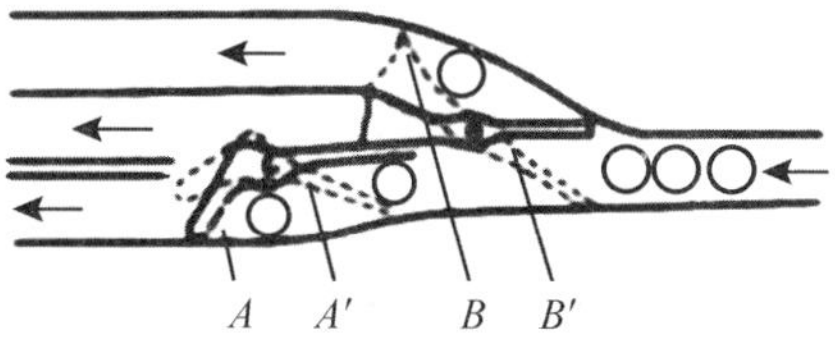

(a) 摆块组合分流

摆块组合分流动画演示

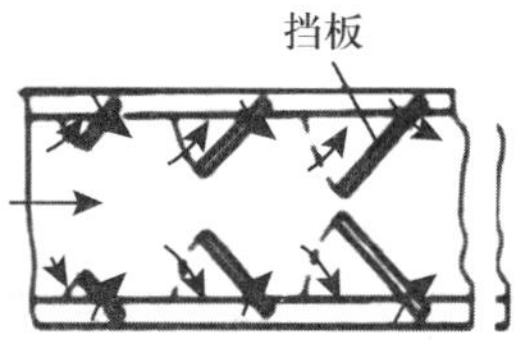

(b) 逐级分流

逐级分流动画演示

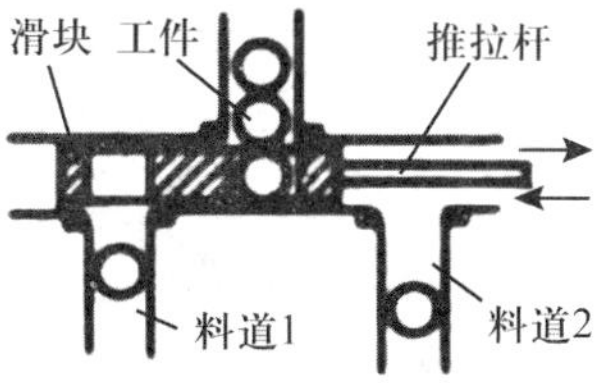

(c) 推拉杆分流

推拉杆分流动画演示

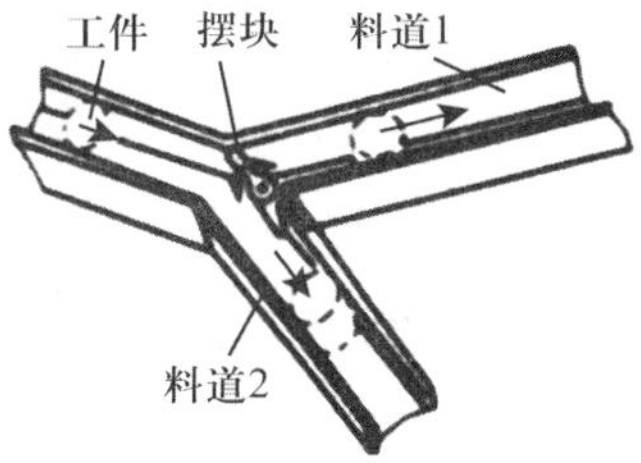

(d) 摆块分流

摆块分流动画演示

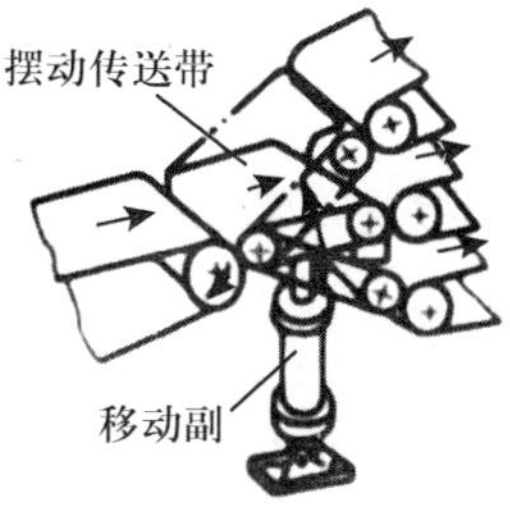

(e) 摆动传送带分流

摆动传送带分流动画演示

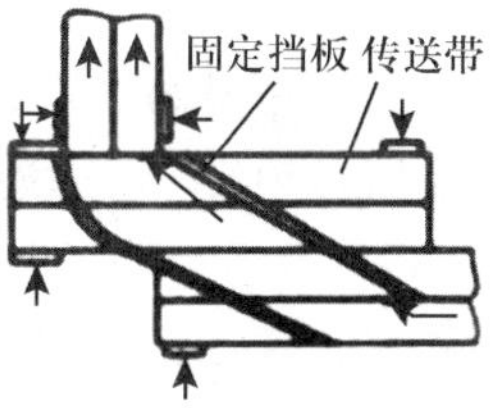

(f) 固定挡板分流

固定挡板分流动画演示

图 2-24 分流装置

(二)合流机构

合流机构如图 2-25 所示,在物料的运送过程中,往往还需将多个通道的物料合并在一起,形成一排。在实际设计中,应利用机械结构的特点,避免出现多个通道过来的物料卡在一起、挤压变形或重叠等现象。在图 2-25(a)中,右侧 3 个通道的物料都可进入圆盘中,圆形的底板逆时针转动，将 3 个通道进入的物料推向圆盘的左侧出口一侧，从而实现合流过程。在图 2-25(b)中，右侧到来的物料，在下方转盘和推杆的共同作用下，排列整齐地进入左侧下方的筒形通道。在图 2-25(c)中，利用统一的节拍，将右侧的物料排列整齐、码成一排后，间歇性送入左侧的 1 条传送带。在图 2-25(d)中，左侧 2 个通道的物料到达末端位置后，由于挡板的位置不同，形成 1 个通道开、1 个通道关的状态，从而实现物料的合流。图 2-25(e)、图 2-25(f)的合流原理与图 2-25(g)类似，而后者是通过斜挡板将左侧 3 个通道的物料合并在 1 个通道内。

锥形盘合流机构

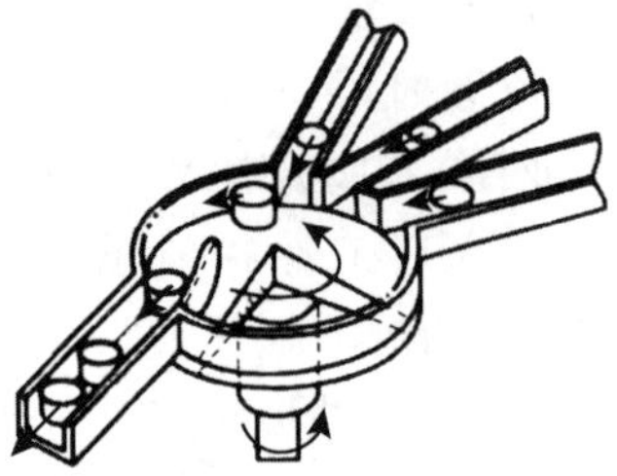

(a) 锥形盘合流

推杆式合流机构

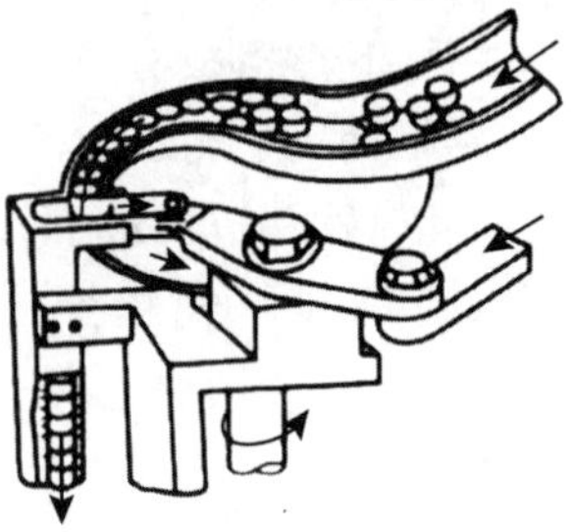

(b) 推杆式合流

节拍合流机构

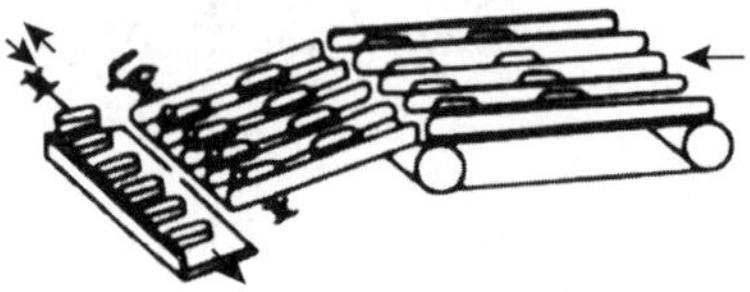

(c) 节拍合流

双通道合流机构

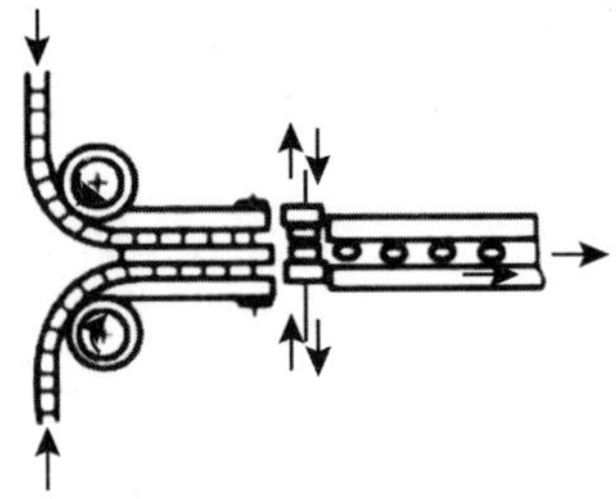

(d) 双通道合流

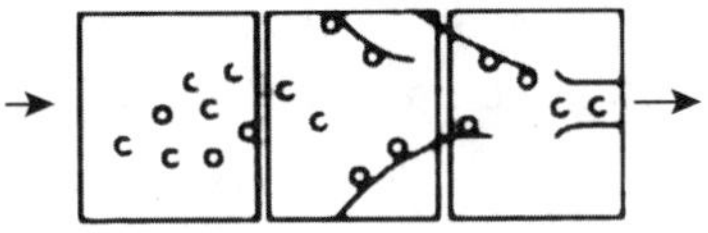

(e) 双侧逐渐合流

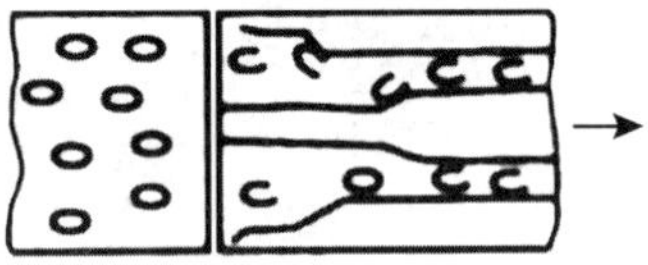

(f) 双通道合流

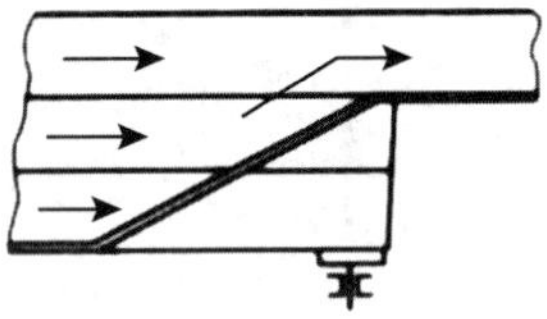

(g) 斜挡板合流

图 2-25　合流机构

因生产工艺、设备布局等要求，物料在输送过程中需改变运动方向或输送状态。为满足这种要求，还需要采用各种转弯、转向、翻身等机构。

思考与练习 2-2

1. 判断：辊轮传送适合输送质量较大但体积较小的物品。(　　)

2. 填空：常见的工件传送方式有________传送、________传送、________传送和索道式传送等。

3. 填空：带传送的机械结构包括________、________、________、________和机架等主要部分。

4. 填空：常见的星形拨轮形状包括________、________、________、________等。

5. 简答：试说明索道式传送适合于对何种类型工件的运送。

第三节　定位夹紧机构

一、定位机构

根据生产线或设备的定位要求，定位可分为粗定位和精定位 2 种，可利用传感器检测定位状态。定位原理仍然是空间的六点定位，即根据需要，合理限制沿 x、y、z 轴方向的移动自由度和绕 x、y、z 轴的转动自由度，如图 2-26 所示。也可依据实际要求，只限定其中几个自由度，即不完全定位。

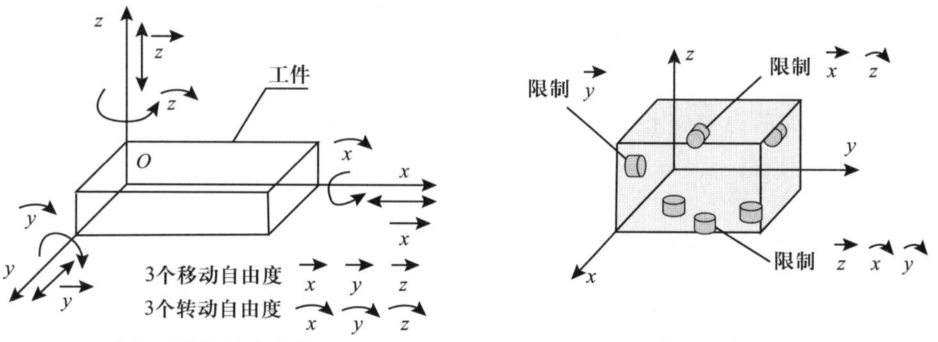

图 2-26　工件的自由度和定位

(一)输送线的定位

为提高生产效率，生产线的导向与定位很多是在行进中完成的，即边输送边完成定位和找正过程(当需要时，可暂停输送以进行精定位)。如图 2-27 所示，导向板和导轮共同完成工件的定位过程，导向板后方的调整杆可以根据需要前后(或上下)移动，调节导向板的横向间距，以适应被传送物料的宽度。

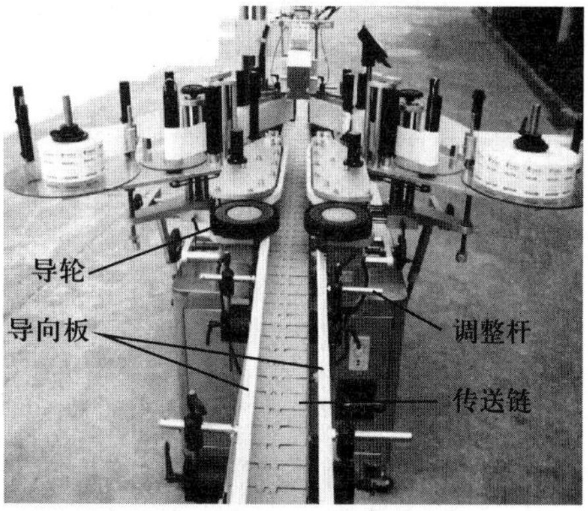

图 2-27　工件的导向定位

阻挡器是一种多用于倍速链输送线的定位器。当操作中需要工件暂时停下来时，就需要阻挡器来配合工作。倍速链输送线如图 2-28 所示，是一种目前较为常用的传送方式，其上所传送的工装板[图 2-28(a)]的速度达到链条速度的若干倍，故而得名。

阻挡器是利用杠杆原理来阻挡输送线上较重工装板的定位器，具有很强的耐冲击性，能消除工装板的反弹现象，从而延长生产线的使用寿命，其结构如图 2-28(b)所示，由气缸驱动。阻挡器组件可直接购买。倍速链如图 2-28(c)所示，其与工装板的结合部位可为尼龙轮或钢轮。

(a) 工装板

(b) 阻挡器

(c) 倍速链

图 2-28　倍速链输送线

(二)工件的定位

以内孔为定位面的自动定心夹具如图 2-29 所示。当中心杆向右移动时，外锥面推动钢球向外压紧套类工件，只需限制除沿轴线（y 轴）转动以外的所有自由度（5 个自由度），工件的定位基准为孔（中心轴线）和左端面。从图 2-29(b) 中可以看出，在 2 个截面上，夹具各有 3 个点与工件接触，这 6 个点实际限制了工件沿 x、z 轴的移动和绕 x、z 轴的转动共 4 个自由度。工件的左端面限制了沿 y 轴的移动自由度。

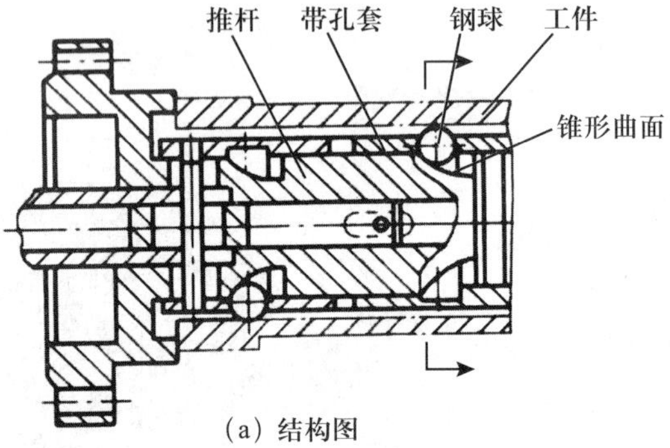

(a) 结构图

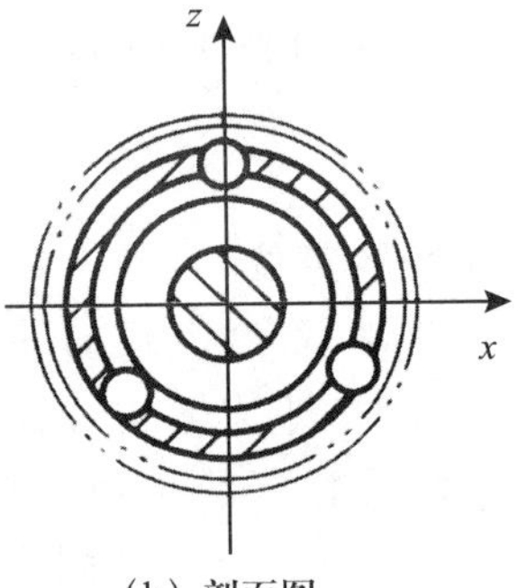

(b) 剖面图

图 2-29　以内孔为定位面的自动定心夹具

在实际生产中，理论上的定位支承点是用具体的定位元件或找正的方法来确定的。如图 2-30 所示，实现带槽环形工件六点定位的方法为：将其内孔套在短圆柱销 B 上，并紧靠台阶端面 A，用嵌在键槽中的小销 C 防止工件转动。不用将螺母全旋下来，就可将带有开口的挡圈和工件取下。注意：工件孔的直径应大于螺母的外尺寸。

1 个较大平面（长、宽都大）能限制 3 个自由度，1 个狭长的平面可以限制 2 个自由度，而 1 个很小的平面只能限制 1 个自由度。短圆柱表面可以限制 2 个移动自由度，而长圆柱表面可以限制 2 个移动自由度和 2 个转动自由度。实际上，直接分析各种定位元件能限制哪几个自由度，以及它们的组合限制自由度的情况，对研究定位问题更有实际意义。

如图 2-31(a) 所示，利用工件两端的外侧圆弧和工件的下接触平面进行定位，90° V 形铁定位 2 个圆弧面，其中一个 V 形铁固定，另一个 V 形铁可移动并夹紧工件；图 2-31(b) 为圆柱形工件的定位，仍然采用 V 形铁进行定位，采用偏心凸轮的快速夹紧方式，弹簧复位松开便于

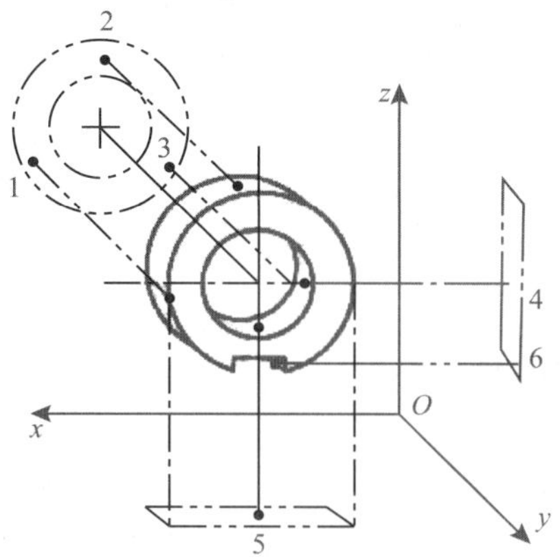

(a) 定位分析

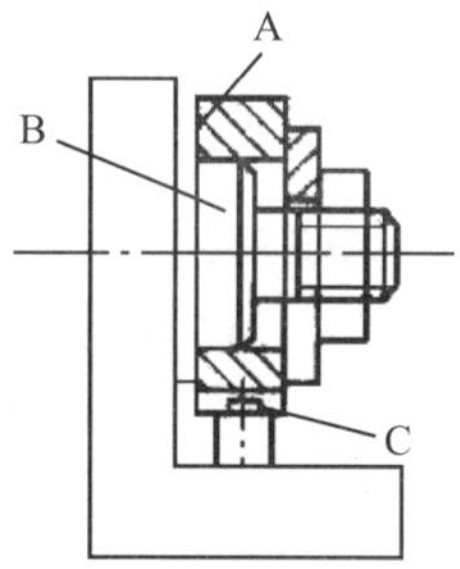

(b) 定位元件

图 2-30　带槽环形工件的定位

快速取出工件；图 2-31(c)为双孔定位方式，工件的下表面采用 2 处局部支承定位，限制沿 z 轴的移动和绕 x、y 轴的转动共 3 个自由度；短圆柱销限制沿 x、y 轴的移动自由度，削边销(也称菱形销)用于限制绕 z 轴的转动自由度，而在工件的两端分别安装有 2 个可转向的压板，用于快速压紧或释放工件。

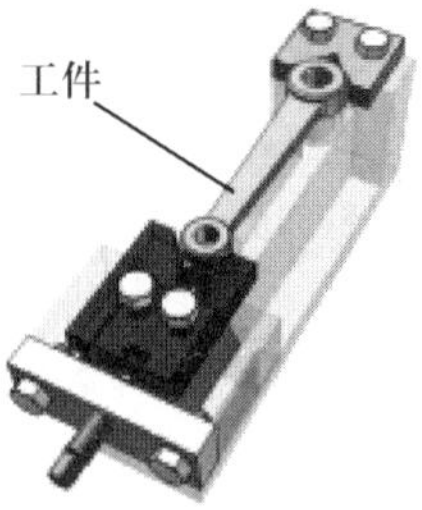

(a) 大平面和2个外弧面定位

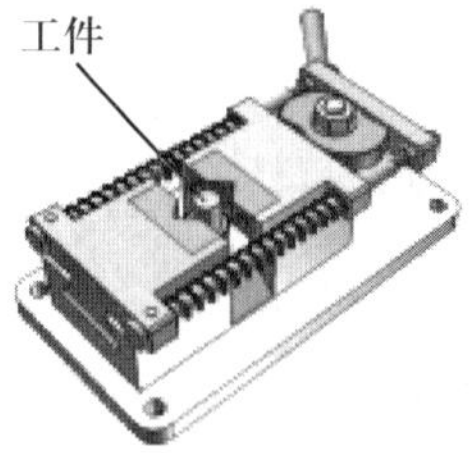

(b) 圆柱形工件的定位

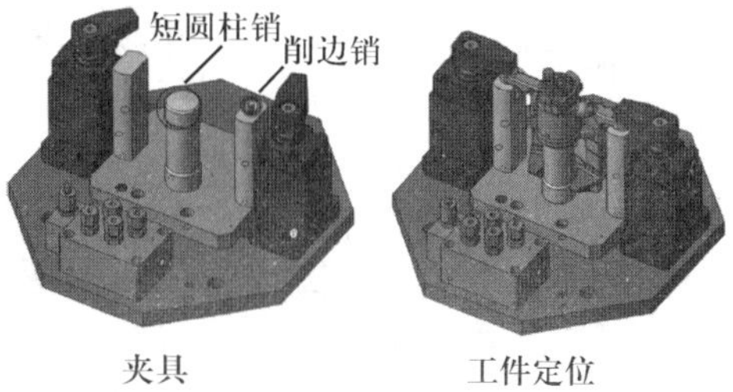

(c) 双孔定位方式

图 2-31　工件的定位

在如图 2-32(a)所示的结构中，定位圆锥体下方安装有弹簧结构，以适应不同直径的锥孔进行定位，无间隙，定位精度高。图 2-32(b)所示的双 V 形块定位适用于圆柱面的定位，上部

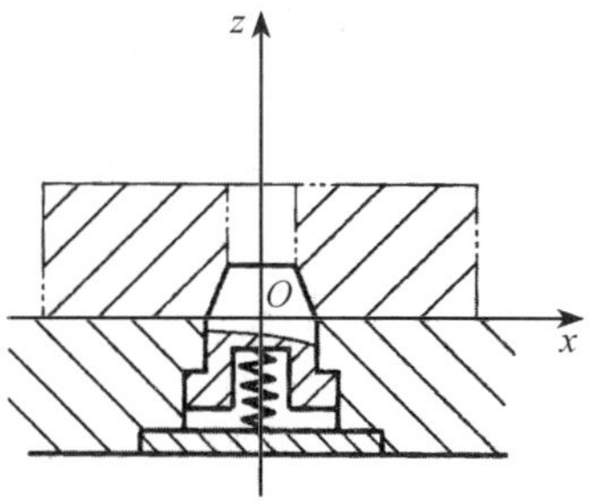

(a) 大平面与短圆锥定位

(b) 双V形块定位

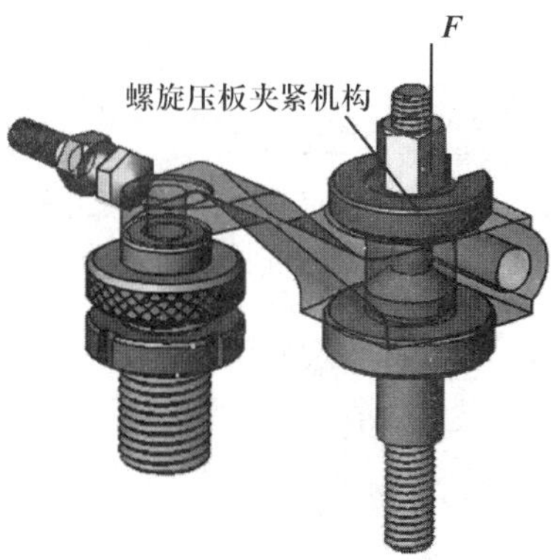

(c) 可调支承定位

图 2-32　工件的其他定位结构

的螺钉压头用于压紧工件。在图 2-32(c)所示的定位结构中,为调整 2 处下平面间的距离,设置了调节螺杆和锁紧螺杆;为提高工件的更换速度,还采用了传统的开口垫圈快换结构,设计时应注意上方长螺母的尺寸须能顺利通过工件的内孔。

二、夹紧机构

有些定位和夹紧机构是一体的,比如普通车床的三爪卡盘,在定位的同时,也完成了夹紧操作,提高了装夹效率。当然,在很多情况下会采用先定位、后夹紧的方式。如图 2-33(a)所示,工件以孔定位后,气缸活塞向左移动,推动楔铁左移,楔铁向上推动滚子(产生增力的效果),从而推动压板向下压工件,完成夹紧过程。在设计时应注意计算夹紧力、各部分尺寸和气缸活塞直径,以及工件脱离定位销后的取出空间。夹紧也可采用普通气缸和四杆机构[图 2-33(b)]的夹紧方式。

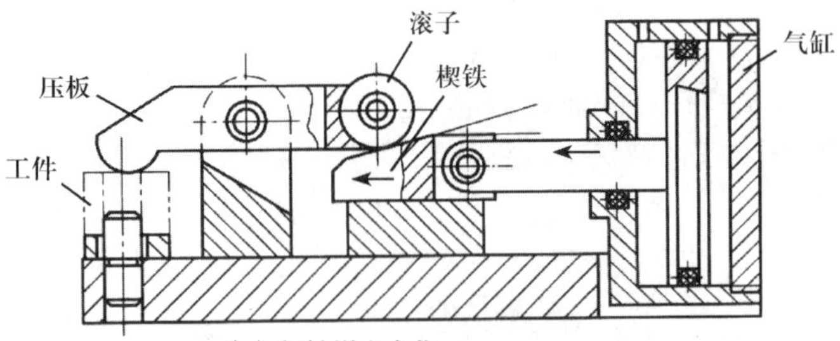

(a) 楔铁增力定位

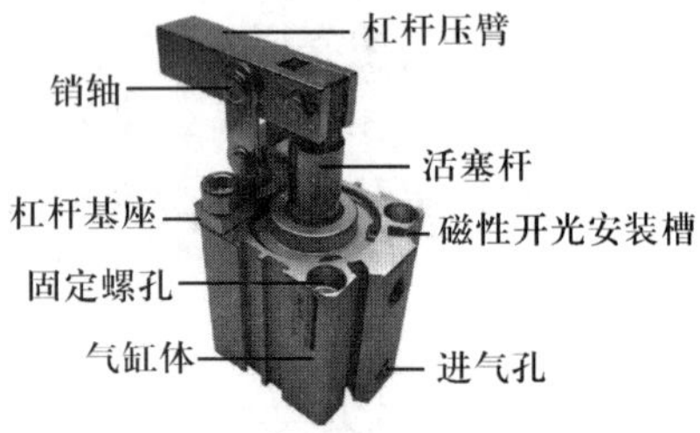

(b) 四杆机构

图 2-33 自动夹紧装置

法兰盘的夹紧机构如图 2-34(a)所示,压板所在的工件夹紧位置应有足够的刚度,以避免受力后产生变形,并且压板应保持水平,可选用螺杆调整结构。为保证在不夹工件时压板不会掉落,且工件容易被再次放入,压板下方安装弹簧用于向上支承压板。压板上的长槽孔起到一定的调节和适应作用,所以也称为移动压板。另外,应看出在如图 2-34(b)所示的尺寸时,螺母的夹紧力应取工件所需夹紧力的 2 倍。

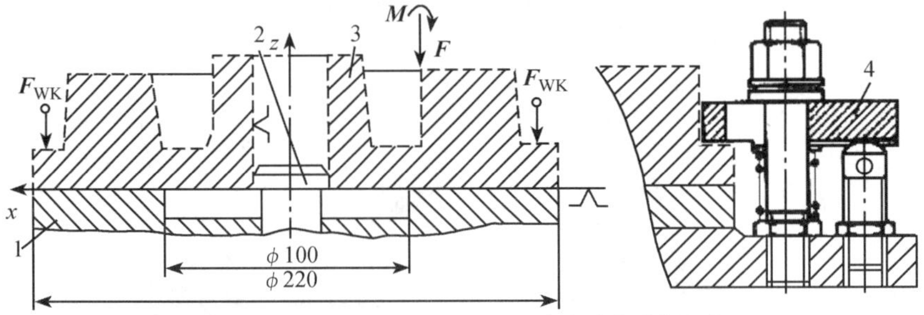

(a) 定位夹紧机构

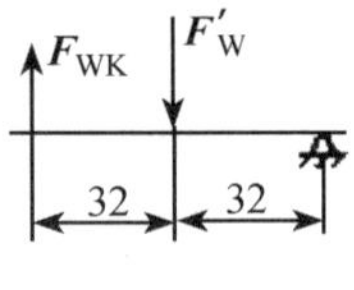

(b) 受力图

1—支承板;2—定位销;3—工件;4—移动压板

图 2-34 法兰盘的夹紧机构

偏心结构的夹紧方式也较常用,其特点是作用距离短,依靠死点位置实现可靠固定,实现增力和自锁,理论上的夹紧力可达到无穷大。图 2-35 为 4 种常见的偏心夹紧机构,其中

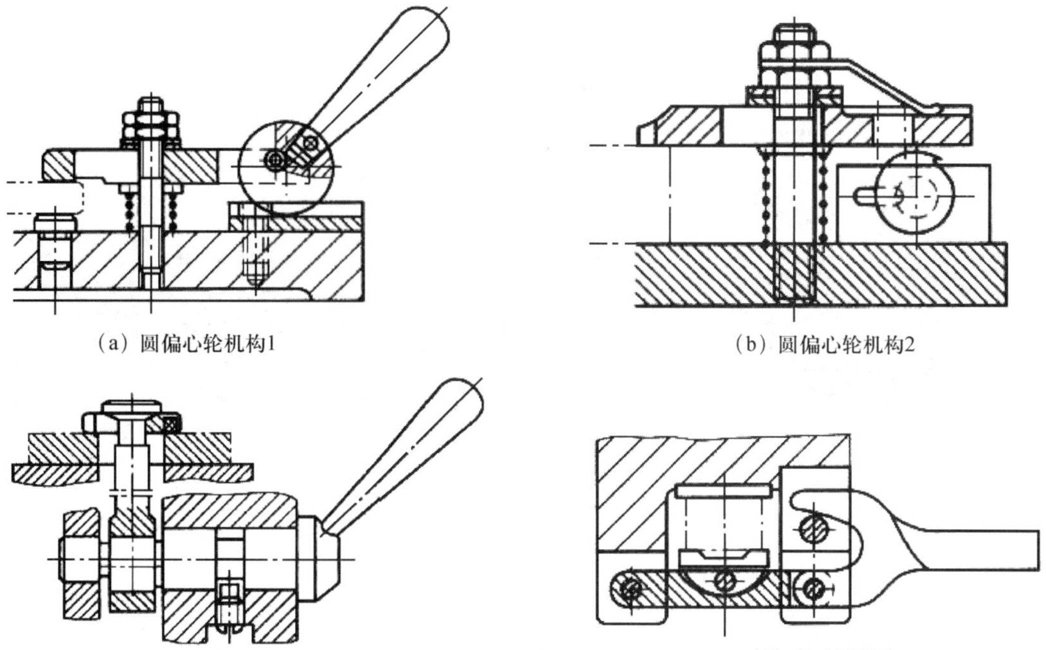

（a）圆偏心轮机构1　（b）圆偏心轮机构2

（c）圆偏轴机构　（d）偏心叉机构

图 2-35　常见的偏心夹紧机构

图 2-35(a)的圆偏心轮机构利用手动夹紧、弹簧复位的压板夹紧方式，在实际生产中更为常用。

思考与练习 2-3

1. 判断：工件具有 6 个自由度，所以在装夹时必须全部加以限制。（　　）

2. 填空：工件的夹紧需要外力输入，夹紧力可以来自________、________、________等。

3. 填空：在利用工件上的双孔进行定位时，2 个定位销应分别采用________销和________销。

4. 填空：偏心夹紧机构有利于夹紧，是因为其可以实现增力和________，夹紧力可以无穷大。

5. 简答：举例说明工件的夹紧力应如何计算。

6. 简答：试说明如图 2-36 所示的定位夹紧机构适用于对何种工件进行装夹。

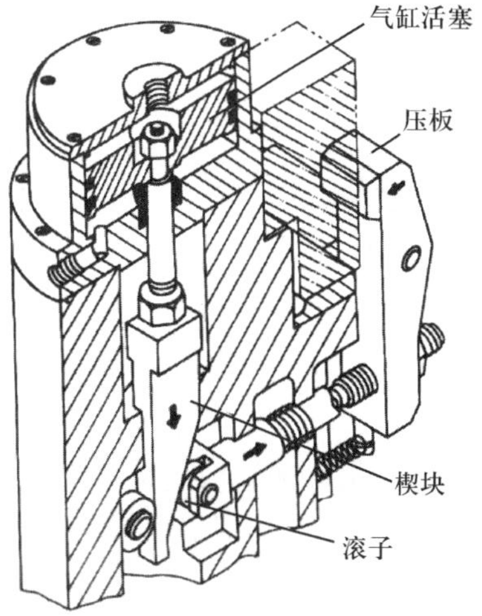

图 2-36　定位夹紧机构

第四节　操作执行机构

操作执行机构的作用是通过自动或手动的方式，对被加工工件进行切削加工、装配、测试检验、称重、喷涂等操作。

一、切削加工机构

切削加工主要有钻孔、铣削、车削、磨削、冲压等方式，配合定位方式完成加工过程。生产线上的机械加工，如图 3-37 所示，也是在定位后完成钻孔、剪切、车削等操作的。

(a) 多孔钻削加工　(b) 数控槽钢、扁钢冲孔（钻孔）、剪切生产线　(c) 轴承套圈车削加工

图 2-37　生产线上的机械加工

冲压模具的结构如图 2-38 所示，拉伸模的上模板通过模柄固定在油压机的压装头安装板上（如无模柄，也可采用压板压装），上模板固定有导套、凸模等，随液压缸杆一同上下运动。下模板固定有凹模、导柱等件，用压板固定在工作台上。钢板毛坯放在凹模上方，并由固定挡料销定位。上模板下行，钢板先被压在压边圈下（减少褶皱、断裂等缺陷），凸模将其拉入凹模内孔中。保持一定时间后，上模板上行，顶料杆将制件（钢板工件）向上顶出。凸模设置排气孔，防止成型过程中空气无法排出。

冲压模具结构

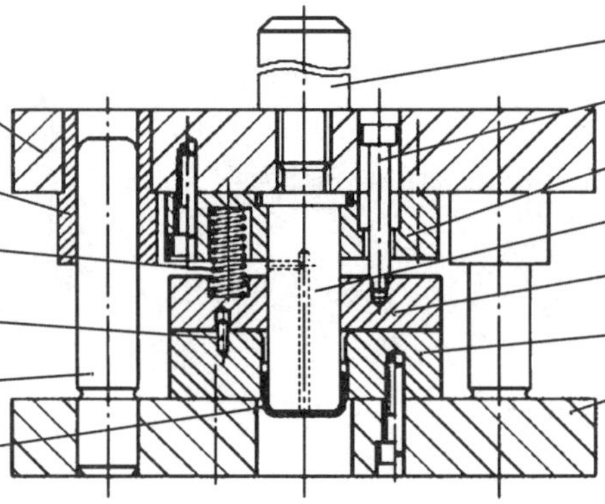

图 2-38　冲压模具的结构

二、装配机构

装配机构主要执行螺栓的拧紧、压装、铆接等操作，完成多个零件或组件的连接，并使其达到装配的技术要求，如强度、精度、防松等指标。

1. 螺钉装配

自动螺钉装配机如图 2-39 所示，其功能是完成工件的定位、螺钉的传送和拧紧等工作。工件的供料定位可以手动或自动完成；螺钉的自动供料一般由振动上料器完成，如图 2-40 所示，一般设有自动计数功能。螺钉的具体装配过程主要包括螺钉旋具的下行、螺钉的旋转紧固、螺钉旋具的上行等。螺钉旋具的下行和上行一般由气缸驱动，可用导套和导柱导向，在设备安装时要保证导柱与气缸缸杆的平行度，气缸上行退回、下行工作的位置由安装在气缸上的接近开关检测。螺钉的旋转紧固由气动马达或电动机实现。为保证固定的旋紧力矩大小，气动压强可调，或依靠电流控制电动机，或在电动机旋转头处设置过载打滑机构。

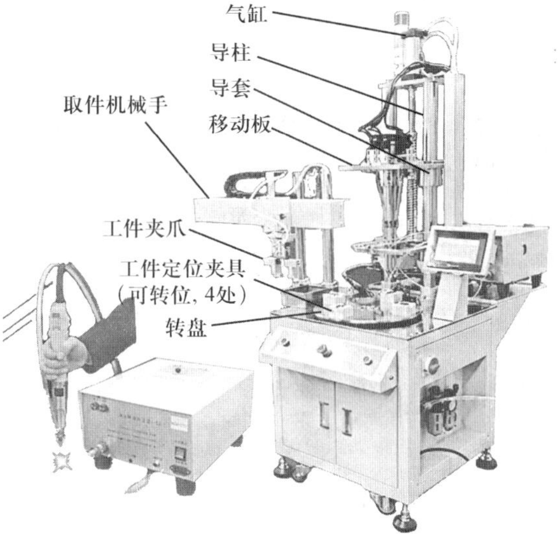

图 2-39　自动螺钉装配机

图 2-40　螺钉的自动供料

2. 压力装配

压力装配又称压装，是将有一定过盈量的几个零件通过施加外力的方法固定在一起。压装力一般采用气动、液压或电动缸来实现，压装时要保证被压装部位的对正精度，避免偏斜。

液压压装机的结构和模具如图 2-41 所示。液压压装机在工作时可降低压强以减小所需压装力。如果所需的压装力较小也可采用气动压装机。液压缸的缸杆下端固定在压装头安装板上，向下移动完成压装工作，一般工作过程为：快下→慢下→保压→快上。导柱配合导套完成导向工作，工作台用于安装工件的定位固定夹具，安装时要注意与压装头对正。保护光栅的作用是防止在压装时人手误入操作区发生危险。如果工作时人手意外进入操作区，即进入 1 对光栅的对射区挡住光线时，液压缸会停止移动，并发出声光报警。洗衣机滚筒轴承油封压装流水线如图 2-42 所示。

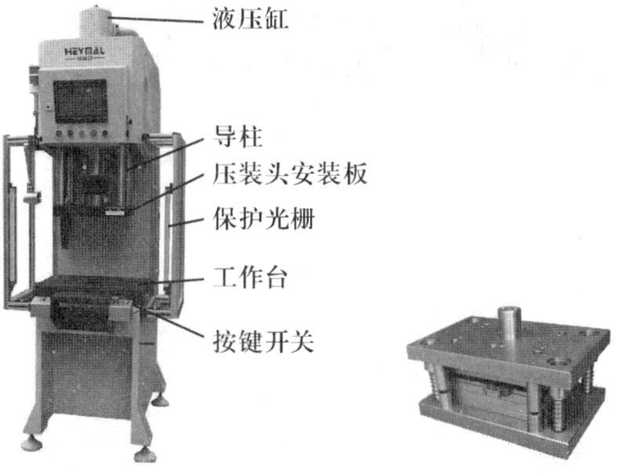

图 2-41　液压压装机的结构和模具

图 2-42　洗衣机滚筒轴承油封压装流水线

三、测试检验机构

测试检验机构用于实现质量、尺寸精度超过允许范围的工件的剔除操作。专用跳动/动平衡全自动检测流水线的自动剔除结构如图 2-43 所示。工件在生产线的传送过程中可边移动边检验，不合格品将被另线送出。质量检测可由称重传感器完成，尺寸检测可用光栅尺实现。

汽车专用跳动/动平衡全自动检测流水线

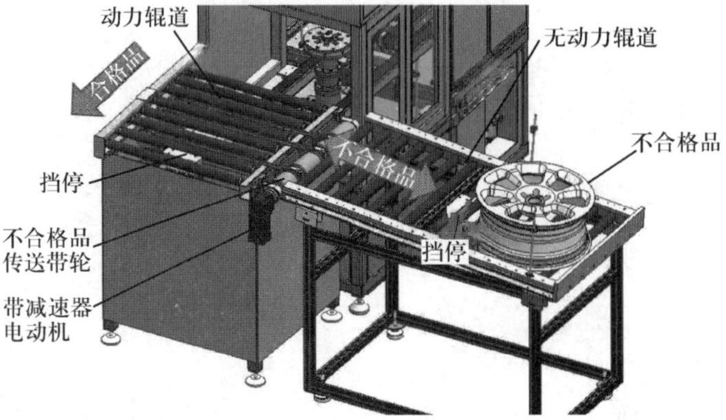

图 2-43　专用跳动/动平衡全自动检测流水线的自动剔除结构

专用跳动/动平衡全自动检测流水线适用于铝合金、钢轮毂的跳动与不平衡量检测；配备基于视觉的型号识别系统，可根据轮毂型号调取检测参数，适用于混线生产；具有自动上、下料功能，并能够对合格品与不合格品进行标识和分级。

1. 定位机构

功能：定位机构如图 2-44 所示，将工件输送至对中工位，由气缸驱动对中机构将工件位置对中，准备拍照。

配置：输送机、气缸、对中机构。

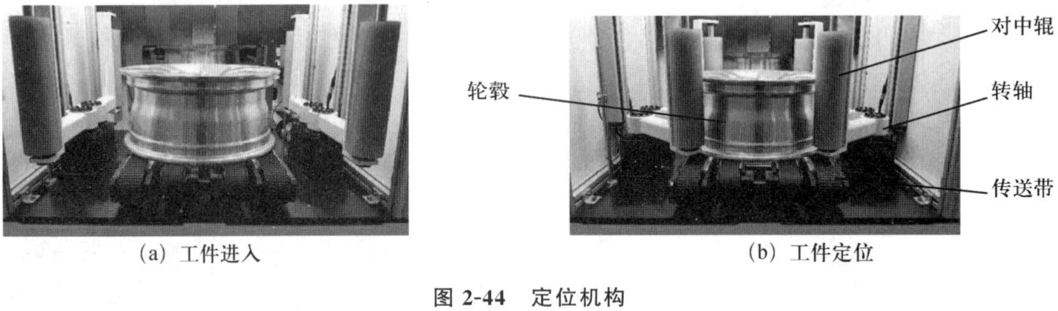

(a) 工件进入　　(b) 工件定位

图 2-44　定位机构

2. 跳动测试

功能：轮毂动平衡自动检测机构如图 2-45 所示，测量轮毂的内外侧径向和轴向跳动的大小和相位，并将结果显示在屏幕上；具有统计功能；可根据客户需要设定显示跳动的原始波形、一次谐波及 N 次谐波等；可将轮毂的高点或低点转到指定位置，并自动标记。

配置：轮毂夹具、主轴系统、跳动系统、动力系统。

图 2-45 轮毂动平衡自动检测机构

3. 动平衡测试

功能：轮毂的托举旋转机构如图 2-46 所示，测量双面不平衡量的大小与相位，并将结果显示在屏幕上；具有统计功能；可根据客户需要设定显示动不平衡量、静不平衡量、偶不平衡量；可将轮毂的重点或轻点转到指定位置，并自动标记。

配置：轮毂夹具、主轴系统、振动系统、动力系统。

(a) 工件进入至指定位置

(b) 工件定位后旋转

图 2-46 轮毂的托举旋转机构

轮毂动平衡自动检测机构的整体结构如图 2-47 所示，可通过一系列的操作，完成轮毂自动动平衡检测。

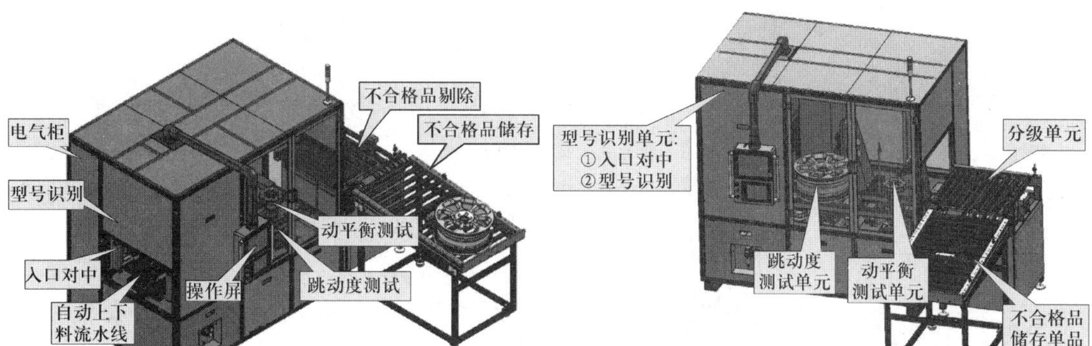

图 2-47 轮毂动平衡自动检测机构的整体结构

思考与练习 2-4

1. 判断：切削加工有钻孔、铣削、车削、磨削等方式，在加工前一般需要定位。（　　）

2. 填空：操作执行机构是指通过手动或自动的方式，对被加工工件进行________、________、________、称重、喷涂等操作过程。

3. 填空：________是将有一定过盈量的几个零件通过施加外力的方法固定在一起。

4. 填空：轮毂的跳动测量是通过测量轮毂的内外侧________和________跳动的大小与相位来进行的。

5. 多选：冲压模具主要由（　　）等组成。

A. 上模板和下模座　　B. 凸模和凹模　　C. 导柱和导套　　D. 压边圈

6. 简答：试说明自动化设备中的操作执行机构有哪些种类。

第五节　包装机构

包装机构一般用于生产的后一阶段，是将已完成的产品装入包装箱中。包装一般包括开箱、装箱、贴标、捆扎等过程。

一、开箱机构

开箱机构是将已经完成侧面封合的箱坯片，在送入充填工位之前撑开成箱型，或是将已完成侧面和底面的箱坯开启成箱型，然后调整其位置及姿态，送入充填工位。常见的开箱方式有真空开箱、吹气开箱和机械开箱等。

（一）真空开箱

真空吸取箱坯的开箱机构如图 2-48 所示。箱坯 3 竖直排列在存放架 1 内；架前端框架的两侧对称地配置有 4 个弹性挡片 12，上、下框各配置 1 个滚销 4，二者的作用都是挡住箱坯并使将要送出去的最前面的箱坯定位；存放架上还设有推送箱坯前进的推进装置 2；真空吸盘 7 吸住箱坯外箱面后在四杆机构 6 的作用下向外侧做弧线运动，挡销插在 2 层纸板间以挡住纸箱的内面，共同使箱坯从存放架中被推出并打开成型。

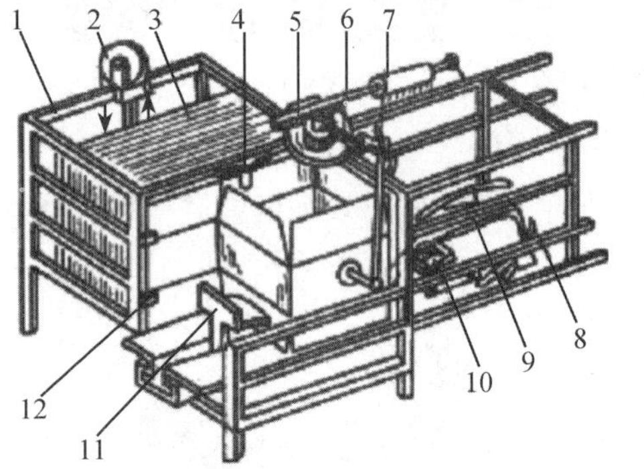

1—存放架；2—推进装置；3—箱坯；4—滚销；5—驱动杆齿条；6—四杆机构；7—真空吸盘；8—折封导轨；9—折页板；10—上胶器；11—推箱板；12—弹簧挡片

图 2-48　真空吸取箱坯的开箱机构

该机构的主动件和从动件均为摆动件，在驱动杆齿条 5 的驱动下做范围为 90°的摆动。主动杆顺时针摆动时，真空吸盘 7 向存放架前端的箱坯靠近；当要相碰时，真空接通，真空吸盘 7 紧紧地吸住箱坯的前片；接着主动杆反向回摆，真空吸盘拉着箱坯前片运动；运动中箱坯先后从两侧的弹簧挡片中脱出，但上、下滚销一直压在后片外折页里侧，起到和真空吸盘反向用力打开箱坯成筒的作用。当主动杆反向摆动到行程终点时，箱坯被完全展开，此时真空断开，真空吸盘放开箱坯；已被打开成筒型的箱坯由推箱板 11 推动前行。推进中，推箱板先将被推侧下面的内折页折合，前端下面内折页受折封导轨8的阻挡而折合，同时上胶器10的上胶轮对2个内折页外侧涂胶；随后，2个外折页受折页板9的作用折合并与内折页黏接，形成封底。根据需要，可以设置对箱底封合的加压装置，以便施压增强黏合强度。

(二)吹气开箱

吹气开箱机构如图2-49所示。存放架3内装有扁平箱坯4，最底下箱坯被取出后沿输送器2向右送出。输送器包括1对链条1，在链条上隔一段距离装有1个推块14，作用是将箱坯从存放架下面推出。当箱坯与链条一起经过位于输送器2一侧的吹风系统5时，吹风系统5喷出一股气流，其压力大于周围空气的压力，将箱坯撑开；为了保持局部打开的箱坯内的压力，在吹风系统5的对面、输送器的另一侧设置吹风系统12，与吹风系统5的气流相反；挡板6的作用也是使局部成型的箱坯内的压力稍高于周围大气的压力；接着，部分成型的箱坯移到第2输送器13上继续成型，最后完成开箱过程。

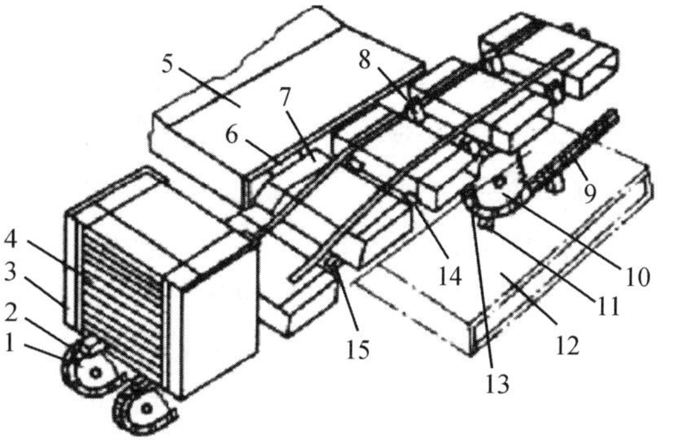

1—链条；2—输送器；3—存放架；4—箱坯；5、12—吹风系统；6—挡板；7—箱子折页；8、11—挡块；9—链条；10—链轮；13—第2输送器；14—推块；15—轨道

图2-49 吹气开箱机构

吹气开箱坯

(三)机械开箱

挡板-推板开箱原理如图2-50所示，当压扁的箱坯输送到传送带上挡板位置时，推板沿顺时针方向旋转，推动箱坯竖立而打开。拉盖-上翘开箱原理如图2-51所示，由气缸带动折盖夹夹住纸箱折盖向斜上方运动，同时上翘臂从下面向上顶推箱坯，完成张开箱坯的操作。

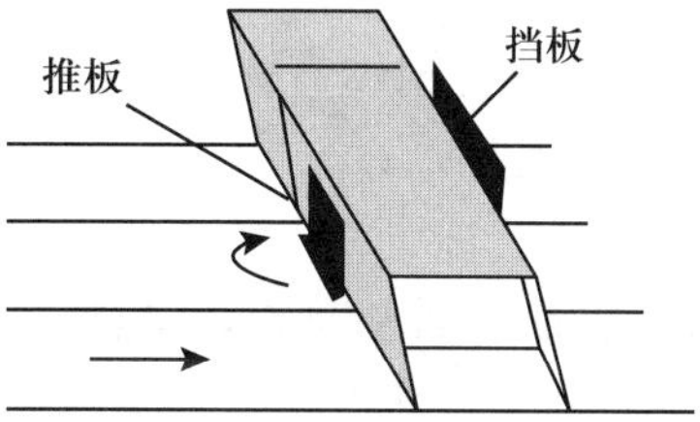

图2-50 挡板-推板开箱原理

推板开箱

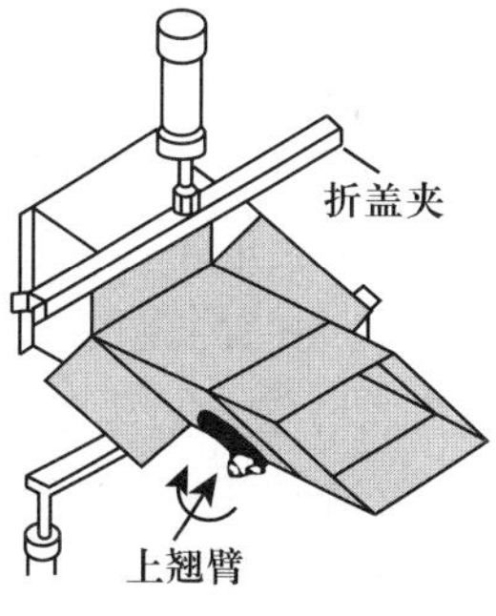

图2-51 拉盖-上翘开箱原理

二、装箱机构

装箱是指将物品装入箱类包装容器中的过程。装箱的方式有很多种，选择时要考虑许多因素，如包装的类型、箱型、生产速度、场地空间、投资回收率等。

(一)根据物料排列方式分类

根据物料排列方式，装箱方式可分为单层装箱和多层装箱。

1. 单层装箱

当物品的高度和箱内高度相近时，采用单层装箱，如图 2-52 所示。被装箱的物品在推力作用下作为一个整件被一次性或多次推入箱内。

2. 多层装箱

多层装箱是指 2 层或 2 层以上的物品排放在装料板上，当堆积到足够装满 1 箱时，才被装入箱内。如图 2-53 所示，5 个物品被推到装料板上成为第 1 层，当最前面的物品碰到限位开关时，启动提升机构使这层物品升起，挡住其他物品的移动；当这层物品向上通过铰接式活动挡板时，由活动挡板承接该层物品，装料板下降，准备承接第 2 层物品；当活动挡板上装好第 2 层物品时，推板将整堆物品推入箱内。

单层装箱动画演示

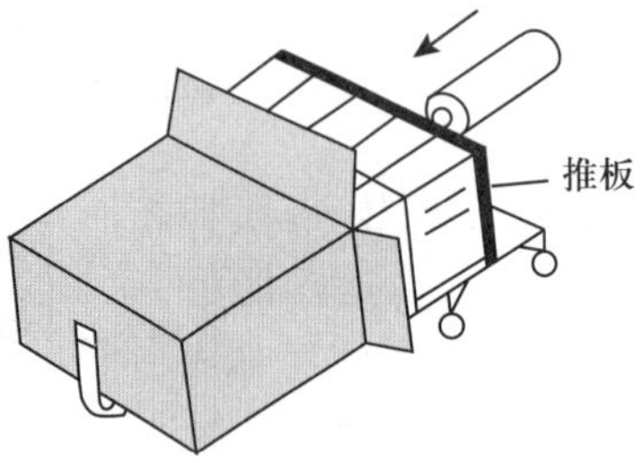

图 2-52　单层装箱

多层装箱动画演示

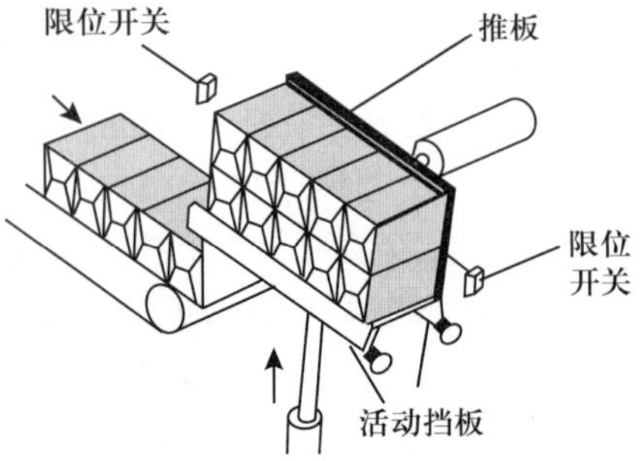

图 2-53　多层装箱

(二)根据装箱工艺分类

根据装箱工艺不同，装箱方式可分为卧式装箱、拾放式装箱、下落式装箱、夹持装箱等。

1. 卧式装箱

卧式装箱如图 2-54 所示，物品从侧面装入，较适合用于纸盒、金属容器或任何刚性、半刚性的有一定形状的物品。由人工或机器打开扁平的瓦楞纸箱，折叠好底部折翼，将它放在或传送到为装入物品而准备的装箱筒或漏斗上。升降台装置将物品从下向上推送、堆积，当堆积到所需的高度时，其最顶层的物品触动开关，使链轮转动并由链条带动推料板将已堆积好的物品由右向左推入卧式纸箱内，从而完成这一批物品的充填装箱任务。根据需要，还可以继续进行第 2 批、第 3 批物品的充填。

2. 拾放式装箱

①凸轮拾放式装箱如图 2-55 所示，气动夹头由凸轮轮廓控制运动轨迹，当它夹住物品后上升，然后平移，最后下降，将物品放入开口的包装容器内。

②连杆拾放式装箱如图 2-56 所示，气动夹头由连杆控制其运动轨迹，当它夹住物品后边上升边平移，到达装箱工位时将物品从竖直方向充填入开口的包装容器内。气动夹头一般用于瓶状物品的夹取，如图 2-57 所示，其弹性橡胶套包裹在金属内衬套的外表面，金属内衬套上有 4 个方孔，弹性橡胶套与金属外壳之间形成一个周向密闭的气室，压力空气通过输送管道到达气室。当压力空气进入气室时，弹性橡胶套在金属内衬套上的 4 个方孔处膨胀起来，紧紧夹住瓶颈上部，从而将瓶子夹住；当到达充填工位时，气体释放，夹头从瓶口松开退到原位。

拾放物品也可采用机械手、真空吸盘、电磁吸取等方法，适应性强，目前较为常用。

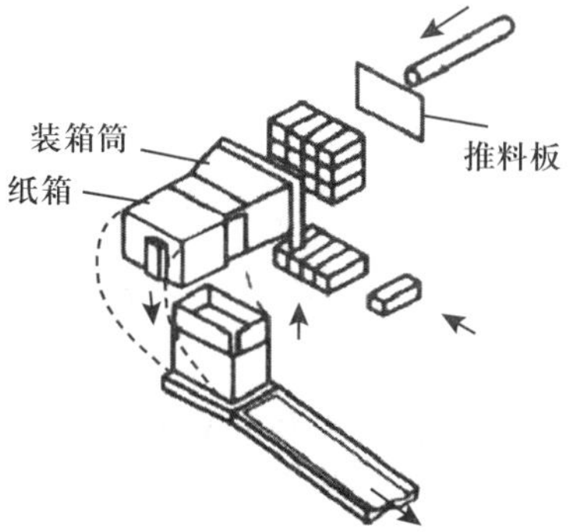

图 2-54 卧式装箱

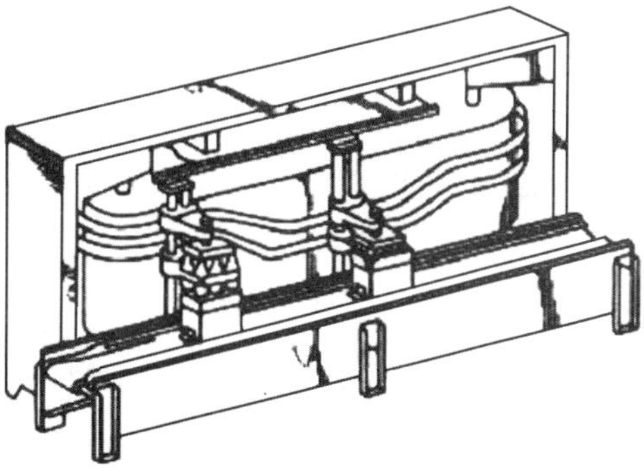

图 2-55 凸轮拾放式装箱

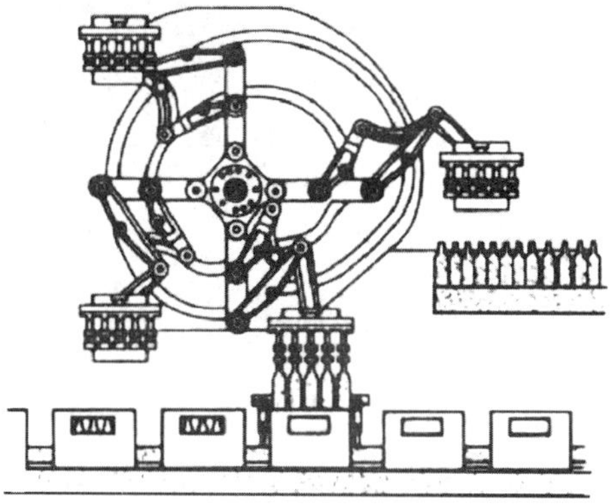

图 2-56 连杆拾放式装箱

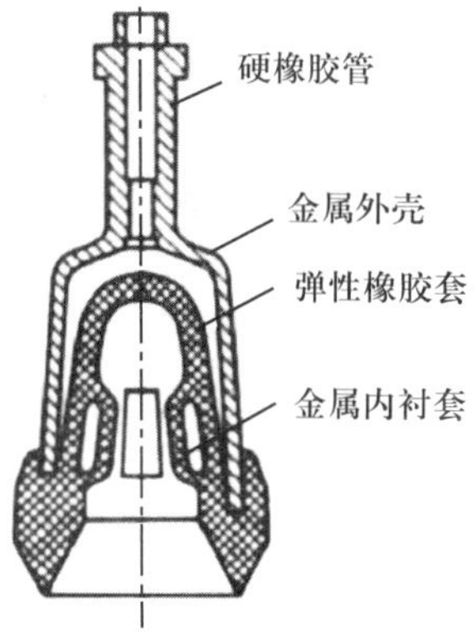

图 2-57 气动夹头

思考与练习 2-5

1. 判断：包装机构一般用于生产的后一阶段，将已完成的产品装入包装箱中。（　　）

2. 填空：包装一般包括________、________、贴标、捆扎等过程。

3. 填空：装箱的方法有多种，根据物料排列方式可分为________装箱和________装箱。

4. 填空：根据装箱工艺不同，装箱方式可分为________装箱、________装箱、拾放式装箱、夹持装箱等。

5. 多选：自动化生产线上常用的开箱方式有（　　）开箱等。

A. 手动　　B. 机械　　C. 吹气　　D. 真空

第六节 机架结构

机架是设备各组成部分的连接基础，是各组成部分保持相对位置和精度的重要保证。机架的强度、刚度和长期使用的稳定性，都是衡量机架结构和性能好坏的重要指标。在机架上常设有导轨安装面、地脚固定、水平调整以及传动机构的连接螺纹孔、定位销钉孔等。此外，机架上应有安装操作按钮、急停开关、指示灯的操作盒，或安装显示操作状态的显示屏等。

机架有多种结构形式，主要有连接机架、焊接机架和铸造机架等，应根据生产效率、成本、批量等进行选择。

一、连接机架

连接机架具有安装、拆卸、搬移、运输比较方便的特点，广泛用于自动化机械设备、流水线输送带、提升机、点胶机和检测设备等，组装过程中不需要焊接，可以是铝合金或钢结构件。铝型材连接机架如图 2-58 所示。

图 2-58 铝型材连接机架

连接机架常用于流水线设备中产品的生产和输送，依据输送机构的不同可以分为以下几类。

1. 皮带输送线

皮带输送线如图 2-59 所示，是一种常见的生产设备，应用范围比较广泛，在机械、电子、包装、化工等行业都有应用。

2. 滚筒输送线

滚筒输送线如图 2-60 所示，可分为无动力输送和动力输送 2 种形式，常用于较重、较大工件和包装箱、托盘的输送。

图 2-59 皮带输送线

图 2-60 滚筒输送线

3. 链板输送线

如图 2-61 所示，链板输送线以金属板为输送链，可以承载大宗、较重的物品，比较适用于重工业生产，如汽车制造、电视机生产等。

4. 网带输送线

如图 2-62 所示，网带输送线是以金属网为输送载体的流水线设备，常用于产品的烘干。

图 2-61　链板输送线

图 2-62　网带输送线

5. 悬挂输送线

如图 2-63 所示，悬挂输送线即悬挂链输送线，以悬挂的方式完成产品的输送，常与链板输送线一起应用于汽车制造等行业。

图 2-63　悬挂输送线

目前比较常用的是铝型材连接机架，通常由多根铝型材通过专用连接件用螺钉连接紧固而成，如图 2-64 所示。铝型材的表面经过氧化后，不仅具有防锈的作用，外观还更美观大方；铝型材一般采用中空结构，以增加抗弯、抗扭能力；外侧有 T 形槽，便于采用专用铝型材配件，组装成不同的铝型材框架。

(a) 直角连接　　(b) 斜角连接　　(c) 加长连接

图 2-64　铝型材的连接结构

对美观性要求比较高的客户，还可以选用内六角螺栓固定的方式。内六角螺栓隐藏在铝型材内部，表面光滑，消除了刮、划损伤的危险源。

除了内六角螺栓和角件之外，内置连接件、锚式连接销、角槽连接件、斜角连接件、L 形连接板、T 形连接板等都可以实现直角连接。上述配件的连接方式主要是 L 形、T 形和十字形连接。铝型材和配件如图 2-65 所示，铝型材的角件和铰链连接方式如图 2-66 所示。

图 2-65　铝型材和配件

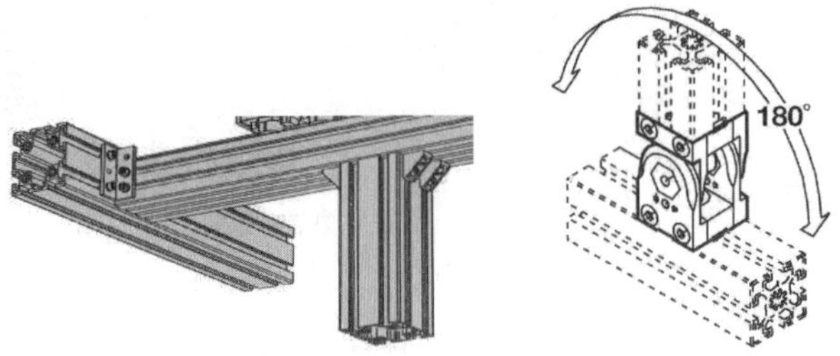

图 2-66　铝型材的角件和铰链连接方式

二、焊接机架

焊接机架不如连接机架安装灵活和易于调整及改装，它的生产周期较长，但强度和刚度较高；与铸造机架相比，焊接机架具有质量轻、生产周期短以及施工简便等优点。图 2-67 所示为激光切割机的机架结构，钢板的焊接结构如图 2-68 所示。

为减轻质量，减少焊接变形量和焊接工作量，应尽量选用标准的型材如槽钢、角钢、空心方管等作为主体材料。角钢、槽钢、工字钢、空心方管等型材是按其截面形状来命名的。

图 2-67　激光切割机的机架结构

图 2-68　钢板的焊接结构

1. 角钢

角钢的规格用边宽度和边厚度的尺寸表示。如图 2-69(a)所示，等边角钢的边宽度 1 与边宽度 2 是相等的，尺寸参见附录二。目前国产角钢为 2～20 号，以边宽度的 cm 数为号数，同一号角钢常有 2～8 种不同的边厚度。如有特殊需要也可以选用不等边角钢或钢板条(钢带)折弯的角钢。

2. 槽钢

槽钢的规格主要用高度 h、腿宽度 b、腰厚度 d 的尺寸来表示，如图 2-69(b)所示，参见附录二。如[120×53×5，表示高度为 120 mm、腿宽度为 53 mm、腰厚度为 5 mm 的槽钢。国产槽钢规格为 5～40 号，相应的高度为 50～400 mm。

3. 工字钢

工字钢的规格以高度 h、腿宽度 b、腰厚度 d 的尺寸表示，如图 2-69(c)所示，参见附录二。如“I160×88×6”，表示高度为 160 mm、腿宽度为 88 mm、腰厚度为 6 mm 的工字钢。工字钢有 10、12、14、16、18、20、25、30、36、40、45 等型号，代表高度的厘米数。

4. 空心方管

空心方管的规格以长边长 h、短边长 b、壁厚 t、外圆弧半径 r 的尺寸表示，如图 2-69(d)所示。如“□20×20×2”，表示 2 条边长都为 20 mm(等边)、壁厚为 2 mm 的空心方管。常用边长有 20 mm×20 mm、25 mm×25 mm、30 mm×30 mm、40 mm×40 mm、50 mm×50 mm 等，常见壁厚有 0.6、0.8、1.0、1.2、1.5、2.0 mm 等(标厚一般比实厚薄些)。

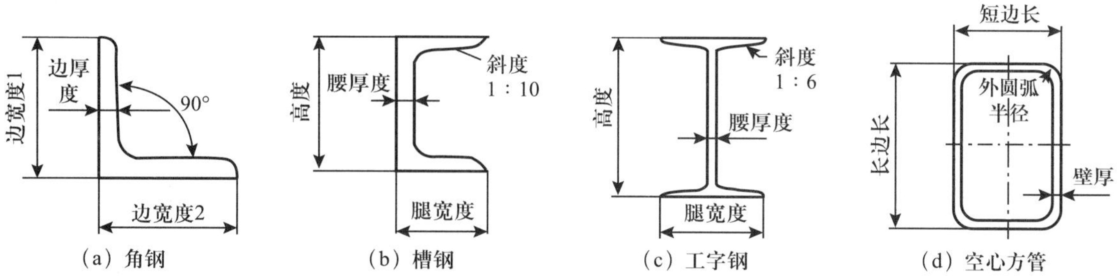

图 2-69 型材的规格

对于强度、刚度要求较高的安装部位，可焊接厚钢板。在焊接、时效处理之后进行机械加工，可满足较高的形位公差(平面度、平行度等)、表面粗糙度要求。机械加工部位一般采用铣削和钻孔等加工方式，在设计时应注意留有加工余量(根据尺寸精度、变形量和尺寸大小)，钻孔应与铣削表面垂直，既利于加工，又保证螺栓不受弯矩的作用。需要加工的连接表面包括电动机、导轨、轴承座、地脚、传感器和开关等的安装表面。焊口位置应尽量避开加工表面。

焊接方式较多，如手弧焊(设备简单、成本低，较为常用)、二氧化碳保护焊、埋弧焊、点焊、摩擦焊等。为减少焊接变形，可采用断续焊的局部焊接方式。

根据 GB/T 3375—1994 规定，手工电弧焊焊接碳钢和低合金钢的基本焊接接头形式有对接接头、角接接头、搭接接头、T 形接头和锁底接头等，如图 2-70 所示。焊接坡口的尺寸如图 2-71 所示。

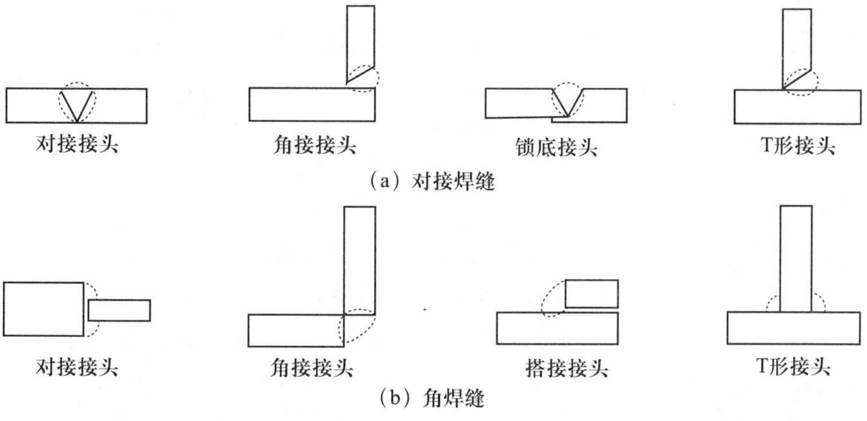

图 2-70 基本的焊接接头形式

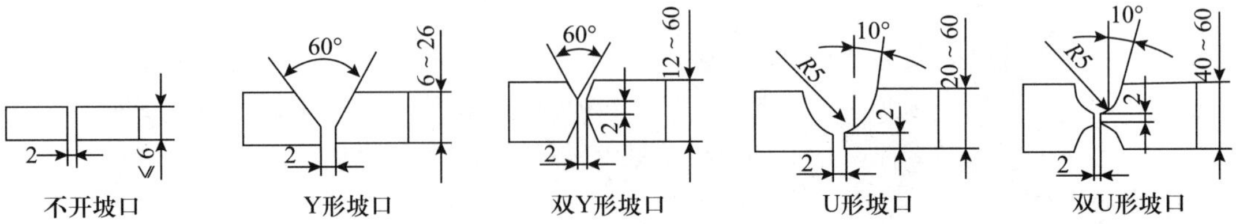

（a）对接接头

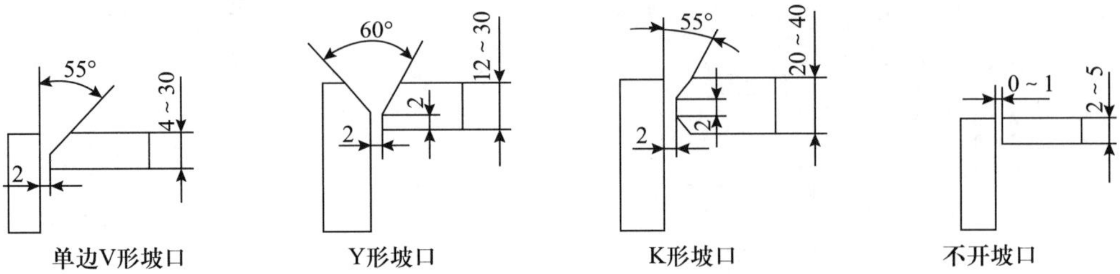

（b）角接接头

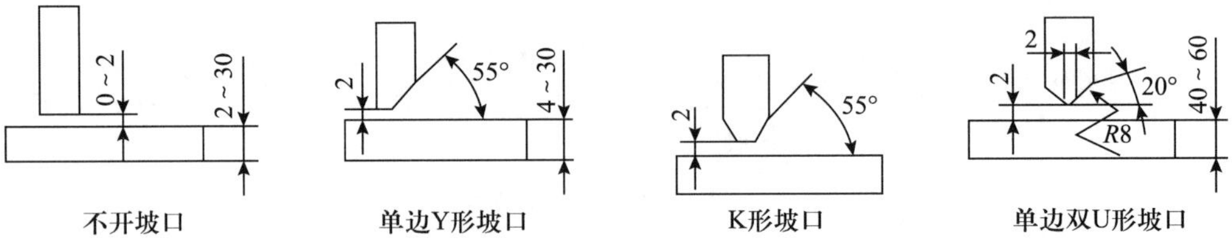

（c）T形接头

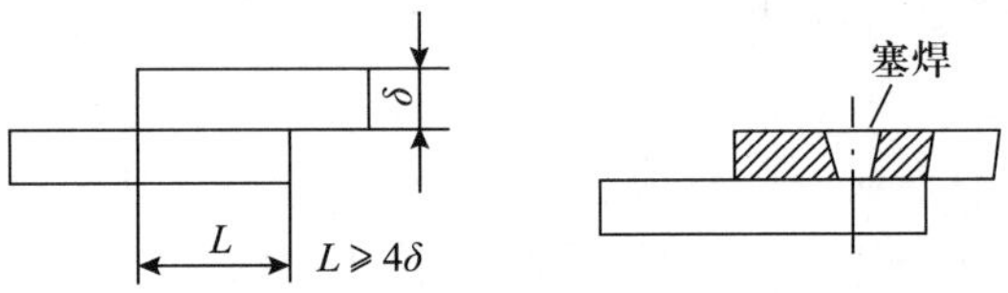

（d）搭接接头

图 2-71　焊接坡口的尺寸

在进行结构设计时，设计者应综合考虑结构形状、使用要求、焊件厚度、变形大小、焊接材料的消耗量、坡口加工的难易程度等因素，以确定接头形式和总体结构型式。

三、铸造机架

1. 结构特点

铸造机架加工周期长，主要为整体机架形式，更适合批量生产。图 2-72 为车床的铸造床身结构，床身整体采用框架式结构，在安装、支承位置的厚度较大，因为这些部分不仅需要很高的承载力，还需要留有足够的加工余量。其余部分可采用较薄的筋板连接，为减重可设置工艺孔。

2. 结构要求

床身为铸件，所以也应满足铸件对于结构和尺寸的要求：

①尽量消除铸件内部侧凹，使铸造的模具结构简单，节约成本；

②尽量使铸件壁厚均匀，可利用筋减少壁厚，减少铸件气孔、缩孔、变形等缺陷；

③尽量消除铸件上的深孔、深腔，因为细小型芯易弯曲、折断，而深腔较难充填和排气；

④设计的铸件要便于脱模、抽芯；

(a) 普通车床的铸造床身

(b) 斜床身数控车床的铸造床身

图 2-72 车床的铸造床身结构

⑤在满足不同部位强度、刚度和减重要求的前提下，壁的厚度应尽量一致或相近，太厚或太薄都不宜；

⑥应合理选择铸造圆角，避免尖角、死角。铸造圆角应根据铸件的尺寸大小选择，一般取 $R2 \sim R5$；

⑦注意拔模角度，即设计拔模斜度；

⑧考虑铸后的加工难度。

3. 铸件材料

对于强度要求不高的铸件，如车床的床身，可以选用 HT200 材料；而对于强度要求较高的机架或箱体结构，可选用 HT400 或铸钢材料；当要求铸件质量较轻时，可选用铸造铝合金材料。

不同类型的机架有不同的应用场合和特点(表 2-1)，在选用时应根据具体的用途、成本等情况进行选取。

表 2-1 不同机架的特点

项目	连接机架	焊接机架	铸造机架
机架质量	可采用铝型材或钢型材结构，质量轻	钢板焊接的毛坯比铸铁毛坯轻 30%，比铸钢毛坯轻 20%	较重
强度、刚度和抗震性	强度、刚度较高；但由于是连接结构，抗震性较差	强度高、刚度大，对同一结构的刚度为铸铁的 2.5 倍，钢的疲劳强度为铸铁的 3 倍；抗震性较差	强度和刚度较低，但内摩擦力和阻尼作用大，所以抗震性能好
材料价格	价格较低	价格高	单件价格高，批量价格低
生产周期	生产周期短	生产周期较短	生产周期长，资金周转慢
设计条件	可采用多种连接件，结构设计灵活，并可根据情况及时进行结构的改变	结构设计灵活，壁厚可以相差很大，并且可根据工作情况选用不同性能的材料	由于技术的限制，铸件的壁厚不能相差过大；在结构上为了取出芯砂，设计时只能用开口式结构，影响刚度
应用场合	适用于装配生产线、货架等的组装	适用于单件、小批量生产的大、中型机架，如水压机横梁、底座及立柱，轧钢机和颚式破碎机的机架	适用于大批量生产的中、小型机架，如车床、铣床的床身

思考与练习 2-6

1. 判断：机架是设备各组成部分的连接基础，是其他组成机构保持相对位置和精度的重要保证。（　　）

2. 判断：铝型材机架是由多根铝型材通过专用连接件用螺钉进行连接紧固而成。（　　）

3. 填空：机架的________、________和长期使用的________，都是衡量机架质量的重要指标。

4. 填空：设备的机架主要有________机架、________机架和________机架等结构形式。

5. 填空：用于产品生产输送的设备，依据输送链条（板）的不同有________输送线、________输送线、________输送线、________输送线和悬挂输送线等种类。

6. 多选：为减轻质量、减少焊接变形和焊接工作量，常用的型材有（　　）和空心方管等。

A. 冷弯钢　　B. 工字钢　　C. 槽钢　　D. 角钢

综合项目

参考下图，设计一个棒料（直径 10～20 mm，长度 50～70 mm，尺寸可调）数控车床供料机构，要求有料仓（储料至少 50 根）、传送机构和下料机构。

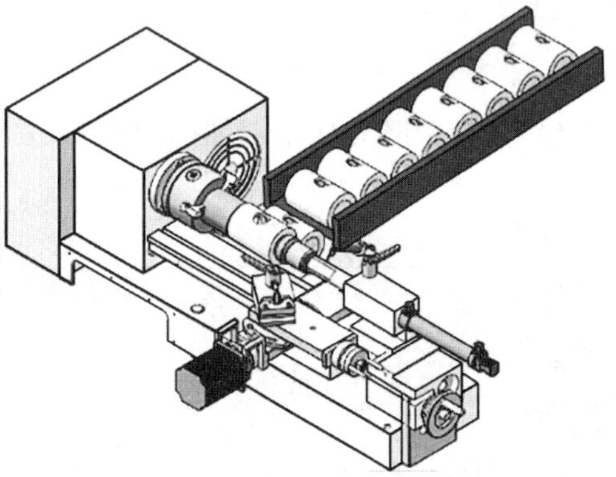

图 2-73　自动上料机

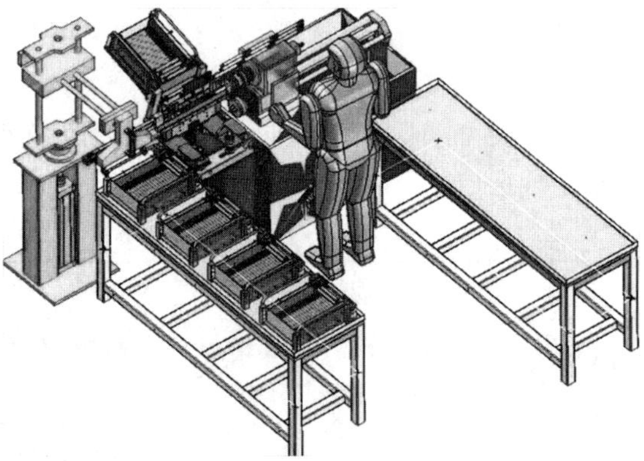

图 2-74　自动上、下料设备

第三章　机械的具体结构和参数

第一节　轴套类件及滚筒的结构

一、轴的组件和结构

轴的组件设计是在总装、部件设计基础上进行的，应保证轴上各装配零件的轴向定位可靠和拆装方便，进行轴的扭转、弯曲强度校核，确定轴承和键连接选型。进行轴的组件设计时应考虑载荷的分布、大小和机械加工的工艺性。

典型的轴组件结构如图 3-1 所示。由于是圆柱斜齿轮，传动时存在较大的轴向分力，采用 2 个圆锥滚子轴承。如果是圆柱直齿轮，可选用深沟球轴承或圆柱滚子轴承(载荷较大时)。轴采用阶梯轴形式，即中间部位直径大，便于轴上零件由两侧进行装配，力学性能好，符合等强度的设计原则。两侧的轴承向中间支承，对轴起到定位的作用，一般不用调整垫而采用调整环调整轴向间隙。如图 3-1 中“○”所示，要保证调整环可靠压紧齿轮，齿轮的宽度必须大于其所在轴径圆柱面的轴向尺寸，一般相差 1 mm 即可；轴承端面处同样需要注意。轴和键一般都采用 45 钢进行调质处理，强度要求高或大尺寸的轴可采用 40Cr 等合金钢材料，轴承端盖选用铸铁，调整环可选用 Q235-AF 钢。

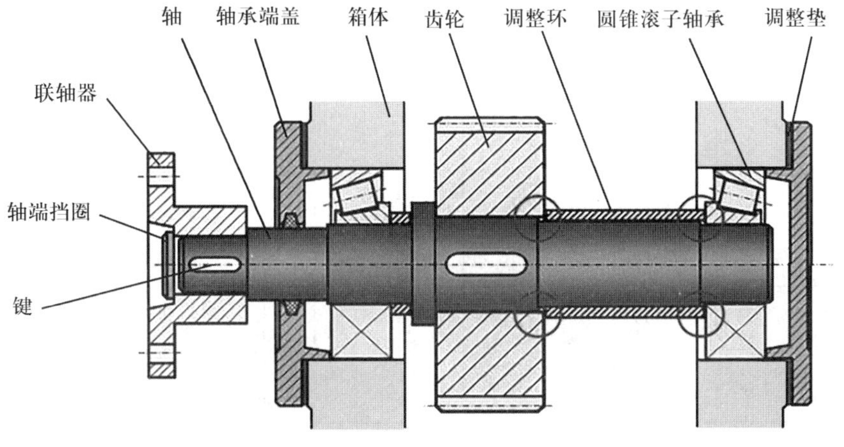

图 3-1　典型的轴组件结构

轴组件结构动画演示

基孔制轴孔配合的基准公差见表 3-1。由于在同样尺寸的情况下孔比轴难加工，多选用基孔制配合，配合中孔的精度一般低 1 级，例如 H7/h6，孔取 7 级精度，轴取 6 级精度；而在公差带较大的情况下，孔就不难加工了，此时孔与轴可选取同样的精度，例如 H11/c11，即孔和轴都取 11 级精度。齿轮内孔、轴承小径与轴不经常拆卸，应保证较高的定位精度，可选 H7/k6；

轴承端盖与箱体孔径不需要高配合精度，为拆卸方便宜选 H9/d9；调整环的孔与轴一般无配合精度要求，在设计时可不标注公差，取自由公差即可。

表 3-1　基孔制轴孔配合的基准公差

基准孔	轴																			
	a	b	c	d	e	f	g	h	js	k	m	n	p	r	s	t	u	v	x	y	z
	间隙配合								过渡配合			过盈配合									
H6						H6/f5	H6/g5	H6/h5	H6/js5	H6/k5	H6/m5	H6/n5	H6/p5	H6/r5	H6/s5	H6/t5					
H7						H7/f6	H7/g6	H7/h6	H7/js6	H7/k6	H7/m6	H7/n6	H7/p6	H7/r6	H7/s6	H7/t6	H7/u6	H7/v6	H7/x6	H7/y6	H7/z6
H8					H8/e7	H8/f7	H8/g7	H8/h7	H8/js7	H8/k7	H8/m7	H8/n7	H8/p7	H8/r7	H8/s7	H8/t7	H8/u7	H8/v7	H8/x7	H8/y7	H8/z7
H8				H8/d8	H8/e8	H8/f8		H8/h8													
H9			H9/c9	H9/d9	H9/e9	H9/f9		H9/h9													
H10			H10/c10	H10/d10				H10/h10													
H11	H11/a11	H11/b11	H11/c11	H11/d11				H11/h11													
H12		H12/b12						H12/h12													

注：阴影字部分为优先选用的配合。

1. 键的连接结构

(1)键的结构尺寸

轴上的多个键槽应位于轴的同一侧，如图 3-1 所示，这样便于在一次装夹下完成多处键槽的加工，减少装夹和刀具定位时间。键槽的宽度、高度应根据轴径尺寸，按键的连接配合表(表 3-2)选取。键和键槽的长度一般比所在圆柱面的轴向尺寸小 5～10 mm 为宜，即轴向单侧留有 2～5 mm 的尺寸余量；对于大批量生产，可在表 3-2“键的长度系列”中选取。应校核键的剪切强度，以保证键能承受传动的转矩要求。

表 3-2 键的连接配合表 mm

轴	键	键槽											
			宽度 b					深度				半径 r	
			极限偏差					轴 t		毂 t_1			
公称直径 d	公称尺寸 $b\times h$	公称尺寸 b	较松键连接		一般键连接		较紧键连接						
			轴 H9	毂 D10	轴 N9	毂 JS9	轴和毂 P9	公称尺寸	极限偏差	公称尺寸	极限偏差	最大	最小
6～8	2×2	2	+0.025 0	+0.060 +0.020	−0.004 −0.029	±0.012 5	−0.006 −0.031	1.2	+0.1 0	1.0	+0.1 0	0.08	0.16
>8～10	3×3	3						1.8		1.4			
>10～12	4×4	4	+0.030 0	+0.078 +0.030	0 −0.030	±0.015 0	−0.012 −0.042	2.5		1.8			
>12～17	5×5	5						3.0		2.3		0.16	0.25
>17～22	6×6	6						3.5		2.8			
>22～30	8×7	8	+0.036 0	+0.098 +0.040	0 −0.036	±0.018 0	−0.015 −0.051	4.0	+0.2 0	3.3	+0.2 0		
>30～38	10×8	10						5.0		3.3		0.25	0.40
>38～44	12×8	12	+0.043 0	+0.120 +0.050	0 −0.043	±0.021 5	−0.018 −0.061	5.0		3.3			
>44～50	14×9	14						5.5		3.8			
>50～58	16×10	16						6.0		4.3			
>58～65	18×11	18						7.0		4.4			
>65～75	20×12	20	+0.052 0	+0.149 +0.065	0 −0.052	±0.026 0	−0.022 −0.074	7.5		4.9		0.40	0.60
>75～85	22×14	22						9.0		5.4			
>85～95	25×14	25						9.0		5.4			
>95～110	28×16	28						10.0		6.4			
>110～130	32×18	32	+0.062 0	+0.180 +0.080	0 −0.062	±0.031 0	−0.026 −0.088	11.0		7.4			
>130～150	36×20	36						12.0	+0.3 0	8.4	+0.3 0	0.70	1.00
>150～170	40×22	40						13.0		9.4			
>170～200	45×25	45						15.0		10.4			
>200～230	50×28	50						17.0		11.4			
键的长度系列	6、8、12、14、16、18、20、22、25、28、32、36、40、45、50、56、63、70、80、90、100、110、125、140、160、180、200、250、280、320、360												

平键的连接爆炸图如图 3-2 所示，装配图如图 3-3 所示，平键和键槽的画法如图 3-4 所示。一般情况下选用 A 型键，有时在轴的端部，为了增大所承受的转矩（增加键的有效长度），也可选用 C 型键，而 B 型键则较少使用。另外，由于较易安装，也可选用半圆键。

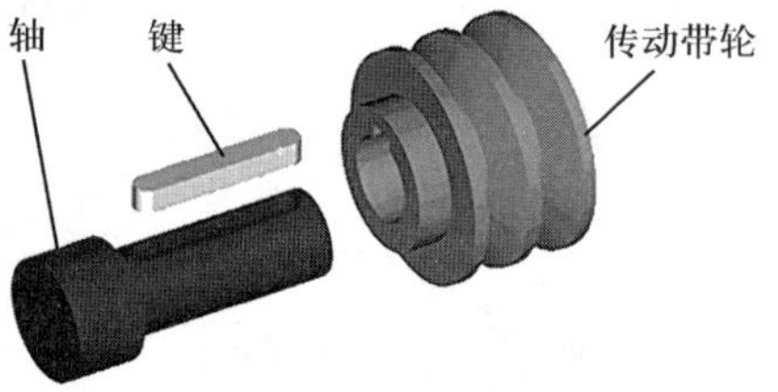

图 3-2 平键的连接爆炸图

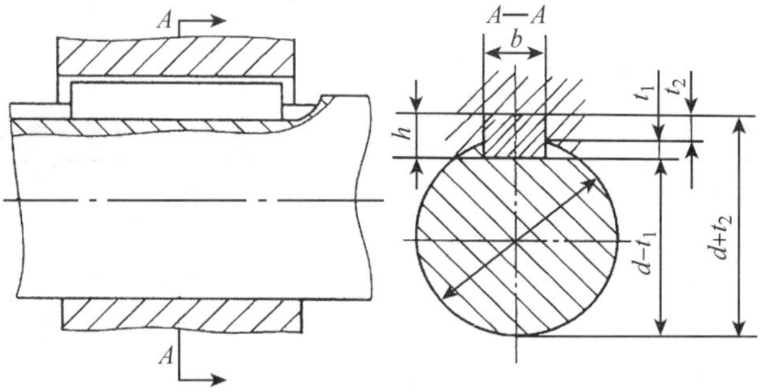

图 3-3 平键的装配图

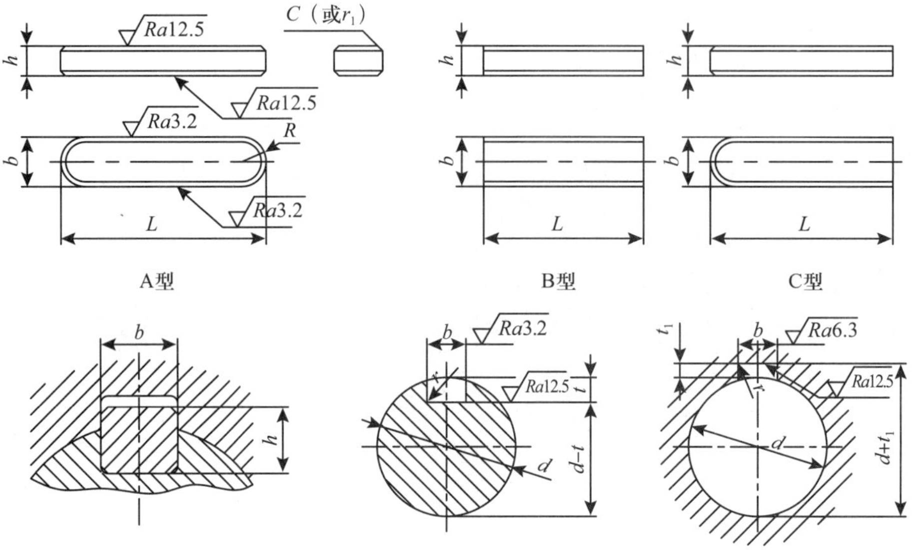

图 3-4 平键和键槽的画法

（2）键的强度计算

普通平键主要受剪切力和侧面的挤压力，由于键在实际工作中很少被剪断，所以在强度校核时一般仅校核挤压强度。如图 3-5 所示，A 型键的有效长度 l 为键的总长 L 减去键的宽度 b；B 型键的有效长度等于键的总长 L；C 型键的有效长度为键的总长 L 减去 $b/2$（圆弧半径）。

校核时先假设载荷在键的工作表面上均匀分布。对于普通平键，其工作表面为键的宽度

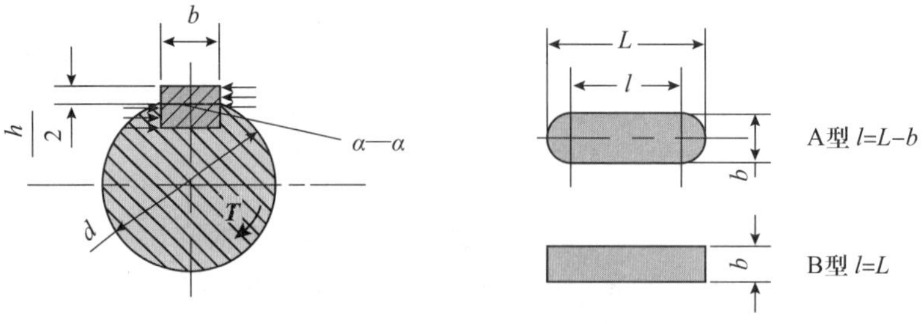

图 3-5 键的强度校核

方向，即键的侧面。普通平键连接的挤压强度计算公式如式(3-1)所示，其中许用挤压应力通过查表3-3获得。

$$\sigma_p = \frac{2\boldsymbol{T} \times 10^3}{h \times l \times d} \leqslant [\sigma_p] \tag{3-1}$$

式中：σ_p—键的挤压强度，MPa；

$\boldsymbol{T}$—轴的传递转矩，N·m；

h—键的高度，mm；

l—键的有效长度，mm，A型键的有效长度为键的总长度减去键的宽度；

d—键所在位置的轴直径，mm；

$[\sigma_p]$—许用挤压应力，根据材料性能选择，45钢调质处理材料的许用挤压应力为100～120 MPa，一般取120 MPa(属于表3-3中静连接钢材料的“轻微冲击载荷”)。

表3-3　键连接的许用挤压应力

连接的工作方式	连接中较弱的材料	$[\sigma_p]$/MPa		
		静载荷	轻微冲击载荷	冲击载荷
静连接	钢	125～150	100～120	60～90
	铸铁	70～80	50～60	30～45
动连接	钢	50	40	30

2. 轴的精度要求

如图3-6所示，轴的精度主要包括尺寸精度、形位公差精度和表面粗糙度。键槽的精度参见图3-6，键作为标准件，在大批量生产时可以定制。普通平键宽度方向的尺寸最为重要，装配精度的要求也最高。除要求尺寸精度外，还有键宽对所在圆柱轴线的对称度要求。键槽宽度方向的表面粗糙度要求一般为Ra3.2，而键槽底部(即键的高度方向)和长度方向的表面粗糙度则要求较低，键槽底部的表面粗糙度为Ra12.5即可。传动精度越高的轴，其装配精度的要求也越高，通常情况下应满足以下要求。

(1)轴的尺寸精度

轴的尺寸公差分为直径尺寸公差、轴向尺寸公差2种。轴的直径尺寸精度要求相对较高；轴向尺寸精度因为有调整环节，要求一般不高，在不标注尺寸公差时，默认为是自由公差或IT12～IT14级公差。

轴承的安装轴径：尺寸精度要求较高，尺寸公差一般取IT6、IT7级；

齿轮的安装轴径：尺寸精度要求一般，尺寸公差可取IT7、IT8级；

联轴器、带轮、链轮的安装轴径：尺寸精度要求一般，尺寸公差一般取IT7、IT8级；

其他非配合轴径尺寸公差一般取IT12～IT14级，即自由公差。

(2)轴的形位公差精度

轴承安装的圆柱表面有较高的圆柱度要求，以防止轴承安装后变形而影响回转精度或卡死；另外2处轴承安装轴线应有同轴度要求，可以用圆跳动、同轴度等公差来限制。为保证轴承安装到位和避免偏斜，应保证轴承的安装端面(轴肩、止口)对圆柱轴线的垂直度。

对于齿轮、联轴器的安装圆柱表面也有圆柱度要求，定位端面同样有垂直度要求，以保证在实际安装后，齿轮或联轴器的轴线与轴的轴线对齐、同轴。

（3）轴的表面粗糙度

尺寸精度要求高的表面，一般表面粗糙度值较小，光洁度更高，否则会影响长期使用中轴的尺寸精度稳定性和配合精度。轴承安装圆柱的表面粗糙度最小，一般为 $Ra0.8$；定位端面的表面粗糙度为 $Ra3.2$；齿轮、联轴器等的安装圆柱的表面粗糙度一般为 $Ra1.6$ 或 $Ra3.2$；其他非配合表面的表面粗糙度可取 $Ra12.5$ 或 $Ra6.3$。

对于精度较高、与轴相配合的孔的直径尺寸公差可比轴的尺寸公差大 1 个级别，例如轴的尺寸公差取 $IT6$ 级、表面粗糙度取 $Ra0.8$，那么与其配合的孔的直径尺寸公差一般取 $IT7$ 级，表面粗糙度取 $Ra1.6$。这是因为同样尺寸的孔比轴更难加工，精度也有所降低。

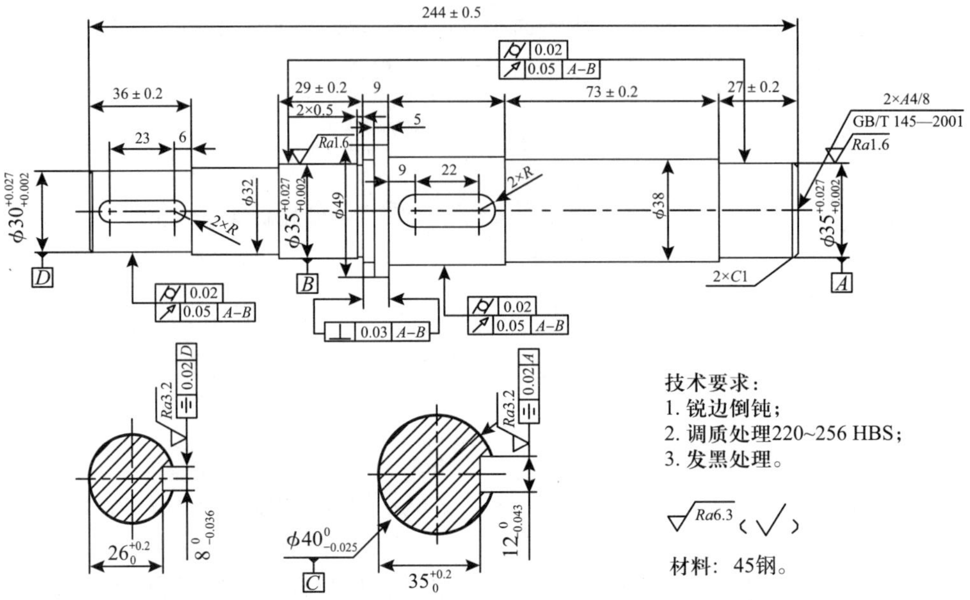

图 3-6　轴的尺寸和公差标注

二、套类件的结构和特点

套筒类零件（套类件）是指在回转体零件中的空心薄壁件，主要起支承或导向的作用。由于功能和作用不同，套类件的形状结构和尺寸有很大的差异，如图 3-7 所示。常见的套类件有支承回转轴的轴承衬套、钻模夹具上的钻套、内燃机上的气缸套和液压系统中的液压缸筒、滑动轴承等。另外，在轴组件中也有套类件（调整环），其主要功能是实现轴上零件的轴向定位和调整，在设计和加工时应保证调整环 2 个端面的平行度。

如图 3-8 所示，作为调整环节，调整环的轴向尺寸应为参考值，标注时一般加上括号，装配时根据实际情况和需要进行加工。在尺寸链配合的情况下，也可标注公差。

套类件的内孔与外圆直径之差较小，故壁薄易变形；端面有平行度要求（如调整环），内、外圆回转面的同轴度要求较高（如滑动轴承）；结构比较简单。

三、滚筒的组件和结构

在带式输送机和滚筒输送机（图 3-9）中，滚筒组件包括主动滚筒、从动滚筒和托辊等，主要

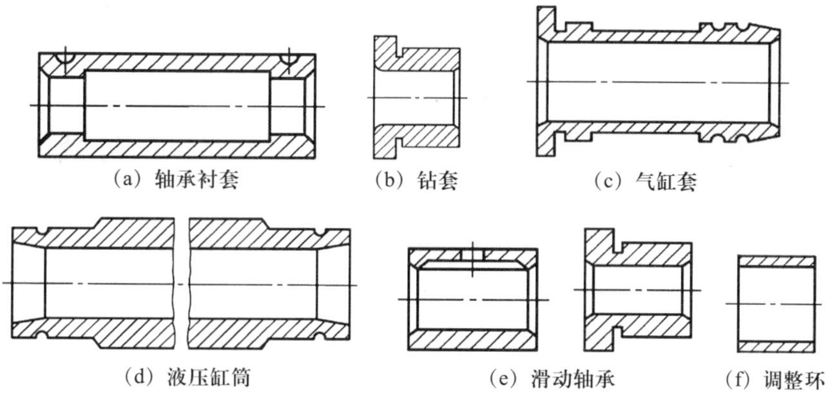

(a) 轴承衬套 (b) 钻套 (c) 气缸套

(d) 液压缸筒 (e) 滑动轴承 (f) 调整环

图 3-7 套类件的结构

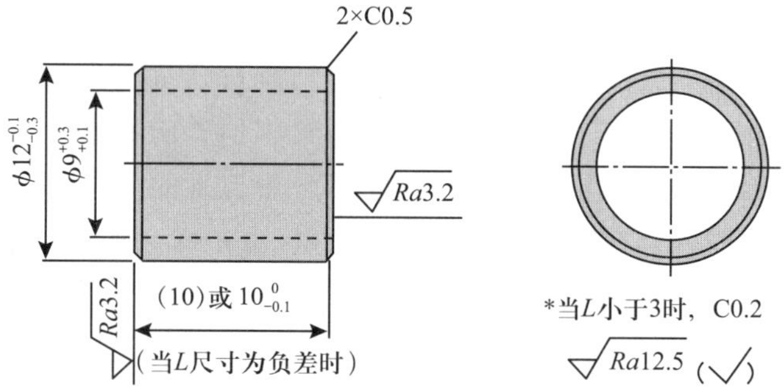

图 3-8 调整环的标注

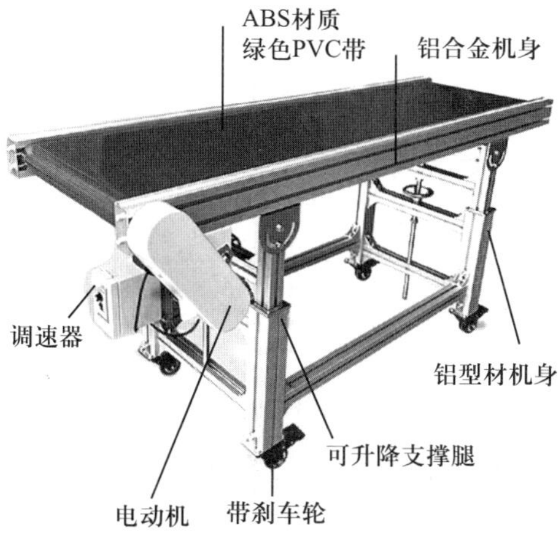

(a) 带式输送机

带式输送机
动画演示

(b) 滚筒输送机

滚筒输送机
动画演示

图 3-9 输送机

作用是完成对其上工件的传送。

链传动的滚筒外形如图 3-10(a)所示，除最后一个滚筒端部安装 1 个链轮外，其他滚筒都安装双联链轮。在带式输送机中，为增加主动滚筒与传动带之间的摩擦系数，可以采用如图 3-10(b)所示的挂胶主动滚筒（挂胶前可对挂胶表面进行车对向螺纹等处理，以增加附着力），

(a) 滚筒和托辊

(b) 挂胶主动滚筒

(c) 电动滚筒

图 3-10　滚筒

为调整跑偏可为鼓形;也有将电动机和减速器安装在滚筒内部的,这种滚筒称为电动滚筒,如图 3-10(c)所示。

带式输送机的托辊组件不传递动力,只起减小传动阻力的作用,在生产中也有用钢板(前后两端有倾斜的导入角,避免刮伤传动带)替代的。托辊组件结构如图 3-11 所示,其中辊轴由圆钢加工两端用于安装轴承,在质量要求高的场合,轴的材料可选用 45 钢进行调质处理。由于几乎没有轴向力作用,一般选用深沟球轴承,外筒采用钢管制造以减少加工量,在筒内设有卡簧槽用于安装孔用挡圈。筒的轴承安装结构也可采用旋铆的加工方式(无卡簧槽和孔用挡圈),即将钢管端部挤压变形而将轴承进行轴向固定,优点是成本降低;缺点是轴承损坏后不易更换,此时应注意外筒的材料应选用塑性较好的 20 钢或 15 钢。

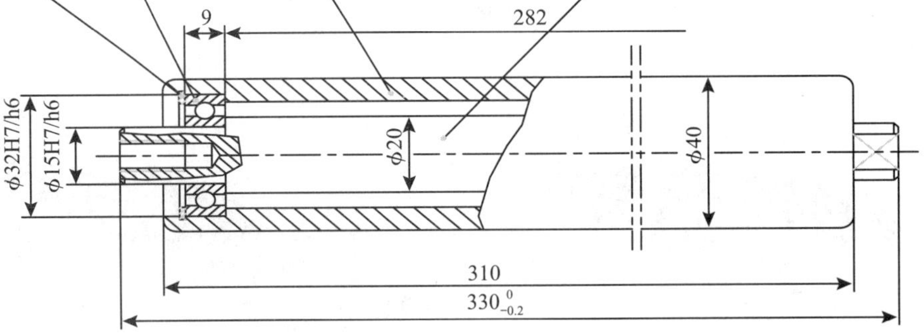

图 3-11　托辊组件结构

思考与练习 3-1

1. 判断:在进行轴的组件设计时,应保证轴上各装配零件的轴向定位可靠和拆装方便,并满足保证轴的扭转、弯曲强度等要求。(　　)

2. 填空:键的公称尺寸宽度 b 和高度 h 一般是根据所在轴的________尺寸查表选取的,而键主要是校核________强度。

3. 填空:轴的精度主要包括________精度、________精度和________精度。

4. 填空:滚筒组件在输送机上较为常见,轴承的轴向定位多采用________固定、________固定或________结构。

5. 填空:滚筒输送机中的滚筒一般采用________传动方式。

6. 简答:在设计轴组件时,应注意哪些内容?

第二节　传动机构和参数选择

传动机构的主要作用是将原动件的运动和动力进行传递，并可实现变速、变向（惰轮、锥齿轮）、运动方式（直线运动、旋转运动、曲线运动等）的转变、运动的分解与合成、安全保护等功能。常见的传动方式有带传动、链传动、齿轮传动、丝杠传动、四杆机构传动、气缸和液压缸传动等。其中，带传动和链传动常用于远距离传动，传动精度相对较低（同步带传动除外）；齿轮传动的精度高，噪声小，结构紧凑，成本较高；丝杠传动的精度也较高，适用于中等距离的传动；气缸和液压缸传动结构简单，调速方便，适用于直线运动。

一、带传动的结构

带传动的传递转矩相对较小，过载容易产生打滑现象（可以用作过载保护），转速较高（其线速度可达 5～25 m/s），常用于高速端的减速，在减小转速的同时，提高后级的转矩。

V 带传动时一般带数不超过 4 根，如带数过多会出现带间受力不均匀的现象。当其中一根 V 带损坏时，要同时更换所有的 V 带。小带轮一般安装在电动机轴上，如图 3-12 所示，通过键连接传递动力，用螺钉或轴端挡圈进行轴向定位，而大带轮由 1 对轴承来支撑。小带轮孔和键的尺寸应根据安装电动机的输出轴选取。

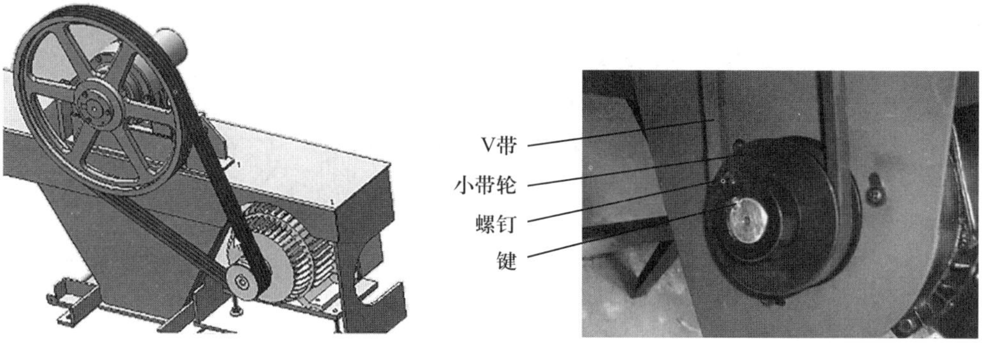

图 3-12　带传动的结构

由于传动带具有弹性，并且随着使用会逐渐被拉长，应设置中心距调整或张紧结构。常见的带传动张紧方式如图 3-13 所示。其中，滑道张紧装置如图 3-13(a)所示，它是松开固定螺钉和锁紧螺母，通过旋转调整螺钉的方式，使安装在电动机上的带轮沿导轨移动，从而调节带的张紧力，当带轮调到合适位置时，即可拧紧固定螺钉和锁紧螺母；摆架张紧装置如图 3-13(b)所示，主要用于竖直或接近竖直方向的传动，旋转调整螺母，使摆动机座绕转轴转动，将带轮调到合适位置，使带获得需要的张紧力，然后固定摆动机座位置；张紧轮张紧装置如图 3-13(c)所示，用于固定中心距的传动，张紧轮安装在带的松边，为了不使小带轮的包角减少过多，应将张紧轮尽量靠近大带轮；自动张紧装置如图 3-13(d)所示，常用于小功率的平稳传动，利用自重自动张紧传动带。

张紧调整结构是为了带的安装方便。在安装带时，通常将带轮的中心距减小；安装好传动带后，再增加中心距并对带进行张紧，以保证传递所需的转矩。

V 带的尺寸已标准化，按截面尺寸由小到大，共有普通 V 带和窄 V 带 2 大类 11 种型号。

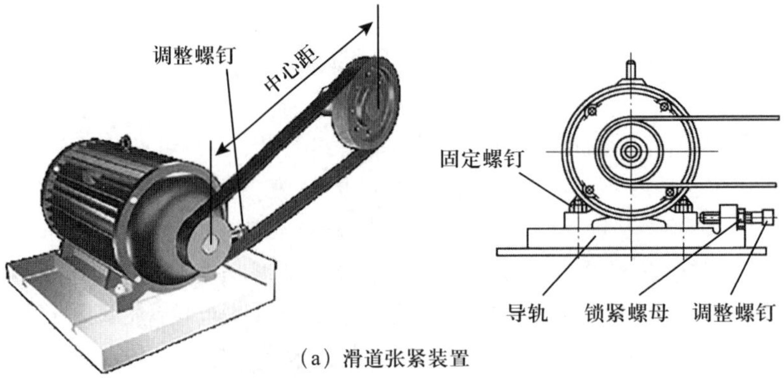

(a) 滑道张紧装置

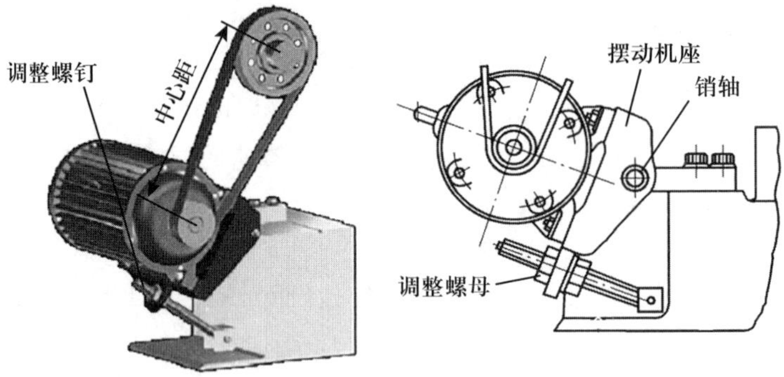

(b) 摆架张紧装置

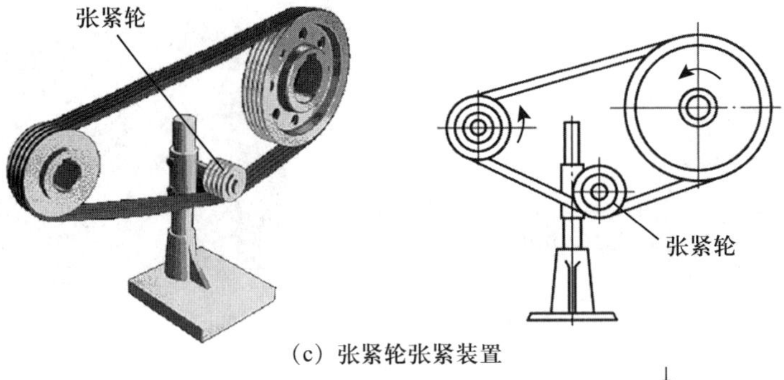

(c) 张紧轮张紧装置

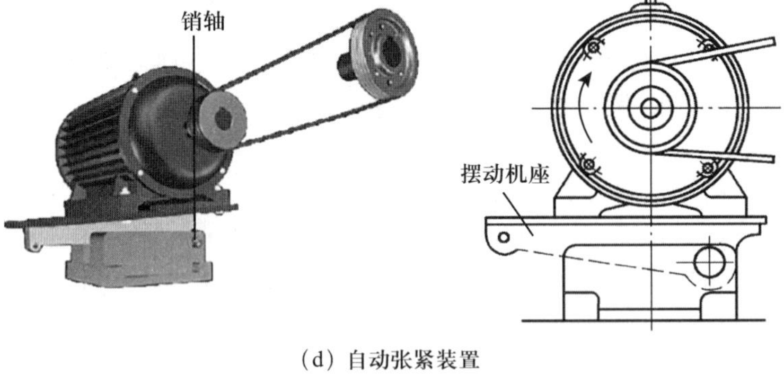

(d) 自动张紧装置

图 3-13　常见的带传动张紧方式

普通 V 带分为 Y、Z、A、B、C、D、E 7 种型号；窄 V 带有 SPZ、SPA、SPB、SPC 4 种型号，见表 3-4。其中 A、B 型 V 带较为常用。

表 3-4　V 带的截面尺寸、V 带轮轮槽尺寸

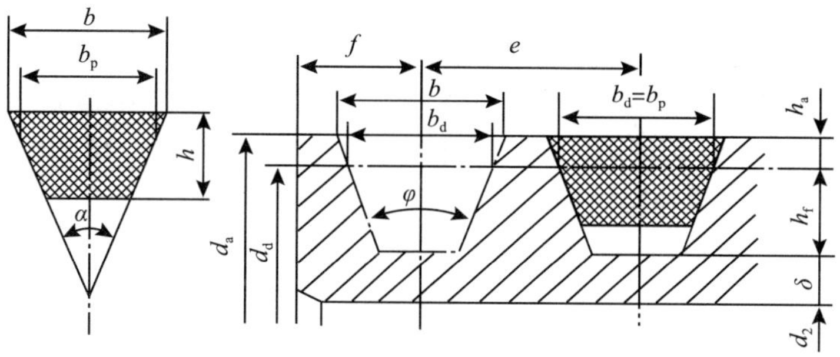

尺寸参数		V 带型号						
		Y	Z(SPZ)	A(SPA)	B(SPB)	C(SPC)	D	E
V 带	节宽 b_p/mm	5.3	8.5	11.0	14.0	19.0	27.0	32.0
	顶宽 b/mm	6	10	13	17	22	32	38
	高度 h/mm	4	6(8)	8(10)	11(14)	14(18)	19	23
	楔角 α/(°)	40						
	截面面积 A/mm^2	18	47(57)	81(94)	138(167)	230(278)	476	692
	带长质量 q/(kg · m^{-1})	0.04	0.06(0.07)	0.10(0.12)	0.17(0.20)	0.30(0.37)	0.60	0.87
V 带轮	基准宽度 b_d/mm	5.3	8.5	11.0	14.0	19.0	27.0	32.0
	槽顶 b/mm	≈6.3	≈10.1	≈13.2	≈17.2	≈23.0	≈32.7	≈38.7
	基准线至槽顶高 h_{amin}/mm	1.60	2.00	2.75	3.50	4.80	8.10	9.60
	基准线至槽底深 h_{fmin}/mm	4.7	7.0(9.0)	8.7(11.0)	10.8(14.0)	14.3(19.0)	19.9	23.4
	第 1 槽对称面至端面距离 f/mm	7.0±1	8.0±1	10.0^{+2}_{-1}	12.5^{+2}_{-1}	17.0^{+2}_{-1}	23.0^{+3}_{-1}	29.0^{+4}_{-1}
	槽间距 e/mm	8.0±0.3	12.0±0.3	15.0±0.3	19.0±0.4	25.5±0.5	37.0±0.6	4.0±0.7
	最小轮缘厚度 δ/mm	5.0	5.5	6.0	7.5	10.0	12.0	15.0
	轮缘宽 B/mm	按 $B=(z-1)e+2f$ 计算（z—轮槽数），或查 GB/T 10412—2002						
	轮缘外径 d_a/mm	$d_a=d_d+2h_a$						
	轮槽数 z/个	1～3	1～4	1～5	1～6	3～10	3～10	3～10
	槽角 φ 32°，相对应的基准直径 d_d/mm	≤60	—	—	—	—	—	—
	槽角 φ 34°，相对应的基准直径 d_d/mm	—	≤80	≤118	≤190	≤315	—	—
	槽角 φ 36°，相对应的基准直径 d_d/mm	>60	—	—	—	—	≤475	≤600
	槽角 φ 38°，相对应的基准直径 d_d/mm	—	>80	>118	>190	>315	>475	>600

V 带位于带轮基准直径上的周线长度称为带的基准长度 L_d，设计前应先咨询生产厂家。

在实际购买时，V 带标记也用外周长度尺寸 L_w 或内周长度尺寸 L_i 表示，例如：标记 A850L_i，表示 A 型带，内周长为 850 mm；按普通 V 带的国家标准，如 A2000 GB/T 1171—2017，表示 A 型普通 V 带，基准长度 L_d=2 000 mm，标准号为 GB/T 1171—2017。V 带已标准化，每根 V 带顶面应有用水洗不掉的型号标记，还应包括制造厂名或商标和制造年月等信息。

如图 3-14 所示，当带轮尺寸较小时，采用实心带轮结构；当带轮尺寸较大时，则进行减重处理，形成腹板式、孔板式和椭圆轮辐带轮等结构。大带轮结构如图 3-15 所示。

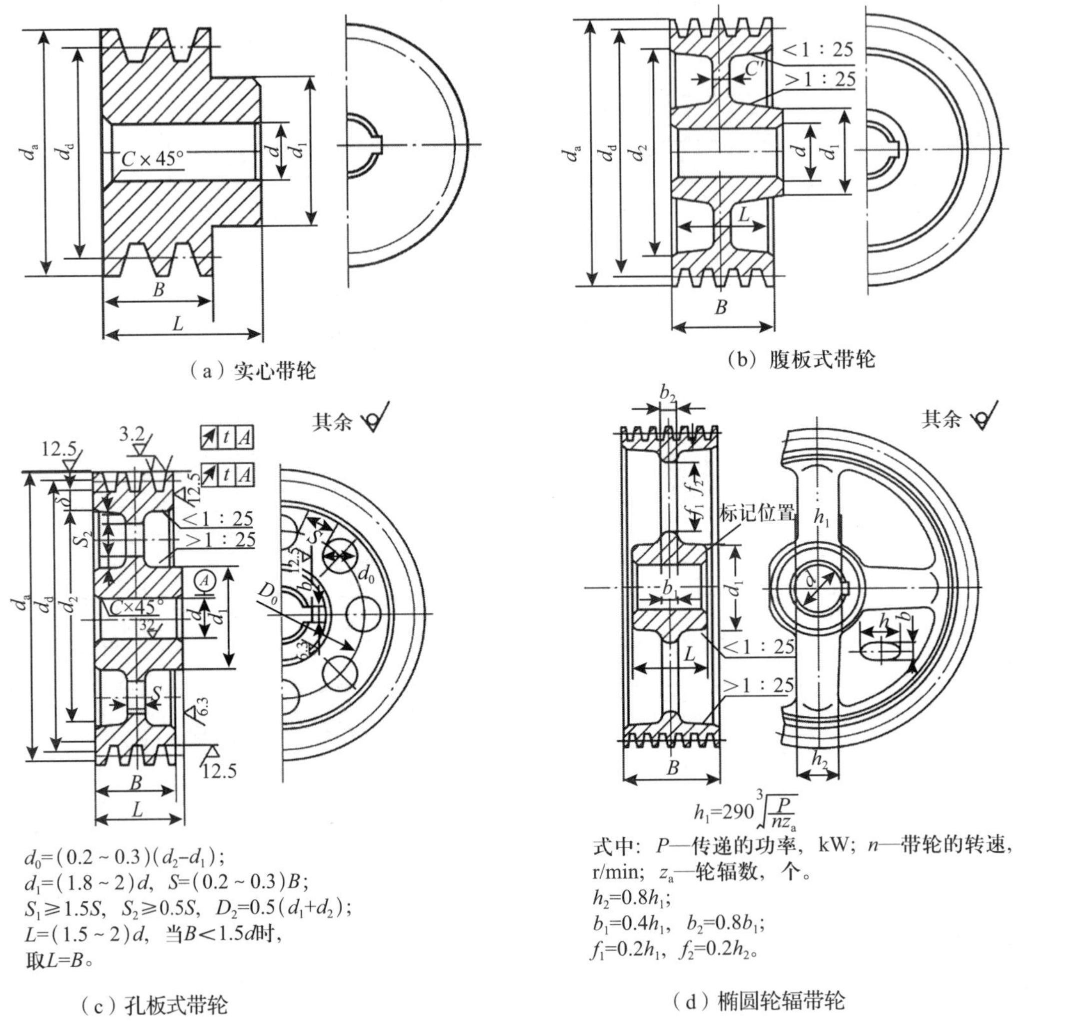

图 3-14　V 带轮的结构

若主动轮和从动轮的基准直径分别为 d_1(mm)和 d_2(mm)，转速分别为 n_1(r/min)和 n_2(r/min)，则传动带的速度 v(忽略滑移率时，从动轮的实际转速一般低 1%～2%)为：

$$v=\frac{\pi d_1 n_1}{60\times1\,000}=\frac{\pi d_2 n_2}{60\times1\,000} \tag{3-2}$$

因此可得理想传动比为：

$$i=\frac{n_1}{n_2}=\frac{d_2}{d_1} \tag{3-3}$$

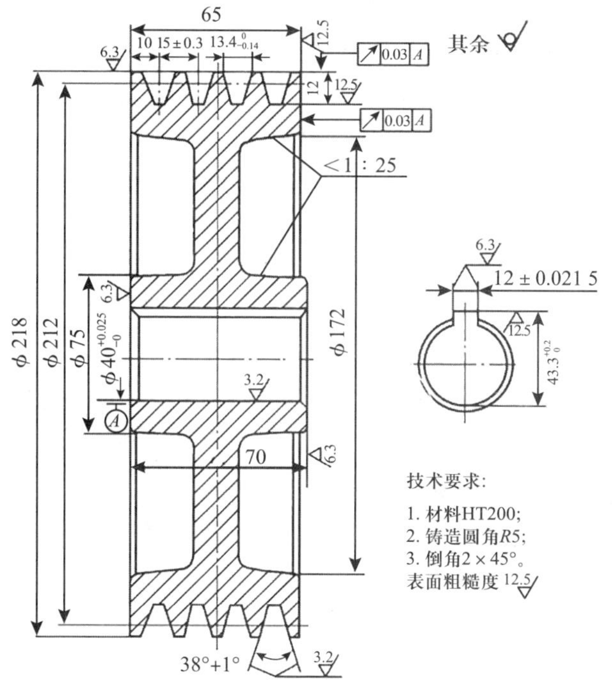

图 3-15 大带轮结构

二、链传动的结构

链传动是通过链条将具有特殊齿形的主动链轮的运动和动力传递到从动链轮的一种传动方式。如图 3-16 所示，链传动由主动链轮、从动链轮和链条组成，一般设置主、从动链轮中心距可调结构，或采用张紧链轮结构进行链条松紧度的调整(链条在长时间使用后也会变长)。

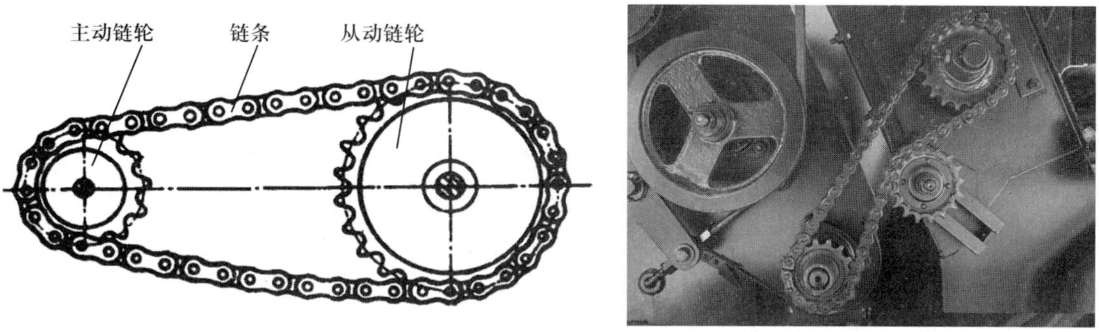

图 3-16 链传动

链传动常用于低速和重载的场合，传递距离较远，能在高温、潮湿、多尘、有污染等恶劣环境中工作。通常情况下，链传动的传递功率 $P\leqslant 100$ kW，链速 $v<15$ m/s，传动比 $i\leqslant 6$，中心距 $a\leqslant 8$ m，效率 $\eta=0.94\sim 0.96$。

与带传动相比，链传动的优点是：无弹性滑动和打滑现象，能保持准确的平均传动比；结构比较紧凑，不需很大的张紧力，作用在轴上的径向载荷较小；传动效率比带传动高，相同工况下的传动尺寸小。其主要缺点是：从动链轮瞬时转速不均匀，高速运转时不如带传动平稳，有噪声；仅能用于 2 个平行轴间的传动，不宜用于急速反向的传动中。

在 GB/T 1243—2006 和 ISO 9001：2008 体系中，工业链条一般采用以下材料：销子用 30CrMnTi，套筒用 20Mn，滚子用 10 钢，内、外链板用 40Mn、45Mn(国外用 S35C、SAE1035)。

链条长度与链节距和链节数有关，链节数最好为偶数，以便链条连成环形时正好是外链板与内链板相接，接头处可用弹簧夹或开口销锁紧，分别如图 3-17(a)、图 3-17(b)所示。若链节数为奇数，则需采用过渡链节，如图 3-17(c)所示。因在链条受拉时，过渡链节还要承受附加的弯曲载荷，应尽量避免使用。图 3-17(d)为拆链器，用来拆卸多余的链节。

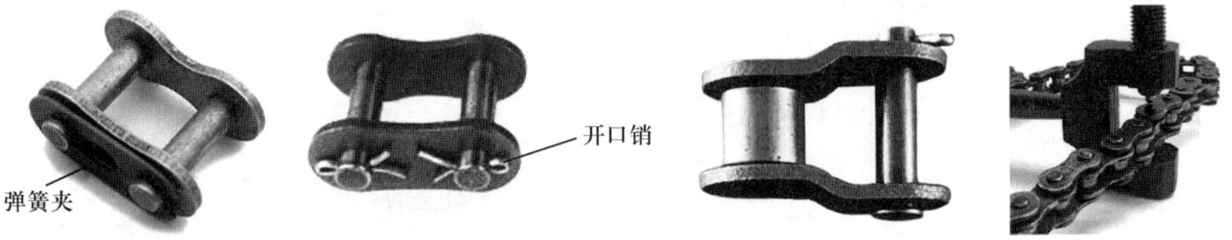

(a) 弹簧夹接头　(b) 开口销接头　(c) 过渡链节　(d) 拆链器

图 3-17　链条的接头连接

链条的节距越大，由链条速度变化和链节啮入链轮产生冲击所引起的动载荷越大，从而使链条的承载能力降低和寿命缩短，所以在强度满足使用要求的前提下，尽量选小的节距为宜。

为使链条与链轮均匀磨损，在链节数取偶数的前提下，链轮的齿数在理论上尽量取奇数。总的来说，在一定条件下应尽量采用多的链轮齿数，这样会增加链传动的寿命。当链速为低速(3 m/s 以下)时，小链轮的齿数应大于等于 17 个齿；当链速为中速(3～8 m/s)时，小链轮的齿数应大于等于 21 个齿；当链速为高速(8 m/s 以上)时，小链轮的齿数应大于等于 25 个齿。只有当转速极低时才可以采用 9 个齿。

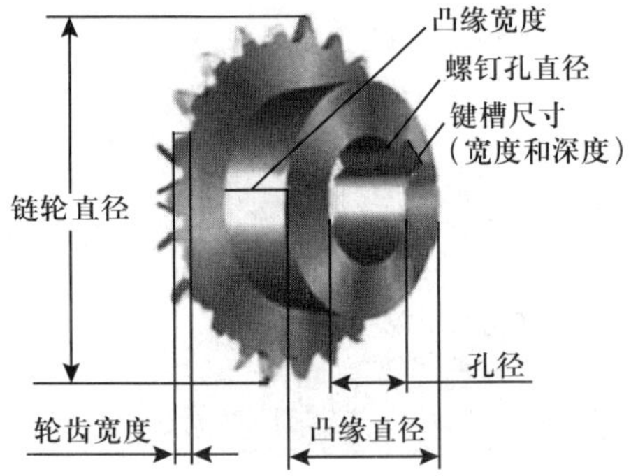

图 3-18　链轮的定制尺寸

小链轮的啮合次数比大链轮多，所受冲击力也大，故所用材料一般应优于大链轮。常用的链轮材料有碳素钢，如 Q235-AF、45 钢、ZG310-570 等。重要的链轮可采用合金钢，如 40Cr。小直径链轮可制成实心式，中等直径的链轮可制成孔板式。直径较大的链轮可设计成组合式，若轮齿因磨损而失效，为节约成本，可更换齿圈。链轮在定制时，需提供传动链的型号和必要的连接尺寸，如图 3-18 所示。链轮的零件图如图 3-19 所示。

按照用途不同，链可分为传动链、输送链和起重链 3 大类，如图 3-20 所示。

传动链有齿形链和滚子链 2 种。其中滚子链已标准化，分 A、B 2 个系列，我国以 A 系列(美、日等国用)为主体，B 系列为欧洲国家(以英国为主)所用。

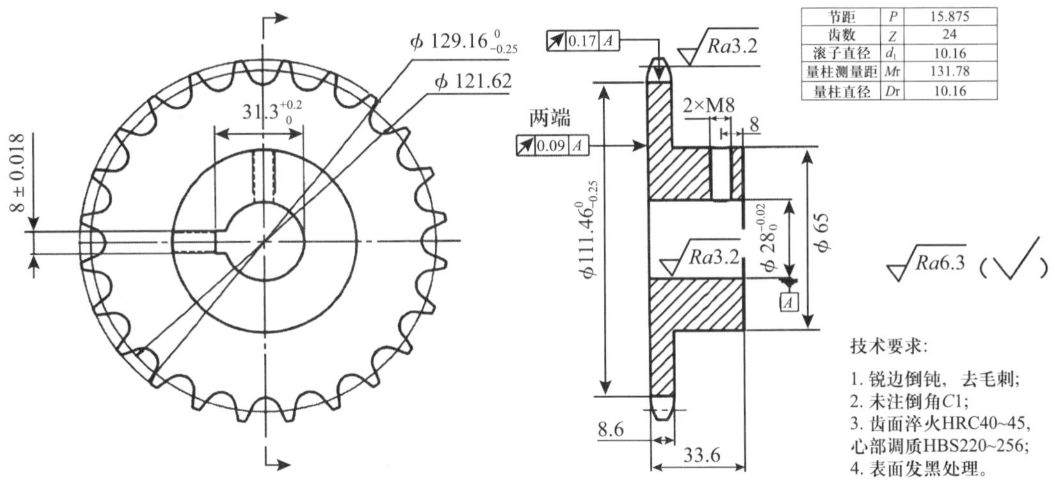

图 3-19　链轮的零件图

(a) 传动链(全自动订箱机的链传动)　(b) 输送链（链式输送机）　(c) 起重链（叉车起重链）

图 3-20　链的分类

滚子链的基本参数如图 3-21 所示，选择型号时可查表 3-5。滚子链标记为：链号-排数-链节数-标准号，例如 10A-1-86-GB/T 1243—2006 表示选用的是 10A 型号的滚子链，1 表示单排，86 代表链节数。链的节距为链号乘以 25.4/16，所以 10A 的节距是 15.875 mm，16A 的节距是 25.4 mm。

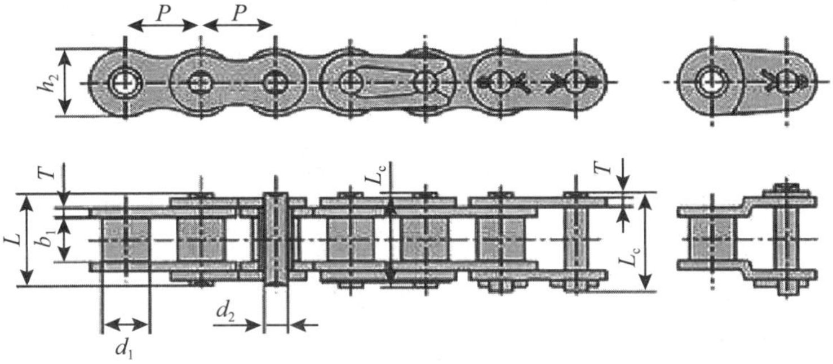

图 3-21　滚子链的基本参数

表 3-5　滚子链的基本参数和尺寸(GB/T 1243—2006)

链号	节距 P/mm	排距 P_t/mm	滚子直径 d_{1max}/mm	内节内宽 b_{1min}/mm	销轴直径 d_{2max}/mm	内链板高度 h_{2max}/mm	抗拉强度(单排)$F_{u\,min}$/N	质量(单排)q/(kg·m^{-1})
08A	12.700	14.38	7.92	7.85	3.98	12.07	13 900	0.60
10A	15.875	18.11	10.16	9.40	5.09	15.09	21 800	1.00
12A	19.050	22.78	11.91	12.57	5.96	18.10	31 300	1.50
16A	25.400	29.29	15.88	15.75	7.94	24.13	55 600	2.60
20A	31.750	35.76	19.05	18.90	9.54	30.17	87 000	3.80
24A	38.100	45.44	22.23	25.22	11.11	36.20	125 000	5.60
28A	44.450	48.87	25.40	25.22	12.71	42.23	170 000	7.50
32A	50.800	58.55	28.58	31.55	14.29	48.26	223 000	10.10
40A	63.500	71.55	39.68	37.85	19.85	60.33	347 000	16.10
48A	76.200	87.83	47.63	47.35	23.81	72.39	500 400	22.60

注:在使用过渡链节时,其抗拉强度按表中数值的 80%计算。

齿形链是利用特定齿形的链片和链轮相啮合来实现传动的。齿形链传动平稳,噪声很小,故又称无声链传动。齿形链允许的工作速度可达 40 m/s,但制造成本高、质量大,故多用于高速或运动精度要求较高的场合。

起重链主要用于起重机械中提起重物,其工作速度 $v\leqslant 0.25$ m/s。

输送链用于一般机械中传递运动和动力,通常工作速度 $v\leqslant 15$ m/s。它有很多种结构,如图 3-22 所示,可以通过外链板上的安装孔固定工件的固定板,用于传送工件。外链板的形状和数量可根据需要选取,必要时也可改变滚子的外形。

图 3-22　输送链

倍速链作为一种特殊的输送链,如图 3-23 所示,是在工业生产线上较为常用的传动方式,因其上方托板的传动速度快于链条速度而得名。倍速链在工作时的输送状态如图 3-24 所示,将被传送的工件放在托板上方,随托板一同运动。当需要在某一位置停止时,在输送线下方会伸出阻挡器(一般为气缸驱动),阻止托板前行,此时工人可在该工位进行生产操作,待操作完成后,阻挡器下降,托板继续前行。

托板的运行速度计算公式为:

$$V=(R/r)v+v \tag{3-4}$$

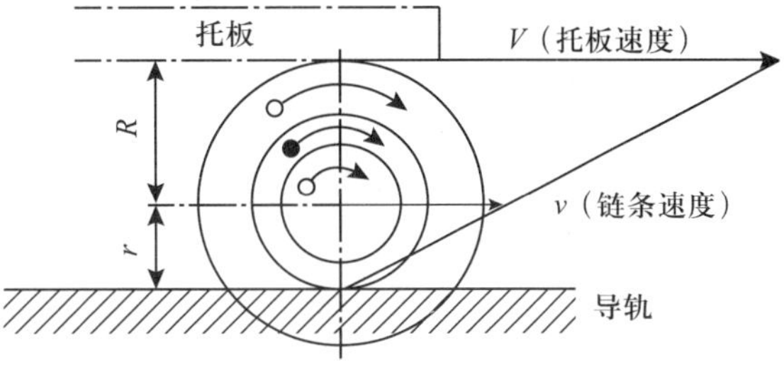

图 3-23 倍速链

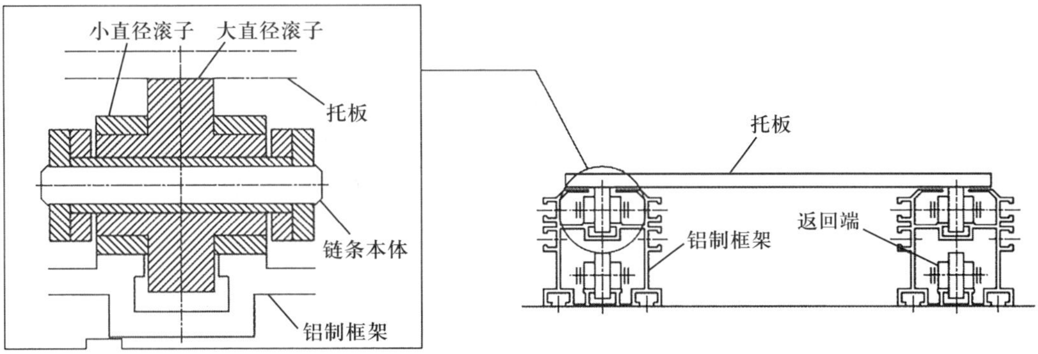

图 3-24 倍速链在工作时的输送状态

式中：v—链条速度，m/s；

V—托板速度，m/s；

r—小直径滚子半径，mm；

R—大直径滚子半径，mm。

如图 3-25 所示，当 $R/r=1.5$ 时，$V=(1.5+1)v=2.5v$，表示输送物的速度为链条速度的 2.5 倍。当正常输送时，由于大直径滚子和小直径滚子之间摩擦力的作用而保持相同的转速时，托板的速度按照滚子的半径成比例增加。

如图 3-26 所示，当需要制动时，由于制动力对大直径滚子的作用，大直径滚子和小直径滚子之间发生滑动，出现自由流动的状态。

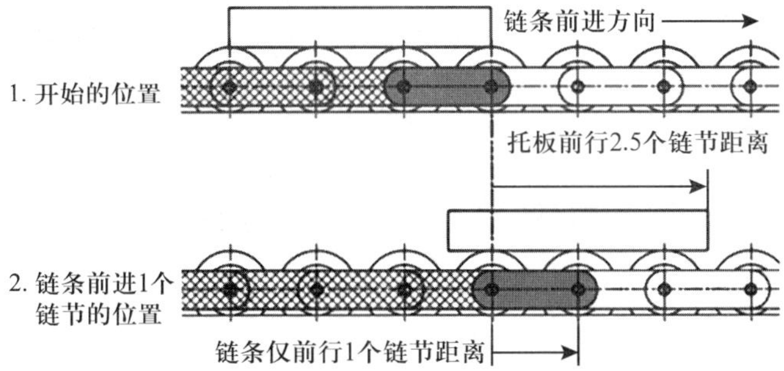

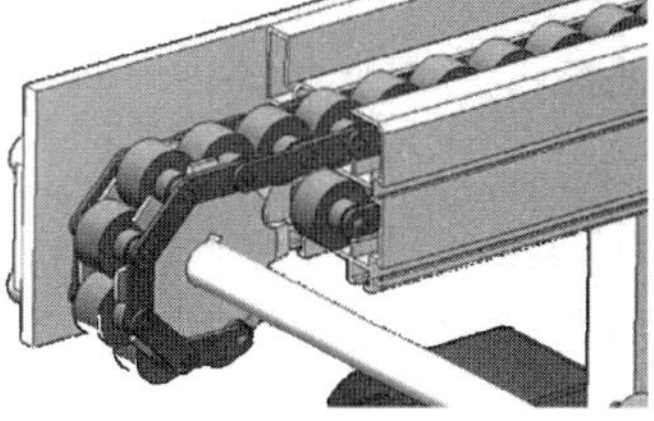

图 3-25 输送时链条和托板的位置

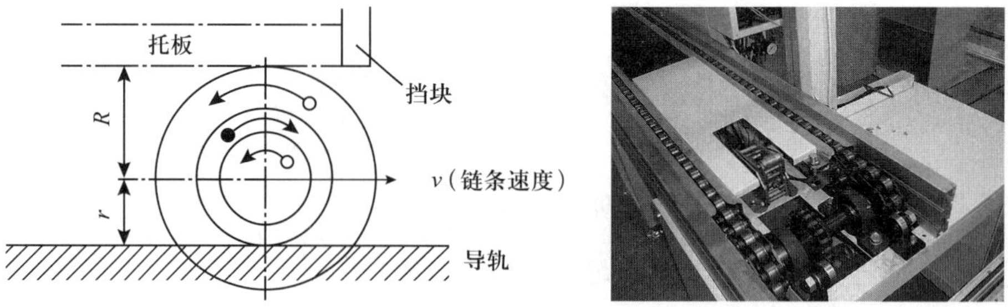

图 3-26　托板被阻挡时的状态

三、齿轮传动的结构

齿轮传动机构多用在传动精度高、需要调速或减速、传动平稳、传动效率高、可靠性高和使用寿命长的场合，结构相对紧凑，传递动力较大，因此广泛应用于钟表、机床、汽车、印刷等行业。齿轮传动的缺点是加工精度和成本高。钟表的传动结构如图 3-27 所示。

齿轮各部分的名称及参数如图 3-28 所示，齿轮基本参数主要有齿数（用 z 表示）、模数（用 m 表示）和齿宽（用 b 表示）等。对于同一种材料的齿轮，模数越大，齿的高度和厚度就越大，齿面所能承受的力也越大。一般来说，齿高为 2.25 倍的模数（较少采用的短齿系列齿高为 1.9 倍的模数，以下取齿顶高系数为 1、顶隙系数为 0.25），分度圆上的标准齿厚为 $\pi m/2$（与分度圆上的齿槽宽相等）。

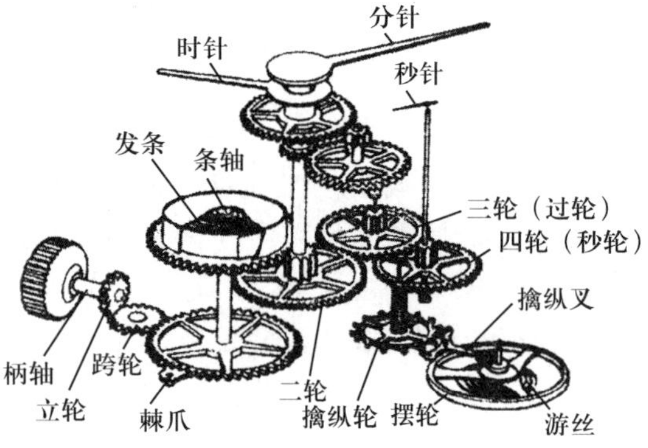

图 3-27　钟表的传动结构

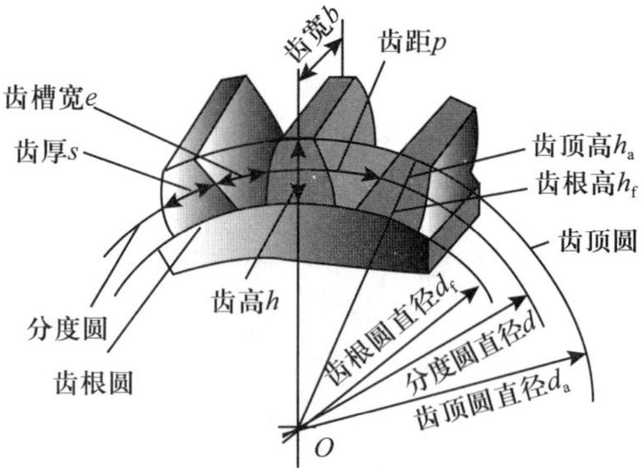

图 3-28　齿轮各部分的名称及参数

齿轮的模数 0.5、1、1.5、2、3、5 较为常用。圆柱齿轮的标准模数见表 3-6，其中第 1 系列为优先选用系列、第 2 系列为尽量不选用系列，括号内的数值为尽可能不用的模数。表 3-6 适用于渐开线圆柱齿轮，而对于斜齿轮是指法向模数，即斜齿轮的法向模数为标准模数。锥齿轮的标准模数是指大端模数。

表 3-6　圆柱齿轮的标准模数

第 1 系列（优先选用）	0.10、0.12、0.15、0.20、0.25、0.30、0.40、0.50、0.60、0.80、1.00、1.25、1.50、2.00、2.50、3.00、4.00、5.00、6.00、8.00、10.00、12.00、16.00、20.00、25.00、32.00、40.00、50.00
第 2 系列（尽量不选用）	1.75、2.25、2.75、(3.25)、3.50、(3.75)、4.50、5.50、(6.50)、7.00、9.00、(11.00)、14.00、18.00、22.00、28.00、(30.00)、36.00、45.00

齿轮的齿数 z 一般大于 17，否则会产生根切现象（允许少量根切时，齿数可取到 14）。根切会影响传动的平稳性和齿的强度，可通过正变位（齿面加工时，刀具远离齿坯）来消除根切现象。只有 10 个齿的正变位齿轮，齿的顶部比较尖，齿厚增加，齿轮的弯曲强度、接触强度都有所提高；而负变位齿轮的顶部比较宽，齿厚减少，承载力减小。齿轮的变位特点如图 3-29 所示，在实际工作中要注意观察。

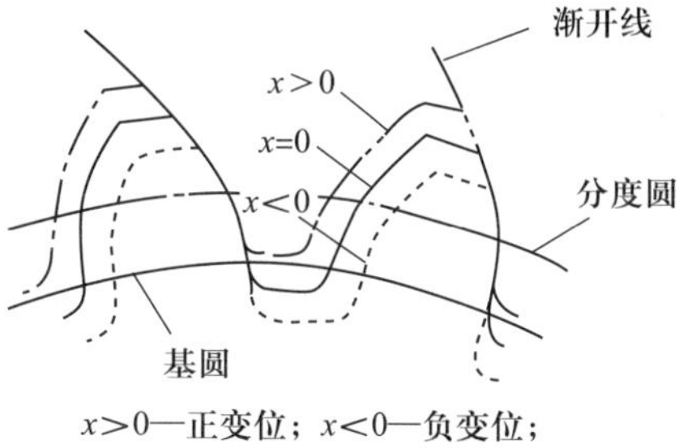

图 3-29　齿轮的变位特点

分度圆直径 d 等于模数 m 乘以齿数 z，即 $d=mz$；对于齿轮的"大径"，即齿顶圆直径 $d_a=mz+2m$（齿顶高系数为 1）；齿轮的齿根圆直径 $d_f=mz-2.5m$（齿顶高系数为 1，顶隙系数为 0.25）。齿轮传动比是主动齿轮与从动齿轮转速之比，即 2 个齿轮的齿数反比。

在实际应用中，应根据齿轮的转矩和工作特点，合理选择齿轮的参数和材料。小型齿轮的材料可选 45 钢；如果齿轮比较大和重要，材料可选 40Cr；对于大批量生产的大型齿轮可选铸造材料，如铸铁（HT）或铸钢（ZG）等。

当需要减速时，往往采用齿轮减速器结构，或采用带传动→齿轮传动→链传动的组合方式。齿轮减速器可以直接购买，实际上不需进行内部设计，所以在本节不作介绍。下面重点分析齿轮的传动和变速机构。

1. 齿轮齿条传动

齿轮齿条机构是典型的齿轮传动机构，如图 3-30 所示。齿轮齿条机构能将齿轮的回转运动转变为齿条的往复直线运动，也能将齿条的直线运动转变为齿轮的回转运动，因其具有齿轮传动的平稳性、准确性等优点而被重视和使用。在结构上，齿条在连接时应有安装面和定位面（与安装面有垂直度的要求），每根齿条上应有多个连接用的螺钉孔和 2 个定位用的销钉孔。当多个齿轮对接时，应注意对接处相邻齿的齿距，在安装时可采用标准齿条样板进行啮合校正，最后配置定位销进行定位。

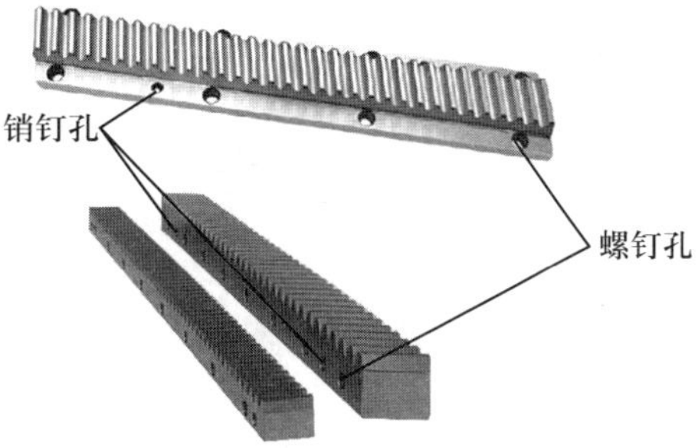

图 3-30　齿轮齿条传动机构

齿条的直线速度 v（mm/s）与齿轮分度圆直径 d（mm）、转速 n（r/min）之间的关系为：

$$v=\frac{\pi dn}{60} \tag{3-5}$$

齿轮齿条传动方式驱动的直线单元机构如图 3-31 所示，一般由带减速器电动机驱动，由导轨导向。

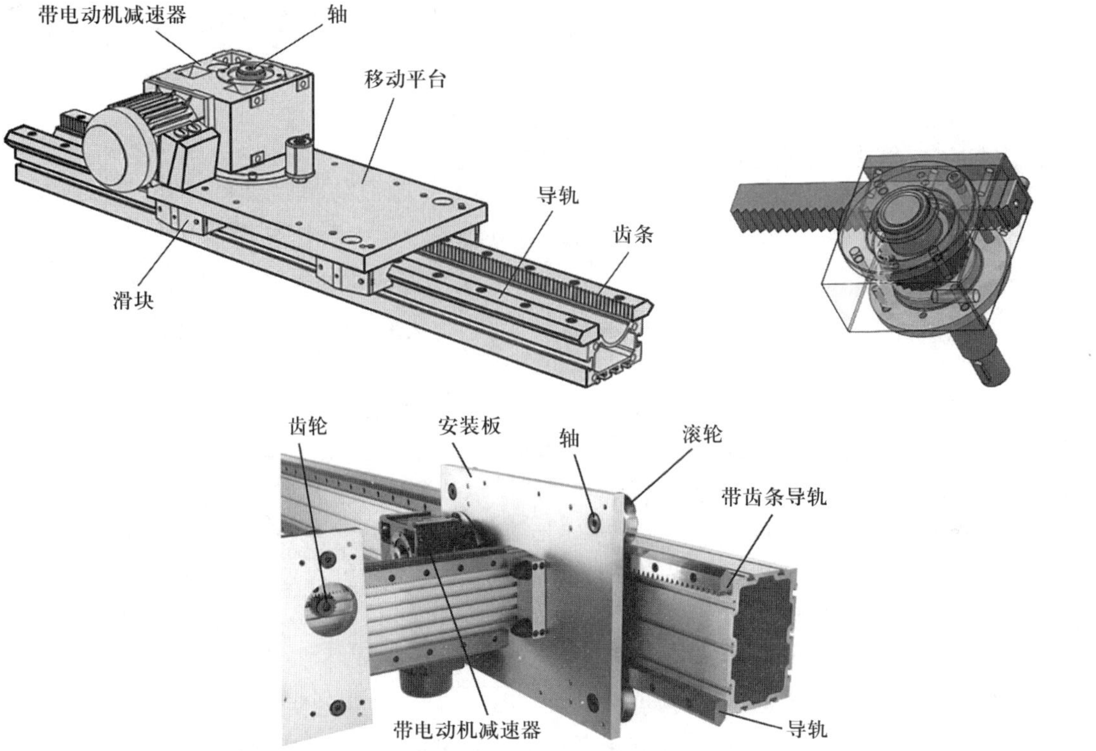

图 3-31　齿轮齿条驱动的直线单元机构

齿圈传动与圆形导轨的组合方式如图 3-32 所示，可以在很大程度上简化做圆周运动的导轨系统和传动系统的设计。驱动齿轮由电动机带动，与外齿或内齿啮合传动，导向滚轮沿圆形导轨滚动。

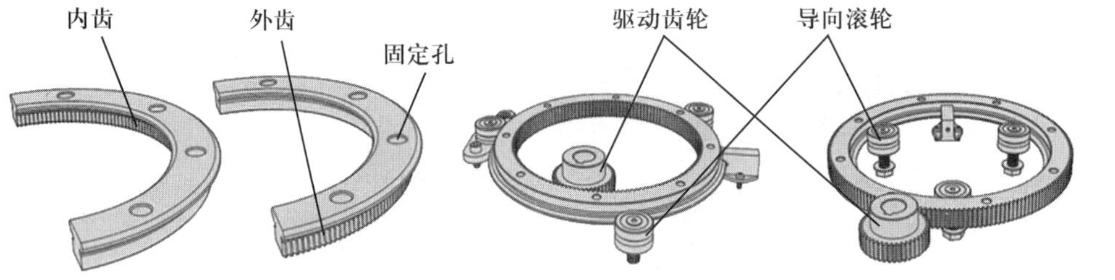

(a) 带内齿条的导轨　(b) 带外齿条的导轨　(c) 内齿轮与圆弧齿条的传动　(d) 外齿轮与圆弧齿条的传动

图 3-32　齿圈传动与圆形导轨的组合方式

当齿轮相对较小、齿轮的尺寸与轴的尺寸相近时，由于尺寸受限，没有空间安装键连接，需采用齿轮轴的一体结构形式，如图 3-33 所示。其中图 3-33(a)为带圆柱斜齿轮的齿轮轴，图 3-33(b)为一端带有锥齿轮的齿轮轴。在设计时应根据装配图确定各圆柱面、键槽、退刀槽、螺纹(外圆柱面的螺纹一般为细牙，对轴的强度削弱少)、倒角、台阶端面等的作用和尺寸要求。

齿轮的周向固定一般采用键的连接方式，如图 3-34 所示。轴向则多采用阶梯轴的台阶端面、套筒进行定位，如果齿轮安装在轴的一端可使用轴端挡圈。圆柱直齿轮一般采用向心球轴承，圆柱斜齿轮采用角接触球轴承或圆锥滚子轴承（因为有较大的轴向力）。锥齿轮一般采用圆锥滚子轴承支承，并利用垫片 2 调整轴承间隙和预紧力，垫片 1 调整锥齿轮间隙（当锥齿轮向左移动时，啮合间隙变小）。

(a) 圆柱斜齿齿轮轴　　(b) 锥齿齿轮轴

图 3-33　齿轮轴的一体结构形式

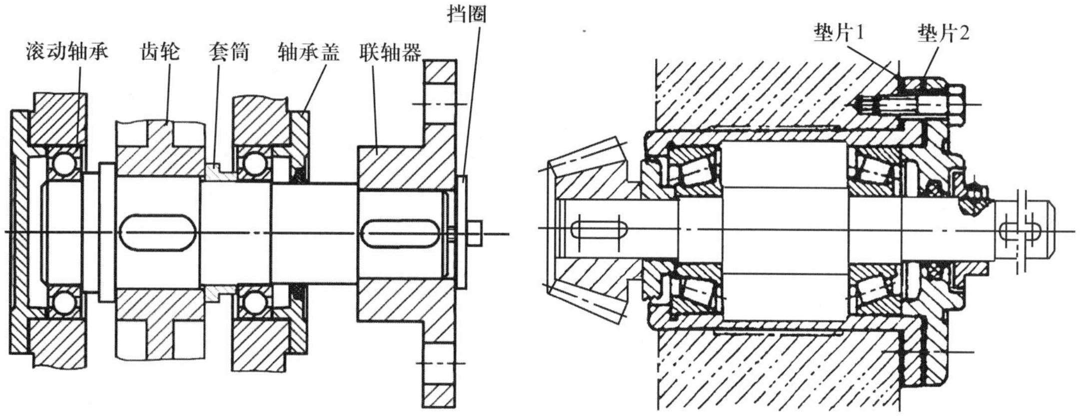

(a) 圆柱齿轮的连接结构　　(b) 锥齿轮的连接结构

图 3-34　齿轮的连接结构

当齿轮的模数较大（m 为 4 或 5）时，需要传递更大的驱动力矩，可选用带张紧套（锥套）的齿轮，如图 3-35 所示，此为无键连接方式。

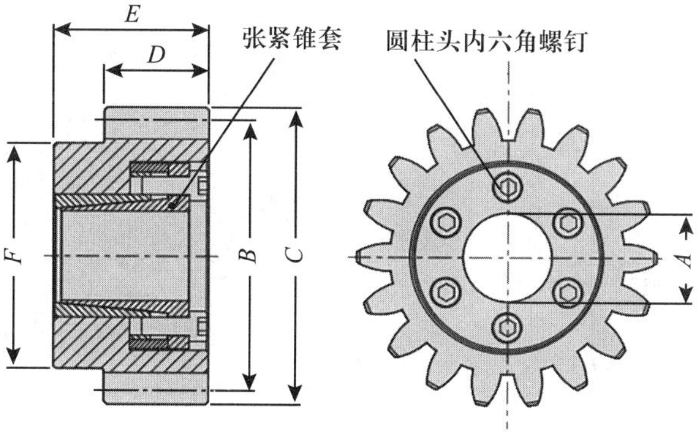

图 3-35　带张紧套（锥套）的齿轮

为了安装方便，也可采用带安装法兰和支承轴承的传动齿轮组件，和带中空输出轴的减速箱配套使用，法兰上配有齿轮齿条回差微调机构，如图 3-36 所示。

2. 齿轮变速

对于普通加工机床，齿轮变速提供主轴的不同转速或刀具进给的不同移动速度。例如，普通车床 CA6140 的主轴有 24 个正转转速（10～1 400 r/min）和 12 个反转转速（14～1 580 r/min），这是由主轴箱中的齿轮变速完成的。

汽车变速箱也是利用齿轮传动改变传动比和运动方向的齿轮箱，位于离合器与中央传动之间。汽车变速箱的主要功能是通过换挡方式，在发动机转速和扭矩不变的情况下，改变车辆的驱动力和行驶速度，实现倒退和空挡的不熄火停车。

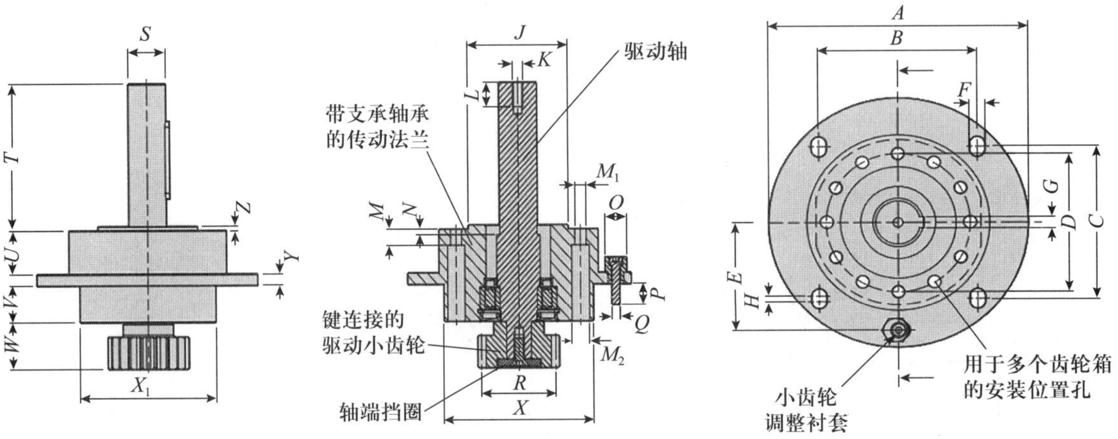

图 3-36　带安装法兰和支承轴承的传动齿轮组件

（1）变速箱的分类

根据传动形式，齿轮式变速箱可分为双轴式、三轴式、组成式 3 种。双轴式具有 2 根主要轴（不包括倒挡轴），只经过 1 对齿轮减速。三轴式具有 3 根主要轴（第 1 轴、中间轴、第 2 轴），要经过 2 对齿轮减速。组成式由 2 个变速箱串联或并联组成，以便用较少的齿轮获得较多的挡位。变速器的换挡原理和实物如图 3-37 所示。

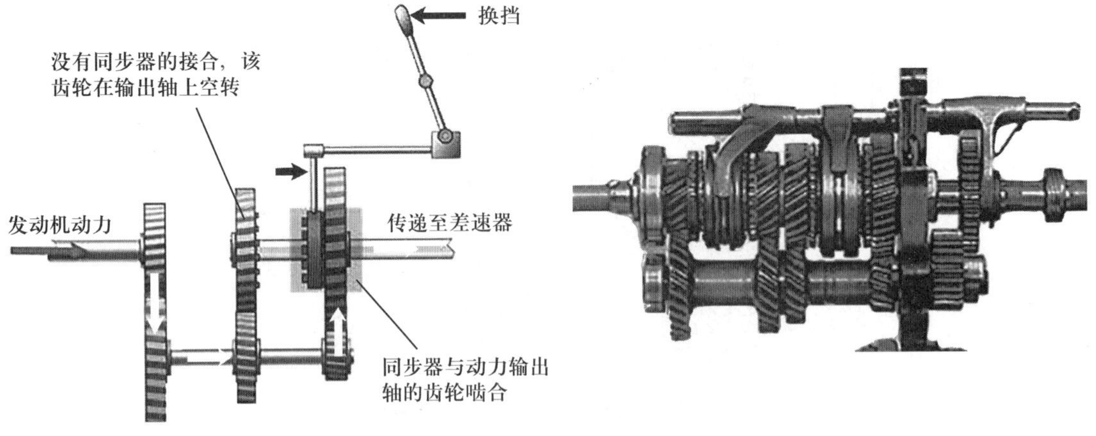

图 3-37　变速器的换挡原理和实物

按照控制的方式，变速箱分为自动变速箱和手动变速箱 2 种，手动变速箱的传动结构如图 3-38 所示。目前较为常用的自动变速箱有 AT、CVT、DSG 3 种，其变速原理和传动结构不同。

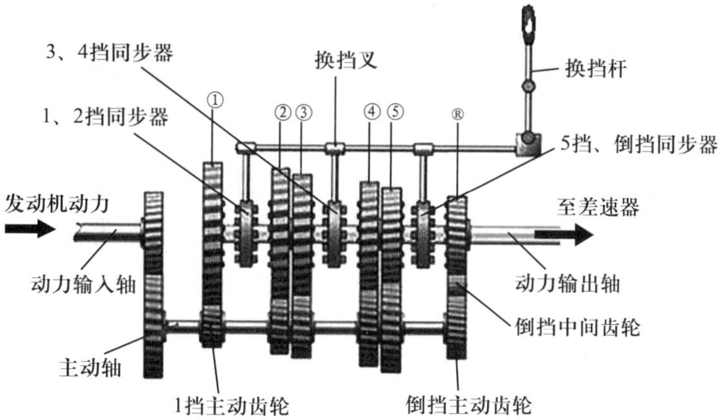

图 3-38 手动变速箱的传动结构

(2)DSG 自动变速箱的结构及工作原理

DSG 自动变速箱为大众品牌的部分小型车所使用，它采用双离合器结构，如图 3-39 所示，传动效率高、结构简单、维修方便，所以在汽车市场上具有很大的产品优势。当采用手动挡汽车进行换挡时，离合器在分离和接合之间存在动力传递暂时中断的现象。这对于一般的民用车影响不大，但对于争分夺秒的赛车来说，会极大地影响比赛成绩。而采用双离合变速箱能够消除换挡时的动力传递中断现象，缩短换挡时间，同时换挡更加平顺。

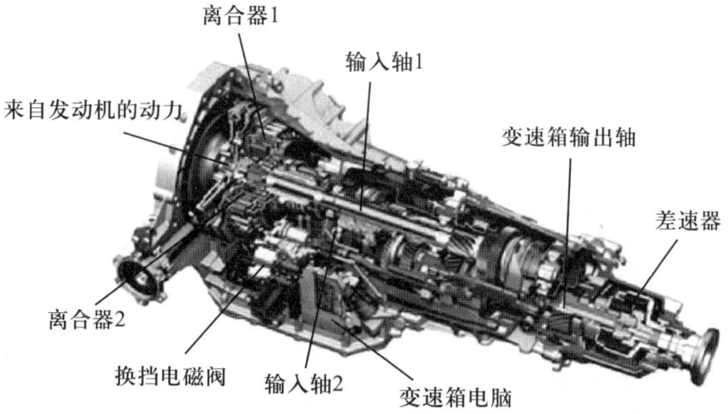

图 3-39 DSG 双离合自动变速箱的结构

大众汽车六速 DSG 双离合变速箱的工作原理如图 3-40 所示。2 个离合器与变速箱装配在同一壳体内，其中离合器 1 负责挂 1、3、5 挡和倒挡；离合器 2 负责挂 2、4、6 挡。当驾驶员挂上 1 挡起步时，换挡拨叉同时挂上 1 挡和 2 挡，但离合器 1 接合，离合器 2 分离，动力只能通过 1 挡的齿轮输出动力，2 挡齿轮空转。当驾驶员换到 2 挡时，换挡拨叉同时挂上 2 挡和 3 挡，离合器 1 分离的同时离合器 2 接合，动力通过 2 挡齿轮输出，3 挡齿轮空转。其余各挡位的切换方式均与此类似。这样就解决了换挡过程中动力传递中断的问题。

大众汽车七速 DSG 双离合变速箱的工作原理如图 3-41 所示，其工作原理与六速 DSG 双离合变速箱类似。离合器 1 负责控制 1、3、5、7 挡，离合器 2 负责控制 2、4、6 和倒挡。

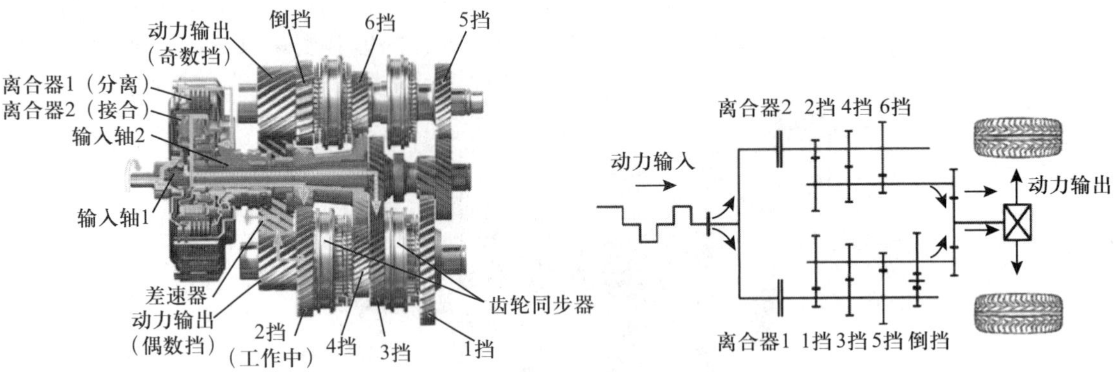

图 3-40 大众汽车六速 DSG 双离合变速箱的工作原理

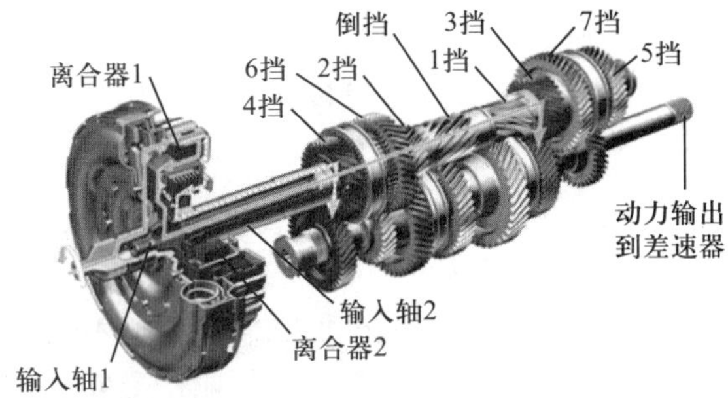

图 3-41 大众汽车七速 DSG 双离合变速箱的工作原理

四、丝杠传动的结构

很多机械设备，如自动化设备、立式车床、直角坐标机器人等都使用丝杠传动，如图 3-42 所示。

(a) 自动化设备　(b) 立式车床　(c) 直角坐标机器人

图 3-42 丝杠传动的应用

直线运动单元的内部结构如图 3-43 所示，丝杠副包括丝杆和丝杆螺母 2 部分。丝杠传动的主要作用是将旋转运动转换成直线运动，传递运动和动力，并精确移动工作台(滑台)的坐标位置。丝杠在精度、强度及耐磨性等方面都有很高的要求。

(一)丝杠的种类

机床丝杠按其摩擦特性可分为 3 类，即滑动丝杠、滚动丝杠及静压丝杠。

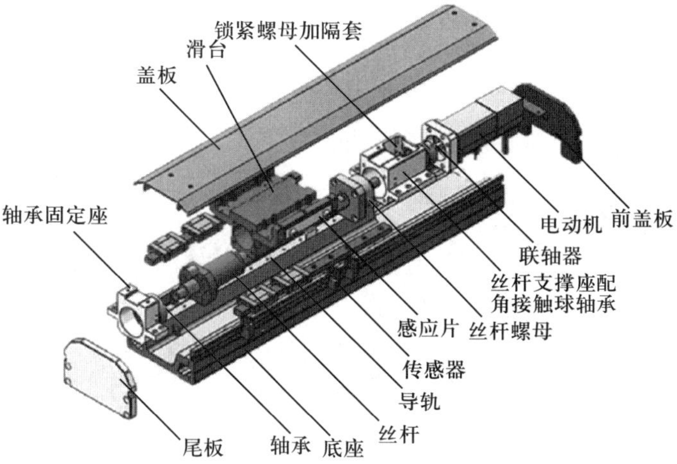

图 3-43 直线运动单元的内部结构

1. 滑动丝杠

滑动丝杠的结构简单、制造方便，所以在机床上应用比较广泛，常用梯形螺纹（由丝母和丝杠组成），如图 3-44(a)所示。滑动丝杠的牙型多为梯形，牙型角为 30°，传动效率为 30%～40%，比连接螺纹的 60°牙型角高，加工和传动精度比矩形螺纹的 90°牙型角容易保证，具有传动性能好、精度高、加工方便等优点。

2. 滚动丝杠

滚动丝杠分为滚珠丝杠和滚柱丝杠 2 类，其中滚珠丝杠是最为常用的类型。滚珠丝杠如图 3-44(b)所示，主要由丝杠轴、丝母、钢球、回球器、油孔、2 处密封圈组成，其丝杠轴与丝母间以钢球为滚动体，将回转运动转变为直线运动（传动效率为 92%～98%），也可将直线运动转变为回转运动。与滚柱丝杠相比，滚珠丝杠摩擦力小、传动效率高、精度高，因而比较常用；但是制造工艺比较复杂（定型产品，应购买，而非自己加工），因为滚动摩擦系数远小于滑动摩擦系数，不具有自锁性能，必要时需要配备带制动的电动机。

(a) 梯形螺纹丝杠

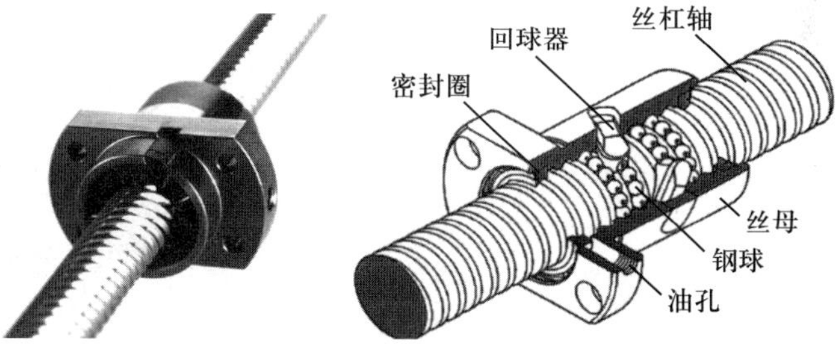

(b) 滚珠丝杠

图 3-44 丝杠的种类

3. 静压丝杠

静压丝杠有许多优点，常被用于精密机床和数控机床的进给机构中。其螺纹牙型与标准梯形螺纹牙型相同，但牙型高于同规格标准螺纹牙型 1.5～2.0 倍，目的在于获得良好的油封效果和提高承载能力。静压丝杠的缺点是：调整比较麻烦，而且需要一套液压系统，工艺复杂，成本较高。在磨床中,可以简单方便地用液体静压丝杠传动机构取代滚珠丝杠传动机构,如图3-45所示。

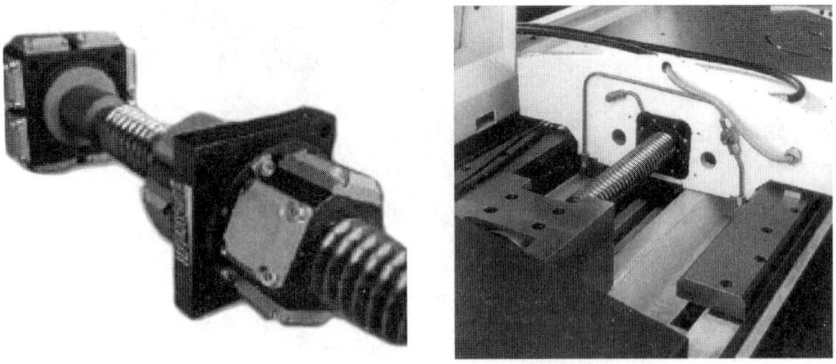

图 3-45　磨床中的液体静压丝杠传动结构

(二)丝杠的结构特点

1. 丝杠结构的工艺特点

丝杠是细长柔性轴,它的长度 L 与直径 d 的比值很大,一般为20～50,刚性较差;结构形式复杂,有很高的螺纹表面要求,在加工过程中易出现变形。

2. 丝杠的精度等级

(1)普通丝杠

普通梯形螺纹精度是按中径公差划分的,共有5项基本参数,即外径 d、内径 d_1、中径 d_2、螺距 t 及牙型半角 $\alpha/2$。由于丝杠要准确传递运动,根据JB/T 2886—2008的规定,按照使用要求,丝杠及螺距的精度分为6个等级:4、5、6、7、8、9(精度依次降低)。

各级精度丝杠的应用范围如下:4级为目前最高级,一般很少应用;5级用于精密仪器及机密机床,如坐标镗床、螺纹磨床等;6级用于精密仪器、精密机床和数控机床;7级用于精密螺纹车床、齿轮加工机床及数控机床;8级用于一般机床,如卧式车床、铣床;9级用于刨床、钻床及一般机床的进给机构。

一般所说的精密丝杠是指5、6、7级丝杠。精密丝杠有淬硬丝杠和不淬硬丝杠2种。前者的耐磨性较好,能较长时间保持加工精度,但加工工艺复杂,必须有高精度的螺纹磨床和专门的热处理设备;后者只需要精密丝杠车床即可加工。

(2)滚珠丝杠

滚珠丝杠的传动结构如图3-46所示,其支撑座的安装结构如图3-47所示。滚珠丝杠副和

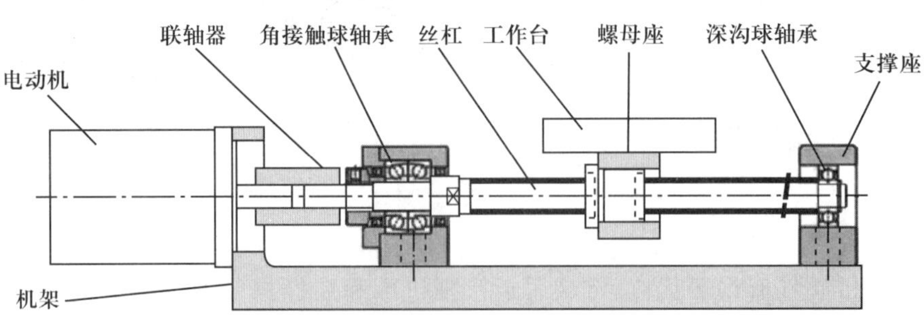

滚珠丝杠传动结构动画演示

图 3-46　滚珠丝杠的传动结构

滚珠丝杠的精度也分为 6 个等级。导程选择范围大，有小导程、中导程、同直径导程和双倍导程；传递效率高，滚珠丝杆的运转是靠螺帽内的钢珠做滚动运动，比滑行丝杆效率更高，所需的扭矩只有滑行丝杠的 1/3 以下，因此可轻易地将回转运动转变为直线运动；循环结构多样，钢珠的循环方式有插管式(外循环)、端盖式、内循环偏转器式、端头偏转器式。

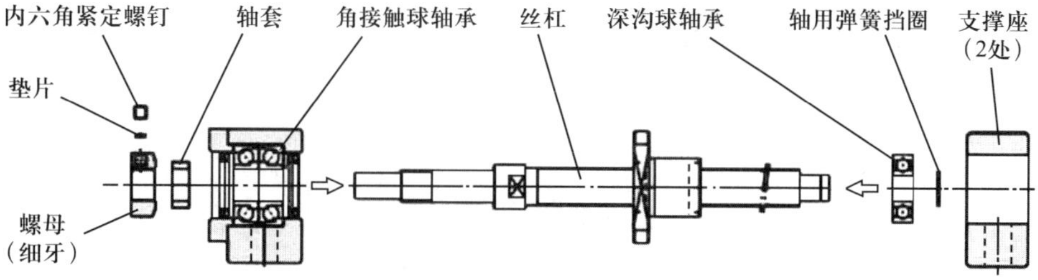

图 3-47　支撑座的安装结构

丝杠传动的基本形式如图 3-48 所示。当螺母固定、丝杆转动并移动时，如图 3-48(a)所示，其结构简单，传动精度较高，螺母支撑丝杆可消除轴向窜动，但刚性较差；丝杠转动、螺母移动的方式较为常用，如图 3-48(b)所示，其特点是结构紧凑，丝杆刚性较高，且为限制螺母的转动，在下方加装了导向装置(导向一般由导轨实现)；丝母转动、丝杆移动方式如图 3-48(c)所示，其结构复杂，占用空间较大，在传动时需限制螺母的轴向移动和丝杆的转动；丝杠固定、螺母转动并移动的方式如图 3-48(d)所示。

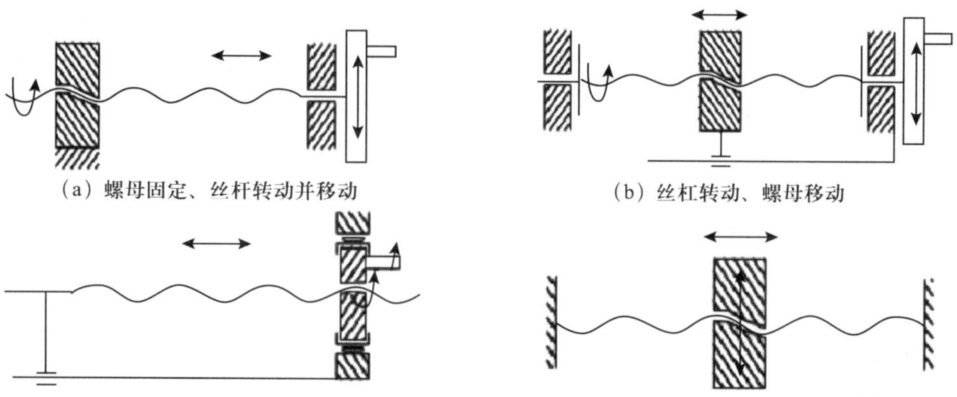

(a) 螺母固定、丝杆转动并移动　(b) 丝杠转动、螺母移动

(c) 丝母转动、丝杆移动　(d) 丝杠固定、螺母转动并移动

图 3-48　丝杠传动的基本形式

丝杠传动的应用实例如图 3-49 所示，其结构简单、紧凑，丝杆的刚性好，但由于使用不方便，实际应用并不多。

五、气动系统的结构和气动件的选用

气动系统的结构如图 3-50 所示，由空气压缩机将空气吸入并压缩，形成高压、湿度大、杂质较多的压缩空气，然后经过后冷却器、储气罐、气管、空气处理单元等处理，形成干净、干燥和含油雾的气体，再经电磁阀、单向节流阀实现对气缸等的控制。

气动系统的工作原理如图 3-51 所示。气动系统的工作原理：利用空气压缩机把电动机或其他原动机输出的机械能转换为空气压力能，然后在控制元件的作用下，通过执行元件把压力

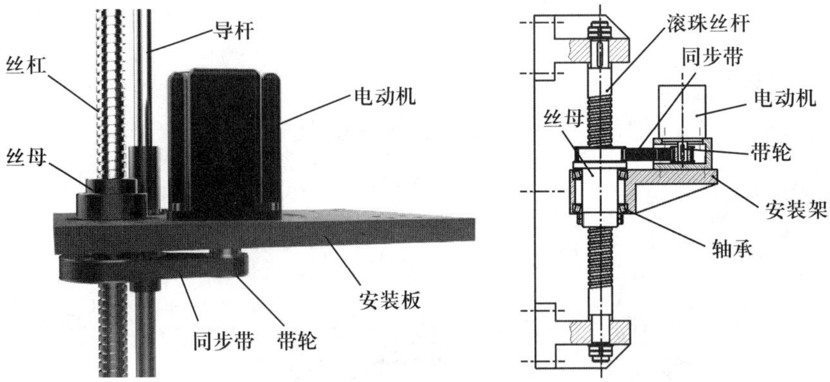

图 3-49 丝杆传动的应用实例

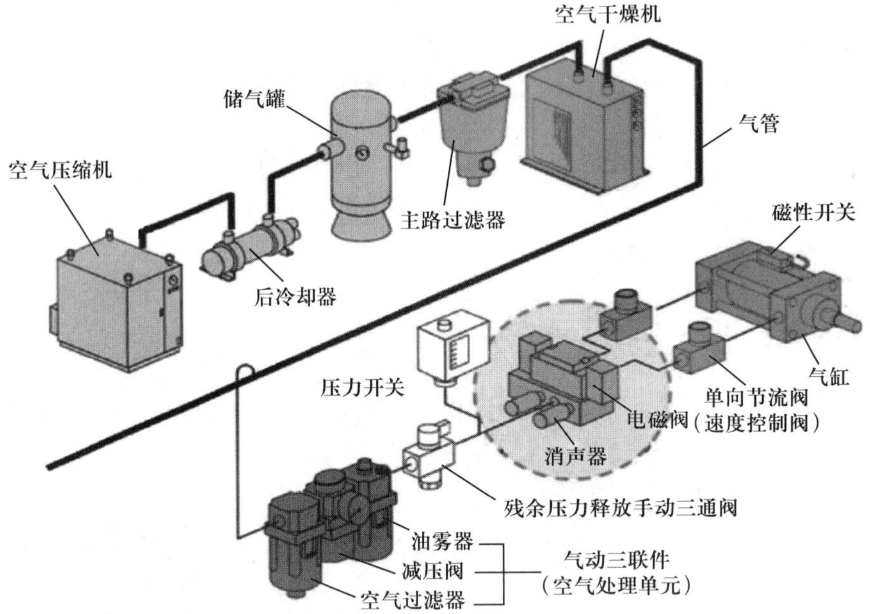

图 3-50 气动系统的结构

能转换为直线运动或回转运动的机械能,从而完成各种预期的运动,实现对外做功。

气动系统所需的压缩空气一般由气泵和气源装置提供,它是将电能转化为气体压力能的转换装置。初始的压缩空气中含有较多的油分、水分和灰尘,需通过气源处理单元,依次完成对压缩空气的过滤、减压和雾化,然后经过电磁换向阀等元件控制气缸或气动马达,使其产生直线或旋转运动,从而带动执行元件完成工作任务。

(一)气动系统的结构

气动系统主要包括气源、执行元件、控制元件和辅助元件 4 部分。

(1)气源

气源包括空气压缩机、储气罐、空气净化设备和输出管道等。气源为气动设备提供洁净、干燥、具有稳定压力和足够流量的压缩空气,它是气动系统的能源装置。

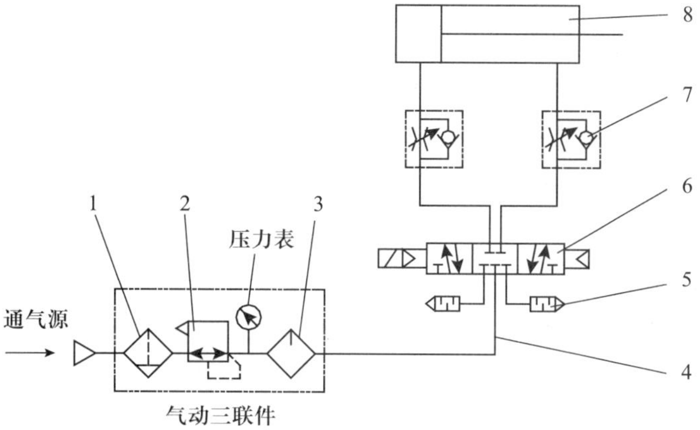

1—空气过滤器；2—减压阀；3—油雾器；4—气管；5—消声器；
6—三位五通电磁换向阀；7—单向节流阀；8—气缸

图 3-51　气动系统的工作原理

(2)执行元件

气动系统的执行元件主要有气缸和气动马达。它们能将气体的压力能转变成机械能，是实现气动系统对外做功的机械运动装置。气缸做直线运动，而气动马达做摆动或回转运动。

(3)控制元件

气动控制元件包括电磁换向阀、节流阀、单向阀等，是一种气体压力、流量、方向等的控制元件。

(4)辅助元件

辅助元件主要包括过滤器、油雾器、气管、气管接头、消声器等，完成压缩空气的净化、气缸活塞的运动润滑、元件之间的气路连接、减少噪声等工作。

(二)气缸的选型

气缸的种类较多，包括普通气缸、双杆气缸、薄型气缸、手爪气缸、旋转气缸、单作用气缸、气压转角缸等，如图 3-52 所示。应根据工作要求和条件，正确选择气缸的类型。当需要随工作机构回转摆动时，应选用回转气缸(需要连续转动时用气动马达)；当需要夹持工件时，可选用手爪气缸；当需要导向时，可选用带导杆的气缸；当需要旋转下压工件时，可选用转角缸(这

图 3-52　各种气缸

样就可以省去导向部分的结构设计和安装，但应注意其径向承载力）。单作用气缸有 1 个进气口，弹簧复位，可用作系统的故障保护。

下面以较为常用的普通气缸（单活塞杆双作用缸）为例介绍气缸的选型步骤。普通气缸的结构如图 3-53 所示，双作用指的就是 2 个气孔（进气孔和排气孔），前后两端有缓冲用的节流螺钉，实现缸杆行程末端的减速、缓冲调整。气缸可以用前端（较为常用）或后端的 4 个内螺纹孔进行固定；气缸前端的缸杆有安装螺纹（细牙）和防松的锁紧螺母。

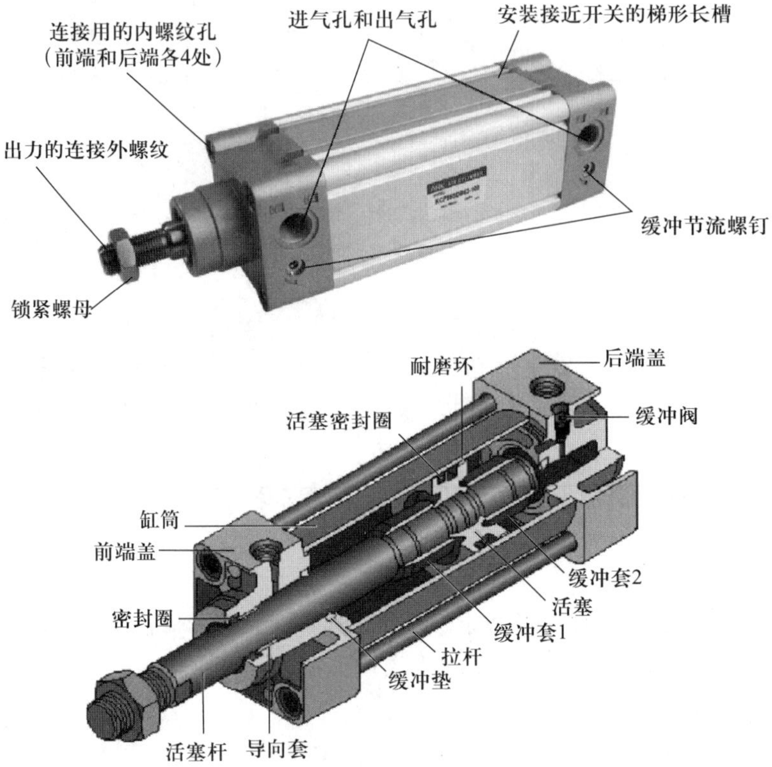

图 3-53 普通气缸的结构

普通气缸的选择应考虑很多指标，在选用时还要根据厂家的样本进行选择。应注意的是，有些规格的气缸，某些厂家不生产。

如图 3-54(a)所示，某厂家生产的气缸型号为 SC32-100，SC 表示普通气缸，气缸缸径是 32 mm，行程为 100 mm。其气口的安装内螺纹为 PT1/8，气缸的固定通过前、后端各 4 个 M6 的粗牙内螺纹孔实现。如图 3-54(b)所示，气缸型号为 SCJ63-150-50，SCJ 表示行程可调气缸，气缸缸径是 63 mm，行程为 150 mm，可调行程为 50 mm。其气口的安装内螺纹为 PT3/8，气缸的固定通过前、后端各 4 个 M8 的粗牙内螺纹孔实现。

①气缸缸径：如图 3-55 所示，缸径指的是气缸筒内壁的直径。气缸缸径有 6、10、12、16、20、25、32、40、50、63、80、100、125、160、200、250、320、400 mm 等类型。

②气缸行程：与使用场合和机构行程有关，但一般不利用满行程，例如工件需要的最大移动距离是 95 mm，那么应选用标准行程为 100 mm 的气缸。气缸的极限行程可以用死挡铁或与缓冲器配合来精确定位。气缸的标准行程有 25、50、75、80、100、125、150、160、175、200、

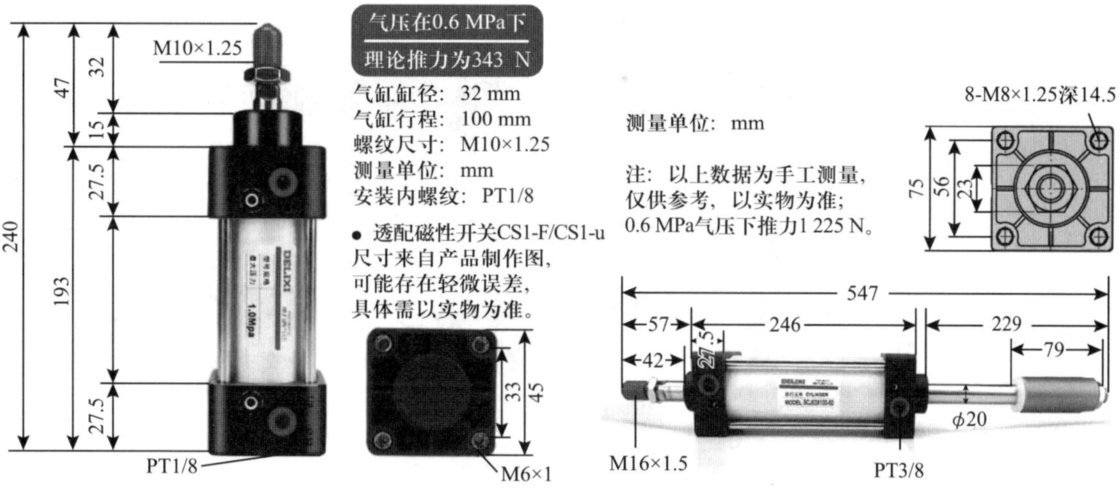

(a) SC32-100型普通气缸　　(b) SCJ63-150-50型行程可调气缸

图 3-54　普通气缸的外形和尺寸实例

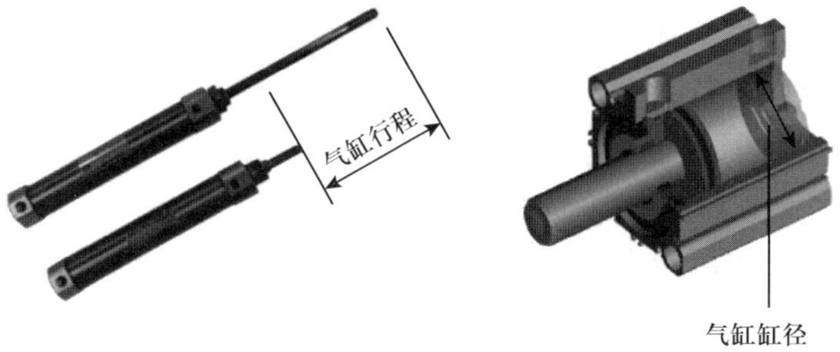

图 3-55　普通气缸的主要参数

250、300、350、400、450、500、600、700、800、900、1 000、1 200、1 500、2 000 mm 等。一般气缸的缸径越大，最大行程也越大。

③气缸的强度和稳定性计算：普通气缸的最大耐压值一般为 1 MPa，实际工作中压强选用 0.5 MPa 左右（0.6 MPa 以下）。

④气缸的安装形式：主要由安装位置和使用目的等因素决定。标准气缸的安装方式如图 3-56(a)～图 3-56(f)所示，主要有直接安装（较为常用）、脚架安装、前法兰安装（类似于直接安装方式，拆卸更方便）、后法兰安装、后耳座安装、中间耳座安装（带气缸耳轴和支座）等，连接件可直接购买。螺纹轴颈安装[图 3-56(g)]为非标准气缸的安装方式，一般用于小型气缸。

注意：在前、后法兰型（底板型）安装时，需注意固定气缸本体，使负荷的方向和活塞的运动方向在同一轴线上或平行；当行程过长或负荷的运动方向和活塞的运动方向不平行时，应采用轴销型或耳环型的安装形式，不对活塞杆产生径向载荷。

⑤气缸的缓冲装置：根据活塞的速度决定是否应采用缓冲装置。普通气缸的前、后都有末端行程位置减速的节流口，当需要时可另配缓冲器。缓冲器用于缓冲和减速，气缸速度越快、动能越大，减速的效果就越明显。油压缓冲器的外观和内部结构如图 3-57(a)所示，一般采用直接安装方式[图 3-57(b)]，也可采用连接块的安装方式[图 3-57(c)]。

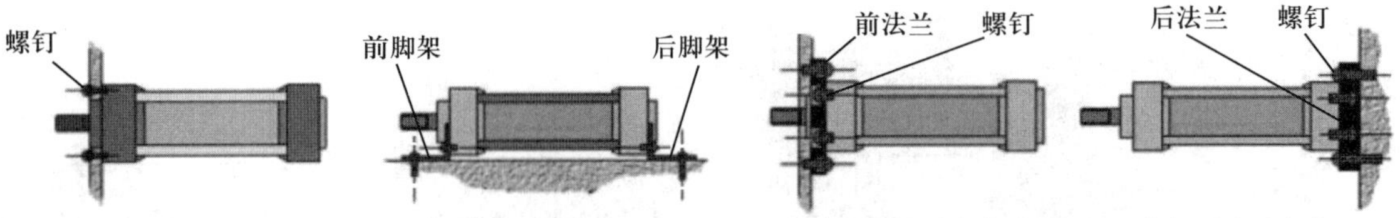

(a) 直接安装　(b) 脚架安装　(c) 前法兰安装　(d) 后法兰安装

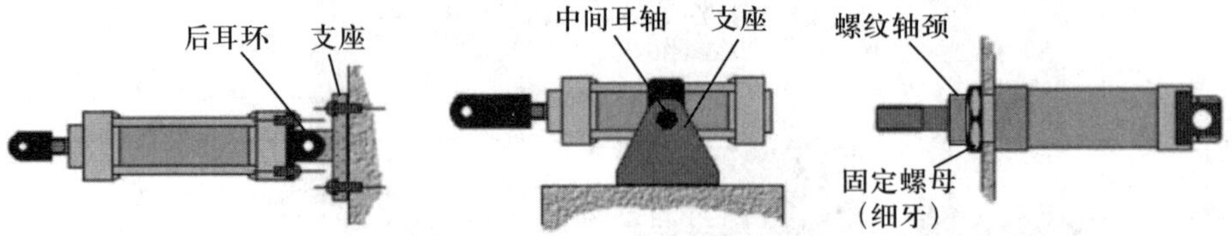

(e) 后耳座安装　(f) 中间耳座安装　(g) 螺纹轴颈安装

图 3-56　普通气缸的安装方式

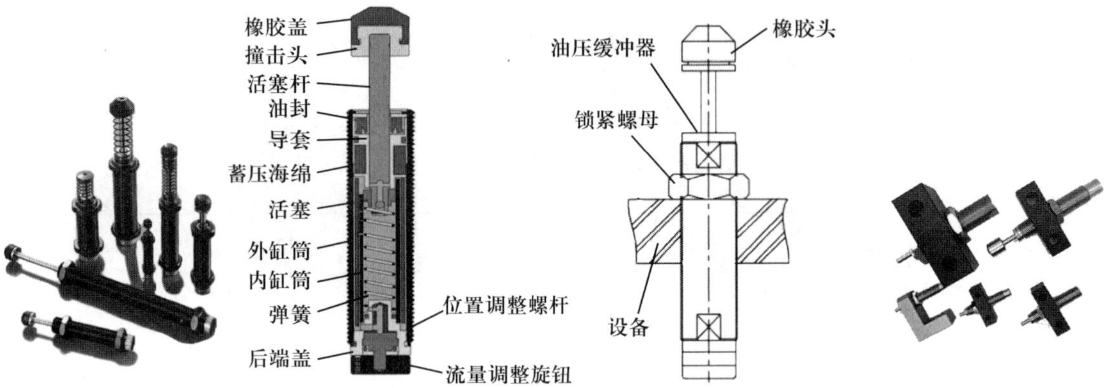

(a) 外观和内部结构　(b) 直接安装　(c) 连接块安装

图 3-57　油压缓冲器

⑥磁性开关：当气动系统采用电气控制方式时，可在气缸上安装磁性开关，如图 3-58 所示，用以检测气缸伸出、缩回的位置和状态。当气缸体有 T 形槽时，可将开关从一端串入并用螺钉紧固；外形为圆形时，需要加装 1 个安装带。普通气缸可以固定在连接杆上。

(三)气缸的参数选择计算

在确定好气缸种类后，应该计算气缸缸径和行程。双作用气缸的受力如图 3-59 所示。

(a) 磁性开关的外观　(b) 在气缸上的安装

图 3-58　磁性开关和安装方法

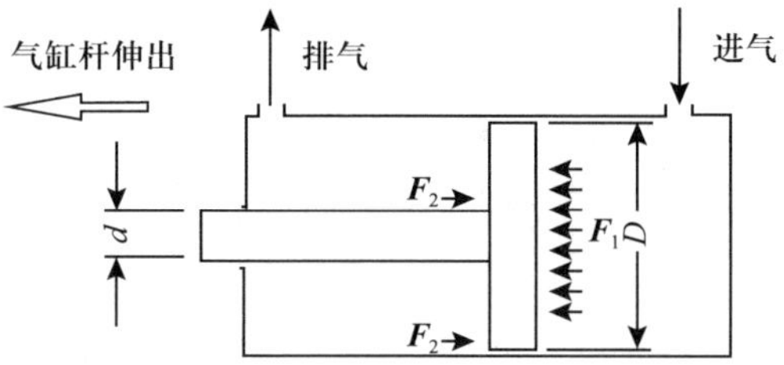

图 3-59 双作用气缸的受力

在选型之前，一定要知道气缸需要多大推力或拉力，因为在同等气压的情况下缸径越大，推力和拉力就越大。

气缸压力计算方法如下(气缸的输出力跟行程长短无关)：

在气动系统工作时，气压一般取 $p=0.5$ MPa，即 0.5 N/mm^2。

例如，缸径为 40 mm，在气缸杆伸出时，气缸截面积 $S=\pi R^2=3.14\times(40/2)^2=1\ 256$ (mm^2)。

所以，在 0.5 MPa 下的理论出力为 $p\cdot S=0.5\times 1\ 256=628$(N)。也可直接参考表 3-7 (仅为理论出力)，在计算时要根据实际工况，考虑重力和留有一定安全系数。

在气缸杆缩回时，气缸受力面积应为气缸截面积减去缸杆的截面积，如图 3-59 所示。

在实际用气量较大的情况下，随着气压下降，气缸的实际输出力也下降。气缸实际输出力 $\boldsymbol{N}=A\cdot\boldsymbol{F}$($A$ 为使用系数，$\boldsymbol{F}$ 为计算得出的理论出力)。

对于静负载(如夹紧、低速铆接等)，$\boldsymbol{F}_2$ 阻力很小，系数 $A\leqslant 0.7$；

对于气缸速度在 50～500 mm/s 的水平或垂直动作，系数 $A\leqslant 0.5$；

对于气缸速度大于 500 mm/s 的动作，$\boldsymbol{F}_2$ 影响很大，系数 $A\leqslant 0.3$。

假设气缸以 50～500 mm/s 运行，缸径为 50 mm，在 0.5 MPa 气压下的理论出力约为 980 N，实际出力等于 $980\times 0.5=490$(N)。

表 3-7 标准气缸的理论出力

$$\boldsymbol{F}_1=p\cdot S=p\,\frac{\pi\cdot D^2}{4}$$

$$\boldsymbol{F}_2=p\cdot S_1=p\,\frac{\pi\cdot(D^2-d^2)}{4}$$

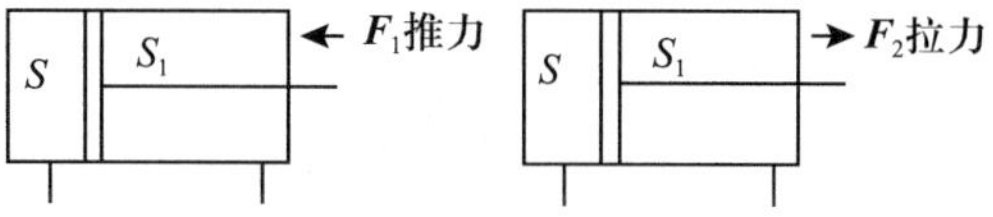

$\boldsymbol{F}_1$—理论气缸推力，N；S—$\boldsymbol{F}_1$ 对应的受力面积，mm^2；
$\boldsymbol{F}_2$—理论气缸拉力，N；S_1—$\boldsymbol{F}_2$ 对应的受力面积，mm^2；
D—气缸内径，mm；d—气缸杆内径，mm；
p—压缩空气压强，MPa

气缸内径 D/mm	缸杆内径 d/mm	输出力 $\boldsymbol{F}$/N	受力面积 /mm^2	工作压强(压缩空气压强)P/MPa						
				0.2	0.3	0.4	0.5	0.6	0.7	0.8
6	3	推力 $\boldsymbol{F}_1$	28	5.7	8.5	11.3	14.1	17.0	19.8	22.6
		拉力 $\boldsymbol{F}_2$	21	4.2	6.4	8.5	10.6	12.7	14.8	17.0

续表 3-7

气缸内径 D/mm	缸杆内径 d/mm	输出力 $\boldsymbol{F}$/N	受力面积 /mm²	工作压强(压缩空气压强)P/MPa						
				0.2	0.3	0.4	0.5	0.6	0.7	0.8
10	4	推力 $\boldsymbol{F}_1$	79	15.7	23.6	31.4	39.3	47.1	55.0	62.8
		拉力 $\boldsymbol{F}_2$	66	13.2	19.8	26.4	33.0	39.6	46.2	52.8
12	6	推力 $\boldsymbol{F}_1$	113	22.6	33.9	45.2	56.5	67.9	79.2	90.5
		拉力 $\boldsymbol{F}_2$	85	17.0	25.4	33.9	42.4	50.9	59.4	67.9
16	6	推力 $\boldsymbol{F}_1$	201	40.2	60.3	80.4	100.5	120.6	140.7	160.8
		拉力 $\boldsymbol{F}_2$	173	34.6	51.8	69.1	86.4	103.7	121.0	138.2
20	8	推力 $\boldsymbol{F}_1$	314	62.8	94.2	125.7	157.1	188.5	219.9	251.3
		拉力 $\boldsymbol{F}_2$	264	52.8	79.2	105.6	131.9	158.3	184.7	211.1
25	10	推力 $\boldsymbol{F}_1$	491	98.2	147.3	196.3	245.4	294.5	343.6	392.7
		拉力 $\boldsymbol{F}_2$	412	82.5	123.7	164.9	206.2	247.4	288.6	329.9
32	12	推力 $\boldsymbol{F}_1$	804	160.8	241.3	321.7	402.1	482.5	563.0	643.4
		拉力 $\boldsymbol{F}_2$	691	138.2	207.3	276.5	345.6	414.7	483.8	552.9
40	16	推力 $\boldsymbol{F}_1$	1 257	251.0	377.0	503.0	628.0	754.0	880.0	1 005.0
		拉力 $\boldsymbol{F}_2$	1 056	211.0	317.0	422.0	528.0	633.0	739.0	844.0
50	20	推力 $\boldsymbol{F}_1$	1 963	393.0	589.0	785.0	982.0	1 178.0	1 374.0	1 571.0
		拉力 $\boldsymbol{F}_2$	1 694	330.0	495.0	660.0	825.0	990.0	1 155.0	1 319.0
63	20	推力 $\boldsymbol{F}_1$	3 117	623.0	935.0	1 247.0	1 559.0	1 870.0	2 182.0	2 494.0
		拉力 $\boldsymbol{F}_2$	2 803	561.0	841.0	1 121.0	1 402.0	1 682.0	1 962.0	2 242.0
80	25	推力 $\boldsymbol{F}_1$	5 027	1 005.0	1 508.0	2 011.0	2 513.0	3 016.0	3 519.0	4 021.0
		拉力 $\boldsymbol{F}_2$	4 536	907.0	1 361.0	1 814.0	2 268.0	2 721.0	3 175.0	3 629.0
100	25	推力 $\boldsymbol{F}_1$	7 854	1 571.0	2 356.0	3 142.0	3 927.0	4 712.0	5 498.0	6 283.0
		拉力 $\boldsymbol{F}_2$	7 363	1 473.0	2 209.0	2 945.0	3 682.0	4 418.0	5 154.0	5 890.0
125	32	推力 $\boldsymbol{F}_1$	12 272	2 454.0	3 682.0	4 909.0	6 136.0	7 363.0	8 590.0	9 817.0
		拉力 $\boldsymbol{F}_2$	11 468	2 294.0	3 440.0	4 587.0	5 734.0	6 881.0	8 027.0	9 174.0
160	40	推力 $\boldsymbol{F}_1$	20 106	4 021.0	6 032.0	8 042.0	10 053.0	12 064.0	14 074.0	16 085.0
		拉力 $\boldsymbol{F}_2$	18 850	3 770.0	5 655.0	7 540.0	9 425.0	11 310.0	13 195.0	15 080.0
200	50	推力 $\boldsymbol{F}_1$	31 416	6 283.0	9 425.0	12 566.0	15 708.0	18 850.0	21 991.0	25 133.0
		拉力 $\boldsymbol{F}_2$	29 452	5 890.0	8 836.0	11 781.0	14 726.0	17 671.0	20 617.0	23 562.0
250	50	推力 $\boldsymbol{F}_1$	49 087	9 817.0	14 726.0	19 635.0	24 544.0	29 452.0	34 361.0	39 270.0
		拉力 $\boldsymbol{F}_2$	47 124	9 425.0	14 137.0	18 850.0	23 562.0	28 274.0	32 987.0	37 699.0

续表 3-7

气缸内径 D/mm	缸杆内径 d/mm	输出力 **F**/N	受力面积 /mm²	工作压强(压缩空气压强)P/MPa						
				0.2	0.3	0.4	0.5	0.6	0.7	0.8
320	70	推力 $\boldsymbol{F}_1$	80 425	16 085.0	24 127.0	32 170.0	40 212.0	48 255.0	56 297.0	64 340.0
		拉力 $\boldsymbol{F}_2$	76 576	15 315.0	22 973.0	30 631.0	38 288.0	45 946.0	53 603.0	61 261.0
400	80	推力 $\boldsymbol{F}_1$	125 664	25 133.0	37 699.0	50 265.0	62 832.0	75 398.0	87 965.0	100 531.0
		拉力 $\boldsymbol{F}_2$	120 637	24 127.0	36 191.0	48 255.0	60 319.0	72 382.0	84 446.0	96 510.0

在一些情况下，可以通过压力表小幅度地调节压力来控制气缸的推力大小，正常气缸使用的气体压强为 0.5 MPa 左右，压力表的测量范围在 1.0 MPa 以下，调节空间较大。气源处理单元的组成如图 3-60 所示，包括过滤器、减压阀和油雾器 3 个部分(也称气动三联体)，而现在很多气缸都可实现自润滑，无须油雾器，所以也称二联体。气动电磁阀多用二位五通电磁阀(因其产量和性价比较高)，其最大耐压值可达 0.7 MPa。图 3-61 所示为三位五通电磁阀的外部连接，连接气管外径为 8 mm，内径为 5 mm。消声器可有效降低系统在排气时的噪声。

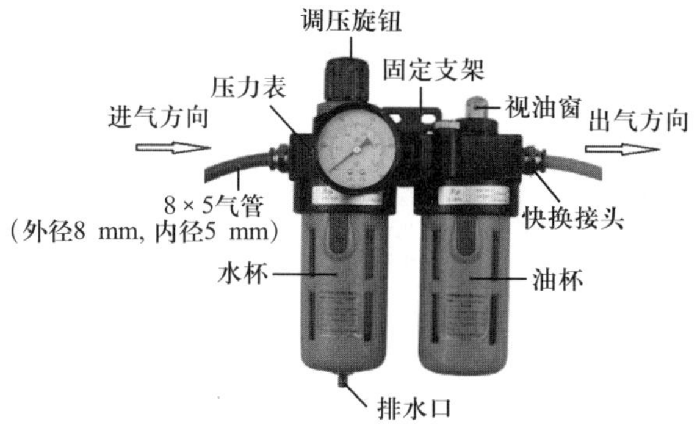

图 3-60　气源处理单元的组成

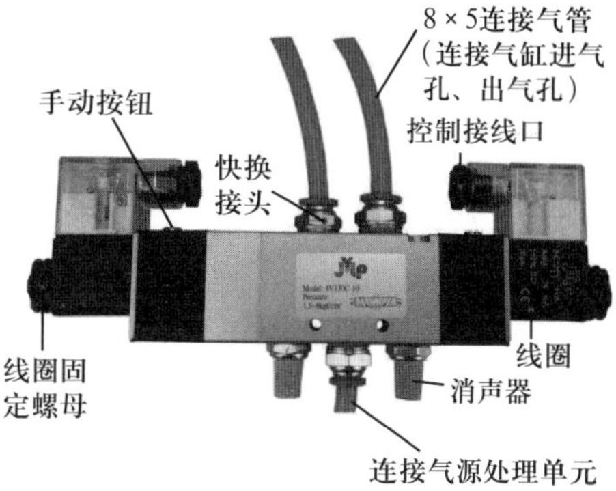

图 3-61　三位五通电磁阀的外部连接

六、液压系统的结构和液压件的选用

(一)液压系统的组成

液压传动系统如图 3-62 所示，它利用液体(液压油)把机械能转换成液体的压力能，作为

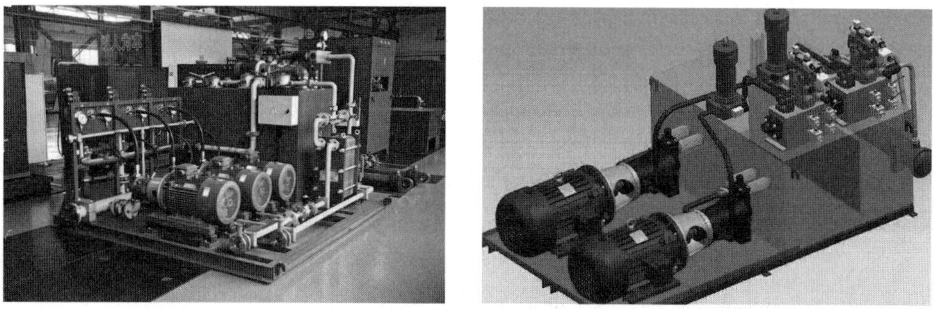

图 3-62　液压传动系统

液压传动中的动力源。可根据需要对液压系统中工作液体的压强 p、流量 Q 和流向进行调节控制，以控制液压缸的出力、速度和方向。

液压系统图的主要作用是表明液压系统的工作原理，用以分析各液压件的连接关系、液压油的走向、液压缸的运动状态和控制方法。YT4543 型动力滑台的液压系统图如图 3-63 所示。

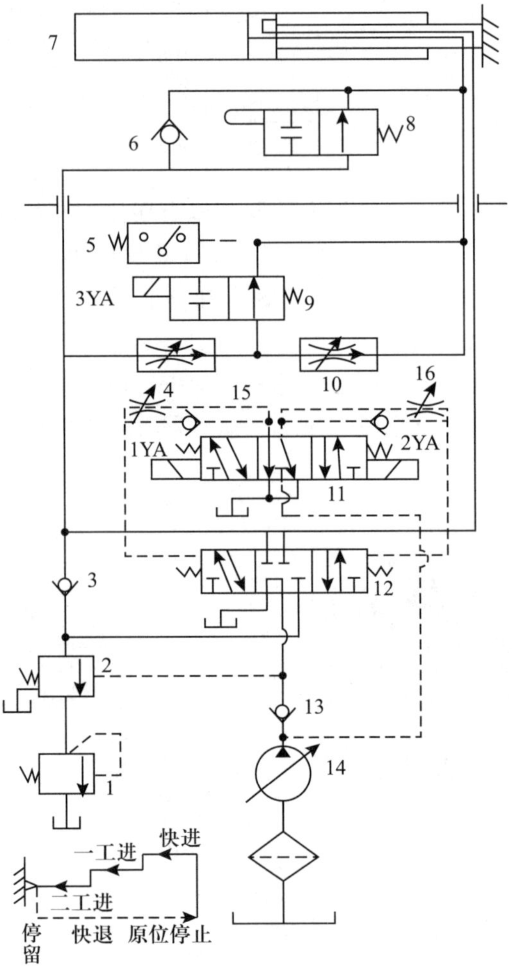

1—背压阀；2—顺序阀；3、6、13、15—单向阀；4、16—节流阀；5—压力继电器；7—液压缸；8—行程阀；9—电磁阀 10—调速阀；11—先导阀；12—换向阀；14—液压泵

图 3-63　YT4543 型动力滑台的液压系统图

一个完整的液压系统由 5 个部分组成，即动力元件、执行元件、控制元件、辅助元件（附件）和液压油。

1. 动力元件

动力元件指液压系统中的油泵，作用是将原动机的机械能转换成液体的压力能，它向整个液压系统提供动力。液压泵的结构形式一般有齿轮泵、叶片泵、柱塞泵和螺杆泵。

①齿轮泵：如图 3-64 所示，齿轮泵的体积较小，结构较简单，对油的清洁度要求不高，价格较便宜；但泵轴受力不平衡，磨损严重，油的泄漏量较大。

②叶片泵：分为双作用叶片泵（图 3-65）和单作用叶片泵。这种泵的流量均匀，运转平稳，

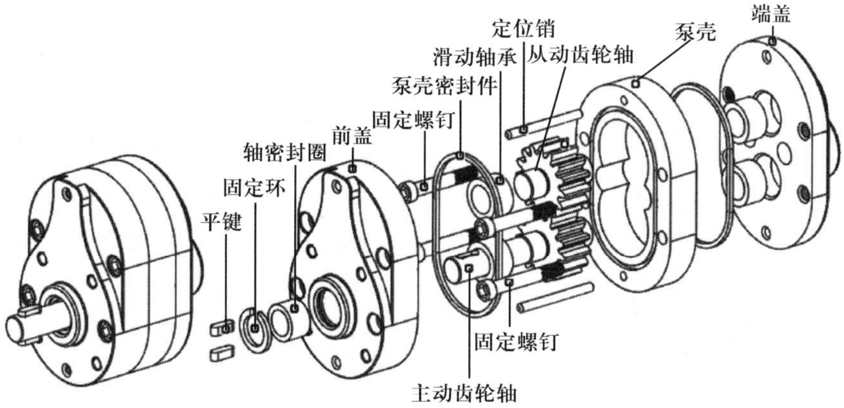

图 3-64 齿轮泵的结构

噪声小，压力和容积效率(泵的实际输出流量与理想没有泄漏情况下的流量之比)比齿轮泵高，结构比齿轮泵复杂。

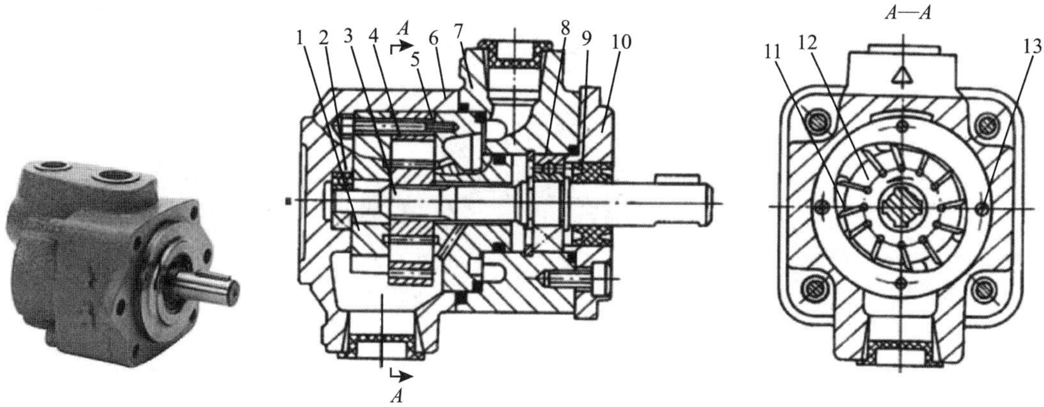

1—左配油盘；2—轴承；3—泵轴；4—定子；5—右配油盘；6—泵体；7—前泵体；
8—轴承；9—油封；10—盖板；11—叶片；12—转子；13—紧固螺钉

图 3-65 双作用叶片泵的结构

③柱塞泵：如图 3-66 所示，柱塞泵的容积效率高，油的泄漏量小，可在高压下工作，多用于大功率的液压系统；但结构复杂，对材料和加工精度的要求高，价格贵，对油的清洁度要求高。一般在齿轮泵和叶片泵都不能满足使用要求时才用柱塞泵。

④螺杆泵：应用不广泛，具有较强的自吸力，效率高，被输送的液体沿轴向移动、流量均匀、脉冲小；但螺杆的加工和装配要求高，泵体容易振动或产生噪声。

2. 执行元件

执行元件包括液压缸(图 3-67)和液压马达(图 3-68)，作用是将液体的压力能转换为机械能，驱动负载做直线往复运动(液压缸)或回转运动(液压马达)。

3. 控制元件

控制元件(即各种液压阀)在液压系统中控制和调节液体的压力、流量和方向。根据控制

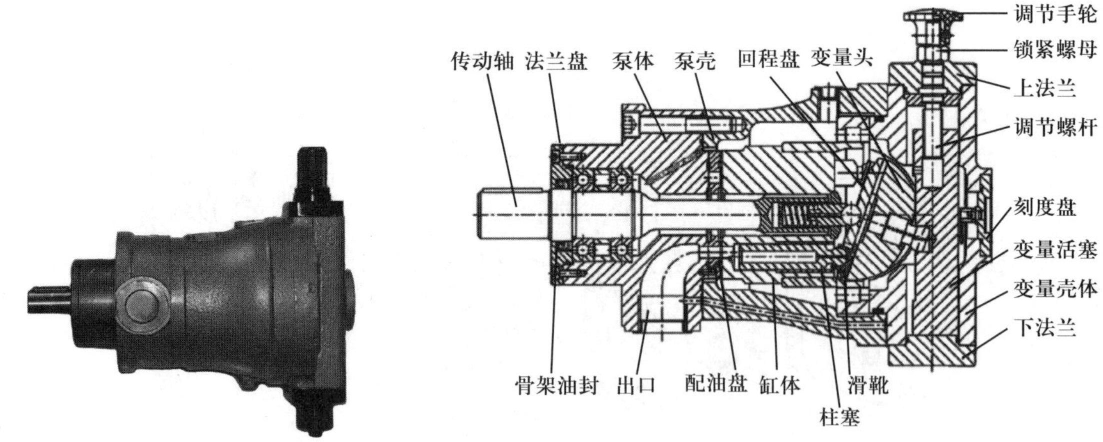

图 3-66　柱塞泵的结构

功能的不同，液压阀可分为压力控制阀、流量控制阀和方向控制阀。压力控制阀包括溢流阀（安全阀）、减压阀、顺序阀、压力继电器等；流量控制阀包括节流阀、调整阀、分流集流阀等；方向控制阀包括单向阀、液控单向阀、梭阀、电磁换向阀（图 3-69）等。根据控制方式不同，液压阀可分为开关式控制阀、定值控制阀和比例控制阀。

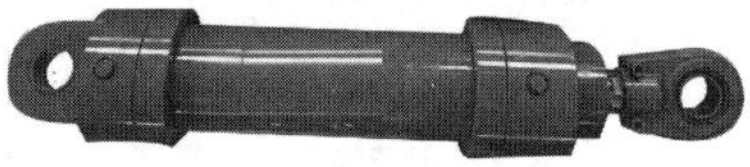

图 3-67　液压缸

图 3-68　液压马达

图 3-69　电磁换向阀

4. 辅助元件

辅助元件包括油箱、滤油器、冷却器、加热器、蓄能器、油管及管接头、密封圈、快换接头、高压球阀、胶管总成、测压接头、压力表、油位计、油温计等。

5. 液压油

液压油是液压系统中传递能量的工作介质，包括各种矿物油、乳化液和合成型液压油等几大类。

（二）液压系统的应用特点

（1）液压系统的优点

①体积小，质量轻；

②刚度大，精度高，响应快；

③驱动力大，适合重载直接驱动；

④调速范围广，速度控制方式多样；

⑤自润滑，自冷却，长寿命；

⑥易于实现安全保护。

(2)液压系统的缺点

①工作液抗污染能力差;

②对温度变化敏感;

③存在泄漏隐患;

④制造难,成本高;

⑤不适于远距离传动。

(三)液压系统的应用实例

挖掘机及其液压控制系统如图 3-70 所示,由工作装置、回转装置和行走装置 3 部分组成。工作装置包括动臂、斗杆以及根据工作需要可更换的各种换装设备,如正铲、反铲、装载斗和抓斗等。

图 3-70 挖掘机及其液压控制系统

挖掘机的液压系统原理如图 3-71 所示,常采用三位六通多路阀,滑阀的微调性能和复合操作性能差。20 世纪 90 年代以来,在液压挖掘机上开始采用负荷传感控制系统,无论是采用中位开式方式还是中位闭式方式,它都附带有压力补偿阀。

与传统的液压系统比较,负荷传感控制系统的主要优点如下:

①降低能源消耗。普通三位六通换向阀无论采用定量泵还是变量泵,总要有一部分油液经溢流阀溢流,浪费了能源;而使用负荷传感控制系统后,泵的流量全部用于负荷上,泵的压力仅比负荷压力大 1～3 MPa。

②流量控制精度高,不受负荷压力变化的影响。

③几个执行元件可以同步运动或以某种速比运动,且互不干扰。普通三位六通换向阀系统用的是并联油路,当几个执行元件同时运动时,泵输出的油液首先流向压力低的执行元件,执行元件不能同步运动。负荷传感控制系统包括负荷传感控制阀和负荷传感控制泵(定量泵)。完全负荷传感控制系统则由负荷传感控制阀和负荷传感控制变量泵组成。负荷传感控制阀只解决了滑阀的微调和复合操作性能,没有解决节省能源的问题。定量泵和负荷传感控制阀的系统也没有降低能源消耗,因为泵所输出的流量超过执行元件(液压缸和液压马达)所需要的流量时,多余的油液经压力补偿阀流回油箱(为保持压差恒定)而变为热能。只有完全负荷传感控制系统才能解决节省能源的问题。

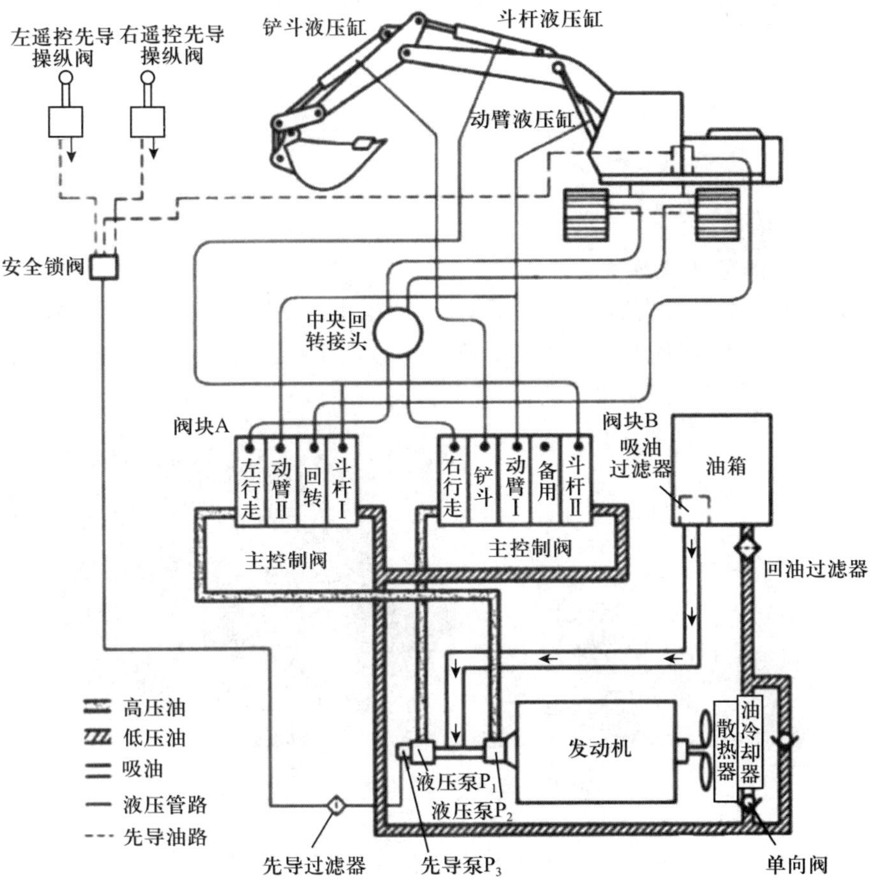

图 3-71　挖掘机的液压系统原理

思考与练习 3-2

1. 判断：丝杠传动只能将转动变为移动，是不能将移动转变为转动的。（　　）

2. 单选：（　　）传动一般用在高速、低转矩的场合，（　　）传动多用于低速情况下，（　　）传动精度较高，而（　　）传动更适合直线输出方式，一些型号也可做旋转运动。

A. V 带　　B. 链　　C. 齿轮　　D. 气缸

3. 填空：带传动的张紧调整结构主要包括________、________、________和________张紧装置 4 种形式。

4. 填空：气动系统常用________阀来调节气缸的运动速度，用________阀控制气缸的运动方向。

5. 填空：机床丝杠按其摩擦特性可分为 3 类，即________丝杠、________丝杠和________丝杠。

6. 填空：按照用途不同，链可分为________链、________链和________链 3 大类。

7. 简答：与气动方式相比，液压传动更适合什么场合？

第三节　连接杆件、支架和箱体的结构

一、连接杆件的结构

连接杆件的几何特征是长度远远大于截面宽度或厚度。杆件结构的基本受力形式按其变形的特点分为5种，即拉伸、压缩、弯曲、剪切、扭转。在实际当中，杆件受力往往是几种受力形式的组合。在进行杆件的结构和尺寸设计时应注意其受力、质量、可靠性和加工成本等因素。

发动机活塞连杆组件如图3-72(a)所示，连杆的主要损坏形式是疲劳断裂和过量变形。为增加杆体强度，其截面为工字形结构；上端孔保证与连杆衬套的配合精度，下端采用开口形式与连杆盖配合，以便装入曲轴。因有减重要求、较为复杂、产量较高，所以连杆组件大多采用高强度的精选45钢、40Cr等锻造生产，并调质处理(淬火＋高温回火)以改善切削性能和提高抗冲击能力。45钢硬度要求为HBS217～293，40Cr为HBS223～280。连杆的毛坯有2种形式：一种是连杆、连杆盖分开锻造；另一种是将连杆、连杆盖锻造成一体，在加工过程中再切开或采用胀断工艺将其胀断。

冲压机连杆组件如图3-72(b)所示，主要由床身、工作台、滑块、曲轴、连杆、摩擦离合器、电动机、润滑系统、导轨等组成。由曲轴、连杆和滑块组成曲柄滑块机构，主要用于对金属板材进行冲压加工。冲压机连杆组件的上端为轴承安装孔，下端为球面形状，用来连接球面轴承，以适应转动的角度，保证滑块受力均匀。

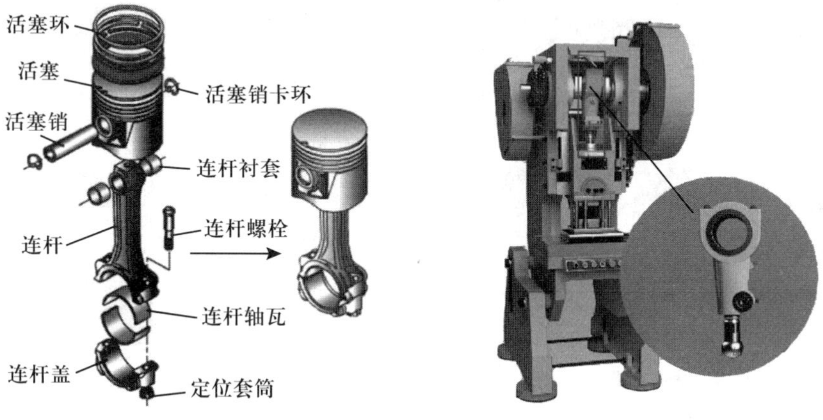

(a) 发动机活塞连杆组件　　(b) 冲压机连杆组件

图3-72　连杆组件

拉杆如图3-73所示，为能调整两端连接孔间的距离，中部设置了双螺纹的对丝结构(一端为左旋螺纹，另一端为右旋螺纹；如两端螺纹旋向相同而螺距不同，可形成精调结构)和锁紧螺母。只承受轴向力的拉杆一般为直杆形状，由于不会出现压杆那样的失稳现象，只要满足抗拉强度即可，可以采用实心或空心杆结构。

为节约成本，有的连接杆件可用钢板制造，采用销轴进行铰接，如工件压钳(图3-74)。

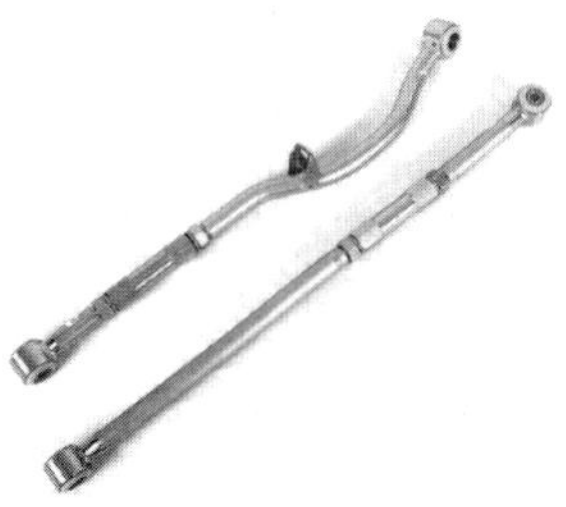

图 3-73　拉杆

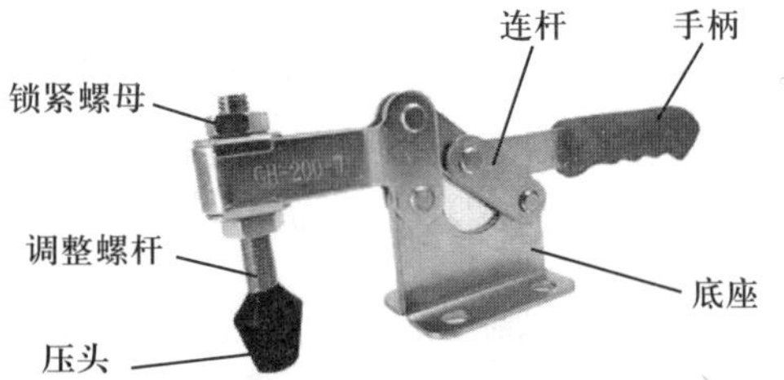

图 3-74　工件压钳

二、支架的结构

设备的支架主要有钢板支架、型材支架和铸造支架 3 种形式，因使用场合、生产条件、加工周期、生产量和成本等要求不同，应具体加以选择。

(一)钢板支架

钢板支架应用较为广泛，是由钢板折弯、铆接或焊接形成的，生产周期短，可以根据强度需求进行设计和加工，受力状态好，质量相对较轻，形状容易控制。

在实际设计时，应考虑配备剪板机、折弯机、冲压机、焊接机等设备或加工厂家。在要求精度较高和设备稳定性较好的场合还需焊接后进行时效处理，包括人工时效和自然时效。

图 3-75 为轮胎输送机，其主体采用钢板支架焊接或连接。图 3-76 为物料橡胶传送带下方的滚轮支架，由钢板焊接而成，主要满足滚轮支撑位置的连接方式和支撑强度要求。

图 3-75　轮胎输送机

图 3-76　滚轮支架

液压支架如图 3-77 所示，由液压缸驱动，主体结构采用钢板焊接结构。在液压缸的连接部位钢板应加厚(在局部焊接钢板)；为保证受力应增加筋板结构；为保证螺纹连接强度，连接螺纹部位的钢板应具有一定的厚度。图 3-78 为可调整连接角度的支架。汽车的底盘支架也是采用冲压钢板件的焊接或连接结构，如图 3-79 所示。

(二)型材支架

型材支架也称块状支架，是指小批量生产的小型支架，可以采用型材、方钢、厚钢板等直接进行机械加工而获得，如图 3-80 所示。

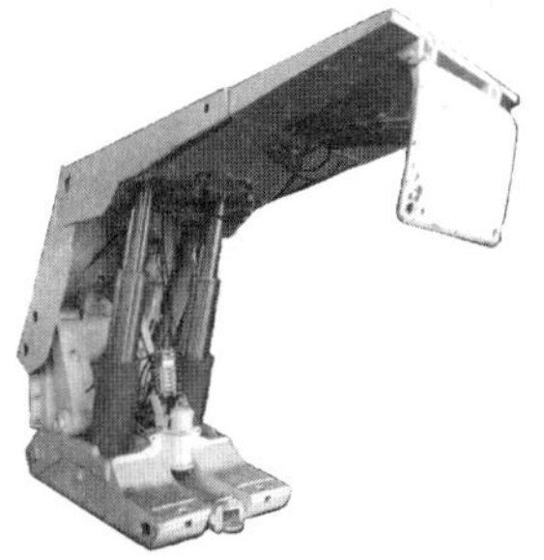

图 3-77　液压支架

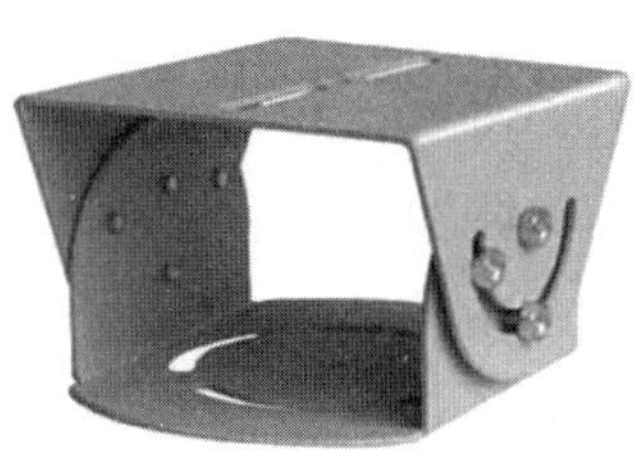

图 3-78　可调整连接角度的支架

图 3-79　汽车底盘支架

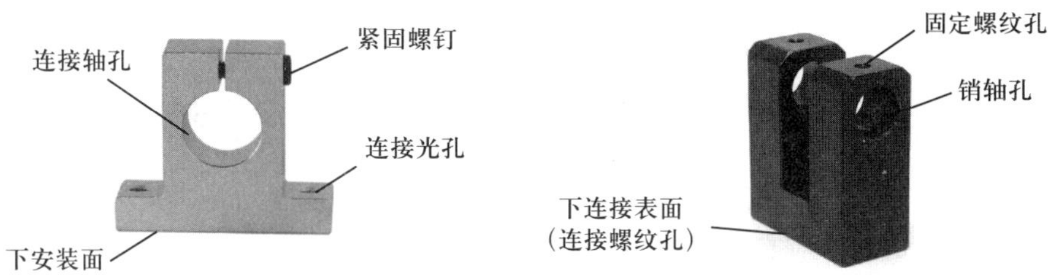

图 3-80　型材支架

(三)铸造支架

形状复杂、大批量生产的支架一般采用铸造，主要用于局部的连接或支承，如图 3-81 所示。在质量有限制的场合可采用硬铝合金 LY12 或钛合金材料，以减轻质量。为保证受力方向的强度应有加强筋板结构；在连接要求较高的表面应进行机械加工；螺栓压紧面应进行凸台面加工或锪平，保证垂直于连接螺栓轴线，不让螺栓受到弯矩。

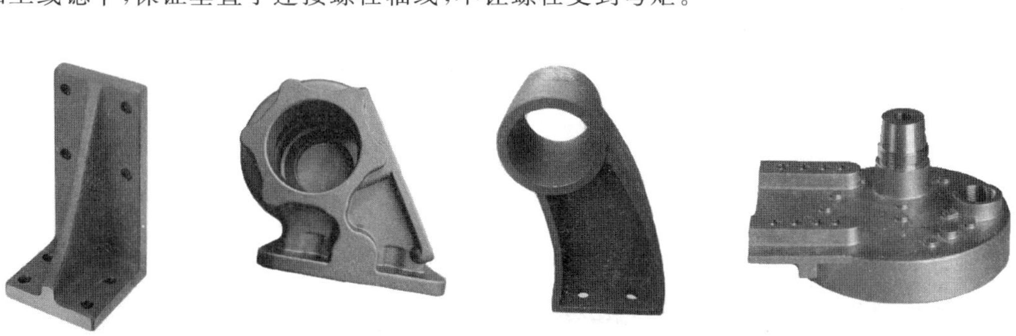

图 3-81　铸造支架

压铸件的结构参数如下。

1. 壁厚

压铸件的壁厚对压铸件质量有很大的影响。压铸件壁太薄,金属熔接不好,影响压铸件的强度,同时给成型带来困难;壁厚过大或严重不均匀则易产生缩瘪及裂纹。随着壁厚的增加,压铸件内部气孔、缩松等缺陷也增多,同样降低压铸件的强度。因此,在保证压铸件有足够强度和刚度的条件下,应尽可能减少其壁厚,并保持壁厚均匀一致。压铸件的壁厚一般以 2.5～4.0 mm 为宜,壁厚超过 6 mm 的零件不宜采用压铸。推荐采用的最小壁厚和正常壁厚见表 3-8。

表 3-8 不同合金材料的最小铸造壁厚和正常壁厚

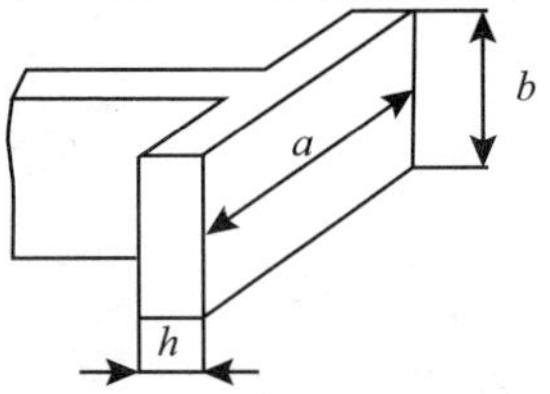

壁厚处的面积 $(a\times b)/cm^2$	锌合金		铝合金		镁合金		铜合金	
	壁厚 h/mm							
	最小	正常	最小	正常	最小	正常	最小	正常
≤25	0.5	1.5	0.8	2.0	0.8	2.0	0.8	1.5
＞25～100	1.0	1.8	1.2	2.5	1.2	2.5	1.5	2.0
＞100～500	1.5	2.2	1.8	3.0	1.8	3.0	2.0	2.5
＞500	2.0	2.5	2.5	4.0	2.5	4.0	2.5	3.0

2. 铸造圆角

压铸件各部分相交处应有圆角(分型面处除外),目的是使金属填充时流动平稳,气体容易排出,并可避免因锐角而产生裂纹。对于需要进行电镀和涂饰的压铸件,圆角可以均匀镀层,以防止尖角处涂料堆积。压铸件的圆角半径 R 一般不宜小于 1 mm,最小圆角半径为 0.5 mm,见表 3-9。

表 3-9 压铸件的最小圆角半径 mm

相连接 2 壁的厚度	图例	圆角半径
相等壁厚	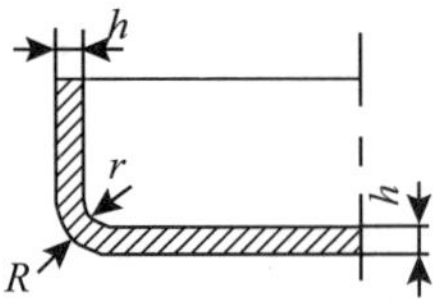	$r_{min}=Kh$; $r_{max}=Kh$; $R=r+h$; 锌合金 $K=1/4$; 铝镁合金 $K=1/2$
不等壁厚	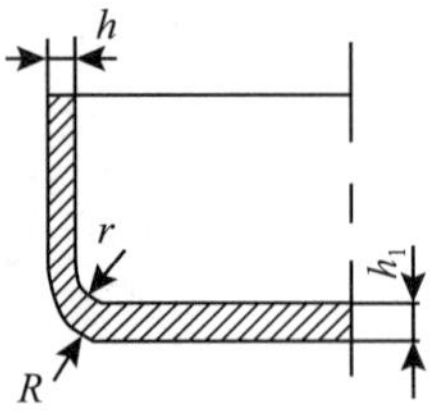	$r\geqslant(h+h_1)/3$; $R=r+(h+h_1)/2$

3. 脱模斜度

设计压铸件时，应在结构上留有结构斜度；无结构斜度时，在需要之处必须有脱模的工艺斜度。斜度的方向必须与压铸件的脱模方向一致。推荐的脱模斜度见表 3-10。

表 3-10 压铸件的推荐脱模斜度

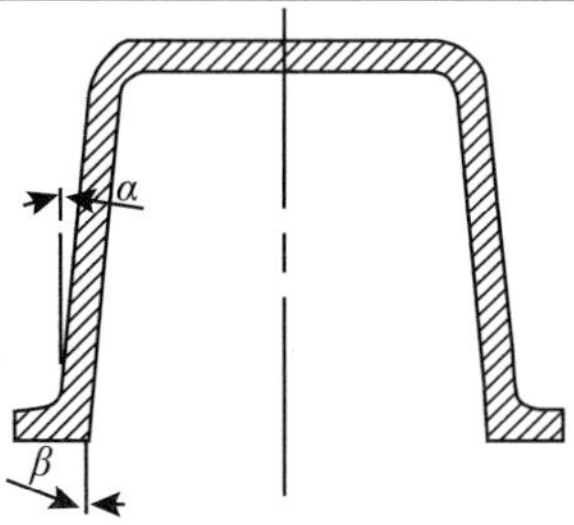

合金种类	配合面的最小脱模斜度		非配合面的最小脱模斜度	
	外表面 α	内表面 β	外表面 α	内表面 β
锌合金	0°10′	0°15′	0°15′	0°45′
铝、镁合金	0°15′	0°30′	0°30′	1°00′
铜合金	0°30′	0°45′	1°00′	1°30′

4. 加强筋

加强筋的作用是提高零件的强度和刚度，减少压铸件收缩变形，避免工件从模具内顶出时发生变形，填充时用作辅助回路(金属流动的通路)；压铸件筋的厚度应小于所在壁的厚度，一般取该处厚度的 2/3～3/4，加强筋可以提高零件的强度和刚度，同时改善压铸的工艺性。但须注意以下几点：

①分布要均匀对称；

②与压铸件连接的根部要有圆角；

③避免多筋交叉；

④筋宽不应超过与其相连壁的厚度，当壁厚小于 1.5 mm 时，不宜采用加强筋；

⑤加强筋的脱模斜度应大于压铸件内腔所允许的铸造斜度。

一般采用的加强筋的尺寸见表 3-11。

表 3-11 加强筋的尺寸

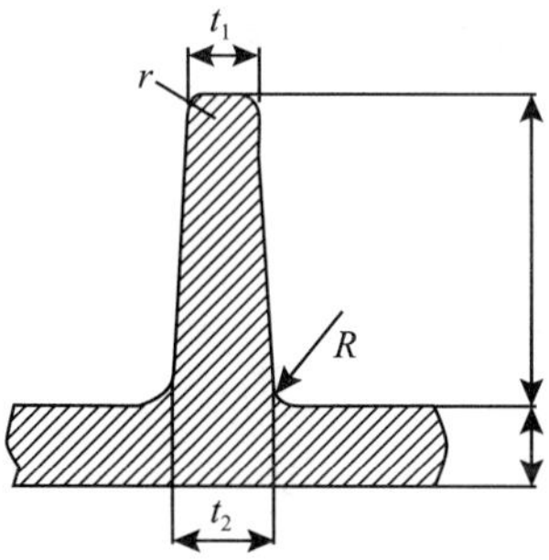

壁厚 t	≤3	>3
t_1	$(0.6\sim1.0)t$	
t_2	$(0.7\sim1.0)t$	$(0.4\sim0.7)t$
高度 h	$\leqslant 5.0t$	$(0.6\sim1.0)t$
圆角半径 r	≤0.5	
圆角半径 R	$\geqslant(0.5\sim1.0)t$	
压铸件壁厚 t 最大不超过 6～8 mm		

三、箱体的结构

(一)铸造箱体

箱体是机器或部件的基础零件，它将机器或部件中的轴、套、齿轮等有关零件组装成一个整体，使它们之间保持正确的相对位置，并按照一定的传动关系协调地传递运动或动力。因此，箱体的加工质量将直接影响机器或部件的精度、性能和寿命。

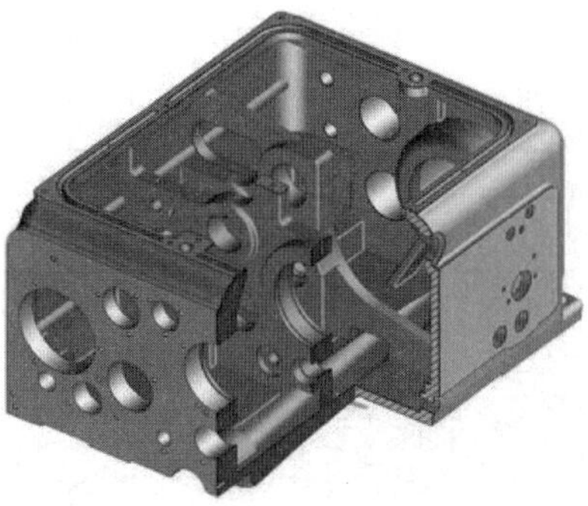

图 3-82 机床主轴箱

常见的箱体类零件有机床主轴箱(图 3-82)、机床进给箱、变速箱体、减速箱体、发动机缸体和机座等。根据结构形式不同,箱体类零件可分为整体式箱体和分离式箱体 2 类,前者是整体铸造、整体加工,加工较困难,但装配精度高;后者可分别制造,便于加工和装配,但增加了装配工作量。

箱体的结构形式虽然多种多样,但仍有共同的主要特点:形状复杂,壁薄且不均匀;内部呈腔形,加工部位多,加工难度大;既有精度要求较高的孔系和平面,又有许多精度要求较低的紧固孔。因此,一般中型机床制造厂用于箱体类零件的机械加工劳动量占整个产品加工量的 15%~20%。

1. 外形特点

所有的压铸件都有脱模斜度、铸造圆角、壁厚均匀、加工工艺性好、加工量小等要求,除此以外,主轴箱的箱体还应满足以下要求。

①在一些部位,如轴孔、导轨面和 T 形槽等处应有一定的厚度(需要加工和保留一定强度),增设必要的加强筋。

②轴承孔端面、螺栓连接面应进行机械加工,并与相应的孔垂直,以保证连接强度和受力合理性。

③2 个压铸件间应由 2 个定位销进行定位,结构上应考虑润滑、密封、吊运等方式。

④容易装配,并保证装配精度。

2. 加工精度

①主要平面的形状精度和表面粗糙度:箱体的主要平面是装配基准,并且往往是加工时的定位基准,所以应有较高的平面度和较小的表面粗糙度;否则,直接影响箱体加工时的定位精度及箱体与机座总装时的接触刚度和相对位置精度。一般箱体主要平面的平面度为 0.10~0.03 mm,表面粗糙度为 Ra12.5~Ra6.3,各主要平面对装配基准面的垂直度为 0.1/300。

②孔的尺寸精度、几何形状精度和表面粗糙度:箱体上的轴承支承孔本身的尺寸精度、几何形状精度和表面粗糙度要求都较高,否则,将影响轴承与箱体孔的配合精度,使轴的回转精度下降,也易使传动件(如齿轮)产生振动和噪声。一般机床主轴箱的主轴支承孔的尺寸精度为 IT6,圆度、圆柱度公差不超过孔径公差的一半,表面粗糙度为 Ra6.3~Ra3.2;其余支承孔的尺寸精度为 *IT*7~*IT*6,表面粗糙度为 Ra12.5~Ra6.3。

③主要孔和平面的相对位置精度:同一轴线的孔应有一定的同轴度要求,各支承孔之间也应有一定的孔距尺寸精度及平行度要求;否则,不但装配有困难,而且使轴的运转情况恶化,温度升高,轴承磨损加剧,齿轮啮合精度下降,引起振动和噪声,影响齿轮寿命。支承孔之间的孔距公差为 0.12~0.05 mm,平行度公差应小于孔距公差;孔的同轴度公差一般为 0.04~0.01 mm;支承孔与主要平面的平行度公差为 0.10~0.05 mm;主要平面间及主要平面与支承孔之间的垂直度公差为 0.10~0.04 mm。

PV 系列齿轮箱的结构如图 3-83 所示,箱体的结构和精度需满足上述要求。

(二)钢板箱体

钢板箱体以电控箱(防爆的电控箱也采用铸造箱体结构,并用橡胶密封圈进行密封)为代

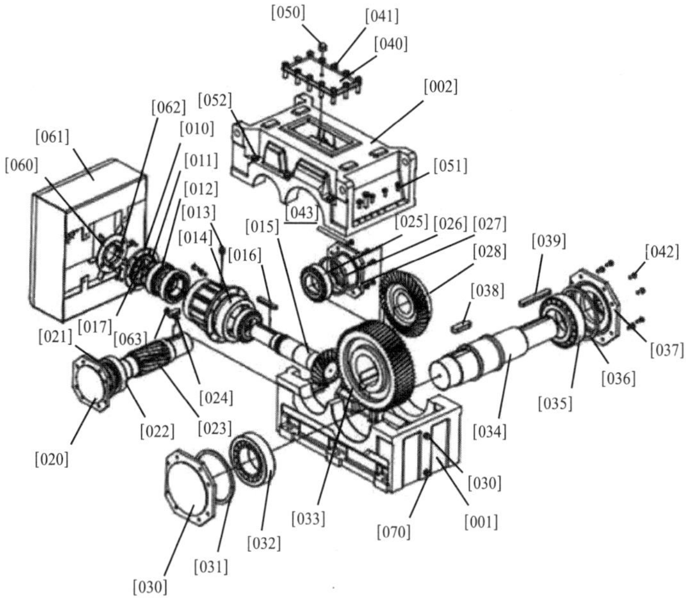

[001]	齿轮箱箱体	[002]	齿轮箱箱盖
[010]	端盖	[011]	锁紧螺母
[012]	轴承	[013]	通气（加油）塞
[014]	轴承套	[015]	输入齿轮轴
[016]	键	[017]	油封
[020]	端盖	[021]	调整环
[022]	轴承	[023]	齿轮轴
[024]	键	[025]	轴承
[026]	调整环	[027]	端盖
[028]	螺旋锥齿轮	[030]	端盖
[031]	调整环	[032]	轴承
[033]	齿轮	[034]	输出轴
[035]	轴承	[036]	调整环
[037]	端盖	[038]	键
[039]	键	[040]	视孔盖板
[041]	螺栓	[042]	螺栓
[043]	螺栓	[050]	通气罩
[051]	螺栓	[052]	螺栓
[060]	风扇	[061]	风扇罩
[062]	螺栓	[063]	螺栓
[070]	放油螺塞	[080]	油位指示器

图 3-83　PV 系列齿轮箱的结构

注：图示用于帮助理解，具体零部件根据齿轮箱规格和类型的不同，可能会有所不同。

表。小型、壁挂式的钢板箱体一般称为控制箱，如图 3-84 所示；而大型、落地式的钢板箱体一般称为控制柜，如图 3-85 所示。电控箱为钢板经下料、折弯、焊接、喷漆后连接而成。电控箱是包含 1 个或多个低压开关以及与之相关的控制、测量、信号、保护、调节等设备，并且由制造厂家负责用结构部件完整地组装在一起，完成所有内部电气和机械连接的组合体。

控制箱的柜门安装有按钮开关、指示灯、急停开关、显示器等，通过电缆与箱体内相连，电缆由线管包裹。控制箱内主要安装有电源、断路器、控制器、继电器等，通过电线连接在接线端子上（电线上安装有线号），电线要求平直、成束靠边，并尽量置于线槽内。为了便于安装调试，电控箱内设置有用螺钉固定、可取下的电器安装板，用于安装各电器元件。各电器元件安装后再统一安装进电控箱内。

图 3-84　控制箱

图 3-85　控制柜

思考与练习 3-3

1. 判断：机架是支撑和连接设备各组成部分、保证其相对位置的重要主体。（　　）

2. 填空：杆件结构的基本受力形式按其变形的特点分为________、________、________、________和扭转 5 种。

3. 填空：做机架的常见碳钢或不锈钢型材有________、________、________、________和 H 型钢等。这些型材是按其截面形状来命名的。

4. 填空：设备的支架主要分________支架、________支架和________支架 3 种类型。

5. 填空：在设计铸造支架时，要注意________、________、________、________等尺寸和结构因素。

6. 简答：请举例说明设备的支架应该如何选择。

综合项目

设计金属切削机床（车床或铣床）的夹具或冲压模具，加工的零件自拟，以三维图展示（参考二维码）。要求：快速更换、自动定位、可适应多种型号或尺寸。

扫码查看彩图

图 3-86　快速夹紧夹具

图 3-87　冲压模具

第四章　外购件的选用和连接

第一节　常用标准件的选用

一、螺纹连接的结构和选用

螺纹连接是指用螺纹件将被连接件连成一体的可拆卸连接。常用的螺纹连接件有螺栓、螺柱、螺钉和紧定螺钉等，多为标准件。根据传力方式的不同，螺纹连接可分为受拉连接和受剪连接。

（一）螺纹连接的结构

常见的螺纹连接结构如图 4-1 所示。进行螺栓连接时，一般不需要在被连接件上加工螺纹孔，也不受被连接件材料的限制，构造简单、装拆方便；但装配时一般需要从被连接件的 2 条边进行，与螺钉连接相比不方便。螺钉连接多用于受结构限制而不能用螺栓连接的场合。螺钉连接时不用螺母，且有光滑的外露表面；但不宜经常装拆，以免损坏被连接件的螺纹孔。用紧定螺钉连接时，紧定螺钉旋入被连接件之一的螺纹孔中，其末端顶住另一个被连接件，以固定 2 个零件的相对位置，并可传递较小的力或力矩。

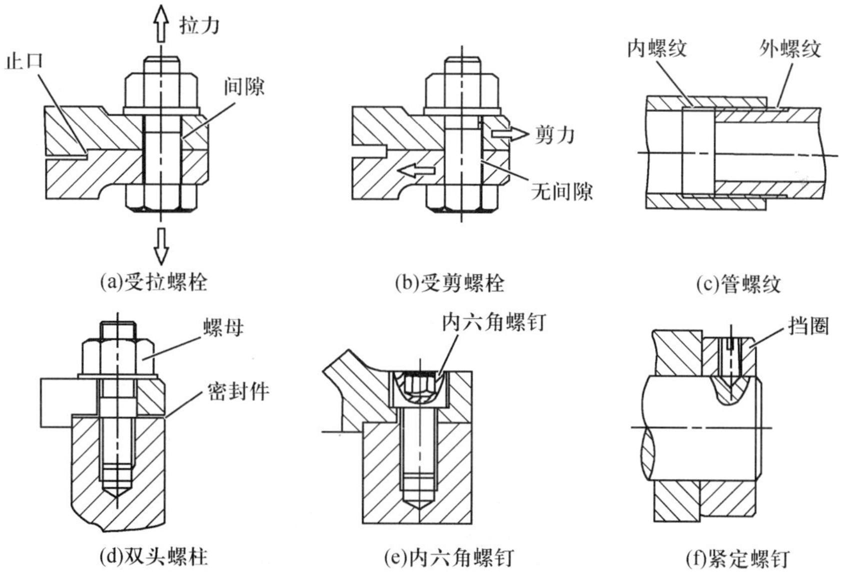

图 4-1　常见的螺纹连接结构

图 4-1(a)中的被连接件带有止口，螺栓不承受剪切力，螺栓与被连接件间留有一定的间隙；在图 4-1(b)中，使用可以承受剪切力的铰制孔螺栓，螺栓与孔之间紧密配合，孔一般采用铰刀加工，尺寸、形位和粗糙度的精度要求较高；图 4-1(c)中的管螺纹连接一般用于薄壁管件，

如水管和气管等，密封性较好；图 4-1(d)中的双头螺柱用于一个被连接件较厚且不宜加工出通孔的情况；图 4-1(e)中的结构在机械设备上较为常用，加工出的沉孔可将外六角螺钉头置入其中，并可用弹性垫圈(简称弹垫)防松；图 4-1(f)中结构的连接强度较低，但使用较方便，可实现轴向定位，多用于受力不大的场合。

关于螺纹的尺寸国家标准有规定，常用螺钉的尺寸见表 4-1。连接螺钉大多采用粗牙螺纹，其对应的通孔(光孔)直径依据装配精度要求，精装配取小值，粗装配取大值，范围大约为螺纹直径的 1.05～1.20 倍(一般取 1.1 倍)；在加工螺纹孔时，底孔的钻孔直径为螺纹大径尺寸减去螺距尺寸的 1.082 5 倍，底孔的钻孔深度比需要的内螺纹深度大(螺纹大径的 85%以上)即可，尽量取整数；细牙螺母(如圆螺母)一般配合轴上螺纹的连接，以减小对轴强度的削弱。

表 4-1　常见螺纹大径、螺钉、通孔、细牙螺母螺距的尺寸　　mm

序号	常用螺纹大径 d	螺钉尺寸			螺纹对应通孔直径(约 1.1d)	加工螺纹底孔		细牙螺母螺距(粗牙见螺钉，括号内少使用)
		螺距 P	长度 L	螺钉的长度 L 系列(尽量不用括号内)		钻孔内径	增加深度	
1	M3	0.50	3～35	3、4、5、6、7、8、(9)、10、12、(14)、16、(18)、20、(22)、25、(28)、30、(32)、35、40、45、50、55、60、65、70、75、80、85、90、95、100、110、120、130、140、150、160、170、180、190、200、210、220、230、240、250、260、280、300	3.2～3.6	2.5	≥2.5	无
2	M4	0.70	8～40		4.3～4.8	3.3	≥3.5	(0.50)
3	M5	0.80	10～50		5.3～6.0	4.2	≥4.5	(0.50)
4	M6	1.00	10～60		6.4～7.2	5.0	≥5.0	(0.75)
5	M8	1.25	12～80		8.4～9.6	6.8	≥7.0	(0.75、1.00)
6	M10	1.50	14～100		10.5～12	8.4	≥9.0	1.00(1.25)
7	M12	1.75	16～130		12.6～14.5	10.0	≥10.0	(1.00)1.25(1.50)
8	M16	2.00	22～160		16.8～19.0	13.8	≥14.0	(1.00、1.25)1.50
9	M20	2.50	25～220		21.0～24.0	17.3	≥17.0	(1.00)1.50(2.00)
10	M24	3.00	28～240		25.0～28.0	20.8	≥21.0	(1.00)1.50(2.00)
11	M30	3.50	45～300		31.0～35.0	26.2	≥26.0	1.50(2.00、3.00)
12	M36	4.00	60～300		37.0～42.0	31.7	≥32.0	1.50(2.00、3.00)
13	M42	4.20	70～300		43.0～48.0	37.5	≥37.0	1.50(2.00、3.00)

例如，如图 4-2 所示，当采用 M8 螺钉连接时，螺钉距左侧边缘距离可取 8 mm(螺纹直径的尺寸)，距右侧立面距离取 $1.5d=1.5\times8\ \text{mm}=12\ \text{mm}$，通孔直径取 $1.1d=1.1\times8\ \text{mm}=$

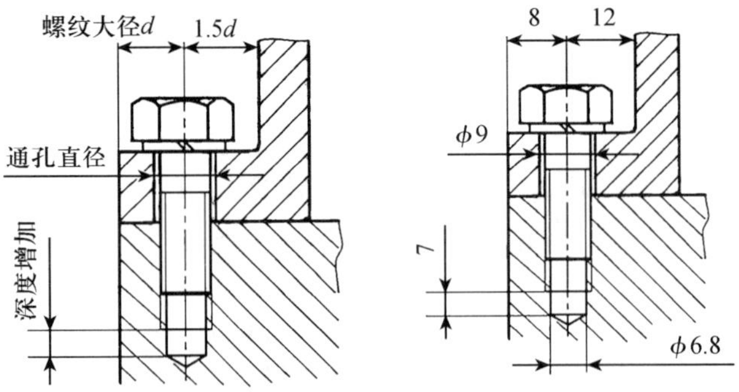

图 4-2　螺纹连接尺寸

8.8 mm，可取整为直径 9 mm（或查表）。光孔、螺纹孔的深度应与螺钉长度对应，并保证一定的余量，螺纹底孔的直径查表取 6.8 mm，螺纹底孔的深度比需要的螺纹孔深 7 mm 即可。

在进行具体的螺栓连接结构设计时，应重点注意以下几个方面。

①螺栓连接应保证安装的可能性和拆装方便，注意留有足够的拆装工具操作空间，如图 4-3 所示。

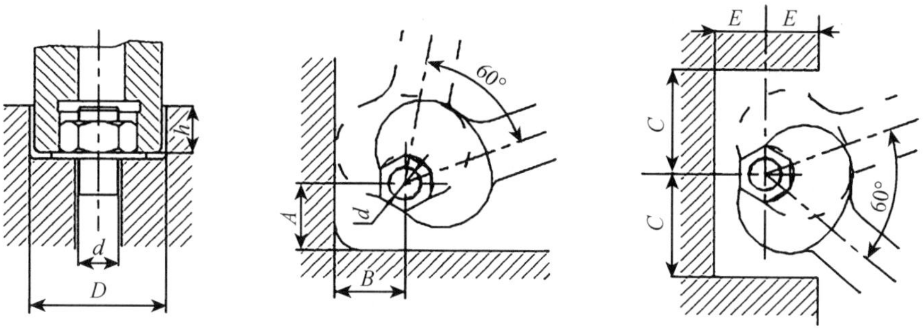

d—螺钉直径；D—套筒扳手所需的最小操作孔直径；A、B、C、E—呆扳手所需的最小安装操作空间

图 4-3　扳手的最小操作空间

螺栓的连接方法如图 4-4 所示。螺栓按图 4-4(a)连接时能够保证扳手有足够的操作空间；按图 4-4(b)连接时应保证扳手便于伸入；当无法或不方便使用扳手安装螺栓时，需加开工艺孔，如图 4-4(c)所示，或采用如图 4-4(d)所示的双头螺柱连接方式。

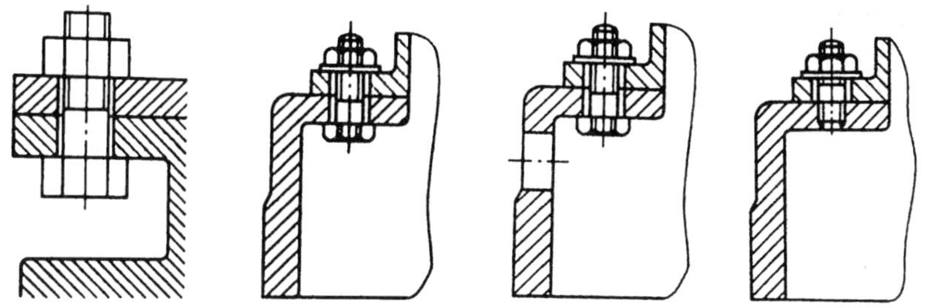

(a)全外露连接　(b)一端内置连接　(c)带安装工艺孔的连接　(d)双头螺柱连接

图 4-4　螺栓的连接方法

②如图 4-5 所示，在铸件或锻件的粗糙表面安装螺钉时，应制成凸台或锪平（或沉孔）的加工表面。当支承面为倾斜表面时，应采用斜垫圈，如槽钢、工字钢在斜面处连接时，有专用的斜垫圈。

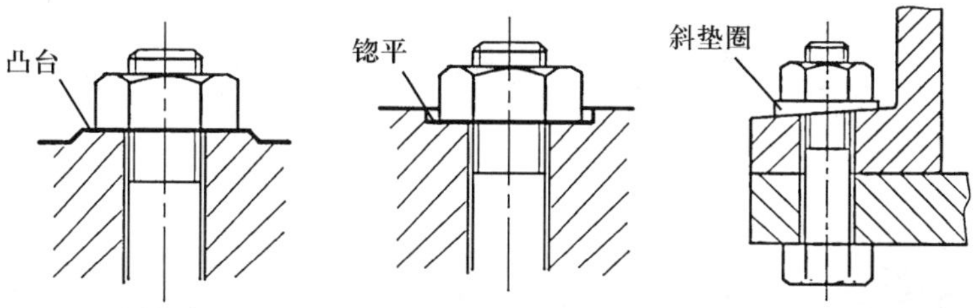

(a)凸台　(b)锪平　(c)倾斜面

图 4-5　螺纹连接要求

③在有些场合，为避免螺栓的螺纹受剪切力较大而发生损坏现象，可采用减载销、减载套筒和减载键条的方式加以防护，如图 4-6 所示。

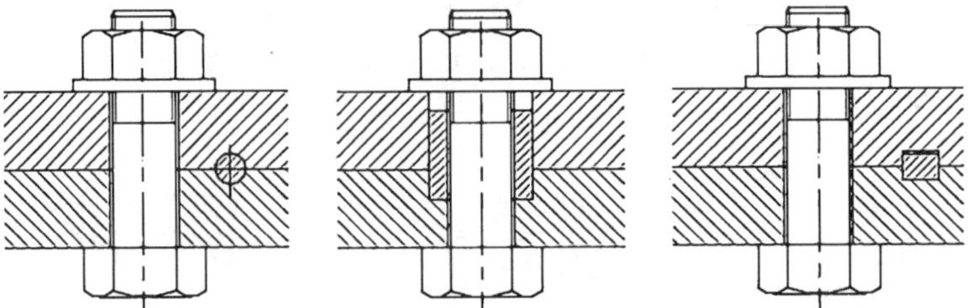

(a)减载销　　(b)减载套筒　　(c)减载键条

图 4-6　螺栓连接避免螺纹受剪切力损坏的方法

④在压力容器等连接场合，要求螺栓具有一定的预紧，需计算出螺栓所需的预紧力。另外，为防止高压容器的泄漏，工作压力越大，螺栓的间距应越小。螺栓所承受工作压强与螺栓间距的关系见表 4-2。

表 4-2　螺栓所承受工作压强与螺栓间距的关系

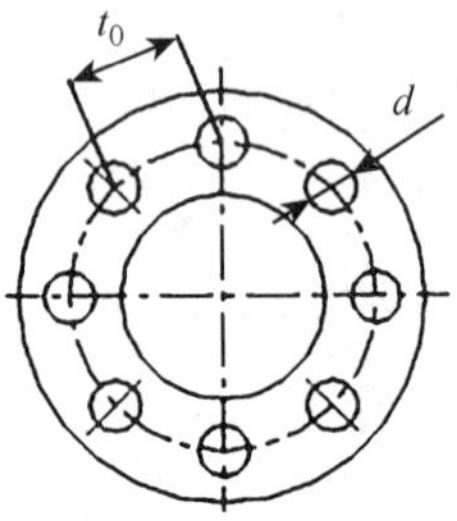	工作压强/MPa					
	≤1.6	1.6～4.0	4.0～10.0	10.0～16.0	16.0～20.0	20.0～30.0
	螺栓间距 t_0/mm					
	7.0d	4.5d	4.5d	4.0d	3.5d	3.0d

⑤不锈钢、铜、铝等材质在进行螺栓连接时，应在螺纹部分涂抹防咬合剂。

(二)螺纹连接件的选用

常用螺纹按用途分为普通螺纹(也称紧固螺纹)、传动螺纹和紧密螺纹(也称密封螺纹)3 大类。其中紧固螺纹的牙型为三角形，多为粗牙螺纹，保证连接的强度和自锁(轴上一般用细牙螺纹，以减小对轴强度的削弱)；传动螺纹的牙型主要为梯形、矩形(如机床中丝杠螺母副)，要求传递运动的准确性、可靠性；紧密螺纹的牙型以三角形为主，主要用于水、油、气的密封，如管道连接螺纹。

1. 螺纹连接的种类

普通螺纹连接的基本类型有螺栓连接、双头螺柱连接和螺钉连接；除此以外的螺纹连接称为特殊螺纹连接，如圆螺母连接等。常用的螺纹连接件如图 4-7 所示。

(a)螺栓　(b)双头螺柱　(c)内六角螺钉　(d)圆柱头螺钉　(e)沉头螺钉　(f)紧定螺钉

(g)六角螺母　(h)带槽螺母　(i)圆螺母　(j)平垫圈　(k)弹簧垫圈　(l)圆螺母用止动垫圈

图 4-7　常用的螺纹连接件

螺栓性能等级的标号由 2 部分数字组成，例如“4.8”，其中 4 表示抗拉强度为 400 MPa，8 表示螺栓材料的屈强比为 0.8，所以屈服强度为 400×0.8=320(MPa)。常用的性能等级有 4.8、8.8、10.9 和 12.9(高强度)等。

【例 1】如图 4-8(a)所示，可靠系数取 $K_f=3$，当选用性能等级为 4.8 的 M20 粗牙螺纹时，能够承受多大拉力？

查表 4-1，可知 M20 粗牙螺纹小径为 $d_1=17.3$ mm，即半径为 $r_1=8.65$ mm。

计算螺纹的小径面积 $S=\pi r_1^2=\pi(8.65)^2\approx 235$ (mm²)。

当可靠系数取 3 时，屈服强度为 320 MPa，吊钩设计起重承受的拉力为：$\boldsymbol{F}=320\times 235/3=$ 25 066 (N)。

如果没有设定可靠系数时，也可采用式(4-1)计算。

螺栓危险截面的拉伸强度计算条件为：

$$\sigma=\frac{\boldsymbol{F}}{\frac{\pi d_1^2}{4}}\leqslant[\sigma] \tag{4-1}$$

式中：$\boldsymbol{F}$—承受拉力，N；

d_1—螺纹小径，mm；

$[\sigma]$—松螺栓连接的许用应力，N/mm²。许用应力不是抗拉强度，而是在考虑各种影响后的修正失效应力(静强度设计中用屈服强度或强度极限，疲劳强度设计中用疲劳极限)，并除以安全系数。4.8 级螺栓连接的许用应力可取 170 N/mm²。

螺纹小径的计算公式见式(4-2)，计算后查表选取螺纹大径即可。

$$d_1\geqslant\sqrt{\frac{4\boldsymbol{F}}{\pi[\sigma]}} \tag{4-2}$$

【例 2】如图 4-8(b)所示，用 4 个普通螺栓连接 2 个半联轴器，$D=125$ mm(即 0.125 m，半径为 0.062 5 m)，传递转矩 $\boldsymbol{T}=200$ N·m，联轴器接合面的摩擦系数 $f=0.15$，螺栓的许用应力 $[\sigma]=80$ MPa，取可靠系数 $K_f=1.2$，试计算螺栓的直径。

所需产生的摩擦力为：$\boldsymbol{F}=\boldsymbol{T}/r=200/0.0625=3\,200$ (N)；

所需压紧力为：$\boldsymbol{N}=\boldsymbol{F}/f=3\,200/0.15=21\,333$ (N)，即 1 个螺栓所需的压力为 $\boldsymbol{F}_1=$

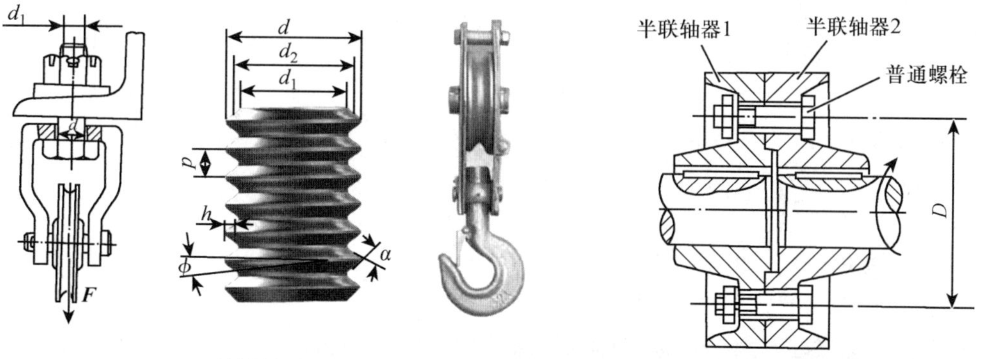

(a)使用拉力　　　　(b)依靠摩擦力传动

图 4-8　螺纹的强度计算

21 333/4=5 333（N）。

所需螺栓小径面积为：$S=1.2\cdot \boldsymbol{F}_1/[\sigma]=1.2\times 5\ 333/80\approx 80$（$mm^2$）。根据 $S=\pi r^2$，螺纹小径取 $d_1=5$ mm，查表 4-1，可选用 M6 的螺栓，其螺纹小径为 5 mm。在实际工作中也可选用 M8 螺栓或高强度螺栓。

2. 螺纹的防松

螺纹连接一般都具有自锁性，在受静载荷和工作温度变化不大时，不会自行松脱。但在冲击、振动和变载荷的作用下，以及工作温度变化很大时，为了确保连接可靠，防止松动，必须采取可靠的防松措施。

常用的螺纹防松装置有以下几种。

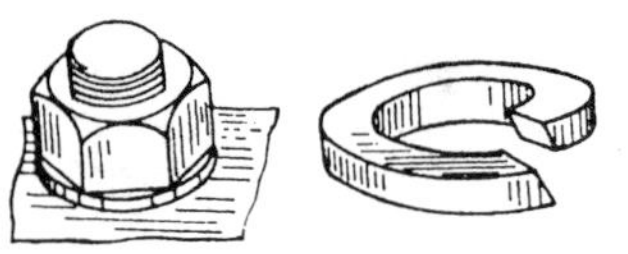

图 4-9　弹簧垫圈防松

①弹簧垫圈防松：这种防松方法是靠摩擦力来可靠地防止螺纹回松，应用较为普遍，如图 4-9 所示。

②钢丝防松：对于成对或成组使用的螺钉，可以用钢丝穿过螺钉头将其互相绑住，以防止回松，如图 4-10 所示。用钢丝绑住的时候，必须用钢丝钳或尖嘴钳拉紧钢丝，钢丝旋转的方向必须与螺纹旋转方向相同，以使螺钉不松动。

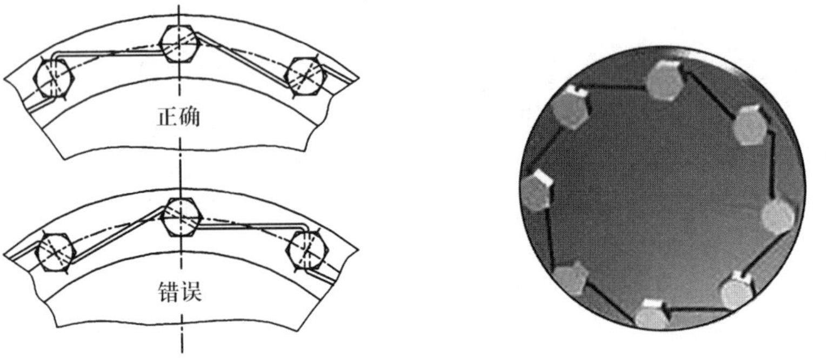

图 4-10　钢丝防松

③双耳止动垫圈防松：这种防松方法用于边缘连接或带槽孔连接的部位，如图 4-11 所示。将螺母旋紧后，应使双耳止动垫圈的短边翘起并固定于螺母，长边固定于被连接件的边缘或槽中。

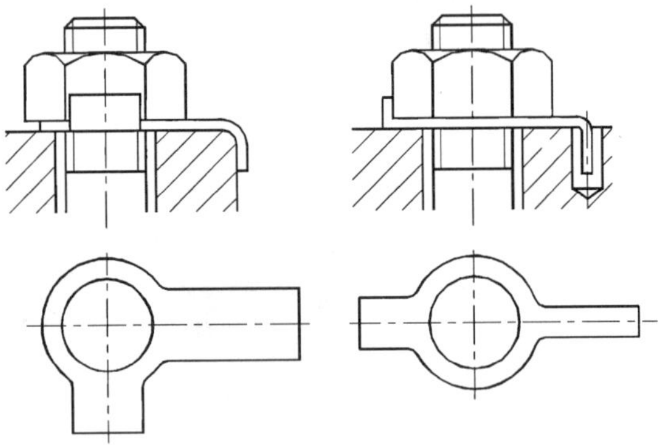

图 4-11　双耳止动垫圈防松

④圆螺母和止动垫圈防松：使用止动垫圈（又称带翅垫圈）时，先将止动垫圈的内翅插入轴的槽中，在圆螺母旋紧后，应使圆螺母槽与止动垫圈的某一外翅相对，再将外翅插入圆螺母槽内，如图 4-12 所示。

⑤黏接法防松：在螺纹的接触表面涂上厌氧胶后，拧紧螺母或螺钉，一段时间后，螺纹接触面处的黏结剂会硬化，防松效果良好。厌氧胶的特性是其在无氧状态下才能固化，而在有氧状态下则呈现液态。

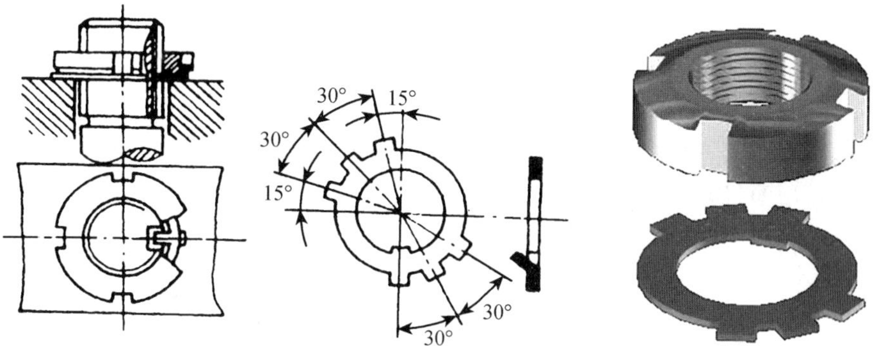

图 4-12　圆螺母和止动垫圈防松

⑥双螺母防松:原理如图 4-13 所示,它是依靠 2 个螺母即主、副螺母在螺母端面上所产生的摩擦力来防松的。

⑦开槽螺母与开口销防松:开槽螺母在旋紧时,应使开槽螺母的开槽处正对螺栓的销钉孔,然后将开口销插入螺栓的销钉孔内,并将其尾端翘起,以防止开槽螺母的回松,如图 4-14 所示。

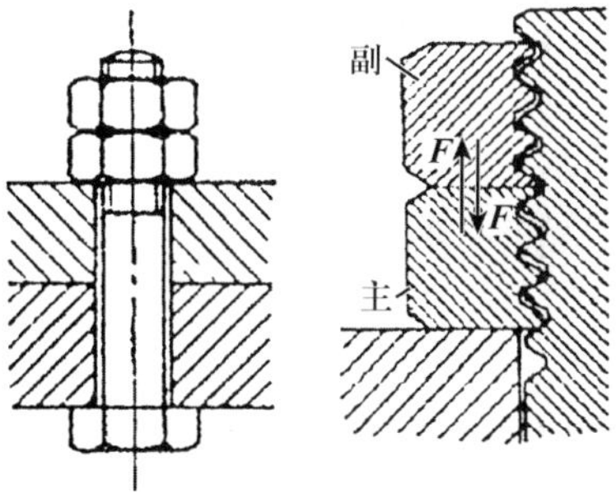

图 4-13　双螺母防松

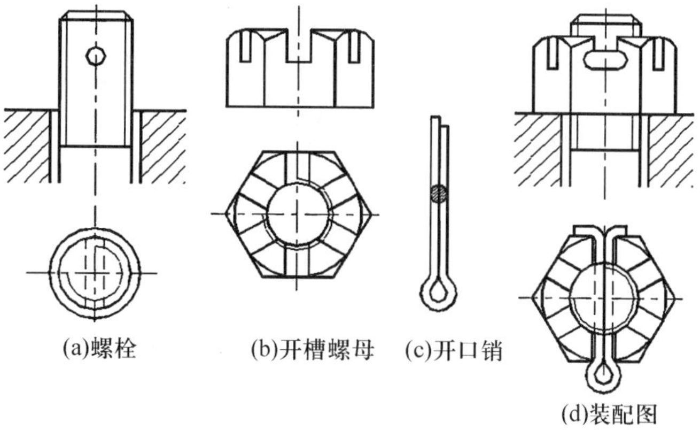

图 4-14　开槽螺母与开口销防松

二、挡圈的选用

挡圈是紧固在轴或套上的圈形零件,用于防止轴和轴上零件的相对移动。轴上零件的固定分为轴向固定和周向固定,挡圈主要起轴向固定的作用。

常用的挡圈有以下几种。

1. 轴端挡圈

轴端挡圈如图 4-15(a)所示,适用于对轴端零件的定位和固定,可承受较强的振动和冲击载荷,必要时采取防松措施,可加装弹簧垫圈。

2. 锁紧挡圈

锁紧挡圈分为螺钉锁紧挡圈、锁紧环等,如图 4-15(b)所示。锁圈用于卡入紧定螺钉头部的直槽内,以防止螺钉旋转退出,起到防松作用,即在旋紧挡圈上的螺钉使轴上零件固定后,应将锁圈(弹簧钢丝)锁入螺钉的槽中,防止螺钉回松。锁紧环(也称开口环)通过顺时针方向旋转螺钉使挡圈内径变小，从而使挡圈与轴固定在一起。

3. 弹簧挡圈

如图 4-15(c)所示，弹簧挡圈分为轴用弹簧挡圈和孔用弹簧挡圈 2 种，卡在轴槽或孔槽中，利用轴用或孔用挡圈钳来进行安装。

①轴用弹簧挡圈：用来固定轴上的零件，如齿轮、轴承内圈等。

②孔用弹簧挡圈：用来固定孔上的零件，如轴承外圈等。

4. 钢丝挡圈

钢丝挡圈分孔用(轴用)钢丝挡圈和钢丝锁圈。钢丝挡圈装在轴槽或孔槽中供零件定位时使用，可承受一定的轴向力。钢丝挡圈如图 4-15(d)所示。

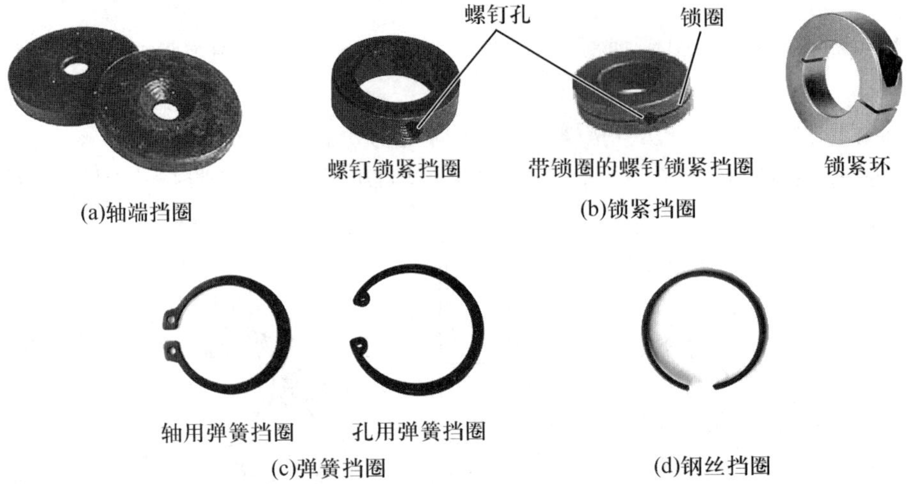

图 4-15 挡圈

圆锥面和轴端挡圈固定具有较高的定心性，如图 4-16 所示。螺钉锁紧挡圈的固定方法如图 4-17 所示，定位强度较低。

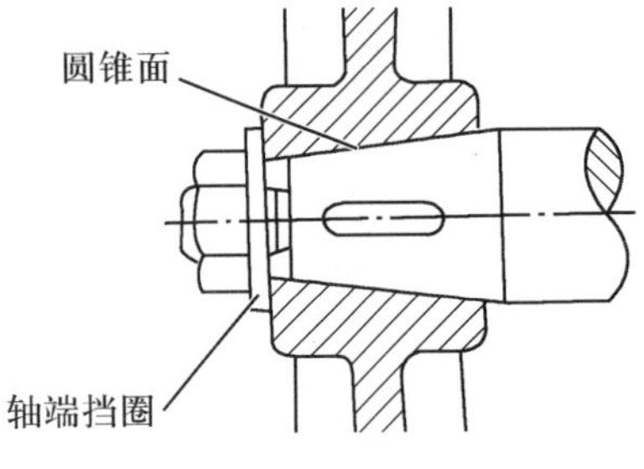

图 4-16 圆锥面和轴端挡圈固定

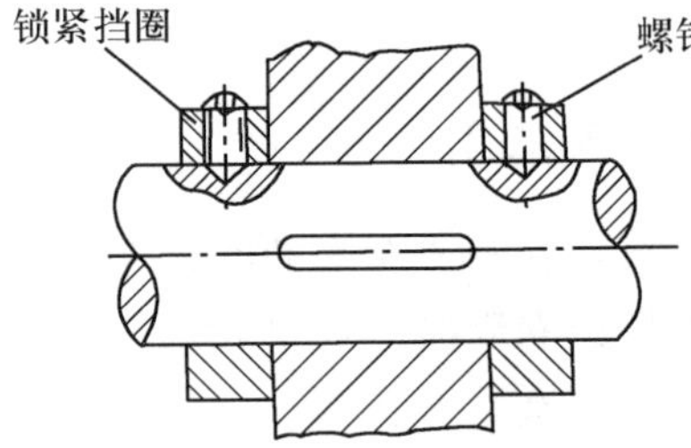

图 4-17 螺钉锁紧挡圈固定

三、键的选用

键是标准零件，用于将轴和轴上的零件(如齿轮、带轮、联轴器等)进行连接，以传递力和转矩。有些类型的键也可以实现轴上零件的轴向固定或轴向移动的导向。

键的类型主要有平键、半圆键、楔键等，分别如图 4-18(a)、图 4-18(b)和图 4-18(c)所示。

平键按用途不同,又分为普通平键、导向平键和滑键 3 种。其中普通平键用于静连接,导向平键用于移动距离较小的动连接,滑键用于移动距离较大的动连接。普通平键不同型号、尺寸及其标记方法见表 4-3。

(a)平键　(b)半圆键　(c)楔键

图 4-18　常用键的类型

表 4-3　普通平键不同型号、尺寸及其标记方法

普通平键的型号	尺寸/mm	标记方法
圆头普通平键(A 型键)	$b=10$、$h=8$、$L=80$	键 A10×80 GB/T 1096—2003
平头普通平键(B 型键)	$b=5$、$h=5$、$L=40$	键 B5×40 GB/T 1096—2003
单圆头普通平键(C 型键)	$b=16$、$h=10$、$L=100$	键 C16×100 GB/T 1096—2003

1. 平键连接

平键连接具有结构简单、对中性好、装拆方便等特点,因而得到广泛应用。平键的主要配合尺寸是键宽,所以对键宽的尺寸公差、形位公差及表面粗糙度有较高要求。平键连接不能承受轴向力,因而对轴上的零件不能起到轴向固定的作用。

平键的连接配合参见表 3-2,普通平键一般与轴连接较紧,与毂连接较松,其连接方法如图 4-19 所示。

2. 半圆键连接

如图 4-20 所示,半圆键能在轴的键槽内摆动,以适应轮毂键槽底面的斜度,特别适合锥形轴端的连接。它的缺点是键槽对轴的削弱较大,只适合轻载连接。半圆键的两侧面应与键槽紧密接触,与轮毂键槽底面留有间隙。

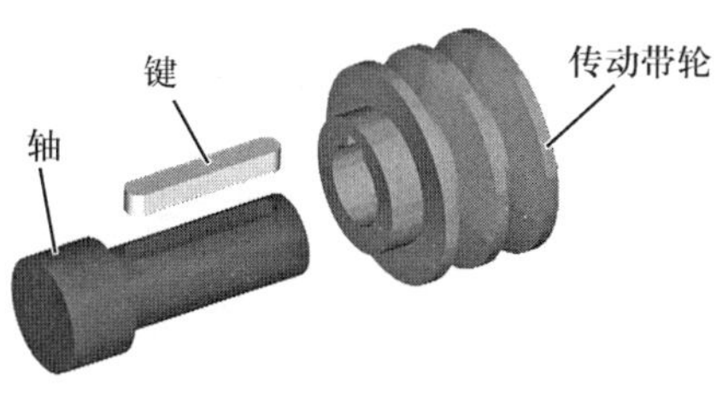

图 4-19　普通平键连接

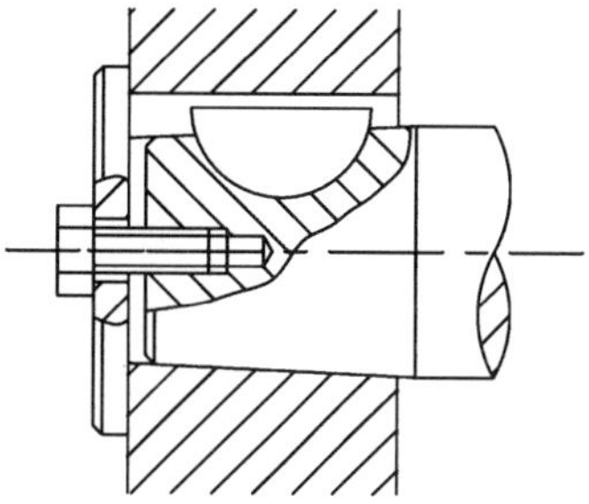

图 4-20　半圆键连接

3. 楔键连接

楔键上、下面是工作表面,上表面有 1∶100 的斜度,轮毂键槽底面也有 1∶100 的斜度。装配后,键的上、下表面与轮毂和轴上的键槽底面压紧,工作时靠工作表面的摩擦力传递转矩,并能承受单向轴向力,起到轴向固定的作用。

楔键分为普通楔键和钩头楔键 2 种,其连接形式分别如图 4-21 和图 4-22 所示。楔键连接由于在工作表面产生很大的预紧力,轴和轮毂的配合产生偏心和偏斜(不同轴),因此主要用于轮毂类零件定心精度要求不高和低转速的场合。

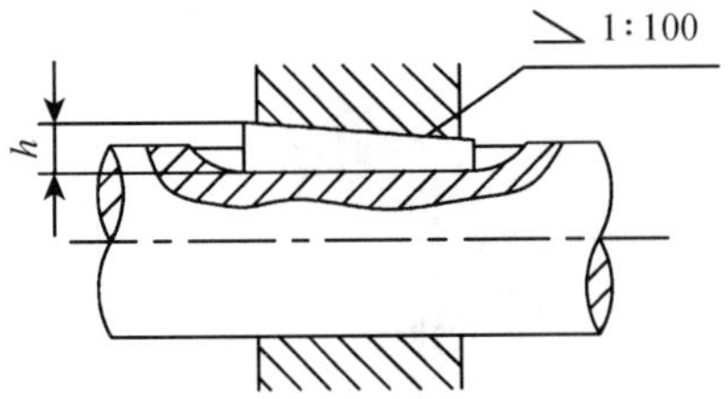

图 4-21 普通楔键连接

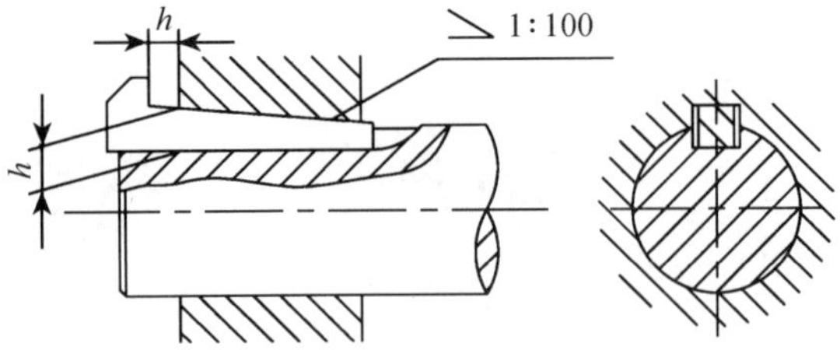

图 4-22 钩头楔键连接

4. 切向键连接

切向键是由 1 对斜度为 1∶100 的楔键组成。在装配时,2 个键分别由轮毂两端楔入;装配后,2 个相互平行的窄面是工作面;工作时,依靠工作面的挤压传递转矩。1 对切向键只能传递单向转矩;当传递双向转矩时,应装 2 对相互呈 120°～130°角的切向键,如图 4-23 所示。切向键能传递很大的转矩,常用于重型机械。

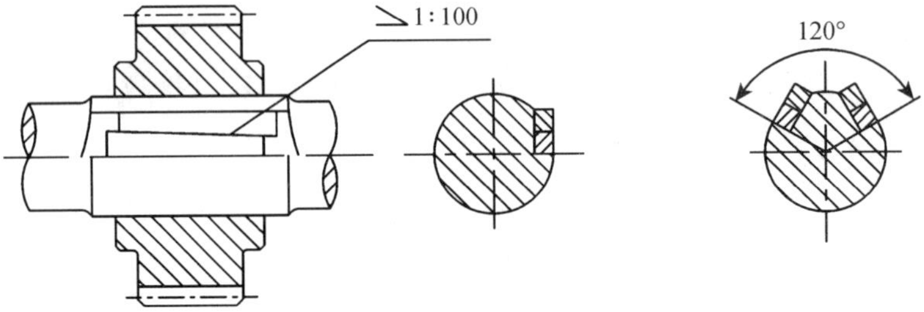

图 4-23 切向键的结构

5. 花键连接

花键由具有周向均匀分布多个键齿的花键轴和具有同样数目键槽的轮毂组成,如图 4-24 所示。花键依靠键齿侧面的挤压传递转矩,由于是多齿传递载荷,承载能力强。由于齿槽浅,花键对轴的削弱小,应力集中度小,且具有定心性和导向性能好等优点;但需要专用设备加工,生产成本高。花键适用于定心精度要求高、载荷大或经常滑移的连接。花键按齿形分为矩形花键和渐开线花键,其中矩形花键齿形简单,易于制造。

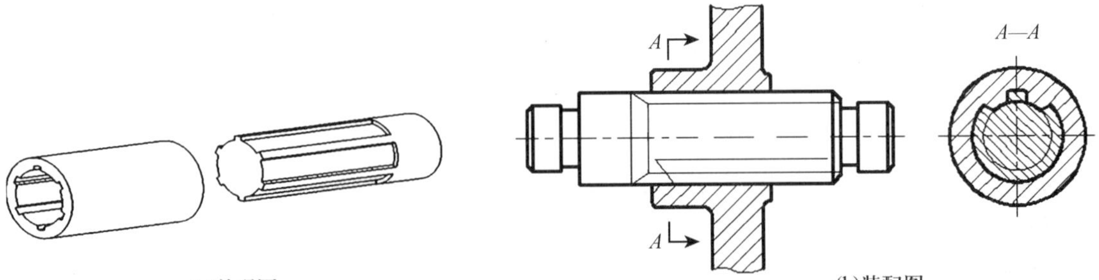

(a)外观图 (b)装配图

图 4-24 花键的结构

花键在装配时，应保证同时接触的齿数不少于总齿数的 2/3，接触率在键齿的长度和高度方向不少于 50%。间隙配合的花键配合件之间应滑动自如，不应有松紧不均匀和卡阻现象。

四、销的选用

销起到连接、定位和防松等作用，常用于固定零件间的相对位置，可传递不大的转矩，也可作为安全装置中的过载剪断元件。销的种类较多，如图 4-25 所示。按形状不同，销可分为圆柱销和圆锥销。圆柱销利用过盈配合固定，多次拆卸会降低定位精度和可靠性。圆锥销常用的锥度为 1∶50，装配方便、定位精度高，多次拆卸不会影响定位精度。销的装配一般采用击装法或压装法，其压装的螺旋结构为省力方式，如图 4-26 所示。

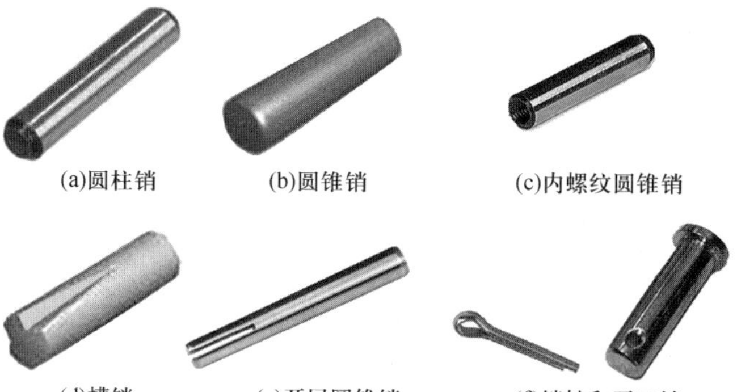

(a)圆柱销 (b)圆锥销 (c)内螺纹圆锥销

(d)槽销 (e)开尾圆锥销 (f)销轴和开口销

图 4-25 销的种类

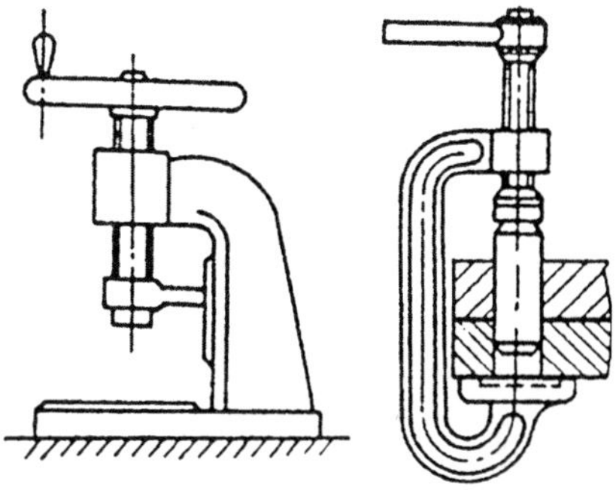

图 4-26 销装配的压装螺旋结构

在盲孔处安装销钉或不便于拆卸时，应选用带有螺纹的圆锥销，其装配结构如图 4-27 所示。螺尾圆锥销装配后，大端应沉入孔内，如图 4-27(a)所示。一般圆锥销在装配时，销的大端应露出零件表面或与零件表面平齐，小端则应缩进零件表面或平齐，如图 4-27(b)所示。为了方便配合，被连接的 2 个件上可以预留底孔，此底孔直径应小于销的直径，在装配销前需再次进行钻孔和用铰刀铰孔，如图 4-28 所示。在铰孔完成后，应将销用紫铜棒轻轻敲入。

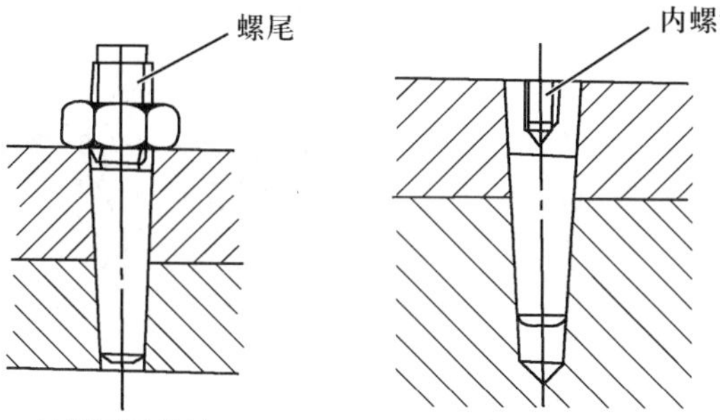

(a)螺尾圆锥销 (b)内螺纹圆锥销

图 4-27 带螺纹圆锥销的装配结构

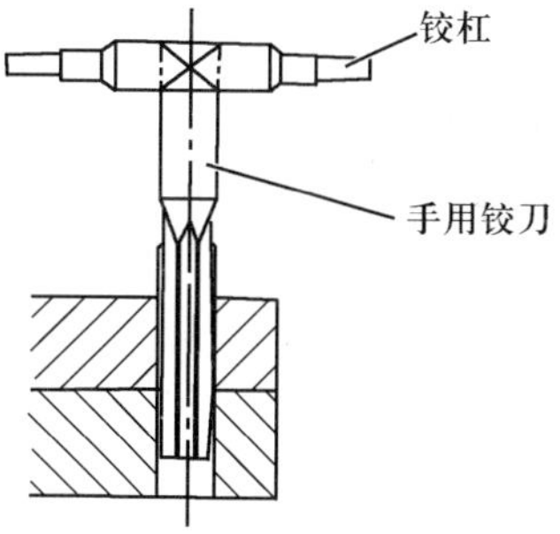

图 4-28 销孔的手工配铰

如果选用带有内螺纹的销，可使用专用工具——拔销器完成销的拆卸工作，拔销器的结构如图 4-29 所示；如果选用带有外螺纹的销，则可以通过顺时针(螺尾一般为右旋螺纹)旋转螺母的方法将销拉出，完成拆卸。

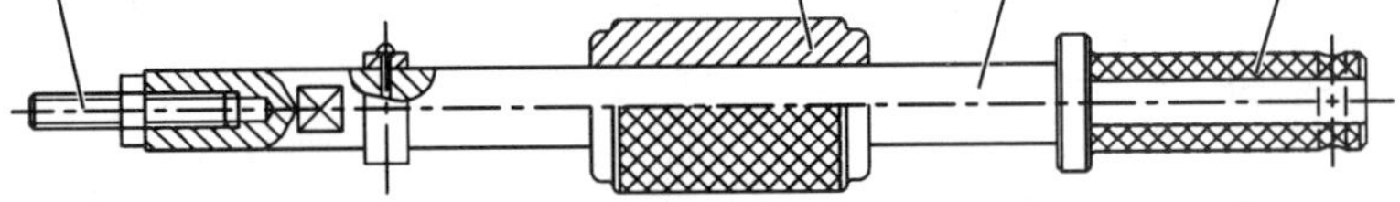

图 4-29　拔销器的结构

思考与练习 4-1

1. 判断：在设计螺纹连接结构时，应留有足够的装拆空间，必要时留工艺孔。(　　)
2. 单选：在计算螺栓的轴向承载力时，是将材料的抗拉强度乘以螺纹的(　　)面积。
   A. 大径　　B. 中径　　C. 小径　　D. 螺杆
3. 多选：需要在铸件或锻件的粗糙表面安装螺钉时，可将连接面处制成(　　)结构。
   A. 凸台　　B. 斜面　　C. 沉孔　　D. 不需加工
4. 填空：10.9 级高强度螺栓的屈服强度为________ MPa。
5. 填空：螺纹连接的常用防松方法有________防松、________防松、________防松和________防松等。
6. 填空：按形状不同，销可分为________和________，在经常拆装的场合应选用后者。
7. 简答：在设计螺纹连接结构时应注意哪些问题？
8. 简答：在设计普通平键连接时应计算哪些参数？

第二节　电动机的分类与选用

电动机是应用电磁感应原理运行的旋转电磁机械，实现电能向机械能的转换。机电设备中常使用的电动机有交流异步电动机(图 4-30)、步进电动机(图 4-31)和交流同步伺服电动机(图 4-32)等。

图 4-30　交流异步电动机

图 4-31　步进电动机及驱动器

图 4-32　交流同步伺服电动机及驱动器

交流异步电动机具有结构简单、运行可靠、价格便宜、过载能力强及使用、安装、维护方便等优点，被广泛应用于各个领域。在工程应用中，一般采用减速器减速，或用变频器来调整三相交流异步电动机的转速。交流电动机常采用 380 V 的三相交流电，有异步和同步 2 类。目前使用较广泛的是 Y 系列自扇式笼型三相异步电动机，其价格低廉、结构简单、工作可靠、维护方便，适用于不易燃、不易爆、无腐蚀性气体的场合，如切削机床、食品机械等。

步进电动机是一种感应电动机，它的工作原理是利用电子电路，将直流电变成分时供电的多相时序控制电流。驱动器的主要功能是为步进电动机分时供电，多相时序。步进电动机由驱动器驱动，一般只在低速、轻载情况下应用，每分钟转速不应超过 1 000 r；由于没有反馈环节，在高转速、振动等情况下易丢步或卡死不动，必要时可单独安装光码盘进行转角位置的测量。

交流同步伺服电动机多用于闭环伺服结构。一般情况下，用于伺服系统的同步电动机在轴后端装有编码器（光码盘），用于反馈电动机的位置与速度。反馈信号经伺服驱动器进行实时运算处理，实现伺服系统的闭环（或半闭环）高精度控制。市场上常见的交流伺服电动机多为永磁同步交流伺服电动机，但受工艺限制，这种电动机很难做到很大的功率，十几千瓦以上的同步伺服电动机价格极其昂贵。在这种情况下，若现场应用允许，多采用交流异步伺服电动机。

三相异步电动机的选择内容包括功率、种类、型式、电压、转速、转矩等。

一、三相异步电动机的功率

电动机的功率选得过大很不经济，选得过小则电动机容易因过载而损坏。功率和其所提供转矩的关系如下，通过转矩可以求出电动机所需功率：

$$\boldsymbol{T}=9\ 550\,\frac{P}{n} \tag{4-3}$$

式中：$\boldsymbol{T}$—转矩，N・m；

P—输出功率，kW；

n—电动机转速，r/min。

①对于连续运行的电动机，所选功率应等于或略大于生产机械的功率。

②对于短时工作的电动机，允许在运行中有短暂的过载，故所选功率可等于或略小于生产机械的功率。

二、电动机所需转矩的计算

电动机的选型应先计算所需的转矩，例如图 4-33 所示的提升装置（电动机直接驱动滑轮）。

$$\boldsymbol{F}=\frac{\boldsymbol{T}}{R},\boldsymbol{T}=\boldsymbol{F}\cdot R \tag{4-4}$$

式中：$\boldsymbol{T}$—转矩，N・m；

$\boldsymbol{F}$—提升力，N；

R—滑轮半径，m。

如图 4-34 所示，经减速后，电动机的转矩可以明显降低，转矩的减少倍数为减速比。

$$\boldsymbol{F}=\frac{\boldsymbol{T}}{R}\cdot\frac{z_2}{z_1},\boldsymbol{T}=\boldsymbol{F}\cdot R\cdot\frac{z_1}{z_2} \tag{4-5}$$

式中：z_1—小齿轮的齿数，个；

z_2—大齿轮的齿数，个。

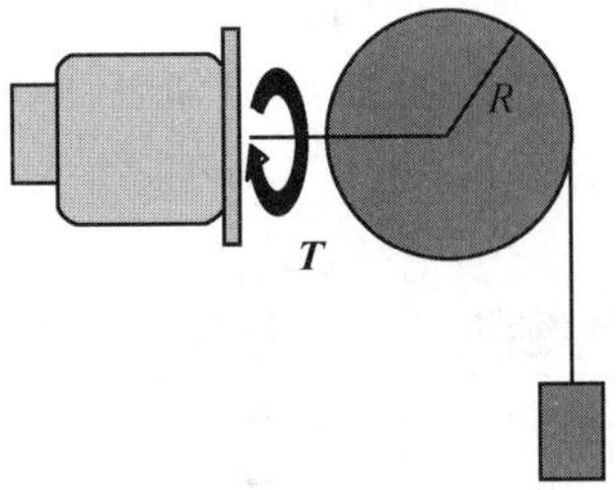

图 4-33　电动机直接驱动滑轮

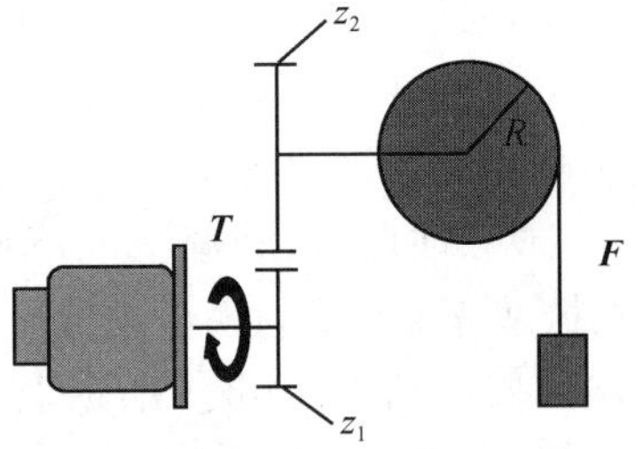

图 4-34　电动机经减速后驱动滑轮

很多直线传动机构都是利用电动机直接驱动丝杠传动，例如机床和直角坐标机械手的传动（电动机直接驱动丝杠）如图 4-35 所示。

$$\boldsymbol{F}=\boldsymbol{T}\cdot\frac{2\pi}{P_{\mathrm{B}}},\boldsymbol{T}=\boldsymbol{F}\cdot\frac{P_{\mathrm{B}}}{2\pi} \tag{4-6}$$

式中：$\boldsymbol{F}$—推力，N；

$\boldsymbol{T}$—转矩，N · m；

P_{B}—丝杠导程，m（对于单头丝杠，导程与螺距相同）。

如图 4-36 所示，电动机经减速后，推力 $\boldsymbol{F}$ 增加为减速比的倍数。

$$\boldsymbol{F}=\boldsymbol{T}\cdot\frac{2\pi}{P_{\mathrm{B}}}\cdot\frac{z_2}{z_1},\boldsymbol{T}=\boldsymbol{F}\cdot\frac{P_{\mathrm{B}}}{2\pi}\cdot\frac{z_1}{z_2} \tag{4-7}$$

电动机所需的转矩明显减小。

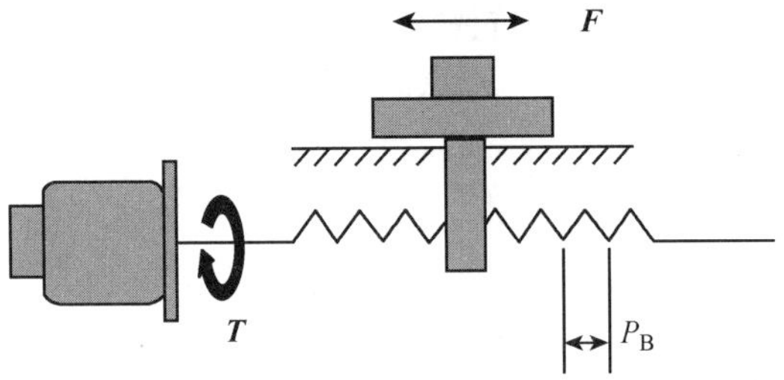

图 4-35　电动机直接驱动丝杠

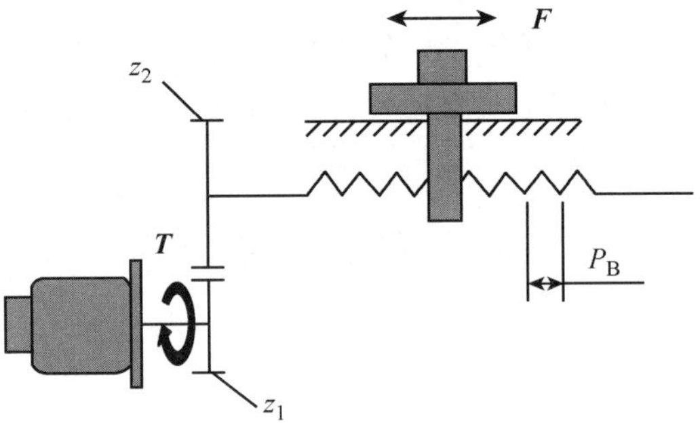

图 4-36　电动机经减速后驱动丝杠

三、三相异步电动机的种类与型式

1. 种类的选择

一般应用场合应尽可能选用鼠笼式电动机。只有在需要调速、不能采用鼠笼式电动机的场合才选用绕线式电动机。现在变频调速已十分普遍，调速也可选用鼠笼式电动机，但要选用有独立风扇的变频调速专用电动机。

2. 结构型式的选择

三相交流异步电动机的结构如图 4-37 所示。根据工作环境可选择不同的结构型式，如开启式、防护式、封闭式电动机；根据连接和安装方式、转速要求等，可选择立式或卧式齿轮减速电动机，如图 4-38 所示。

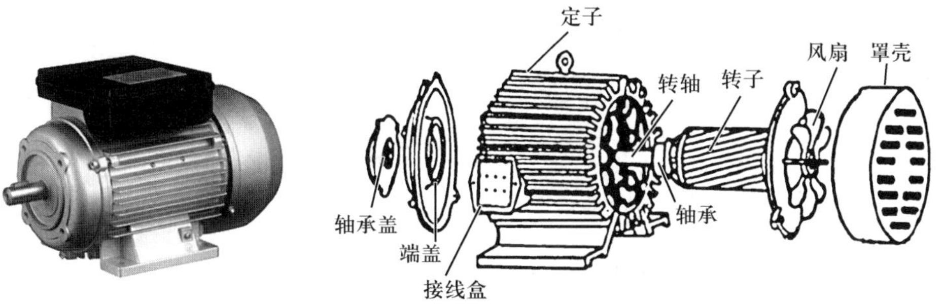

图 4-37　三相交流异步电动机的结构

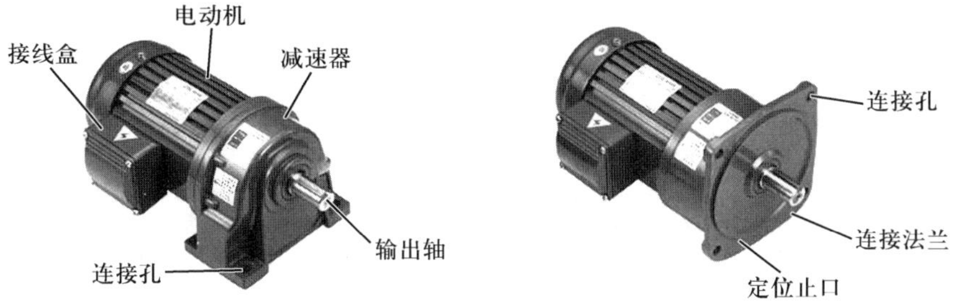

(a)立式齿轮减速电功机　　(b)卧式齿轮减速电功机

图 4-38　带减速器电动机

四、三相异步电动机的电压和转速

根据电动机的类型、功率以及电源电压来选择电动机的额定电压。Y 系列鼠笼式电动机的额定电压一般只有 380 V 1 个等级，只有大功率电动机才采用 3 000 V 与 6 000 V 的额定电压。

带减速器电动机的内部结构如图 4-39 所示。带减速器的电动机也称减速电动机，是指减速器和电动机的组合体，通常由专业的减速器生产厂进行集成组装好后，与电动机一体成套供货。

图 4-39　带减速器电动机的内部结构

思考与练习 4-2

1. 判断：三相异步电动机选型时，通常要确定所需转矩、转速、电源电压等指标。（　　）
2. 判断：当采用减速结构时，所需电动机的转矩将明显减小。（　　）
3. 填空：由转矩公式 $\boldsymbol{T}=9\ 550\ \frac{P}{n}$ 可知，电动机输出转矩的大小与________和________有关。
4. 填空：机电设备中常用的电动机有________电动机、________电动机和________电动机。

第三节　轴承的分类与选用

一、普通轴承的选用

普通轴承一般考虑以下因素确定类型和型号。

(1)轴承的工作条件和要求

轴承的工作条件和要求包括载荷方向、类型、转速、润滑方式、同轴度要求、定位或非定位、安装和维修环境、环境温度等。

①承受纯径向载荷时，可选用深沟球轴承、圆柱滚子轴承或滚针轴承；承受推力载荷时选用推力轴承、角接触轴承；承受径向和轴向联合载荷时，一般选用角接触球轴承或圆锥滚子轴承。圆锥滚子轴承和圆柱滚子轴承的配合结构如图 4-40 所示，使用圆柱斜齿轮的场合，既有径向分力，又有轴向分力。

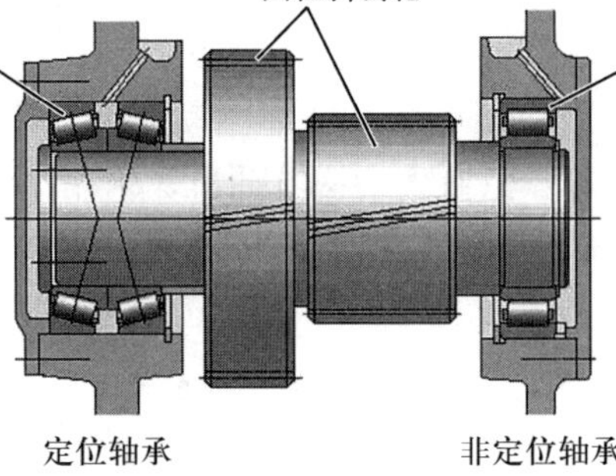

图 4-40　圆锥滚子轴承和圆柱滚子轴承的配合结构

②高速应用场合通常使用球轴承；承受重的径向载荷时，则选用滚子轴承。

③当轴的中心线与轴承座中心线不同，有角度误差，或因轴的 2 个支承间距较大，而轴的刚性比较小，容易受力弯曲或倾斜时，可选用具有良好调心性能的调心球或调心滚子轴承以及外球轴承。此类轴承在轴稍微倾斜或弯曲的情况下，能保持正常工作。

(2)轴承的受力情况、寿命或使用要求

根据轴承的受力情况和寿命要求，计算确定轴承型号；或根据使用要求，选定轴承型号，再验算寿命。

①轴承所占机械的空间和位置：在机械设计中，一般先确定轴的尺寸，然后根据轴的尺寸

选择滚动轴承。通常是小轴选用球轴承，大轴选用滚子轴承。但是，当轴承在机器的直径方向受到限制时，则选用滚针轴承、特轻和超轻系列的球或滚子轴承；当轴承在机器的轴向位置受到限制时，可选用窄或特窄系列的球或滚子轴承。

②轴承所受载荷的大小、方向和性质：载荷是选用轴承的最主要考虑因素。滚子轴承用于承受较重的载荷；球轴承用于承受较轻或中等的载荷；渗碳钢制造或贝氏体淬火的轴承可承受冲击与振动载荷。

③验算所选轴承的额定载荷和极限转速：选择轴承的主要考虑因素是极限转速、使用寿命要求和载荷能力，其他的因素则有助于确定轴承类型、结构、尺寸及公差等级和游隙的最终方案。

为简化设计，轴承可选单体密封结构，其中两侧接触式橡胶密封圈（2RZ 型）的密封效果较好，2RZ 型密封轴承的结构如图 4-41 所示。两侧钢板防尘盖式（ZZ 型）密封结构适合高转速场合。

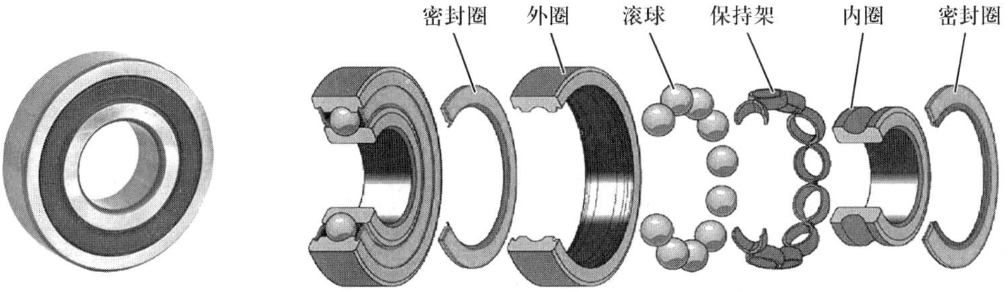

图 4-41　2RZ 型密封轴承的结构

二、带座轴承的分类与选用

带座轴承如图 4-42 所示，是将滚动轴承与轴承座结合在一起的一种轴承单元。大部分带座轴承都将滚动轴承外径做成球面，与轴承座内球面孔配合，具有调心功能，易于安装，自身具

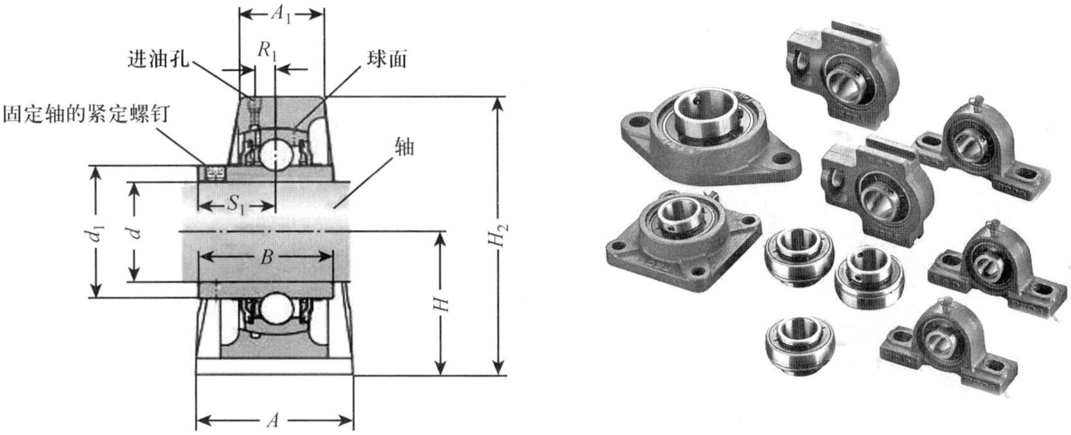

图 4-42　带座轴承

有密封结构，即使在恶劣环境下也能正常工作，并且有效降低设计和安装成本。轴承座普遍采用铸造件，常见的种类有立式座(P)、方形座(F)、菱形座(FL)、滑块座(T)、吊式座(FA)、凸台方形座(FS)、凸台圆形座(FC)等。

立式座带座轴承如图 4-43(a)所示，方形座带座轴承如图 4-43(b)所示，吊式座带座轴承如图 4-43(c)所示，滑块座带座轴承如图 4-43(d)所示。

(a)立式座带座轴承

(b)方形座带座轴承

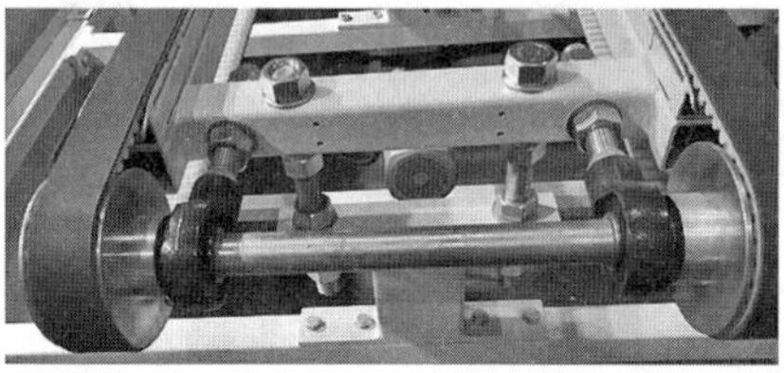

(c)吊式座带座轴承

(d)滑块座带座轴承

图 4-43 带座轴承的安装结构

关节轴承如图 4-44 所示，其能承受较大的载荷。根据类型和结构的不同，关节轴承可以承受径向载荷、轴向载荷或径向、轴向同时存在的联合载荷。由于在内圈的外球面上镶有复合材料，该轴承在工作中可产生自润滑。自润滑关节轴承一般用于速度较低的摆动运动和低速旋转，也可在一定角度范围内做倾斜运动。当支承轴与轴壳孔不同心度较大时，自润滑关节轴承仍能正常工作。自润滑关节轴承常应用于水利、专业机械等行业。

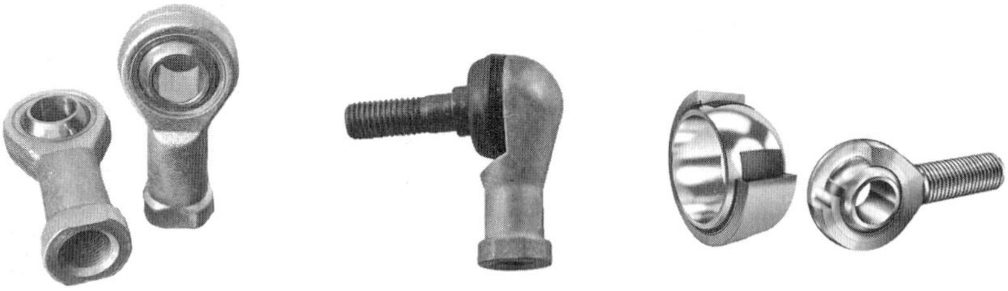

图 4-44 关节轴承

三、滑动轴承的选用

虽然滚动轴承的应用较为广泛，但很多场合其优势并不明显。下面列举几个滑动轴承的应用实例和特点。

实例1：工作转速高的情况，如汽轮机轴承，应选用滑动轴承。原因：如果用滚动轴承，轴承寿命将大大降低。

实例2：特重型轴承，如履带式工程机械底盘的支重轮，作用是支承挖掘机与推机的质量，应采用滑动轴承。原因：若采用滚动轴承，造价太高(需单件生产)。

实例3：对轴的支承位置特别精确的轴承，如精密机床的精密轴承，应采用滑动轴承。原因：滑动轴承比滚动轴承影响精度的零件数要少，故可制造得更精确。

实例4：承受巨大冲击和振动载荷的轴承，如颚式破碎机轴承(图4-45)，应选用滑动轴承。原因：滑动轴承的轴瓦和轴颈间的支承面一般都较大，且有油层的缓冲和阻尼作用，所以性能较滚动轴承更优越。颚式破碎机的中轴承大都采用对开式滑动轴承，轴承内衬大多是由巴氏合金制成，这种轴承刮研技术要求高，转动副研的不好或间隙调整不当，会导致研瓦或烧瓦事故。所以在组装时，首先要把轴瓦、轴颈、集油器及润滑油管路清理干净，然后将主轴瓦、连杆瓦等组装完毕。安装三角带时，应使其比正常运转时略松一点。试车时，先开动油泵，并使供油量比正常运转时略大一些。

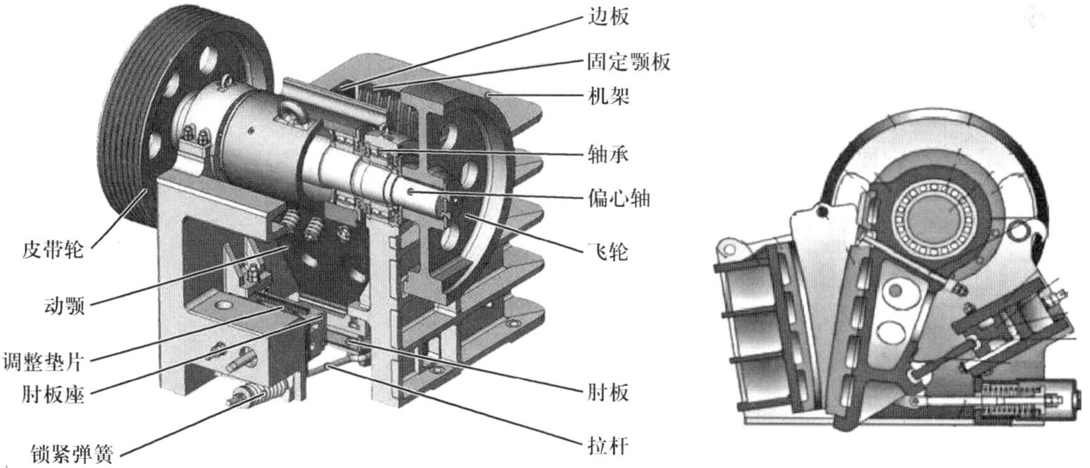

图4-45 颚式破碎机轴承

实例5：根据装配要求需做成剖分结构的轴承，如曲轴轴承(图4-46)和汽车涡轮增压器的轴承(图4-47)，应选用滑动轴承。原因：曲轴是发动机上的一个重要零件，是由碳素结构钢或球墨铸铁制成的，有2个重要部位，即主轴径、连杆径。主轴径被安装在缸体上，连杆颈与连杆大头孔连接，连杆小头孔与活塞连接，是一个典型的曲柄滑块机构。曲轴的润滑主要是指与摇臂间轴瓦和两头固定点的润滑，一般都是用压力油进行润滑的。曲轴中间会有油道和各个轴瓦相通，发动机运转以后靠机油泵提供压力油进行润滑、降温。

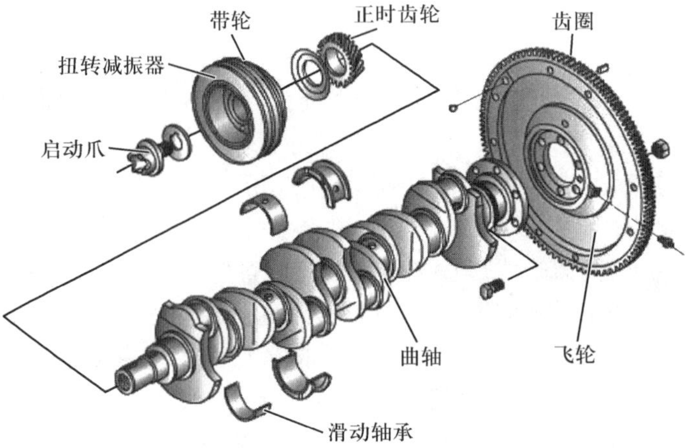

图 4-46　曲轴轴承的结构

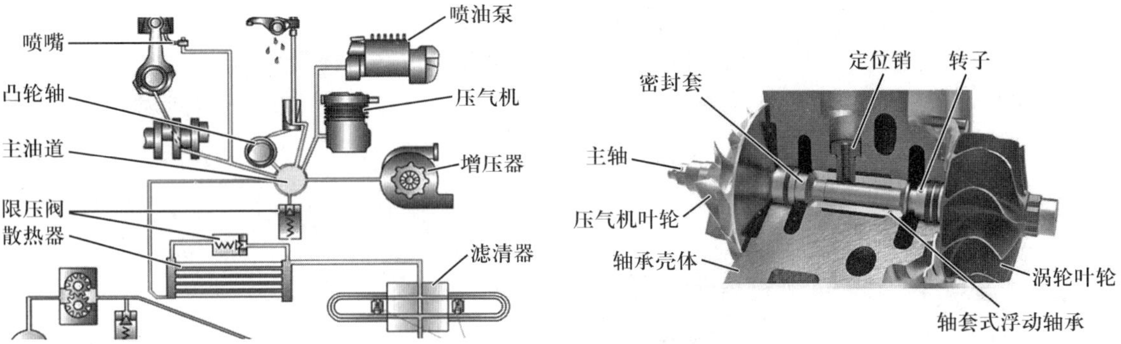

图 4-47　汽车涡轮增压器的轴承结构

四、导轨的分类与选用

导轨用于需要做直线(或曲线)往复运动的导向组合件,在使用时,要求低速运动时平稳、无爬行、定位准确,高速运动时惯量小、无超调或振荡。导轨的精度、承载力和寿命是重要的选型指标。导轨按摩擦性质一般分为滑动导轨、滚动导轨、非直接接触导轨。

1. 滑动导轨

滑动导轨结构简单、刚度好、摩擦阻力大,连续运行磨损快,在制造中对导轨面的刮研精度要求高。另外,滑动导轨的静摩擦系数与动摩擦系数差别大,因此低速运动时容易产生爬行现象,不利于高精度传动。

滑动导轨常用于各种机床的工作台或床身,导轨截面有矩形、燕尾形、V 形、圆形等。例如,普通车床用矩形和 V 形导轨的组合形式,其中矩形导轨平面用于支承,而 V 形导轨除承重外,还用于导轨水平方向的导向。

影响导轨导向精度的因素有导轨接触面的直线度、2 条导轨间的平行度、表面粗糙度、耐磨性、刚度、润滑措施等。

2. 滚动导轨

滚动导轨是在运动部件和支承部件之间放置滚动体,如滚珠、滚柱、滚针等,也有设计成导向轮结构的。滚动导轨一般用于直线导向，较少用于曲线导向，所以常称为直线导轨，用于直线往复运动场合，可在高负载的情况下实现高精度的直线运动。

按滚动体型区分，滚动导轨分为滚珠型和滚柱型：滚珠型(图 4-48)适用于高速化、轻负载场合，常见结构如图 4-49 所示；而滚柱型适用于高刚度、重负载场合，使用较少。滚轮导轨如图 4-50 所示。

滚动导轨多用于数控机床、光学机械、精密仪器等。如图 4-51 所示，滚动导轨的固定方式分为压板固定、固定螺钉固定、推拔块固定和滚柱固定等。

图 4-48 滚珠型导轨

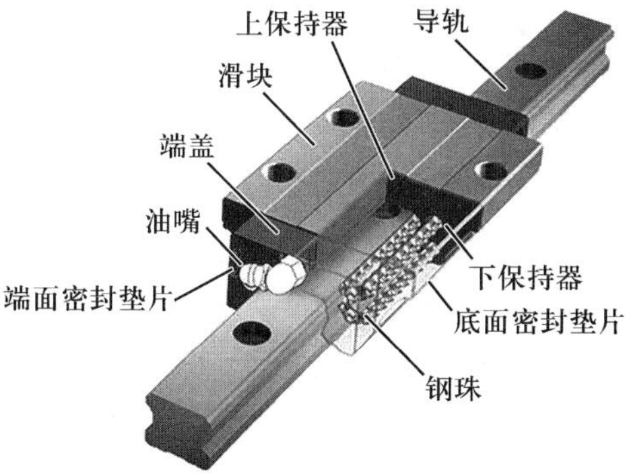

图 4-49 滚珠型导轨的常见结构

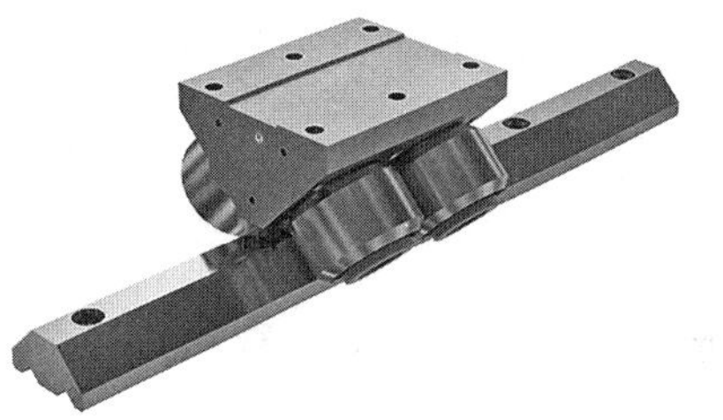

图 4-50 滚轮导轨

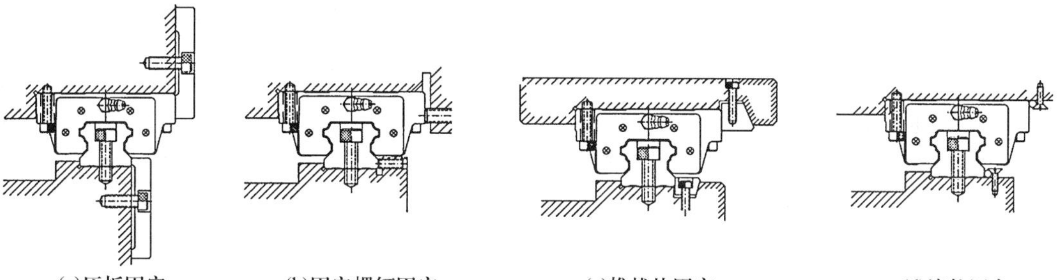

图 4-51 滚动导轨的固定方式

滚动导轨的优点：摩擦系数小，相当于滑动导轨的 1/10 左右；静摩擦系数与动摩擦系数相差小，不易发生爬行现象；可用中、小功率电动机拖动，定位精度高，使用寿命长。

滚动导轨的缺点：由于阻尼小，容易引起超调或振荡；刚度差，制造成本高，不适合脏污场合。

滚动导轨的型号解读如图 4-52 所示。滚动导轨的选型应考虑负载大小及方向、行程、运行速度及加速度、运行精度、刚度、使用频率、使用环境和使用年限等指标。

3. 非直接接触导轨

非直接接触导轨中液体静压导轨、气浮导轨、磁悬浮导轨的动轨和定轨之间存在液体和气体，摩擦系数更小，几乎无磨损和爬行现象；缺点是刚度低、阻尼小，设计、制造和运行控制复

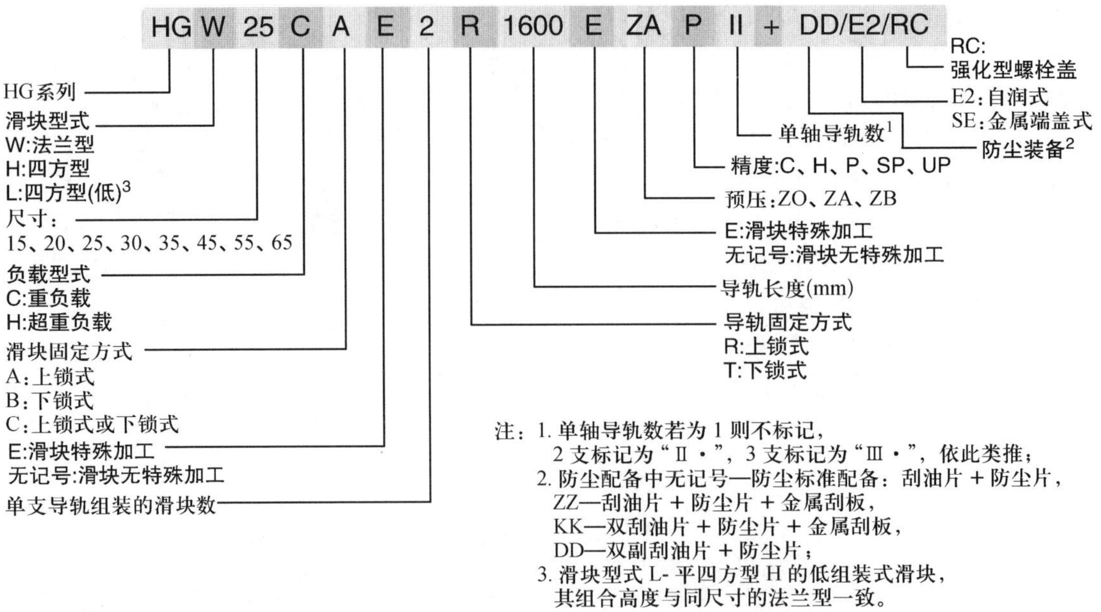

图 4-52 滚动导轨的型号解读

杂，维护成本也高。按结构不同，非直接接触导轨可分为开式导轨和闭式导轨。闭式导轨依靠本身的截面形状保持导轨面的接触，承受载荷和倾覆力矩的能力强，如燕尾形导轨。

不同类型导轨的特点和应用场合见表 4-4。

表 4-4 不同类型导轨的特点和应用场合

导轨类型	主要特点	应用
滑动导轨	1. 结构简单，使用维修方便； 2. 未形成完全液体摩擦时，低速运动易发生爬行现象； 3. 磨损大、寿命短，运动精度不稳定	普通机床、冶金设备上普遍应用
滚动导轨	1. 运动灵敏度高，低速运动平衡性好，定位精度高； 2. 精度保持性好，磨损小，寿命较长； 3. 刚度和抗震性差，结构复杂、成本高，要求良好的防护	广泛应用于各类精密机床、数控机床、纺织机械等
塑料导轨	1. 动导轨表面贴塑料软带或搭配钢导轨，摩擦系数小，不易发生爬行现象； 2. 贴塑工艺简单； 3. 刚度较低，耐热性差，容易蠕变	主要应用于中、大型机床，在压强不大的导轨中应用广泛
镶钢、镶金属导轨	1. 在支承导轨上镶装一定硬度和厚度的优质钢板(常采用精密加工、真空淬火工艺)，提高导轨的耐磨性，改善摩擦状态或满足焊接机床床身的结构需求； 2. 在动导轨上镶有青铜类的金属，防止胶合现象和减少磨损，因此运动平稳，精度较高	常用于重型机床，如立式车床、龙门铣床的导轨

续表 4-4

导轨类型	主要特点	应用
动压导轨	1. 运行速度高时(90～600 m/min)，可形成液体摩擦； 2. 阻尼大，抗震性好； 3. 结构简单，不需复杂的供油系统，使用和维护方便； 4. 载荷越小、速度越高，产生的油膜越厚；低速、重载时易出现导轨面的直接接触，此时应提高加工精度	主要用于速度高、精度要求一般的机床运动导向
静压导轨	1. 摩擦系数很小，驱动力小； 2. 低速运动时平稳； 3. 承载能力强，刚度好，吸振能力强； 4. 需要 1 套液压系统，结构复杂，调整较困难	应用于各种大型及重型机床、精密机床和数控机床的工作台

思考与练习 4-3

1. 判断：带座轴承一般可自动调心、自带密封结构，在很大程度上节约了设计和装配成本。(　　)

2. 填空：在选择普通轴承的种类和具体型号时，主要根据载荷的________、________和性质等。

3. 填空：普通机床一般选用________导轨，精度要求很高的数控机床一般选用________导轨。

4. 填空：滑动轴承一般用在转速________、承受的振动载荷或冲击________、支承要求________或装配时要求________的场合。

5. 填空：滚动导轨的主要优点是________、________和________。

6. 填空：滚动导轨的固定方式一般为________固定、________固定、________固定和________固定。

第四节　联轴器、离合器和制动器的分类与选用

一、联轴器的分类与选用

联轴器是用来把 2 个轴连接在一起传递运动与转矩，机器停止运转后才能接合或分离的一种装置。联轴器经常用于电动机与减速器等的连接，应用广泛。联轴器的型号与规格应依据所需传动的力矩、转速及被连接轴径等确定。

(一)联轴器的分类和结构

按是否允许有装配偏差分类，联轴器分为固定式联轴器和移动式联轴器。

1. 固定式联轴器

固定式联轴器要求被连接轴间具有较高的同轴度，连接强度较高，常用于大力矩的传递。固定式联轴器包括凸缘联轴器、套筒联轴器和夹壳联轴器等。

①凸缘联轴器：分为普通凸缘联轴器和有对中榫的凸缘联轴器 2 种，如图 4-53 所示。其结构简单、成本低，可传递较大的转矩，用于载荷较平稳的 2 个轴连接。凸缘联轴器的半联轴

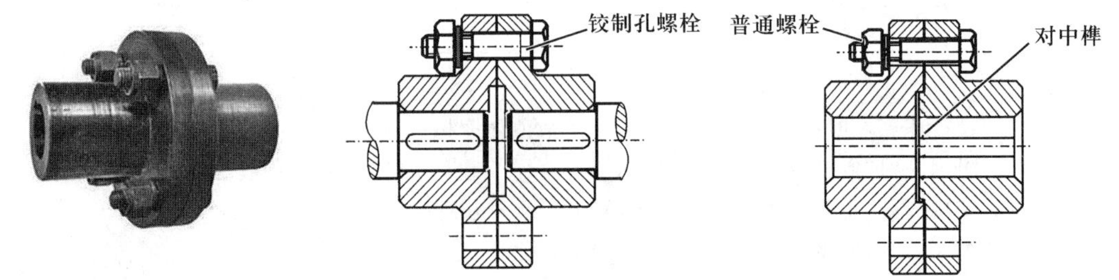

(a)外观图　　(b)普通凸缘联轴器　　(c)有对中榫的凸缘联轴器

图 4-53　凸缘联轴器

器通过键与传动轴相连接,用螺栓将 2 个半联轴器的凸缘连接在一起。

②套筒联轴器:分为键连接和销连接 2 种形式,通过键或销将主动轴的运动和动力经套筒传递给从动轴,如图 4-54 所示。其结构简单、工作可靠,在装配时对 2 个轴的同轴度要求较高。

③夹壳联轴器:如图 4-55 所示,夹壳联轴器以螺栓压紧夹壳,分别夹住被连接的 2 个轴,安装方法灵活。

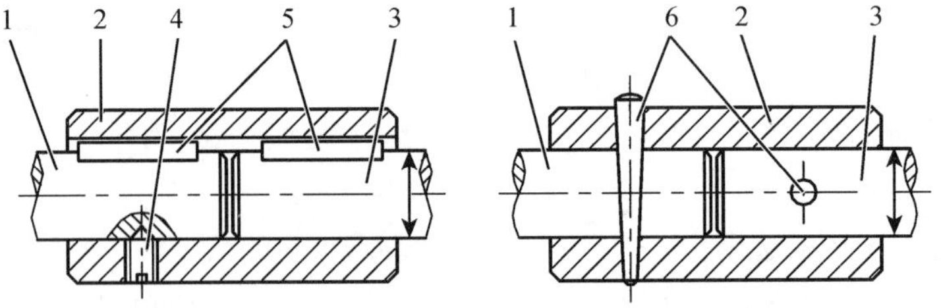

1—主动轴;2—套筒;3—从动轴;4—紧定螺钉;5—键;6—圆锥销

图 4-54　套筒联轴器

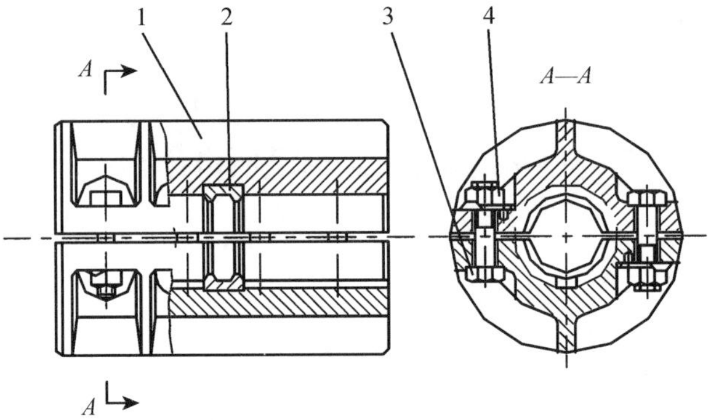

1—夹壳;2—套;3—螺栓;4—螺母

图 4-55　夹壳联轴器

2. 移动式联轴器

移动式联轴器在一定程度上能补偿 2 个轴间的相对位移,降低对装配精度的要求,但结构复杂。移动式联轴器可进一步分为刚性移动式联轴器和弹性移动式联轴器 2 种。

(1)刚性移动式联轴器

刚性移动式联轴器利用联轴器工作零件间的间隙和结构特性来补偿 2 个轴的相对位移,但因无弹性元件,不能减振。刚性移动式联轴器包括滑块联轴器、齿式联轴器、十字轴万向联轴器和链条联轴器等。固定式联轴器和刚性移动式联轴器也被合称为刚性联轴器。

①滑块联轴器：由 2 个端面开有径向凹槽的半联轴器和两端各具有凸榫的中间滑块构成。滑块两端的榫头互相垂直，嵌入凹槽中，构成移动副，如图 4-56 所示。当 2 个轴存在不对中和偏斜时，滑块将在凹槽内滑动。滑块联轴器结构简单，制造容易。滑块因偏心产生离心力和磨损，并给轴和轴承带来附加动载荷。角度补偿量为 $\alpha \leqslant 30'$，径向补偿量为 $y \leqslant 0.04d$（d 为外直径），速度 $v \leqslant 300$ r/min。

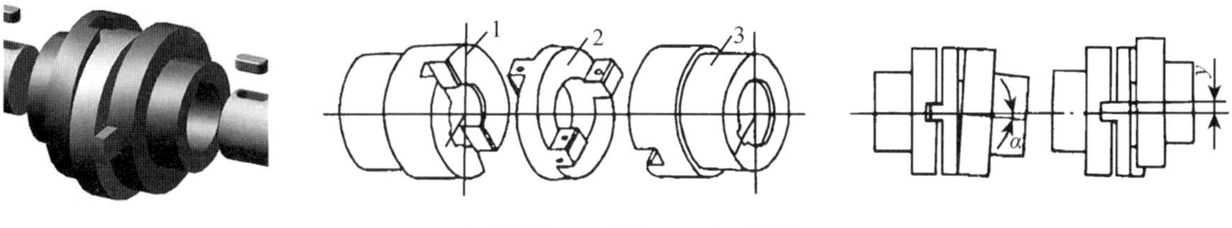

1—半联轴器；2—滑块；3—半联轴器；
α—角度补偿量；y —径向补偿量

图 4-56　滑块联轴器

②齿式联轴器：如图 4-57 所示，齿式联轴器由 2 个带有内齿的外壳、2 个带有外齿的半联轴器构成，外齿与内齿的齿数相同，外齿可做成正常齿或球形齿顶的腰鼓齿。半联轴器与传动轴用键连接，2 个外壳用螺栓连接；两端密封，空腔内储存润滑油；能补偿轴不对中和偏斜，正常齿角度补偿量为 $\alpha \leqslant 30'$，腰鼓齿角度补偿量为 $\alpha \leqslant 3°$。齿式联轴器传递扭矩大，能补偿综合位移，结构笨重、造价高，常用于重载传动。

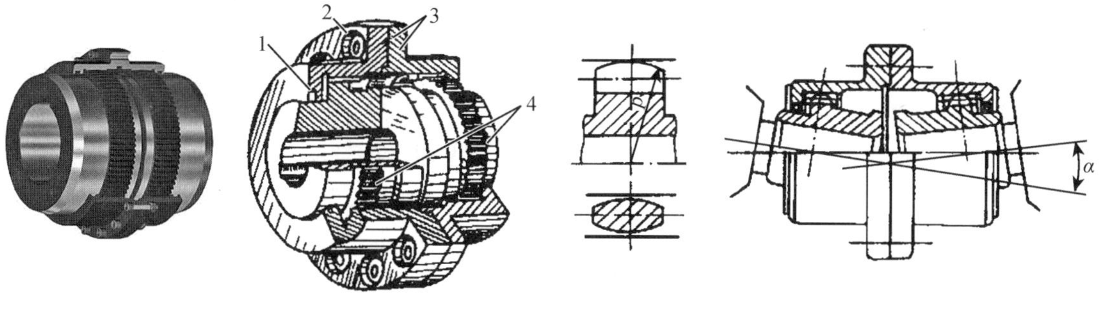

1—密封圈；2—螺栓；3—外壳；4—半联轴器

图 4-57　齿式联轴器

③十字轴万向联轴器：如图 4-58 所示，十字轴万向联轴器用于传递 2 个相交轴之间的动力和运动，而且在传动过程中，2 个轴之间的夹角是可以改变的。十字轴万向联轴器广泛应用于汽车、机床等机械传动系统中，轴间允许角为 $\alpha = 0° \sim 45°$。

④链条联轴器：由 2 个带有相同齿数链轮的半联轴器和 1 条共用的双排滚子链组成，如图 4-59 所示。该联轴器的特点是结构简单、拆装方便、传动效率高，适用于恶劣的工作环境。

(2)弹性移动式联轴器

弹性移动式联轴器也称弹性联轴器，是利用联轴器中的弹性元件变形来补偿 2 个轴间的相对位移，具有缓冲、减振的作用。弹性联轴器包括弹性套柱销联轴器、弹性柱销联轴器和轮胎式弹性联轴器等。

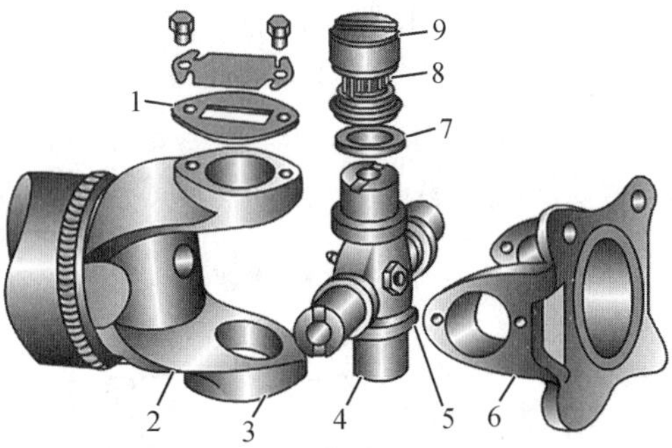

1—轴承盖；2、6—万向节叉；3—油嘴；4—十字轴；
5—安全阀；7—油封；8—滚针；9—套筒
（a）爆炸图

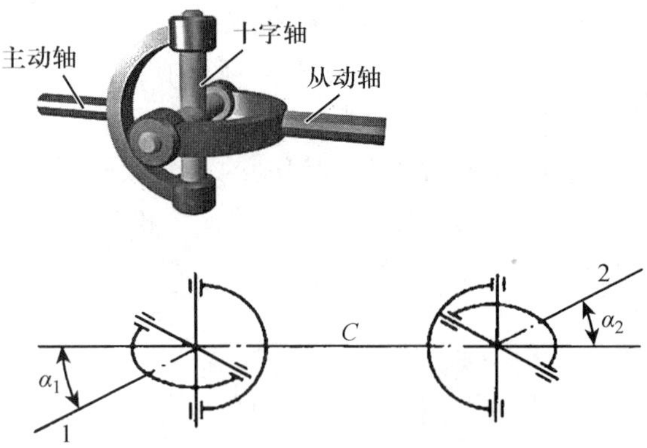

1—主动轴；2—从动轴
（b）使用状态

图 4-58　十字轴万向联轴器

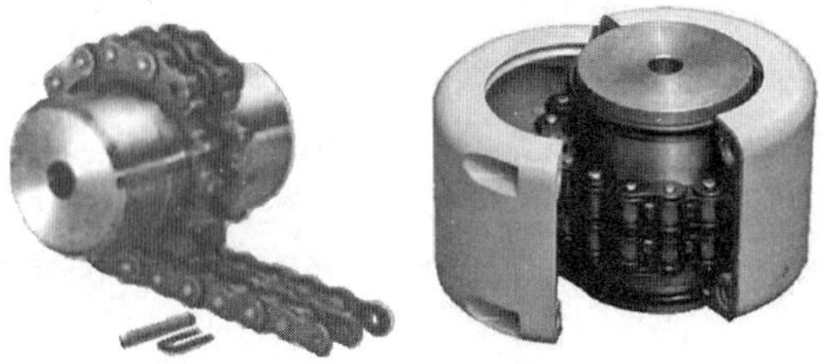

(a)链条联轴器的组装及结构

(b)链条联轴器的连接

图 4-59　链条联轴器

①弹性套柱销联轴器：如图 4-60 所示，弹性套柱销联轴器外观与凸缘联轴器相似，用带橡胶弹性套的柱销连接 2 个半联轴器。由于联轴器的动力通过弹性元件传递，可缓和冲击、吸收振动。该联轴器在装配时应预留间隙以补偿轴向位移 C，预留安装空间 A，以便于更换橡胶弹性套。

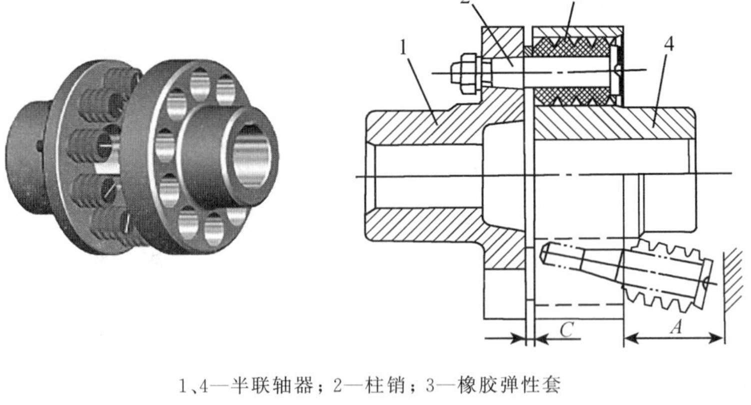

1、4—半联轴器；2—柱销；3—橡胶弹性套

图 4-60　弹性套柱销联轴器

②弹性柱销联轴器：如图 4-61 所示，弹性柱销联轴器以 2 个半联轴器凸缘孔中的弹性柱销传递动力。弹性柱销联轴器的结构简单，更换柱销方便，适用于经常正反换向、启动频繁的高速轴。该联轴器能补偿较大的轴向位移，并允许微量的径向位移和角位移。

③轮胎式弹性联轴器：如图 4-62 所示，轮胎式弹性联轴器的结构简单，其连接部分为橡胶制成的轮胎环，用止退垫板将其与半联轴器连接。轮胎环的变形能力强，允许较大的综合位移。其中，最大允许的装配角度偏差 $\alpha \leqslant 3^\circ \sim 5^\circ$，轴向偏差 $x \leqslant 0.02d$（d 指轮胎环直径），径向偏差 $y \leqslant 0.01d$。该联轴器适用于启动频繁、正反向运转（转速$n \leqslant 5\ 000$ r/min）、有冲击振动和较大轴向位移、潮湿多尘的场合。

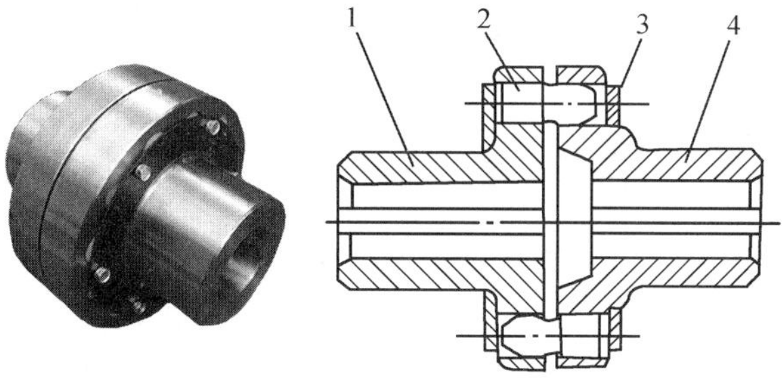

1、4—半联轴器；2—柱销；3—挡圈

图 4-61　弹性柱销联轴器的外观和结构

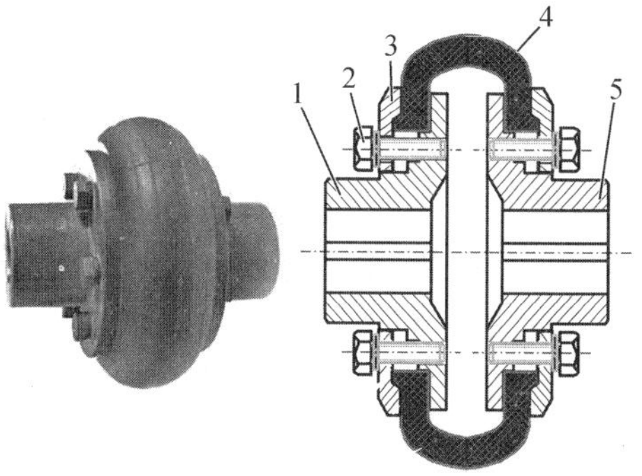

1、5—半联轴器；2—螺钉；3—止退垫板；4—轮胎环

图 4-62　轮胎式弹性联轴器的外观和结构

（二）联轴器的选用

1. 联轴器的类型选用

①根据 2 个轴的对中情况进行选择：如在装配时能够实现严格对中，可保证同轴度等要求，可选用固定式联轴器；如装配时不能保证严格对中，或工作时会发生位移，则应选用移动式联轴器，其中包括刚性移动式联轴器和弹性联轴器。

②根据载荷情况进行选择：如果载荷平稳或变动不大，可选用刚性联轴器；如果经常启动、制动或载荷变化大，宜使用弹性联轴器。

③根据速度情况进行选择：在工作转速小于联轴器许用转速的情况下，低速宜选用刚性联轴器，高速宜选用弹性联轴器。

④根据环境情况进行选择：如果环境温度过低或过高（低于－20 ℃或高于 45 ℃），不宜选用具有橡胶或尼龙作弹性元件的联轴器。

2. 联轴器的型号选用

当确定好联轴器的类型后，就要具体选择其型号，主要依据转矩、最大转速和连接部位的尺寸（如孔径、孔长、键槽尺寸等）进行。根据被连接轴的直径和转速等，依据设计要求计算出所需转矩，并乘以安全系数，安全系数一般取 1.5～3.0。可通过网站或厂家提供的产品样本进行联轴器具体型号、性能的查寻和订货。

常用联轴器主要有凸缘联轴器、梅花形弹性联轴器、绕线联轴器、弹性柱销联轴器、十字轴万向联轴器、鼓形齿式联轴器、滚子链联轴器、膜片联轴器、轮胎式联轴器等。

联轴器的轴孔主要有 3 种：Y 型为圆柱形轴孔，如图 4-63(a)所示，适用于长圆柱轴；J 型为有沉孔的短圆柱形轴孔，如图 4-63(b)所示，为推荐使用类型；Z 型为有沉孔的长圆锥形轴孔，如图 4-63(c)所示。

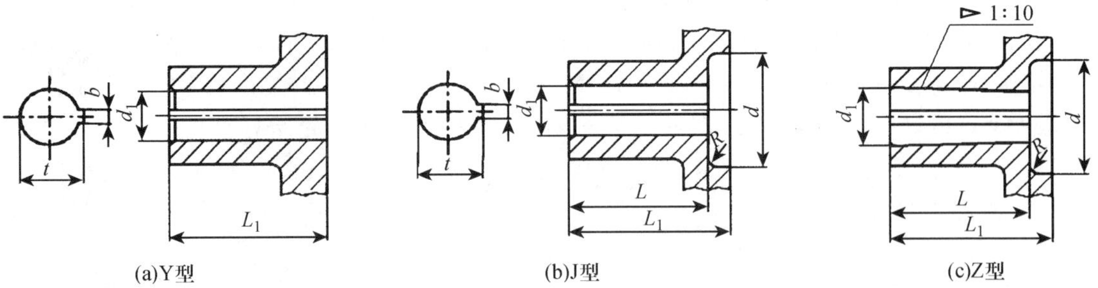

图 4-63　联轴器的轴孔类型

①凸缘联轴器：主要尺寸如图 4-64 所示，参数见表 4-5。这种联轴器不具备径向、轴向和角度补偿能力，但其刚度好、传动转矩大、结构简单、工作可靠、维护简便，适用于 2 个轴对中精度良好的一般轴系传动。

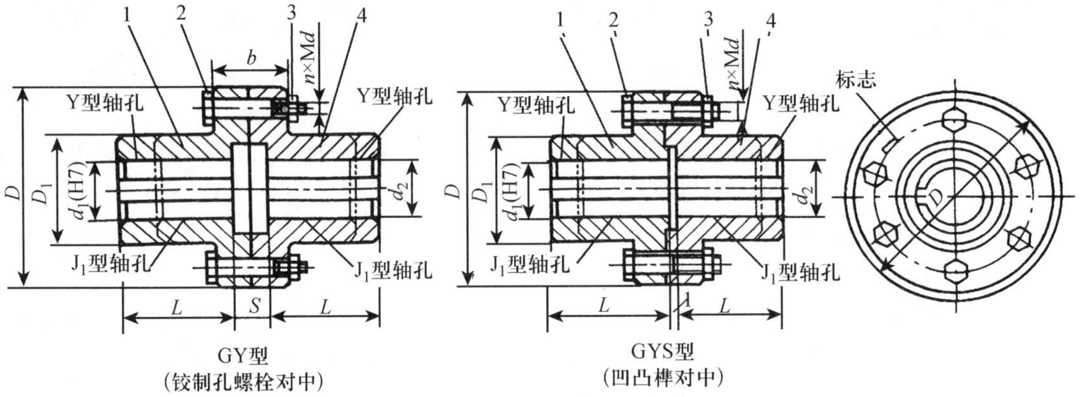

1、4—半联轴器；2—螺栓；3—螺母

图 4-64　凸缘联轴器的主要尺寸

选型示例：GY5 联轴器 $\dfrac{\mathrm{YA}30\times 82}{\mathrm{J_1B}30\times 60}$ GB/T 5843—2003。

主动端：Y 型轴孔，A 型键槽，轴孔直径 $d=30$ mm，轴孔长度 $L=82$ mm。

从动端：J_1 型轴孔，B 型键槽，轴孔直径 $d=30$ mm，轴孔长度 $L=60$ mm。

②梅花形弹性联轴器：主要尺寸如图 4-65 所示，参数见表 4-6，适用的工作环境为 −35 ℃～+80 ℃，传递公称转矩为 28～14 000 N·m，有补偿 2 条轴线相对位移和减振、缓冲的性能。

例如，LM70 联轴器的主动端和从动端轴孔都只能选 Y 型轴孔，可选 $d_1=20$ mm，$L=38$ mm，型号表示为 LM70 联轴器 20×38(GB/T 5272—2017)。

表 4-5　凸缘联轴器的主要参数和尺寸(GB/T 5843—2003)

型号	公称转矩 T_n/(N·m)	许用转速 $[N]$/(r·min^{-1})	轴孔直径 d_1、d_2/mm	轴孔长度 L/mm		D/mm	D_1/mm	b/mm	S/mm	转动惯量 I/(kg·m^2)	质量 m/kg
				Y 型	J_1 型						
GY1 GYS1	25	12 000	12、14	32	27	80	30	26	6	0.000 8	1.16
			16、18、19	42	30						
GY2 GYS2	63	10 000	16、18、19	42	30	90	40	28		0.001 5	1.72
			20、22、24	52	38						
			25	62	44						
GY3 GYS3	112	9 500	20、22、24	52	38	100	45	30		0.002 5	2.38
			25、28	62	44						
GY4 GYS4	224	9 000	25、28	62	44	105	55	32		0.003	3.15
			30、32、35	82	60						
GY5 GYS5	400	8 000	30、32、35、38	82	60	120	68	36	8	0.007	5.43
			40、42	112	84						
GY6 GYS6	900	6 800	38	82	60	140	80	40		0.015	7.59
			40、42、45、48、50	112	84						
GY7 GYS7	1 600	6 000	48、50、55、56	112	84	160	100	40		0.031	13.1
			60、63	142	107						
GY8 GYS8	3 150	4 800	60、63、65、70、71、75	142	107	200	130	50	10	0.103	27.5
			80	172	132						
GY9 GYS9	6 300	3 600	75	142	107	260	160	66		0.319	47.8
			80、85、90、95	172	132						
			100	212	167						
GY10 GYS10	10 000	3 200	90、95	172	132	300	200	72		0.720	82.0
			100、110、120、125	212	167						
GY11 GYS11	25 000	2 500	120、125	212	167	380	260	80		2.278	162.2
			130、140、150	252	202						
			160	302	242						
GY12 GYS12	50 000	2 000	150	252	202	460	320	92	12	5.923	285.6
			160、170、180	302	242						
			190、200	352	282						

注:1. 半联轴器的材料为 35 钢;

2. 转动惯量和质量是按 GY 型 Y/J_1 轴孔组合型式和最小轴孔直径计算的数值。

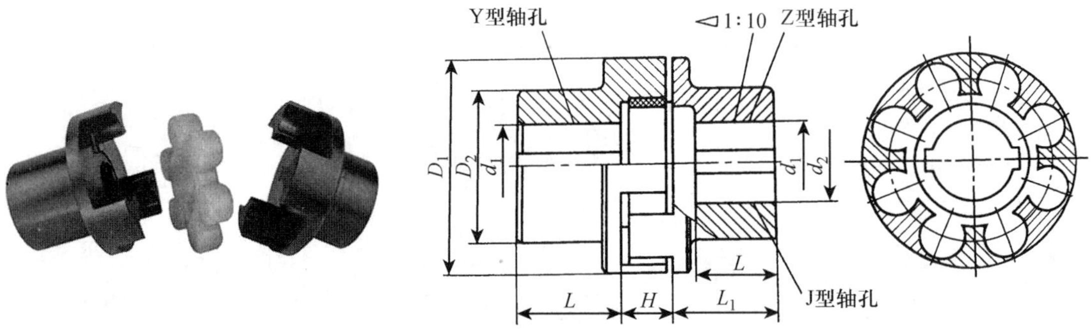

图 4-65 梅花形弹性联轴器的主要尺寸

表 4-6 梅花形弹性联轴器的主要参数和尺寸(GB/T 5272—2017)

型号	公称转矩 T_n/(N·m)	最大转矩 T_{max}/(N·m)	许用转速 [N]/(r·min^{-1})	轴孔直径 d_1、d_2、d_z/mm	轴孔长度 Y型 L/mm	轴孔长度 J、Z型 L_1/mm	轴孔长度 J、Z型 L/mm	D_1/mm	D_2/mm	H/mm	转动惯量 I/(kg·m^2)	质量 m/kg
LM50	28	50	15 000	10、11	22	—	—	50	42	16	0.000 2	1.00
				12、14	27	—	—					
				16、18、19	30	—	—					
				20、22、24	38	—	—					
LM70	112	200	11 000	12、14	27	—	—	70	55	23	0.001 1	2.50
				16、18、19	30	—	—					
				20、22、24	38	—	—					
				25、28	44	—	—					
				30、32、35、38	60	—	—					
LM85	160	288	9 000	16、18、19	30	—	—	85	60	24	0.002 2	3.42
				20、22、24	38	—	—					
				25、28	44	—	—					
				30、32、35、38	60	—	—					
LM105	355	640	7 250	18、19	30	—	—	105	65	27	0.005 1	5.15
				20、22、24	38	—	—					
				25、28	44	—	—					
				30、32、35、38	60	—	—					
				40、42	84	—	—					
LM125	450	810	6 000	20、22、24	38	52	38	125	85	33	0.014 0	10.10
				25、28	44	62	44					
				30、32、35、38*	60	82	60					
				40、42、45、48、50、55	84	—	—					

续表 4-6

型号	公称转矩 T_n/(N·m)	最大转矩 T_{max}/(N·m)	许用转速[N]/(r·min^{-1})	轴孔直径 d_1、d_2、d_z/mm	轴孔长度 Y型 L/mm	轴孔长度 J、Z型 L_1/mm	轴孔长度 J、Z型 L/mm	D_1/mm	D_2/mm	H/mm	转动惯量 I/(kg·m^2)	质量 m/kg
LM145	710	1 280	5 250	25、28	44	62	44	145	95	39	0.025 0	13.10
				30、32、35、38	60	82	60					
				40、42、45*、48*、50*、55*	84	112	84					
				60、63、65	107	—	—					
LM170	1 250	2 250	4 500	30、32、35、38	60	82	60	170	120	41	0.055 0	21.20
				40、42、45、48、50、55	84	112	84					
				60、63、65、70、75	107	—	—					
				80、85	132	—	—					
LM200	2 000	3 600	3 750	35、38	60	82	60	200	135	48	0.119 0	33.00
				40、42、45、48、50、55	84	112	84					
				60、63、65、70*、75*	107	142	107					
				80、85、90、95	132	—	—					
LM230	3 150	5 670	3 250	40、42、45、48、50、55	84	112	84	230	150	50	0.217 0	45.50
				60、63、65、70、75	107	142	107					
				80、85、90、95	132	—	—					
LM260	5 000	9 000	3 000	45、48、50、55	84	112	84	260	180	60	0.458 0	75.20
				60、63、65、70、75	107	142	107					
				80、85、90*、95*	132	172	132					
				100、110、120、125	167	—	—					
LM300	7 100	12 780	2 500	60、63、65、70、75	107	142	107	300	200	67	0.804 0	99.20
				80、85、90、95	132	172	132					
				100、110、120、125	167	—	—					
				130、140	202	—	—					
LM360	12 500	22 500	2 150	60、63、65、70、75	107	142	107	360	225	73	1.730 0	148.10
				80、85、90、95	132	172	132					
				100、110、120*、125*	167	212	167					
				130、140、150	202	—	—					
LM400	14 000	25 200	1 900	80、85、90、95	132	172	132	400	250	73	2.840 0	197.50
				100、110、120、125	167	212	167					
				130、140、150	202	—	—					
				160	242	—	—					

注：1. * 无 J、Z 型轴孔型式；

2. 转动惯量和质量是按 Y 型最大轴孔长度、最小轴孔直径计算的数值。

③绕线联轴器：一般为铝合金材料，一体化结构，弹性补偿径向、角向偏差，可采用夹紧式无间隙的轴孔连接，适用于正反转。绕线联轴器的尺寸参数如图 4-66 所示，具体参数和尺寸见表 4-7，可用于连接步进电动机与滚珠丝杠等。

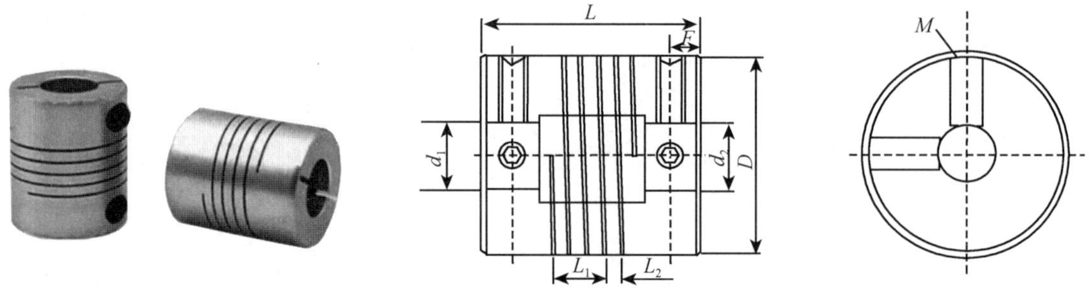

图 4-66　绕线联轴器的尺寸参数

表 4-7　绕线联轴器的主要参数和尺寸

型号	常用的 d_1/d_2 内径尺寸/mm	D /mm	L /mm	L_1 /mm	L_2 /mm	F /mm	M /mm	额定转矩 /(N·m)
GM-17.5×23	4、5、6、6.35、7、8	17.5	23.0	0.4	2	2.7	M4	0.6
GM-19.5×24.5	6、6.35、7、8、9、9.525、10	19.5	24.5	0.4	2	3.3	M4	1.0
GM-25×31	5、6、6.35、7、8、9、9.525、10、11、12、12.7	25.0	31.0	0.4	2	3.7	M4	2.0

④弹性柱销联轴器：外形和尺寸参数如图 4-67 所示，主要参数及尺寸见表 4-8。弹性柱销联轴器是利用多个非金属弹性材料制成的柱销，置于 2 个半联轴器的凸缘孔中，通过柱销实现连接。弹性元件(柱梢)一般是尼龙材料，能微量补偿 2 条轴线的偏移误差，缓冲、减振。弹性柱销联轴器不适合用于可靠性要求高的起重机械提升机构。

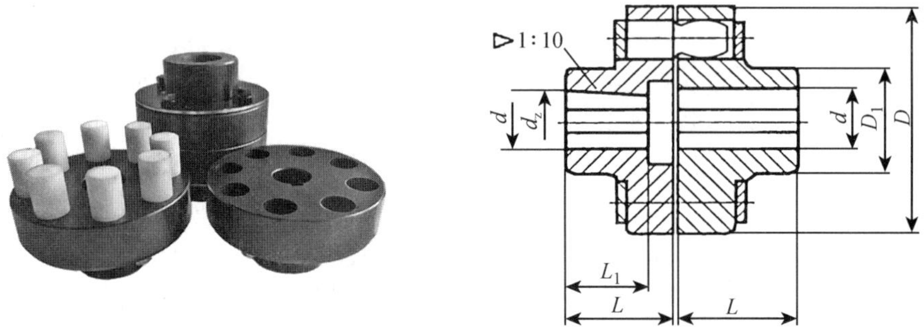

图 4-67　弹性柱销联轴器的外形和尺寸参数

二、离合器的分类与选用

离合器是在机器运转过程中，可使 2 个轴随时接合或分离的一种装置。它可用来操纵机器传动系统，实现变速及换向等过程。

表 4-8　LX(HL)型弹性柱销联轴器的主要参数和尺寸(参考 GB/T 3852—2017)

型号	公称转矩 T_n/(N·m)	许用转速[N]/(r·min^{-1})	轴孔直径 d、d_z/mm	Y、J、J_1、Z 型轴孔长度 L_1、L/mm	D/mm	D_1/mm	B/mm	S/mm	转动惯量 I/(kg·m^2)	质量 m/kg
LX1(HL1)	250	8 500	12～24	27～52	90	40	20	2.5	0.002	2
LX2(HL2)	560	6 300	20～35	38～82	120	55	28	2.5	0.009	5
LX3(HL3)	1 250	4 750	30～48	60～112	160	75	36	2.5	0.026	8
LX4(HL4)	2 500	3 870	40～63	84～142	195	100	45	3.0	0.109	22
LX5(HL5)	3 150	3 450	50～75	84～142	220	120	45	3.0	0.191	30
LX6(HL6)	6 300	2 720	60～85	107～172	280	140	56	4.0	0.543	53
LX7(HL7)	11 200	2 360	70～110	107～212	320	170	56	4.0	1.314	98
LX8(HL8)	16 000	2 120	80～125	132～212	360	200	56	5.0	2.023	119
LX9(HL9)	22 400	1 850	100～140	167～252	410	230	63	5.0	4.386	197
LX10(HL10)	35 500	1 600	110～180	167～302	480	280	75	6.0	9.760	322
LX11(HL11)	50 000	1 400	130～220	202～352	540	340	75	6.0	20.050	520
LX12(HL12)	80 000	1 220	160～260	242～410	630	400	90	7.0	37.710	714
LX13(HL13)	125 000	1 080	190～300	282～470	710	465		8.0		1 057
LX14(HL14)	180 000	950	240～340	330～450	800	530		8.0		1 956

注:转动惯量和质量是按 J/Y 型轴孔组合型式、最大轴孔长度、最小轴孔直径计算的数值。

(一)离合器的分类

离合器与联轴器的区别:离合器和联轴器虽都用于连接 2 个轴,并在不同轴间传递运动和转矩,但离合器可根据实际需要,在机器运转时即可实现轴间运动和动力的传递和断开,达到控制的目的;而联轴器则只能在机器停车后,用拆卸的方法实现被连接 2 个轴的分离。

离合器的种类很多,大多已标准化,使用中只需正确选择即可。

离合器按工作原理不同,可分为啮合式离合器和摩擦式离合器 2 类。啮合式离合器利用牙(或齿)啮合方式传递转矩,可保证 2 个轴同步运转,但只能在低速或停车时进行离合,例如牙嵌式离合器等;摩擦式离合器利用工作表面的摩擦传递转矩,能在任何转速下离合,有过载保护功能,但由于存在摩擦面间的打滑现象,不能保证 2 个轴同步转动。

离合器按离合控制方法不同,可分为操纵式离合器和自动式离合器 2 类。操纵式离合器按操纵方式分为机械操纵式、电磁操纵式、液压操纵式和气压操纵式等;自动式离合器包括超越离合器(也称单向离合器)、离心式离合器和安全离合器等,是一种能根据机器运转参数(如转矩、转速或转向)的变化而自动完成接合和分离动作的离合器。

①牙嵌式离合器:如图 4-68 所示,它由端面带牙的固定套筒、活动套筒、对中环和滑环等组成,使用时可利用操纵杆移动滑环,从而实现 2 个套筒的接合与分离。

②摩擦式离合器:一般分为单片式圆盘摩擦离合器(图 4-69)、多片式圆盘摩擦离合器(图 4-70)和圆锥式摩擦离合器。

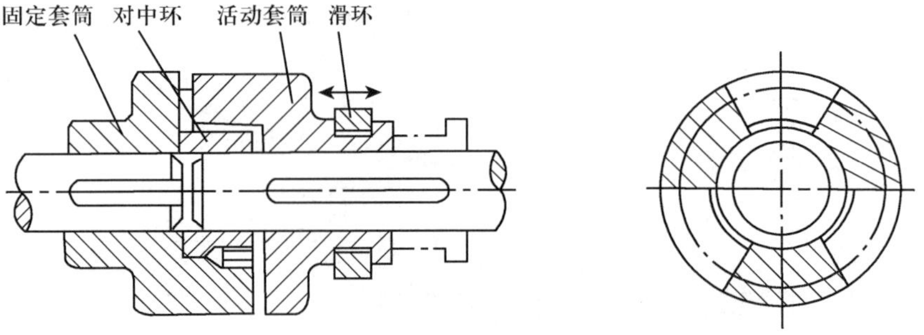

图 4-68　牙嵌式离合器

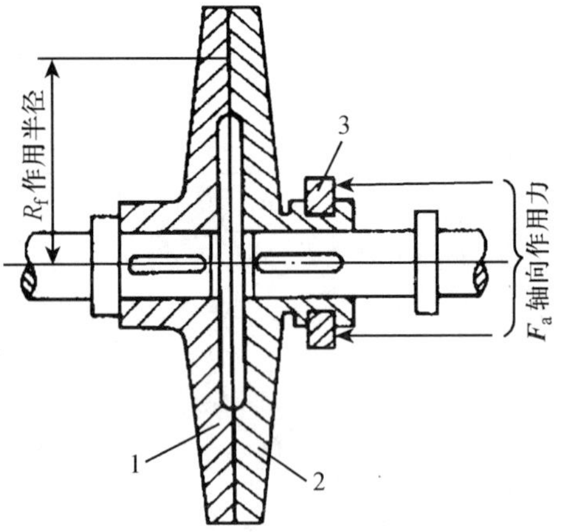

1—固定圆盘；2—活动圆盘；3—滑环

图 4-69　单片式圆盘摩擦离合器

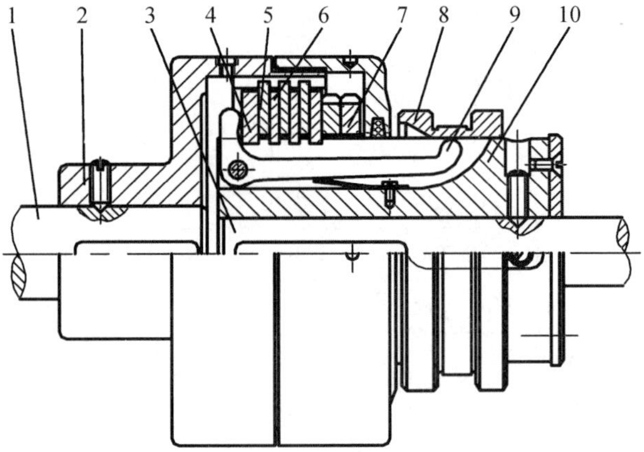

1—主动轴；2—外壳；3—从动轴；4—压板；5—外摩擦片；6—内摩擦片；7—螺母；8—滑环；9—曲臂压杆；10—内套筒

图 4-70　多片式圆盘摩擦离合器

单片式圆盘摩擦离合器由固定圆盘、活动圆盘和滑环组成。通过移动滑环可实现 2 个圆盘的接合与分离，靠摩擦力带动从动轴转动。单片式圆盘摩擦离合器的优点是在任何转速条件下 2 个轴都可以实现接合；过载时打滑，起安全保护作用；接合平稳，冲击和振动小。其缺点是接合过程中不可避免地出现打滑现象，引起磨损和发热；传动不同步。

多片式圆盘摩擦离合器利用多个摩擦片叠加在一起来传递动力。当移动滑环时，通过杠杆作用，压紧或放松摩擦片，实现 2 个轴的接合与分离。摩擦片分内、外摩擦片（图 4-71），内摩擦片与从动轴的内套筒连接，外摩擦片与主动轴的外壳连接。

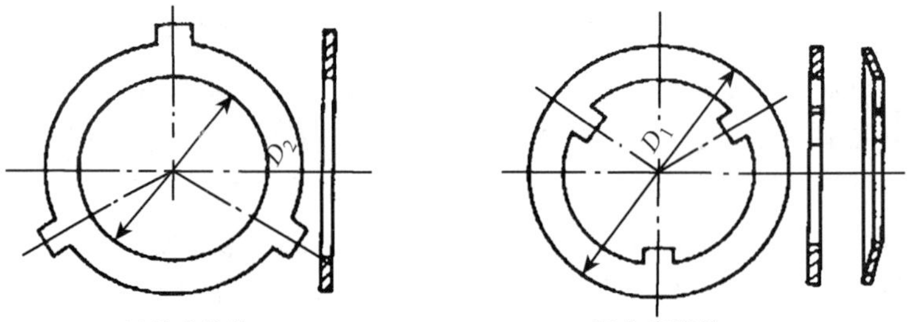

(a)外摩擦片　(b)内摩擦片

图 4-71　摩擦离合器中的摩擦片

圆锥式摩擦离合器的圆锥表面为摩擦接触面，只需要很小的操纵力即能使离合器传递较大的转矩。但由于该离合器的径向尺寸较大，其结构不紧凑。

③超越离合器：分为滚柱式超越离合器和楔块式超越离合器2种。

滚柱式超越离合器如图4-72所示，由星轮(也称内环)、外环、滚柱、弹簧推杆等零件组成。滚柱在弹簧推杆的作用下处于半楔紧状态，当外环逆时针转动时，以摩擦力带动滚柱向前滚动，进一步楔紧内、外接触面，从而驱动星轮一起旋转。当外环反向转动时，则带动滚柱克服弹簧力而滚到楔形空间的宽敞位置，离合器处于分离状态。

楔块式超越离合器如图4-73所示，由内环、外环、楔块、支撑环和拉簧等零件组成。内、外环工作面都为圆形，整圈拉簧压着楔块始终与内环接触，并力图使楔块绕自身做逆时针方向偏摆。当外环沿顺时针方向旋转时，楔块克服弹簧力而做顺时针方向摆动，从而在内、外环间越楔越紧，离合器处于接合状态。当外环反向旋转时，楔块松开而呈分离状态。楔块曲率半径大，装入数量多，尺寸相同时传递的转矩更大，但不适合高转速时的传动。

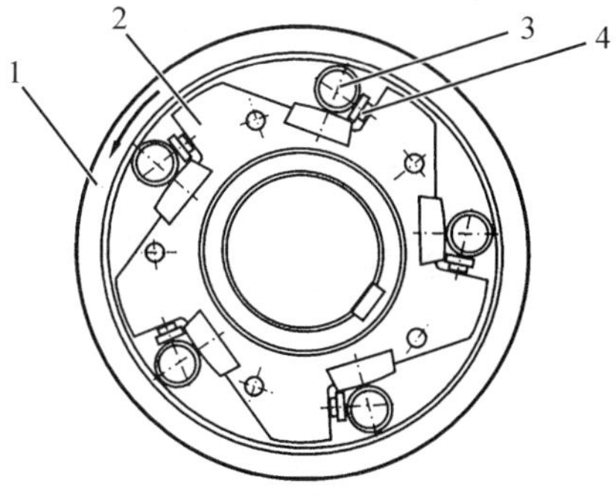

1—外环；2—星轮；3—滚柱；4—弹簧推杆

图4-72 滚柱式超越离合器

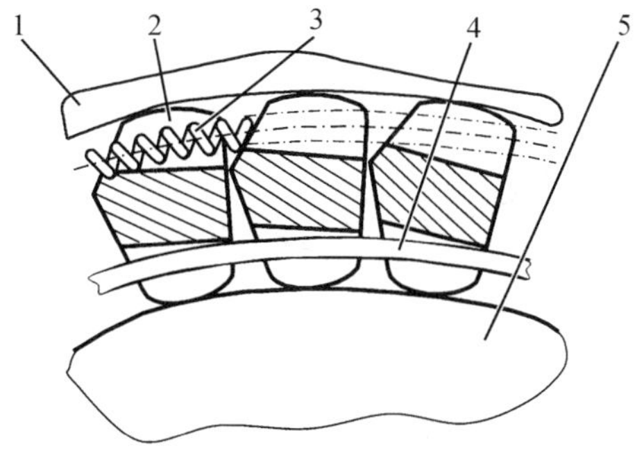

1—外环；2—楔块；3—拉簧；4—支撑环；5—内环

图4-73 楔块式超越离合器

④安全离合器：分为摩擦式安全离合器(图4-74)和牙嵌式安全离合器(图4-75)，在其所传递的转矩超过一定数值时自动分离，所以起到安全脱离和避免过载的作用。安全离合器传递转矩的大小通过调整弹簧压缩量控制，弹簧压的越紧，弹力越大，则其允许传递的转矩也越大。

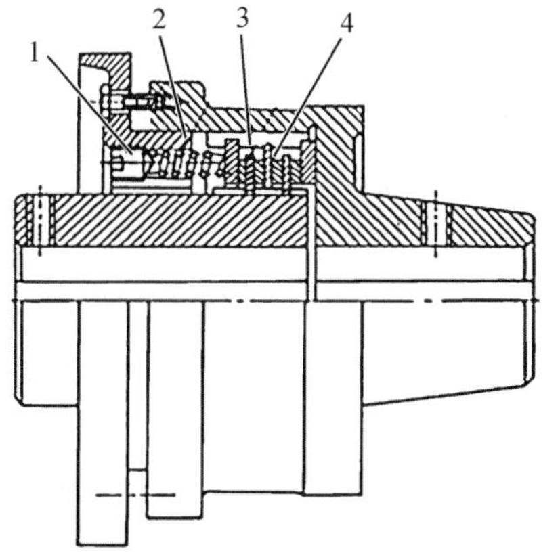

1—调整螺钉；2—弹簧；3—内摩擦片；4—外摩擦片

图4-74 摩擦式安全离合器

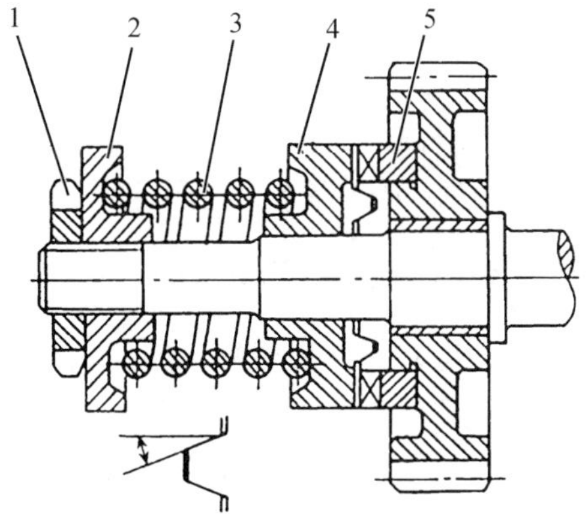

1—调整螺母；2—挡圈；3—弹簧；4—活动套筒；5—固定套筒

图4-75 牙嵌式安全离合器

⑤离心式离合器:是利用离心力的作用来控制接合和分离的一种离合器,有自动接合式和自动分离式 2 种。自动接合式离合器如图 4-76 所示,当主动轴的转速达到一定值时,由于离心力增大而克服弹簧力的作用,使闸块与鼓轮的内表面接触,依靠摩擦力实现主动轴与鼓轮一同转动。自动分离式离合器则相反,当主动轴达到一定转速时能自动分离。

⑥磁粉离合器:如图 4-77 所示,磁粉离合器由外轮鼓、转子轴、轮芯、励磁线圈和磁粉等组成。转子轴与轮芯固定连接,在轮芯外缘的槽内绕有环形励磁线圈,从动外轮鼓与轮芯间形成的气隙中填入了磁导率高的磁粉。当线圈通电时,形成一个经轮芯、间隙和外轮鼓的闭合磁通,磁粉因被磁化而彼此相互吸引聚集,联轴器此时可依靠磁粉的接合力以及磁粉与 2 个工作面之间的摩擦力来传递转矩。当断电时,磁粉处于自由松散状态,离合器即被分离。

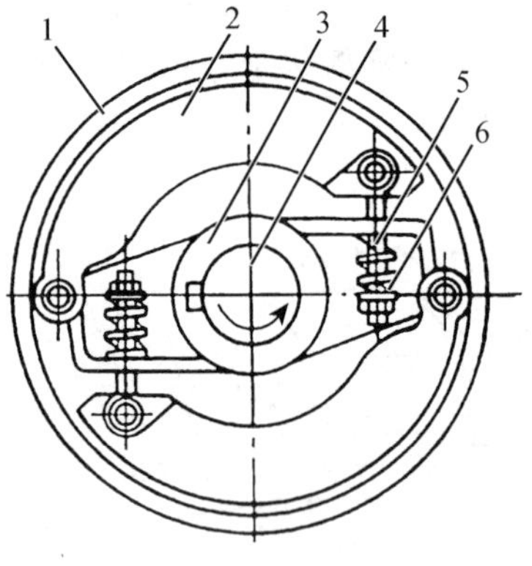

1—鼓轮;2—闸块;3—转架;4—主动轴;
5—导杆;6—弹簧

图 4-76 自动接合式离合器

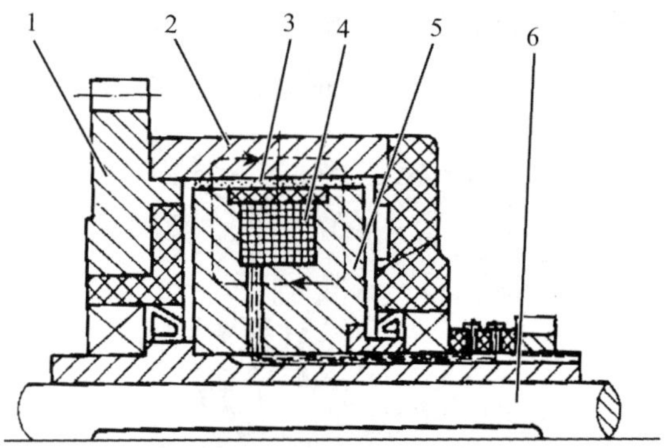

1—从动齿轮;2—外轮鼓;3—磁粉;4—励磁线圈;
5—轮芯;6—转子轴

图 4-77 磁粉离合器

磁粉离合器的优点是励磁电流与转矩呈线性关系,转矩调节简单而且精确,调节范围广;因可用作恒张力控制,操纵方便、离合平稳、工作可靠,被广泛应用于造纸机、纺织机、印刷机、绕线机等机械中。

(二)离合器的选用

①应根据使用情况和要求,合理选择离合器的类型;

②离合器的相应部件应能可靠接合和分离,根据传递规定转矩的要求具体选择型号,使工作平稳可靠;

③根据连接部位的尺寸,选择连接孔径和键槽等的尺寸;

④在使用时,离合器 2 个半轴应保证同轴,离合端面应相互平行,并符合初始间隙要求。

三、制动器的分类与选用

制动器是用来降低机械的运转速度或迫使机械停止运转的部件。它是利用摩擦力矩来消耗机器运动部件的动能,从而实现制动的。制动器动作应迅速、可靠,其摩擦副在工作时会发生磨损,产生热量,所以材质应耐磨、易散热。有些型号的制动器(如磁粉制动器)与离合器在结构上有相似之处。

(一)制动器的分类

制动器按工作状态分为常闭式制动器和常开式制动器。常闭式制动器经常处于紧闸状态，施加外力才能解除制动（如起重机用制动器）。常开式制动器经常处于松闸状态，施加外力时才能制动（如车辆用制动器）。

制动器按照控制方式分为自动式和操纵式2类。前者如各类常闭式制动器，后者包括用人力、液压、气动及电磁来操纵的制动器。制动器通常装在机构中转速较高的轴上，这样所需的制动力矩和制动器尺寸可以小一些。

制动器按照制动的结构特征分为盘式制动器、瓦块制动器、带式制动器和磁粉制动器等。

①盘式制动器：又称为碟式制动器，如图4-78所示。它由液压控制，主要零部件有制动盘、分泵、制动钳和油管等。制动盘用合金钢制造并固定在转动轴上，随轴转动。分泵固定在制动器的底板上不动，制动钳上的2个摩擦片分别装在制动盘的两侧。分泵的活塞被油管输送来的液压油推动，使摩擦片压向制动盘产生摩擦制动，其动作类似于用钳子夹住旋转中的盘子，迫使其停止转动。盘式制动器散热快、质量轻、构造简单、调整方便，适合高负载，耐高温性能好，制动效果稳定，而且不怕泥水侵袭。在冬季和恶劣路况下使用时，盘式制动器更容易在较短的时间内实现制动。

1—制动钳；2—制动盘

(a)汽车上的盘式制动器

(b)摩托车上的盘式制动器

图 4-78　盘式制动器

②瓦块制动器：如图4-79所示，它的作用是通电松开，断电后靠弹簧拉力实现制动，以保证设备安全。断电后，弹簧拉力通过推杆和制动臂的传动，借助于瓦块与制动轮之间的摩擦力来实现制动。瓦块材料采用铸铁，或铸铁表面覆以皮革或石棉带。瓦块制动器已经规范化，可

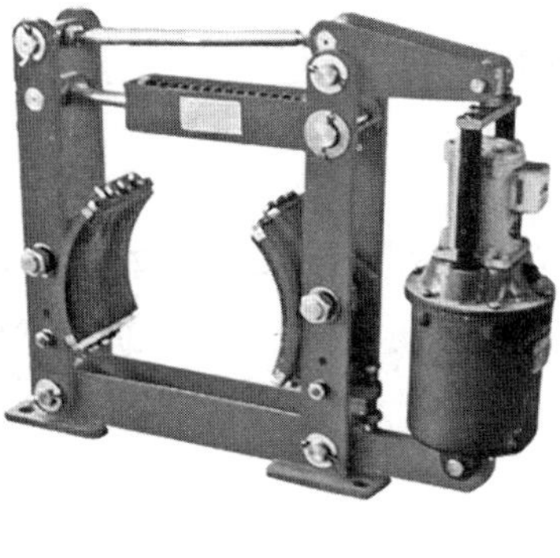

(a)外观图

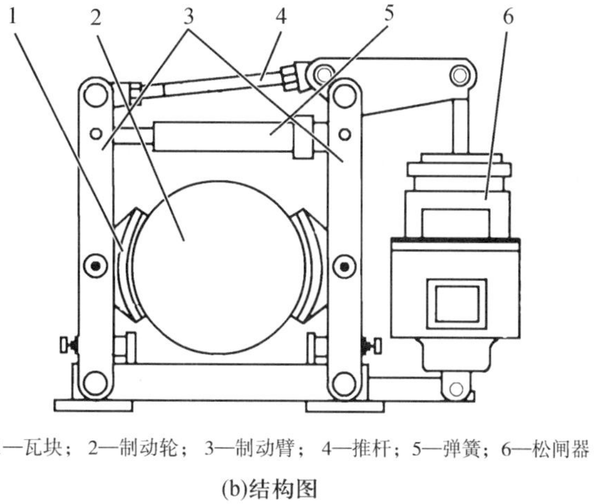

1—瓦块；2—制动轮；3—制动臂；4—推杆；5—弹簧；6—松闸器

(b)结构图

图 4-79　瓦块制动器

根据所需的制动力矩选型。

③带式制动器：如图 4-80 所示，在外力的作用下，闸带收紧抱住制动轮实现制动。带式制动器结构简单、紧凑，CA6140 普通车床制动就是采用了带式制动器。

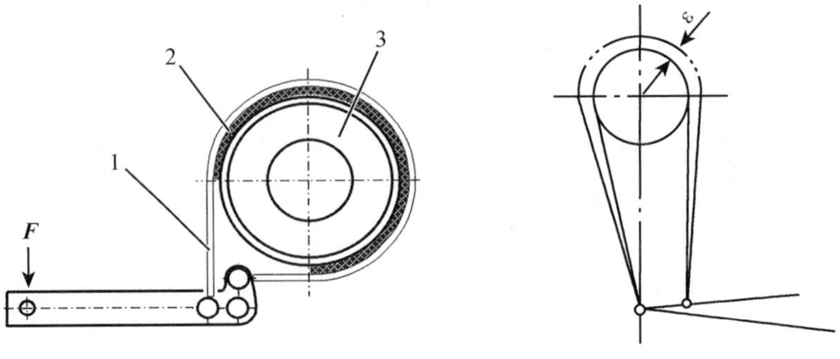

1—闸带；2—摩擦内衬；3—制动轮　　ε—制动带退距

图 4-80　带式制动器

④磁粉制动器：工作原理和结构参见磁粉离合器，将磁粉离合器的主动轴与机架固定后，即可实现制动器功能，在此不再详述。

(二)制动器的选用

制动器装配的一般要求：制动器往往是机电设备中最重要的安全装置，与生产的安全性密切相关，所以要严格保证其安装质量，在装配后应经常检查其工作状况。制动器全部传动系统的动作要灵敏、可靠，应按时注入油润滑，合理调整弹簧弹力和松开状态下制动瓦块与制动轮的间隙。

思考与练习 4-4

1. 判断：与联轴器不同，离合器可在电动机转动的同时将主动轴和从动轴的传动断开。(　　)

2. 填空：电梯的制动器属于(　　)式制动器，即在断电等紧急情况下进行制动，以保证人员安全。

3. 填空：按是否允许有装配偏差分类，联轴器分为________式联轴器和________式联轴器。

4. 填空：普通机床选用的是________制动器和________离合器。

5. 填空：选用联轴器时，主要依据________、________和________等指标。

6. 填空：离合器和联轴器都用于连接 2 个轴，并在不同轴间传递________和________。

综合项目

在网站上选择外购件，确定尺寸和参数，连接出 1 套带式输送机（带宽 400 mm，带速 5～10 m/s 可调，输送长度 4 m，被输送质量 50 kg，不允许直接选整体设备），应包括带减速器电动机、张紧机构、链传动、平带、辊筒、带座轴承等。也可设计滚筒输送机、螺旋输送机、液体灌装机等。

扫码查看彩图

第五章　机械结构的综合应用实例

第一节　切削加工设备的机械结构

一、普通车床

普通车床是机械加工行业广泛应用的机械加工设备，CA6140A 型普通车床的整体结构如图 5-1 所示。车床的整体结构应考虑其主要部件之间的相对位置关系，以及它们之间的相对运动关系。普通车床常用来加工轴类零件和直径不大的盘类零件，所以采用卧式布局、主轴旋转和刀具进给的方式。如果车削大型的盘类零件，可采用立式布局。为适应工人用右手操纵的习惯和便于观察、测量，主轴箱布置在左端。CA6140A 型普通车床的传动路线如图 5-2 所示。

普通车床的总体传动结构

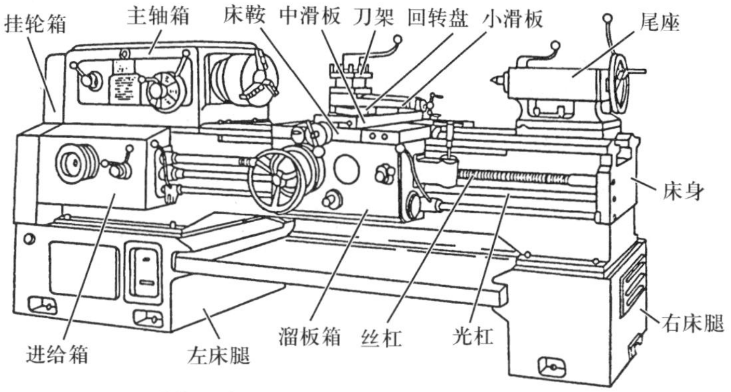

图 5-1　CA6140A 型普通车床的整体结构

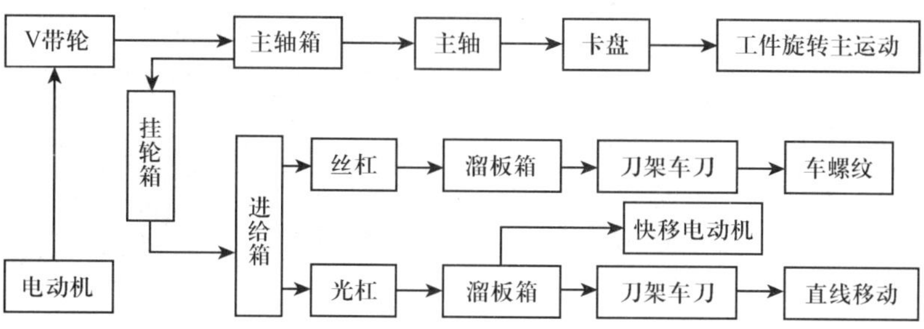

图 5-2　CA6140A 型普通车床的传动路线

CA6140A 型普通车床的传动系统如图 5-3 所示，用来反映车床全部运动的传递关系。电动机位于左下部，通过带传动主轴箱的Ⅰ轴，主轴箱通过左侧的挂轮箱齿轮传动进给箱，带动

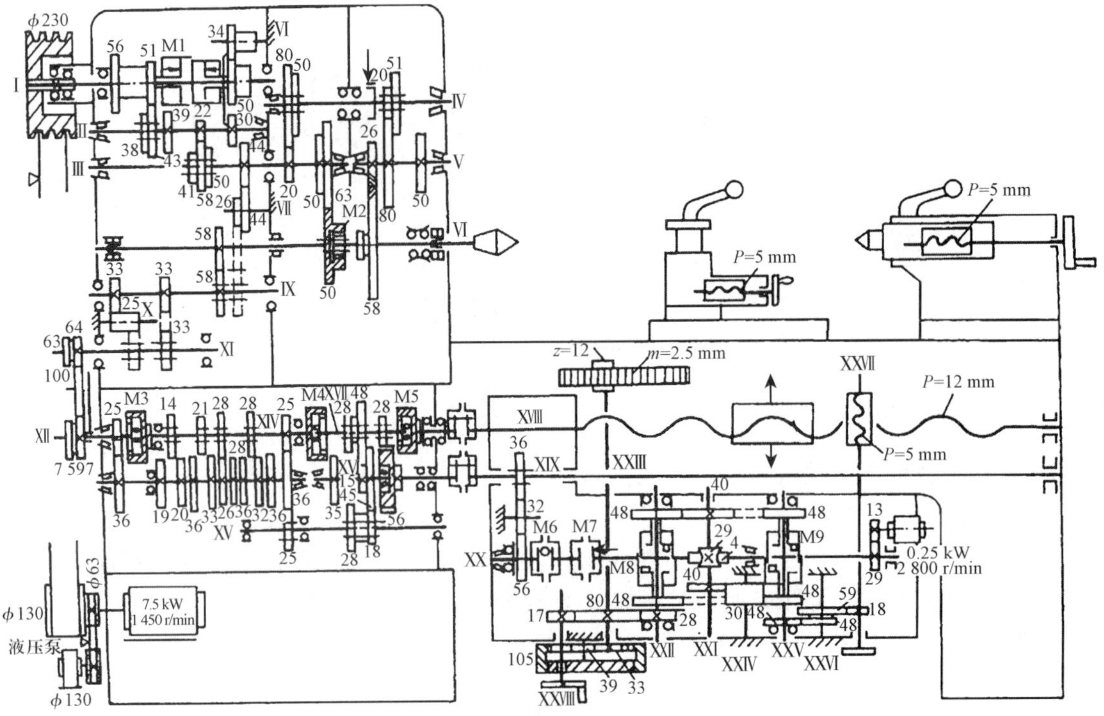

图 5-3 CA6140A 型普通车床的传动系统

丝杠或光杠，实现刀具的进给运动。

(一)主轴箱的传动结构

主轴箱的传动结构如图 5-4 所示，它固定在床身的左上方，内部装有主轴和变速、换向、制动等机构，由电动机经变速机构带动主轴(图 5-5)旋转，实现主运动，获得所需转速及转向(正转 24 种转速、反转 12 种转速)。主轴前端可安装三爪自定心卡盘、四爪单动卡盘等通用夹具和专用夹具，用以装夹工件。

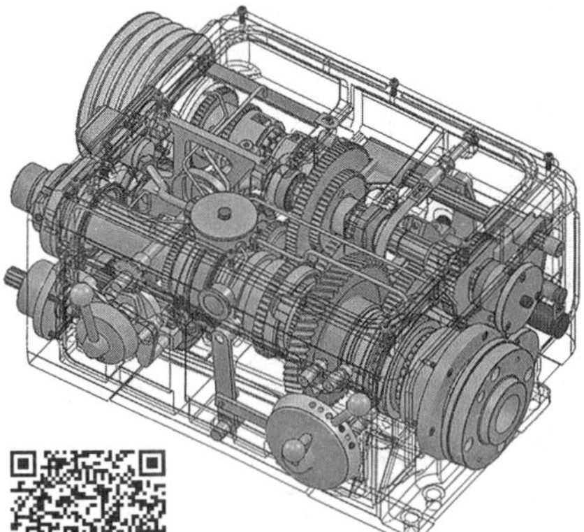

普通车床主轴箱的传动结构

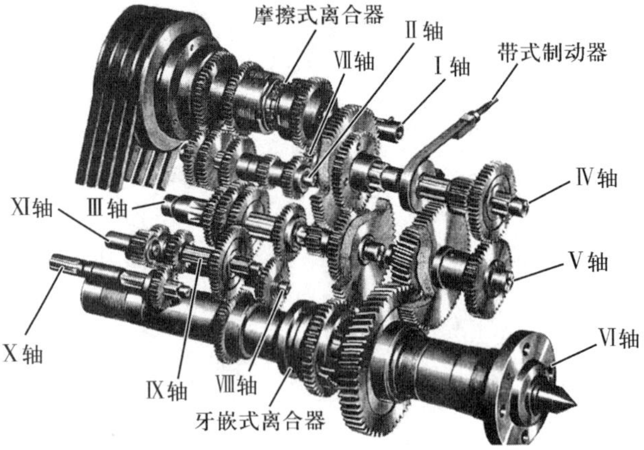

图 5-4 主轴箱的传动结构

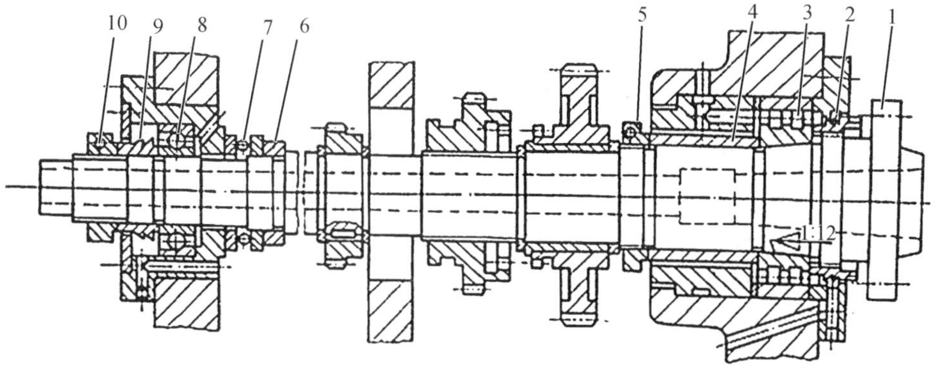

1—主轴；2、9—锁紧螺母；3—双列短圆柱滚子轴承；4、6—套筒；5、10—锁紧盘；7—推力球轴承；8—角接触球轴承

图 5-5　主轴的组件结构

(二)进给箱的传动结构

进给箱的传动结构如图 5-6 所示，它固定在床身的左前侧。进给箱是进给运动传动链中主要的传动比变换装置，它的功能是调节纵向和横向机动进给的进给量、被加工螺纹的导程和

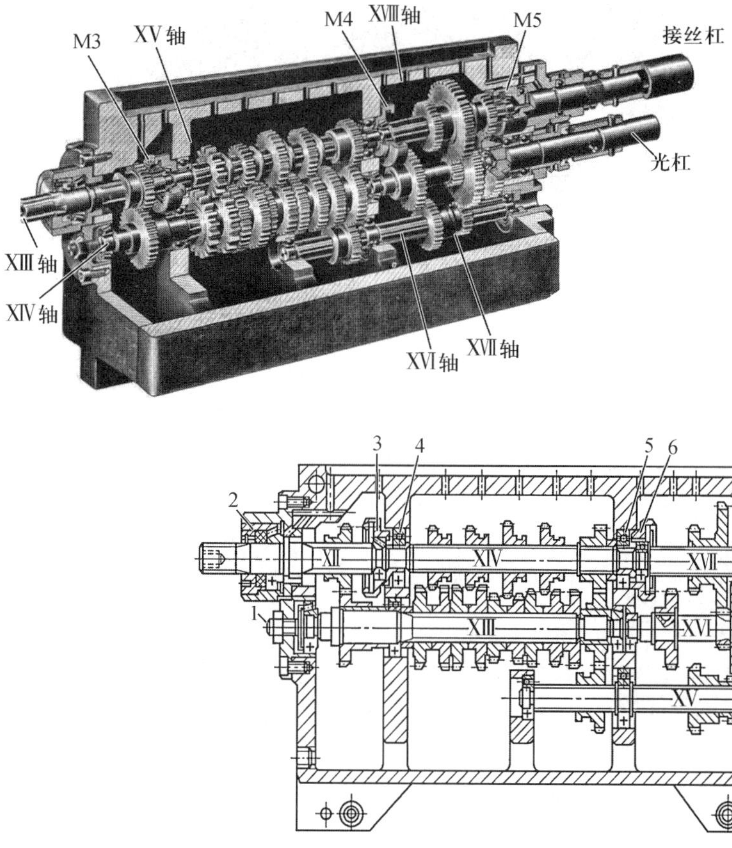

普通车床进给箱的传动结构

1—调节螺钉；2、11—调节螺母；3、6—内齿离合器；4、5—深沟球轴承；7、9—推力球轴承；8—支承套；10—锁紧螺母；M3、M4、M5—离合器

图 5-6　进给箱的传动结构

改变进给运动的方向。

(三)溜板箱的传动结构

溜板箱的传动结构如图 5-7 所示，传动系统如图 5-8 所示。溜板箱安装在床鞍上，可带动刀架一起做纵向和横向运动。溜板箱的作用是将进给箱传来的运动传递给刀架，使刀具实现纵向进给、横向进给或车削螺纹。在溜板箱上装有各种操纵手柄及按钮，可以方便地操作车床。

普通车床溜板箱的传动结构

1—手柄；2—盖；3—销；4—轴；5—手柄；6—手柄轴；7—固定轴套；8—圆销；9—弹簧；10—杠杆；11—推杆；12—凸轮；13—拨叉；14—轴；15—拨叉；16—轴；17—杠杆；18—上半螺母；19—凸轮；20—曲线槽盘；21—溜板箱体；22—卡环；23—轴；24—快速移动按钮；25—下半螺母；M6、M7—牙嵌式离合器

图 5-7　溜板箱的传动结构

溜板箱有以下几个典型结构。

1. 纵向、横向机动进给及快速移动的操纵机构

由传动系统分析可知，溜板箱的纵向、横向机动进给主要是通过控制牙嵌式离合器 M6、M7 不同方向的啮合来实现的。快速移动是由快速进给电动机来控制的，而移动方向则是通过牙嵌式离合器 M6、M7 来控制的。

2. 开合螺母机构

开合螺母闭合，与丝杠相啮合，实现加工螺纹的进给；反之，开合螺母分开，可由自动进给手柄来实现溜板箱的纵向、横向机动进给或快速移动，目的是防止车床工作时，因操作错误同时将丝杠传动和纵向、横向机动进给（或快速移动）接通，损坏车床。曲线槽盘上的曲线槽形如图 5-7(a)所示；开合螺母操纵手柄如图 5-7(b)所示。

3. 互锁机构

互锁机构防止纵向、横向运动与车螺纹运动同时接通。它的原理是利用凸块的嵌入防止另一个手柄操纵开合螺母合上，凸块、球头销嵌入图 5-7 中的轴 23、6 中使其不能纵向、横向移动。而纵向、横向接通其一，就无法使凸块、球头销嵌入轴 23、6 中，则开合螺母不能合上。互

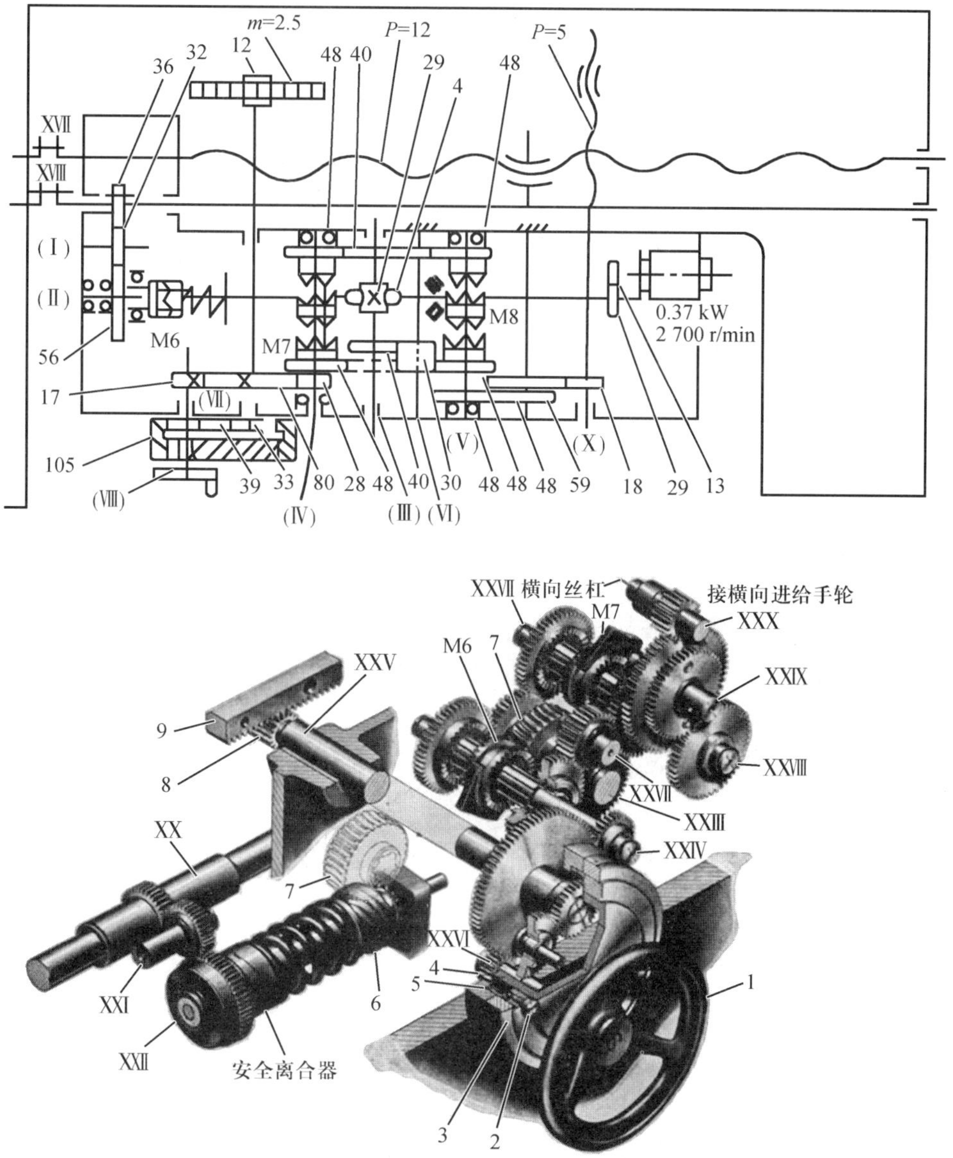

1—纵向手轮；2—螺钉；3—刻度盘；4—齿轮轴；5—轴承；6—蜗杆；7—蜗轮；8—齿轮；9—齿条；M8—安全离合器

图 5-8　溜板箱的传动系统

锁机构如图 5-7(c)、图 5-7(d)、图 5-7(e)、图 5-7(f)所示。

4. 过载保护装置

安全离合器会在机床过载时，断开机床的进给运动。安全离合器的结构与原理：由 1 对曲面啮合式离合器组成，在弹簧力作用下啮合；当过载时，轴向分力压缩弹簧，使离合器的曲面打滑并停止运动。

(四)滑板和刀架的结构

滑板和刀架的结构分别如图 5-9、图 5-10 所示。中、小滑板由燕尾槽导轨导向、丝杠传动。导轨间隙由楔铁调整，丝杠间隙由双丝螺母间距调整。

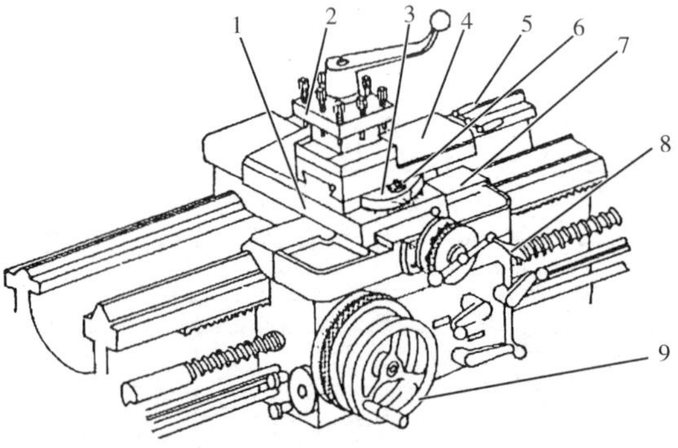

1—中滑板；2—方刀架；3—转盘；4—小滑板；5—小滑板手柄；6—固定螺钉；7—床鞍；8—中滑板手柄；9—手轮

图 5-9　滑板的结构

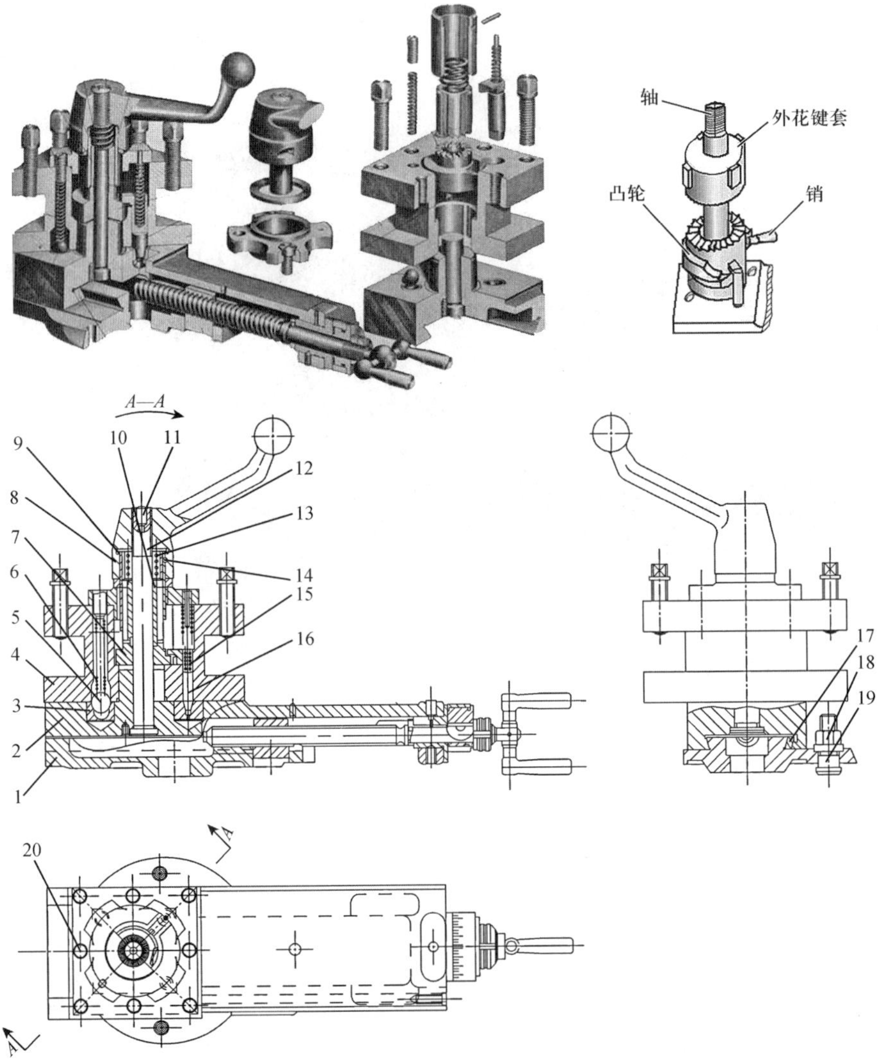

1—转盘；2—小滑板；3—定位孔；4—方刀架；5—粗定位钢球；6、13、15—弹簧；7—端面凸轮；8—手柄；9、10—套；11—油杯；12—轴；14、16、20—销；17—镶条；18—螺母；19—T 形螺钉

图 5-10　CA6140 型普通车床的转盘、小滑板及方刀架的结构

大滑板可带动刀架上的车刀沿床身导轨纵向移动，用于纵向车削工件，其上面有横向的中滑板导轨；中溜板可沿大滑板上的中滑板导轨进行横向移动，用于横向车削工件；转盘与中滑板用螺钉紧固，松开螺钉，便可在水平面上旋转任意角度，方便对工件内、外圆锥面进行车削加工，其上有小滑板导轨；小滑板控制长度方向的微量切削；方刀架固定在小滑板上，可同时安装4把车刀，松开手柄即可转动方刀架，将所需要的车刀转到工作位置上。

【知识拓展】数控车床的床鞍结构

某数控车床的床鞍结构如图5-11所示。它由伺服电动机驱动，带动同步带传动给滚珠丝杠；为保证传动无间隙，采用内、外锥环的连接方式；由光码盘传递丝杠旋转的角度信息。

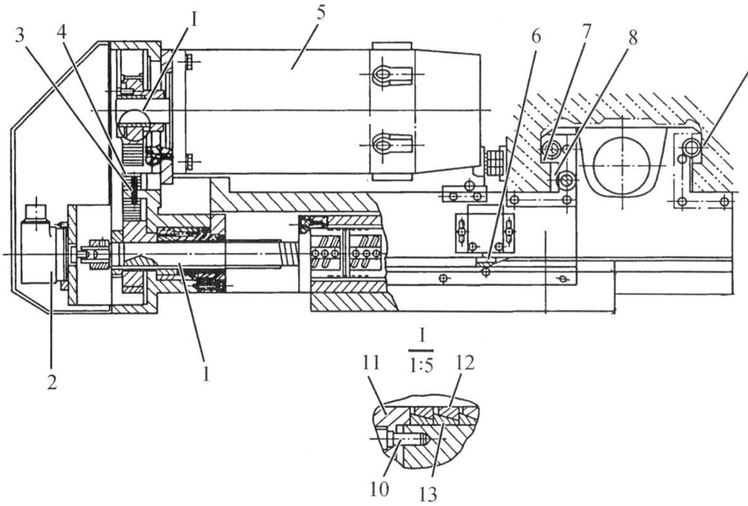

1—滚珠丝杠；2—脉冲编码器；3—带轮；4—螺钉；5—伺服电动机；6—挡块；7、8、9—镶条；10—拧紧螺钉；11—法兰；12、13—内、外锥环

图5-11　某数控车床的床鞍结构

CA6140型普通车床的尾座结构如图5-12所示，它安装于床身内侧的导轨上。尾座上的套筒可安装顶尖，以便支承工件；也可安装夹钻头、铰刀等刀具，对工件进行加工，此时可摇动手轮使套筒轴向移动，以实现纵向进给。尾座可沿床身导轨面做纵向移动调整，然后通过手柄紧固在所需要的位置上，以适应不同长度工件的加工需要。尾座还可以相对其底座沿横向调整位置，以车削锥度较小的外圆锥面。

(五)床身

普通车床的床身结构如图5-13所示，它固定在左床腿和右床腿上。床身是车床的基础零件，用来支承和安装车床的各部件，如床头箱、进给箱、溜板箱等，保证其相对位置。床身应具有足够的刚度和强度，床身表面精度要求很高，以保证各部件之间有正确的相对位置。床身上有4条平行的导轨，供大滑板(刀架)和尾架相对于床头箱的主轴进行精确的滑动。

为保证车床各部件的运动精度，溜板箱的导轨面1、4和尾座导轨面2、3均选用了“三角-平面”的导向支承方式，而为了避免车削工作过程中的倾覆，又设置了下压板连接面5、6和调整件(压板和螺钉)，以调整移动间隙的大小。这6个表面应满足相互之间的平行度要求和自身的直线度要求，因其为细长表面，也可以用直线度代替平面度指标。床身的下连接面较厚，以保证接触的强度和刚度；作为床身导轨面加工的粗基准表面，其上设置有连接孔，以便通过地脚与设备的地基固定。

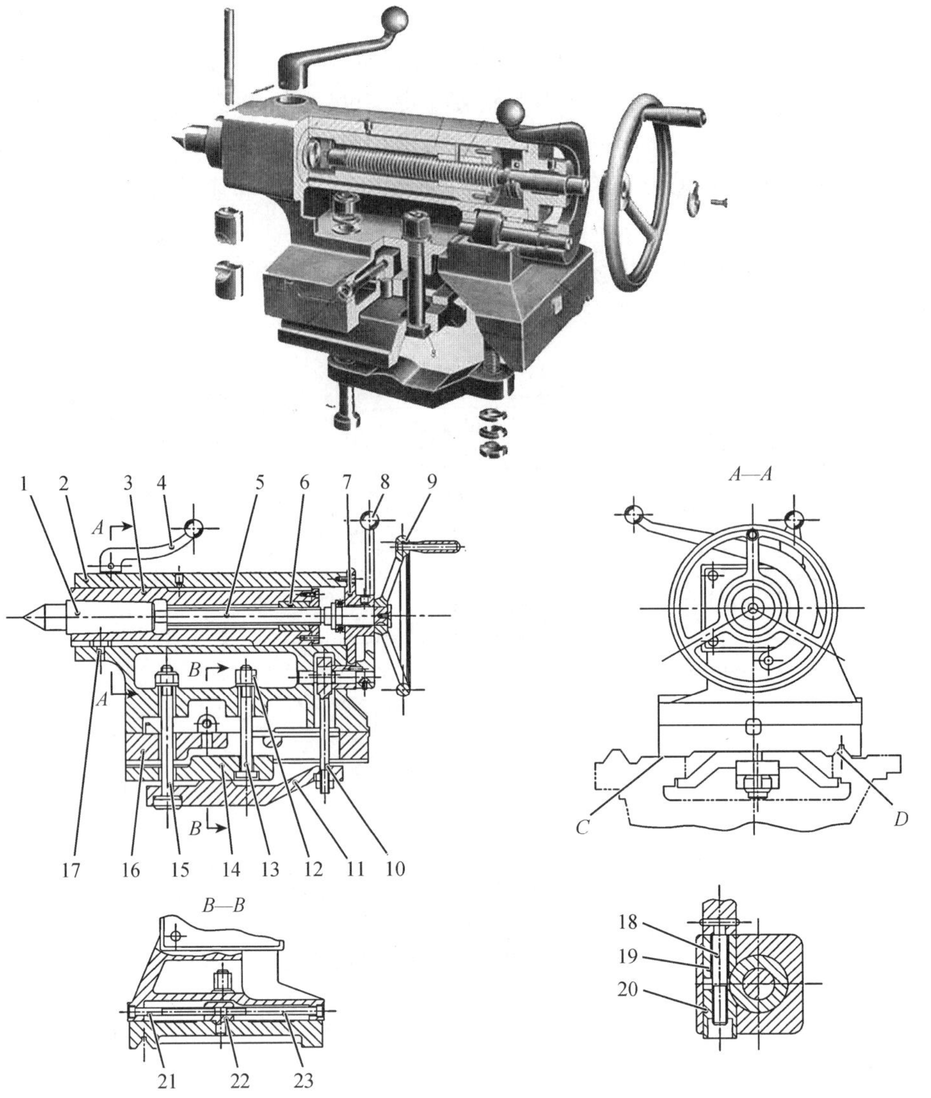

1—后顶尖；2—尾座体；3—尾座套筒；4—压紧尾座套筒手柄；5—丝杆；6—螺母；7—支承盖；8—尾座固定手柄；9—手轮；10—拉杆；11—杠杆；12—六角螺母；13—T 形螺栓；14—压板；15—螺栓；16—尾座底板；17—平键；18—螺杆；19、20—压紧块；21、23—调整螺钉；22—T 形螺母

图 5-12　CA6140 型普通车床的尾座结构

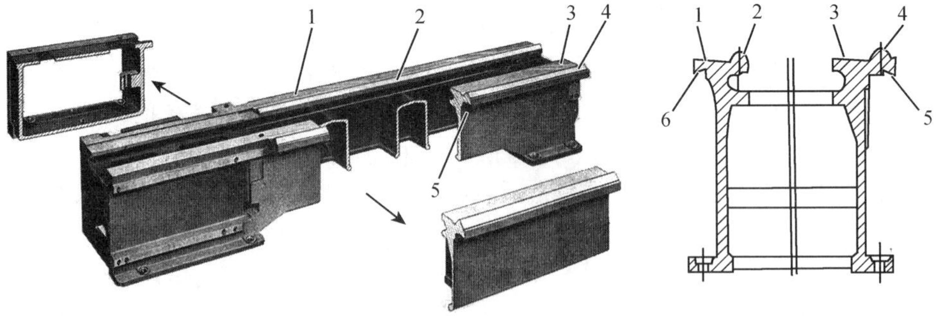

1、4—溜板箱导轨；2、3—尾座导轨；5、6—溜板箱导轨下压板连接面

图 5-13　普通车床的床身结构

二、数控铣床

数控铣床是一种用途广泛的机床，分为立式和卧式2种。数控铣床一般采用3坐标、2轴联动。一般情况下，数控铣床只能用来加工平面曲线轮廓。对于有特殊要求的数控铣床，还可以加进1个回转的A坐标或C坐标，即增加1个数控分度头或数控回转工作台，构成4坐标控制，可用来加工螺旋槽、叶片等立体曲面零件。下面以XK5040A型数控铣床为例，介绍数控铣床的结构功能。

1. 数控铣床的整体结构

典型的立式数控铣床的整体结构如图5-14所示，它主要由基础件、主传动系统、进给传动系统、回转工作台及其他机械功能附件组成。

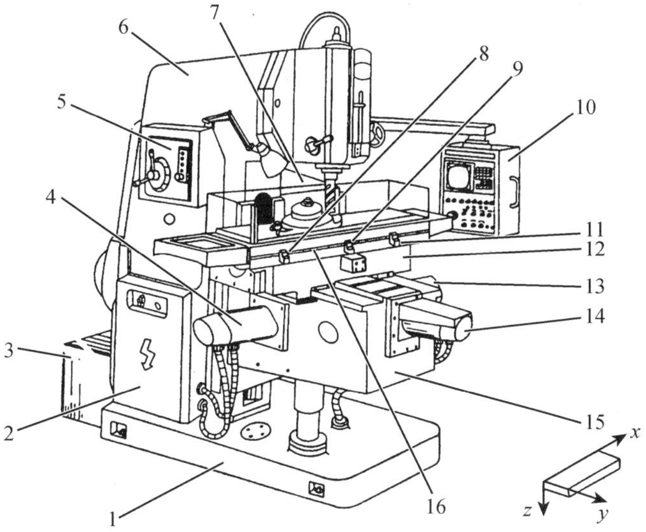

1—底座；2—强电柜；3—变压器箱；4、13、14—伺服电动机；5—主轴变速手柄和按钮板；6—床身；7—数控柜；8、11—纵向行程限位开关挡铁；9—纵向参考点设定挡铁；10—操纵台；12—横向滑板；15—升降台；16—纵向工作台

图5-14 典型的立式数控铣床的整体结构

床身6固定在底座1上，用于安装与支承机床各部件。操纵台10上有CRT显示器、机床操作按钮和各种开关及指示灯。纵向工作台16、横向滑板12安装在升降台15上，通过纵向进给伺服电动机13、横向进给伺服电动机14和垂直升降进给伺服电动机4的驱动，完成x、y、z轴进给。强电柜2中装有机床电气部分的接触器、继电器等，变压器箱3安装在床身立柱的后面。数控柜7内装有机床数控系统。8、11为纵向行程限位开关挡铁，9为纵向参考点设定挡铁。主轴变速手柄和按钮板5用于手动调整主轴转速，控制主轴的正转、反转、停止以及冷却液的开、停等。

2. 主轴箱的结构

主轴箱的结构较多，NT-J320A数控铣床的主轴箱结构如图5-15所示，伺服电动机16通过同步带14带动丝杠17转动，从而使丝杠螺母7和主轴5上下移动。主轴电动机的旋转运动由花键连接在主轴上，保证在主轴上下移动时不脱离。

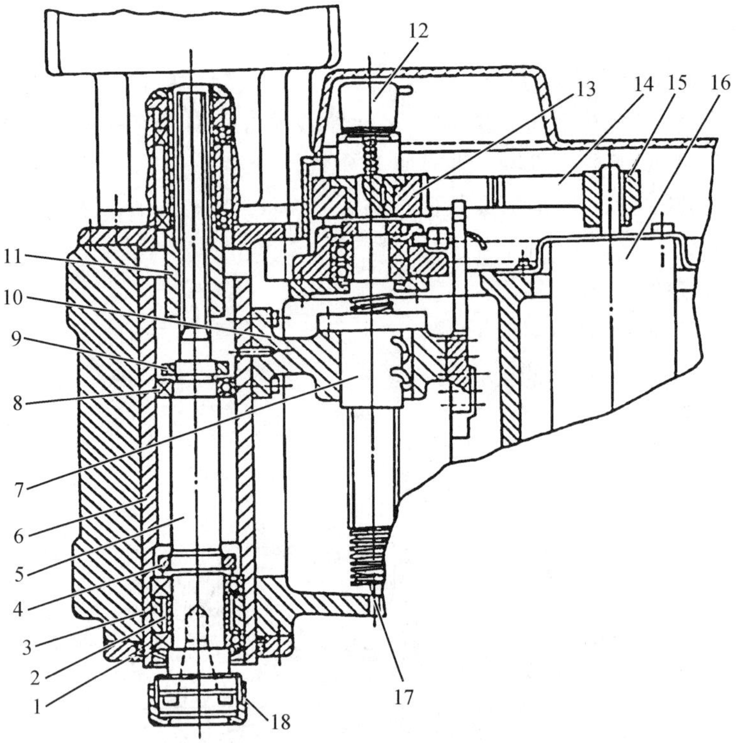

1—角接触球轴承；2、3—轴承隔套；4、9—圆螺母；5—主轴；6—主轴套筒；7—丝杠螺母；8—深沟球轴承；10—螺母支承；11—花键套；12—脉冲编码器；13、15—同步带轮；14—同步带；16—伺服电动机；17—丝杠；18—快换接头

图 5-15 NT-J320A 数控铣床的主轴箱结构

【知识拓展】CK7815 数控铣床主轴箱的结构

CK7815 数控铣床主轴箱的结构如图 5-16 所示。由于主轴转速不需精确控制，采用普通电动机带动多楔带传动，双联带轮 2 便于大范围调速。角接触球轴承 12 用于承受较大的径向、轴向分力。主轴脉冲发生器 4 通过同步带检测主轴转速。

【知识拓展】其他数控铣床主轴箱的结构

TH6350 卧式加工中心的主轴箱结构如图 5-17 所示，主轴旋转同样采用交流电动机 11 带动多楔带 9 的传动方式，通过松刀活塞 4 的移动可实现刀具的自动夹紧和松开；行程开关 12、13 通过检测松刀活塞的位置来确定刀具是否被夹紧。

3. 进给结构

数控铣床的进给伺服结构如图 5-18 所示，进给机构由滑动导轨导向，进给伺服电动机 1 通过挠性联轴器 2 带动滚珠丝杠 3 旋转，驱动滚珠丝杠螺母 4 带动工作台 8 水平移动。联轴器处采用锥环消隙，滚珠丝杠螺母也具有消隙结构。

4. 数控铣床的机械结构特点

①相对于普通铣床，数控铣床采用了伺服电动机，应用数字技术实现了对铣床执行部件工作顺序和运动位移的直接控制。

②普通机床的变速箱结构被全部或部分取消，因而数控铣床的机械结构也得到简化。数字控制系统要求机械系统有较高的传动刚度和无传动间隙，以确保控制指令的执行和精度控制。

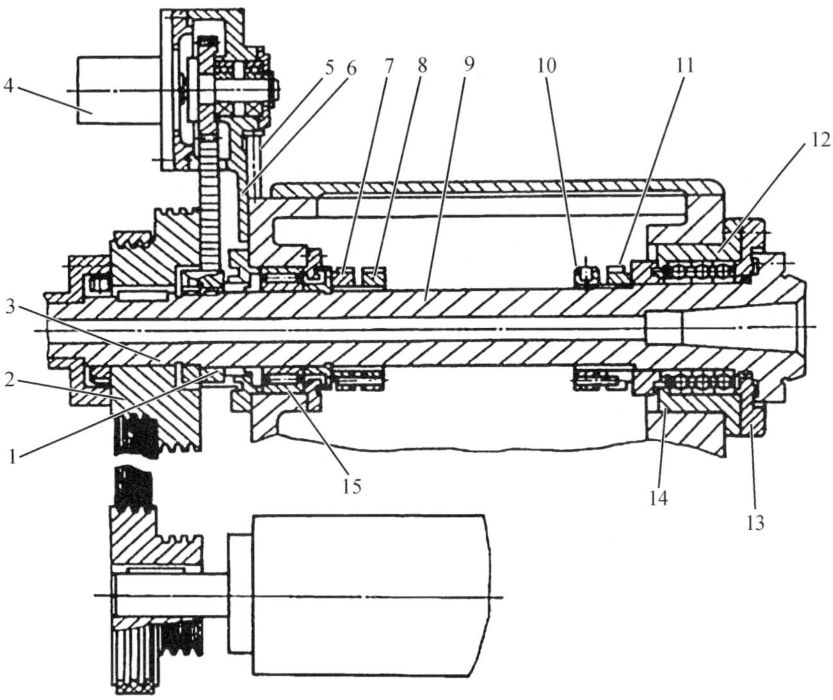

1—同步带轮;2—双联带轮;3、7、8、10、11—螺母;4—主轴脉冲发生器;5—螺钉;6—支架;
9—主轴;12—角接触球轴承;13—前端盖;14—前支承套;15—圆柱滚子轴承

图 5-16 CK7815 数控铣床主轴箱的结构

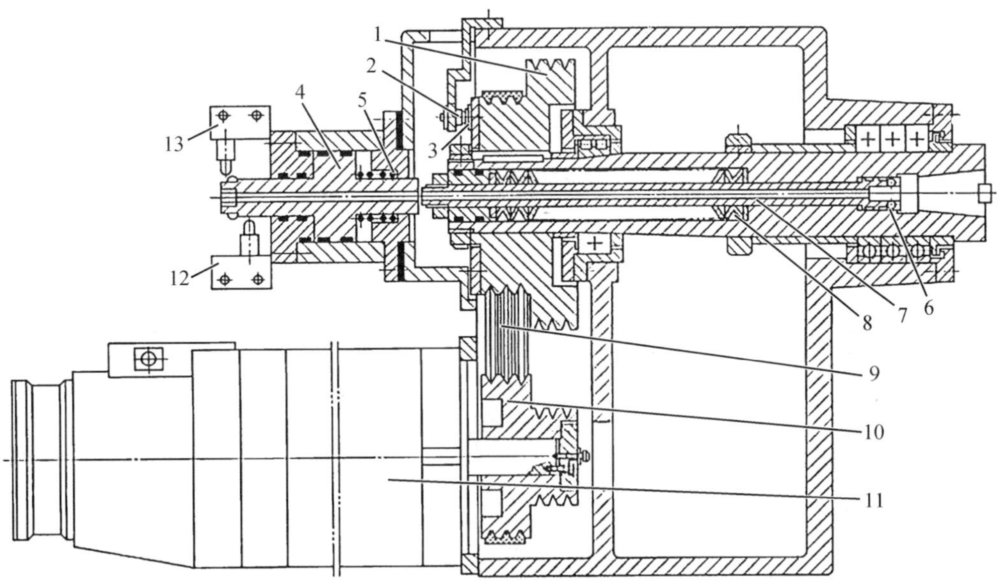

1、10—带轮(双联);2—磁传感器;3—永久磁铁;4—松刀活塞;5—螺旋弹簧;6—钢球;7—拉杆;
8—蝶形弹簧;9—多楔带;11—交流电动机(无级调速);12、13—行程开关

图 5-17 TH6350 卧式加工中心的主轴箱结构

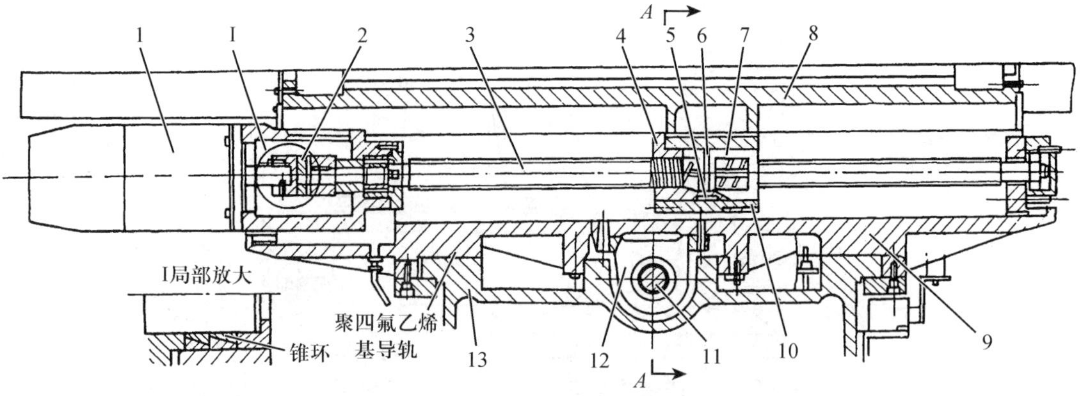

1—进给伺服电动机；2—挠性联轴器；3、11—滚珠丝杠；4、7—滚珠丝杠螺母；5—平键；6—调整垫片；8—工作台；9—鞍座；10、12—螺母座；13—底座

图 5-18　数控铣床的进给伺服结构

③由于计算机水平和控制能力的不断提高，同一台铣床上允许更多功能部件同时执行所需要的各种辅助功能，因而数控铣床的机械结构比传统机床具有更高的集成化功能要求。

④与普通机床相比，数控铣床的驱动系统精度要求更高，驱动速度更快，机械机构的动/静、热态刚度更好，能实现长时间的连续运行，尽可能减少停机时间。

思考与练习 5-1

1. 判断：数控铣床往往简化了机械结构，控制系统更为复杂。（　　）

2. 判断：数控车床和数控铣床的进给一般都是由步进电动机或伺服电动机驱动，主轴则多采用普通电动机。（　　）

3. 填空：普通车床由电动机驱动，并由________传动给主轴箱，主轴箱通过左侧挂轮箱中的________传动________箱，带动丝杠或光杠，实现刀具的进给运动。

4. 多选：普通机床一般采用滑动导轨，并设置（　　）等结构来调整间隙和保证运动精度。

A. 螺钉　　　　B. 压块

C. 偏心轮　　　D. 楔铁

5. 多选：普通车床的溜板箱内设置有（　　）机构，防止进给运动受到干涉，实现过载保护、手动/机动进给转换和快速移动等。

A. 安全离合器

B. 纵向、横向机动进给及快速移动的操纵机构

C. 开合螺母机构

D. 互锁机构

6. 简答：试说明传动系统图在设计和维修机床中的作用。

第二节　印刷机的机械结构

印刷机一般由装版、涂墨、压印、输纸等机构组成。工作时先将要印刷的文字和图像制成

印版，装在印刷机上，然后由人工或印刷机把墨涂敷于印版上有文字和图像的地方，再直接或间接地转印到纸或其他承印物上，从而复制出与印版相同的印刷品。

胶印机一般由送纸、印刷、收纸装置等组成，也可细分为传动、输纸、规矩、递纸、滚筒、输水、输墨、收纸、气路、电气 10 大部分。单张纸自动胶印机的结构如图 5-19 所示。一堆单张纸，由自动给纸机一张一张地把纸张分开，向前递送，由输纸装置将纸张输送到前规；经过前规、侧规定位，再由递纸牙将纸张传给压印滚筒；压印滚筒叼着纸，经过橡皮布滚筒和压印滚筒之间的挤压完成印刷；印刷后的纸由压印滚筒交给收纸滚筒，经链条传送，再经过收纸机构收齐纸张，即完成整个印刷过程。从以上的印刷过程可以看出，各型单张纸胶印机的几大组成部分都是相同的，只是单色机只有 1 个印刷色组，双色机有 2 个印刷色组，四色机有 4 个印刷色组，而其余工作过程全部相同。

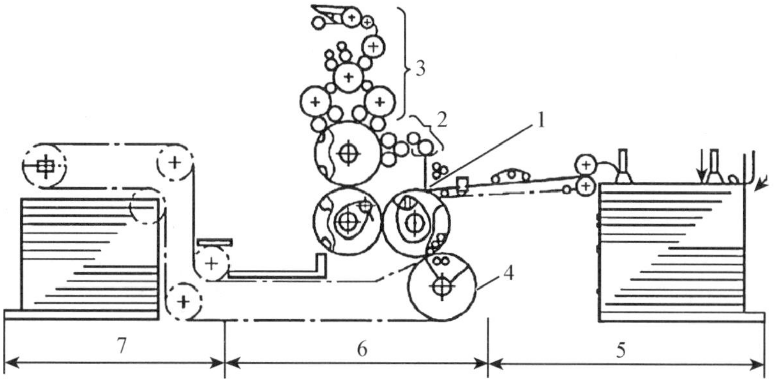

1—规矩装置；2—润湿装置；3—给墨装置；4—收纸链轮；5—输纸装置；6—印刷装置；7—收纸装置

图 5-19　单张纸自动胶印机的结构

单张纸自动胶印机的外观和内部结构如图 5-20 所示，内部传动有齿轮、四杆等机构，调整环节也较多。

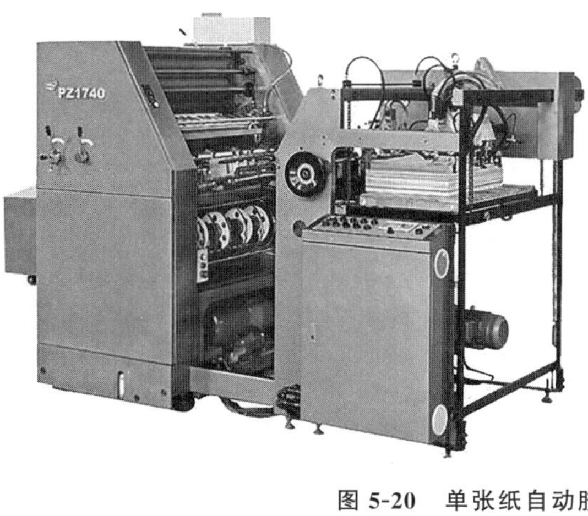

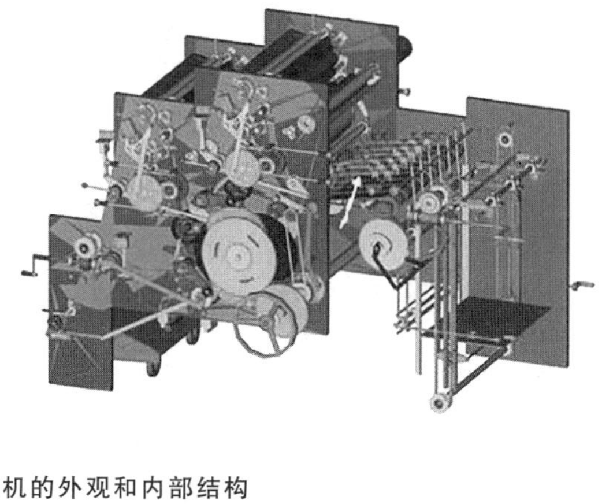

图 5-20　单张纸自动胶印机的外观和内部结构

某型号胶印机的整体传动路线如图 5-21 所示，电动机通过带传动和齿轮传动减速后，驱动供纸机、压印滚筒和收纸链条。

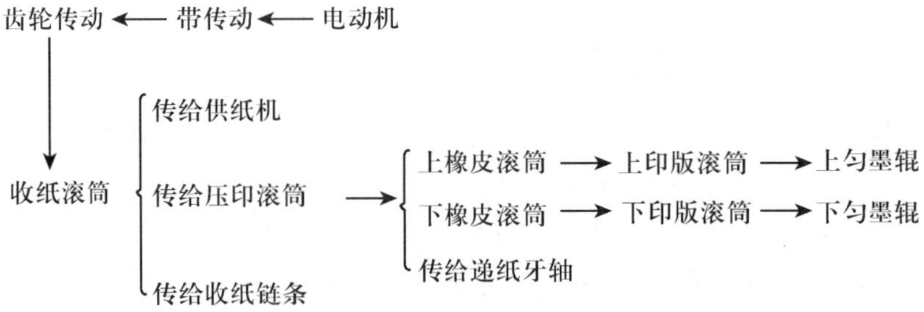

图 5-21　某型号胶印机的整体传动路线

某胶印机 1 的主传动路线如图 5-22 所示。

(1)正常运转主体传动路线

主电动机→小带轮 8→三角带→大带轮 9→小齿轮 10→大齿轮 11→收纸滚筒。

(2)慢速运转主体传动路线

慢速电动机 3→行星摆线针减速器 1→小带轮 2→三角带→大带轮 6→电磁离合器 5→主电动机轴→下同正常运转主体传动路线。

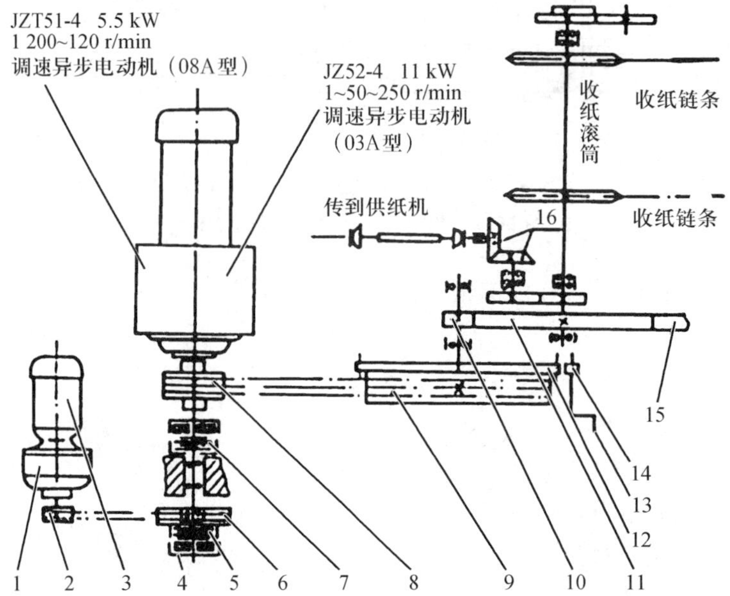

1—行星摆线针减速器；2—小带轮；3—慢速电动机；4—传动轴；5—电磁离合器；6—大带轮；7—电磁离合器；8—小带轮；9—大带轮；10—小齿轮($z=21$)；11—大齿轮($z=88$)；12—盘车大齿轮($z=164$、$m=2.5$)；13—手动摇柄；14—小齿轮($z=20$)；15—齿轮；16—锥齿轮

图 5-22　某胶印机 1 的主传动路线

某胶印机 2 的主传动路线如图 5-23 所示。

(1)正常运转主体传动路线

主电动机 20→小带轮 9→三角带→中间带轮 12、11→大带轮 13→齿轮轴 15→传纸滚筒齿轮 18→传纸滚筒 19。

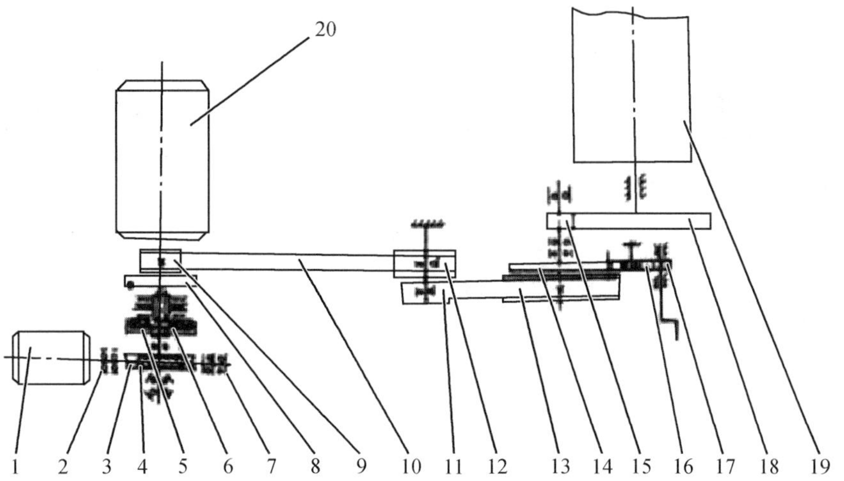

1—慢速电动机；2—轴承；3—蜗轮；4—蜗杆；5—电磁离合器；6—联轴器；7—轴承；8—超越离合器；9—小带轮；10—传动带；11—中间带轮；12—中间带轮；13—大带轮；14—手盘大齿轮；15—齿轮轴；16—盘车介轮；17—小齿轮；18—传纸滚筒齿轮；19—传纸滚筒；20—主电动机

图 5-23　某胶印机 2 的主传动路线

(2)慢速运转主体传动路线

慢速电动机 1→蜗杆 4→蜗轮 3→电磁离合器 5→主电动机轴→下同正常运转主体传动路线。

卷筒纸胶印机是用纸卷以纸带的形式连续供纸，完成印刷及折页等工艺过程的印刷机。卷筒纸胶印机一般由输纸、印刷、输水输墨、收纸、控制与传动等部分组成，如图 5-24 所示。

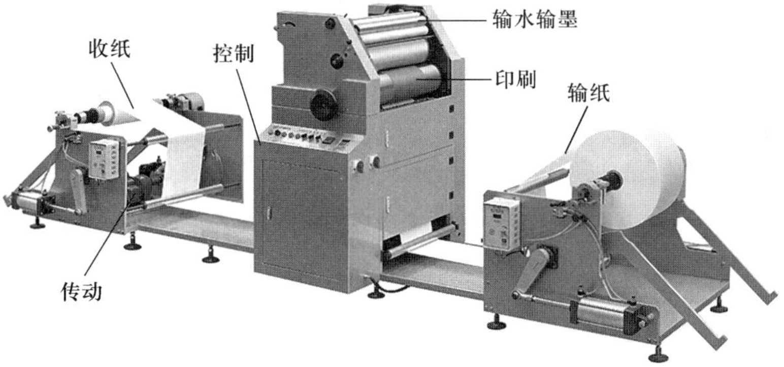

图 5-24　卷筒纸胶印机

(一)供纸机构

单张纸自动胶印机的供纸机构如图 5-25 所示，它主要由纸张分离、堆纸台升降、纸张传递、自动控制等机构及气路系统组成。供纸机构采用连续输纸结构，即重叠式输纸方式，优点是输纸速度快，适应并满足高速输纸要求。

分离头的结构如图 5-26 所示，其工作原理如下。

①分纸吸盘 5 向下移动，吸住最上面的 1 张纸后上抬并后翘，以防止吸起 2 张纸，并有利于压纸吹嘴的插入。

1—纸堆；2—升降链条；3—堆纸台；4—台架；5—分离头；6—插棍

图 5-25　单张纸自动胶印机的供纸机构

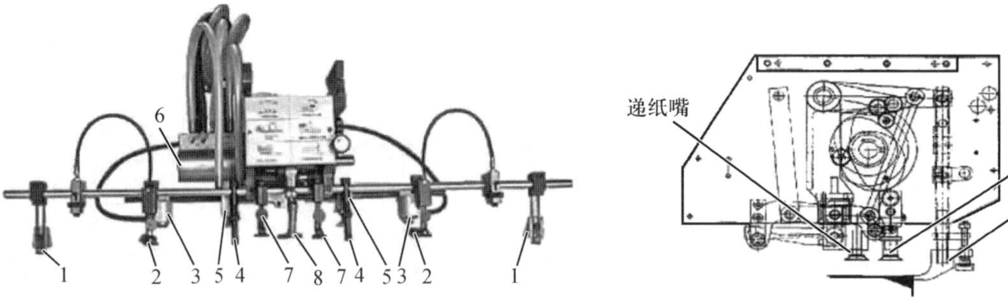

1—压块；2—毛刷；3—递纸吸盘；4—松纸吹嘴；5—分纸吸盘；6—气体分配阀；7—压片及毛刷；8—压脚

图 5-26　分离头的结构

②压纸吹嘴插入，压住下面的纸并打开吹气气路吹风，使吸起的纸与下面的纸分开，同时探测纸堆高度。

③递纸吸盘 3 吸住纸张向右运动，此时分纸吸盘 5 与递纸吸盘 3 同时控制纸张，进行纸张的交接，即由分纸吸盘 5 交给递纸吸盘 3。

④分纸吸盘 5 切断气路放纸，完成纸张交接，并随即上升，此时压纸吹盘停止吹气离开纸堆，递纸吸盘 3 向左运动将纸张输出。为保证纸张的正确交接与运输，递纸吸盘 3 应遵循一定的轨迹（由凸轮控制）。

⑤随着纸张的不断输出，输纸机纸堆监测系统随时提升纸堆高度，保证输纸不间断地进行。

压纸、分纸和递纸机构一般都是由盘形凸轮带动四杆机构形成的，其简图分别如图 5-27、图 5-28 和图 5-29 所示，凸轮的外轮廓保证了运动的轨迹。在递纸机构中采用的平行四杆机构也是一种双曲柄机构，始终保证了吸盘与纸面的平行。

输送机位于分离头后，如图 5-30 所示，将纸张继续向前输送。

（二）印刷机构

印刷机构主要由定位、润版、输墨以及压印装置组成，某胶印机的印刷机构传动系统如图 5-31 所示。

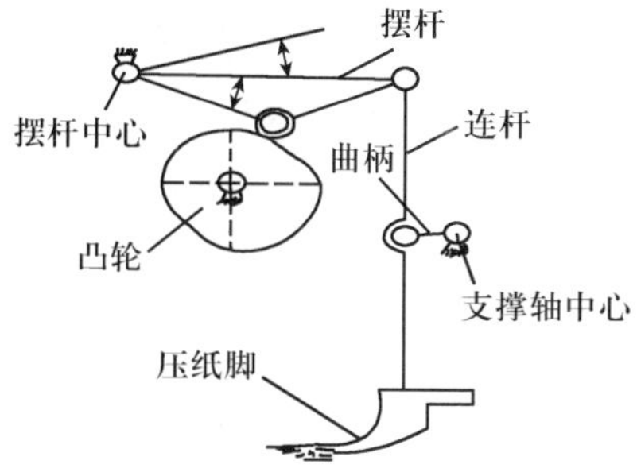

图 5-27　压纸机构

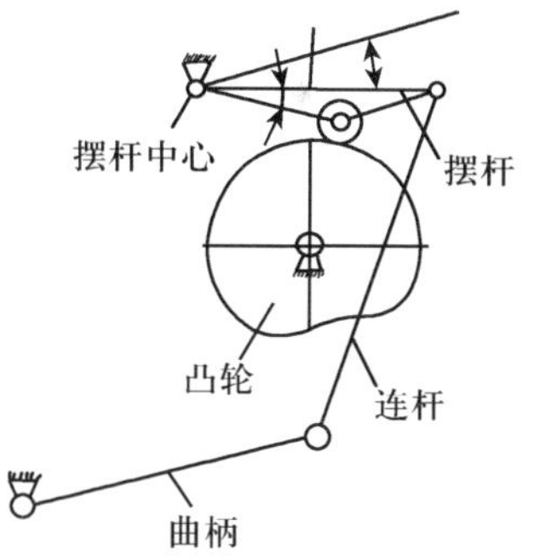

图 5-28　分纸机构

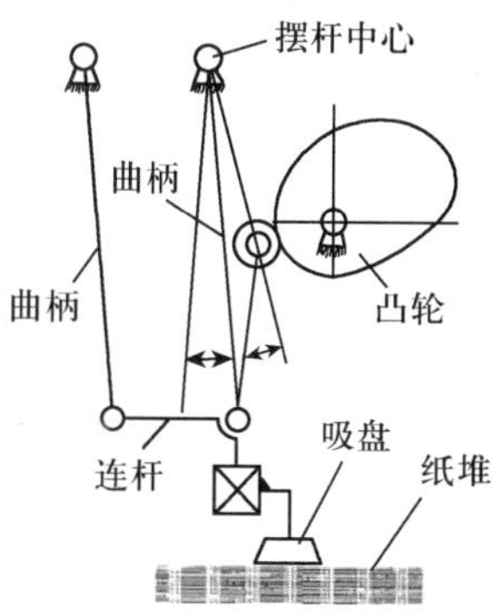

图 5-29　递纸机构

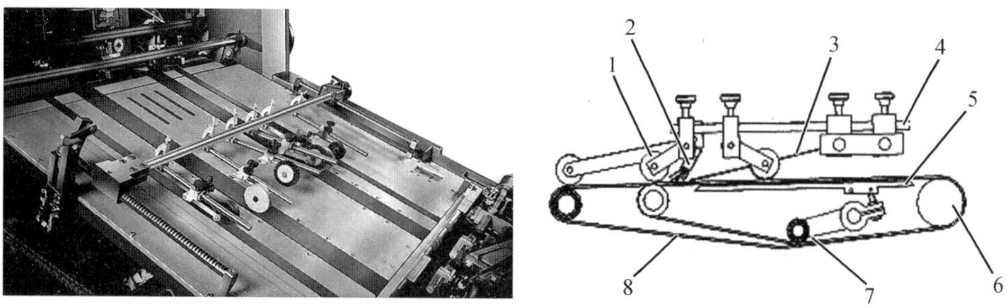

1—压纸滚轮；2—毛刷；3—压纸片；4—压纸框架；5—输纸板；6—输纸辊；7—张紧轮；8—输纸线带

图 5-30　输送机

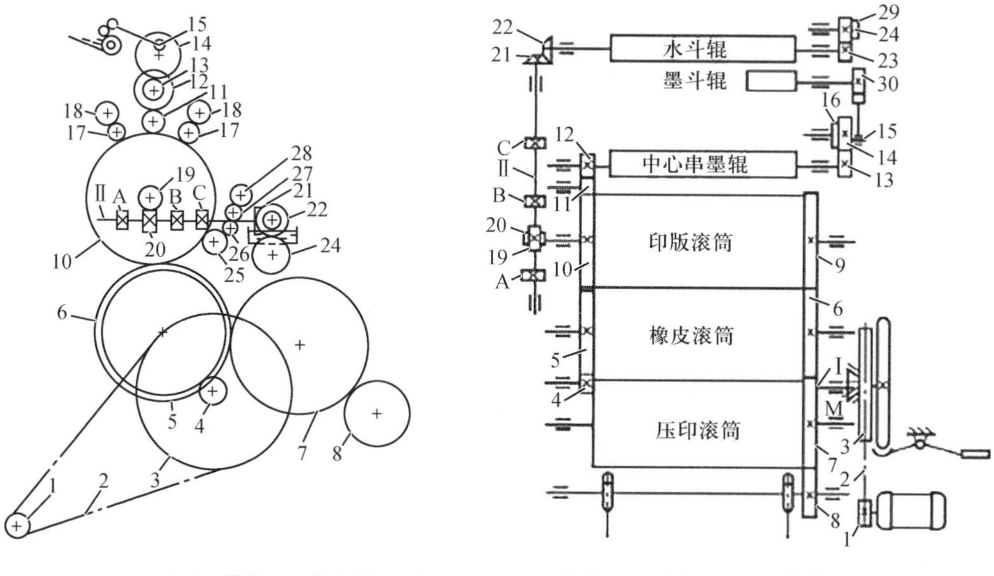

1、3—带轮；2—传动带；4～14、17～28、30—齿轮；15—曲柄；16、29—凸轮

图 5-31　某胶印机的印刷机构传动系统

安装有橡胶布的印刷滚筒如图 5-32 所示，印刷滚筒两端的偏心套可以实现离合和压力调节。在滚筒的两端安装成对的齿轮，可实现较好的传动效果。正常印刷时，各滚筒处于合压状态；当纸带断纸或需要停止印刷时，各滚筒必须离压(增加滚筒间的距离)。在滚筒端部设置有橡胶布装卡槽。

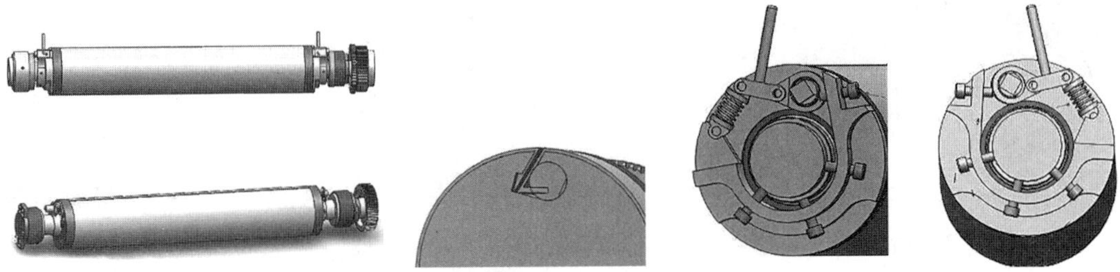

图 5-32　安装有橡胶布的印刷滚筒

(三)收纸机构

收纸机构是印刷机的最后一个工作单元，如图 5-33 所示，它的作用是将已经印刷完成的印张从压印滚筒上接过来，传送到收纸台上。收纸机构由传送装置、减速装置、印张防污平整装置、收纸台 4 部分组成。

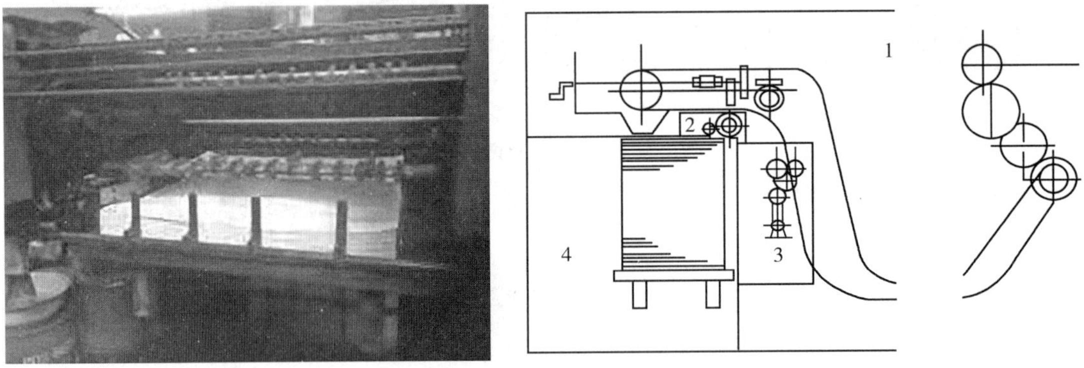

1—传送装置；2—减速装置；3—印张防污平整装置；4—收纸台

图 5-33　收纸机构

①传送装置：单张纸印刷机收纸机构采用的是链条传送装置，它主要由收纸滚筒、收纸链条及导轨、收纸链轮、收纸牙排、咬纸牙、开牙凸轮等机构组成。其作用是从压印滚筒上接过印好的纸张，并将其输送到收纸台上。

②减速装置：单张纸印刷机收纸机构采用的是吸气辊纸张减速装置，它主要由吸气制动辊、吸气座、气量调节圈等机构组成。其作用是进一步降低印张的速度。

③印张防污平整装置：该部分由星形轮式收纸滚筒防蹭脏装置和印张平整装置组成。其作用是对印张进行防污和平整操作。

④收纸台：理纸机构如图 5-34 所示，它包括前齐纸机构、侧齐纸机构和后挡板，作用是将落在收纸台上的纸张码放整齐。升降机构主要由电动机、齿轮、蜗杆、蜗轮、链轮、链条、重锤、导轨等组成，如图 5-35 所示，它依据收纸台上纸张的堆放高度自动控制收纸台的下降位置。

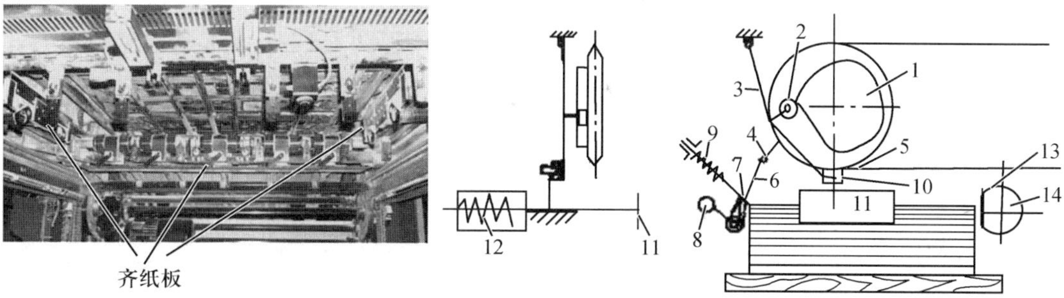

1—凸轮；2—滚子；3—摆杆；4—销子；5—斜面块；6—挡杆；7—前挡板；8—手柄；
9—压缩撑簧；10—滚子；11—侧挡板；12—撑簧；13—后挡板；14—吸风轮

图 5-34　理纸机构

收纸台的升降方式有自动下降、连续下降和手动下降 3 种。

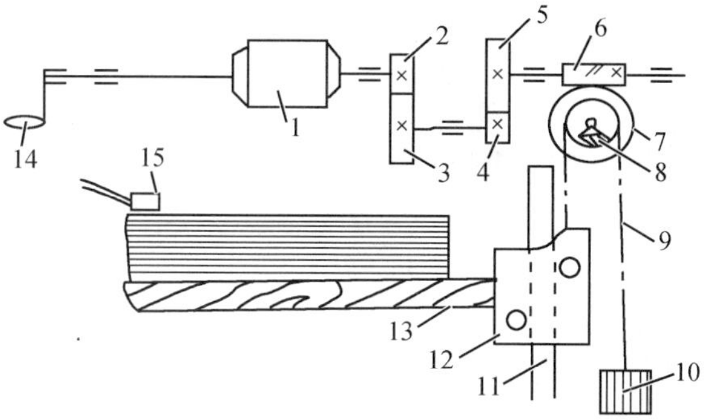

1—电动机；2、3、4、5—齿轮；6—蜗杆；7—蜗轮；8—链轮；9—链条；10—重锤；11—导轨；
12—导轮架；13—托纸板；14—手动柄；15—传感器(开关)

图 5-35　升降机构

思考与练习 5-2

1. 判断：单张纸胶印机与卷筒纸胶印机的供纸和收纸原理相同。(　　)
2. 多选：胶印机一般都由(　　)3 部分组成。
   A. 送纸　　B. 匀墨　　C. 收纸　　D. 印刷
3. 多选：单张纸胶印机的纸张分离主要是依靠(　　)实现的。
   A. 凸轮　　B. 分纸吸盘　　C. 堆纸仓　　D. 压纸吹嘴
4. 多选：印刷部分主要由(　　)以及压印装置组成。
   A. 润版　　B. 喷墨　　C. 输墨　　D. 定位
5. 多选：单张纸胶印机的收纸装置一般由(　　)等部分组成。
   A. 收纸台　　B. 印张防污平整装置
   C. 传送装置　　D. 减速装置
6. 简答：查找相关资料，试说明胶印机收纸机构中收纸台的结构和特点。

第三节　农用机械的传动结构

一、联合收割机

联合收割机是指能一次完成谷类作物的收割、脱粒、茎秆分离、杂余物清除等工序，从田间直接获取谷粒的收获机械，如图 5-36 所示。联合收割机是将早期的收割机和脱粒机相结合的产物，常用于收获小麦、水稻、谷子、高粱、玉米、大豆等作物，作业周期短，工作效率高。

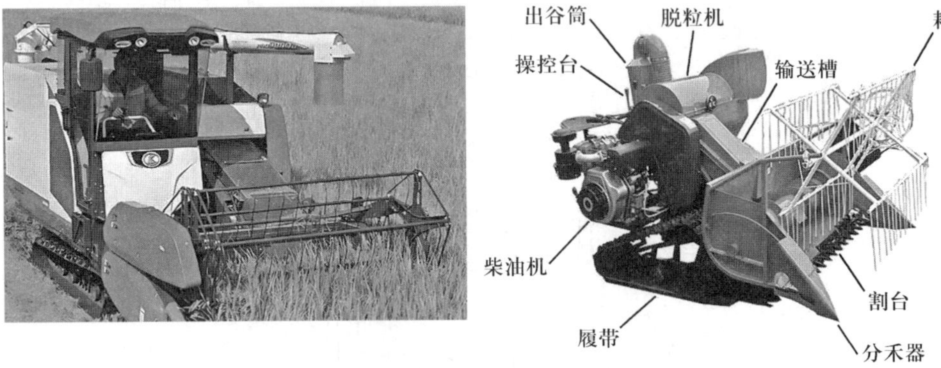

图 5-36　联合收割机

按照动力供给方式的不同，联合收割机可分为牵引式、自走式和悬挂式（背负式）3 种类型，如图 5-37 所示。

(a)牵引式　　(b)自走式　　(c)悬挂式

图 5-37　联合收割机的类型

牵引式联合收割机工作时由拖拉机输出轴牵引作业，可分为自带动力与不带动力 2 种，结构较为简单；但机组庞大，机动性能差，不能自行开道，作业时转弯半径大，不适合小块作业。

自走式联合收割机是指行走、收割、脱粒、清选过程所需要的动力均由本机自备发动机供给的联合收割机。收割台和脱粒机呈 T 形配置，结构紧凑、机动性能好，收货时能自行开道，转移方便、生产效率高，但是造价较高。

悬挂式联合收割机如图 5-38 所示，它安装在拖拉机上。收割部分安装在前方，脱粒部分置于后方，中间由输送槽相连接并输送收割的作物。

按照喂入方式不同，联合收割机可分为半喂入式和全喂入式。半喂入式水稻联合收割机如图 5-39 所示，它将割下的稻株用夹持链夹持住茎秆基部，使稻株穗部进入脱粒装置进行脱

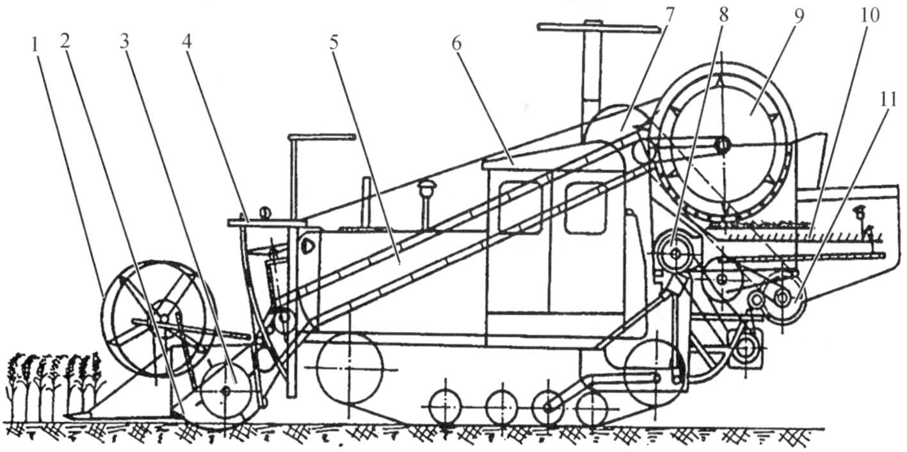

1—拨禾轮；2—切割器；3—割台螺旋；4—操纵台；5—输送槽；6—拖拉机；
7—卸粮口；8—风扇；9—滚筒；10—筛子；11—谷物螺旋和扬谷器

图 5-38 悬挂式联合收割机

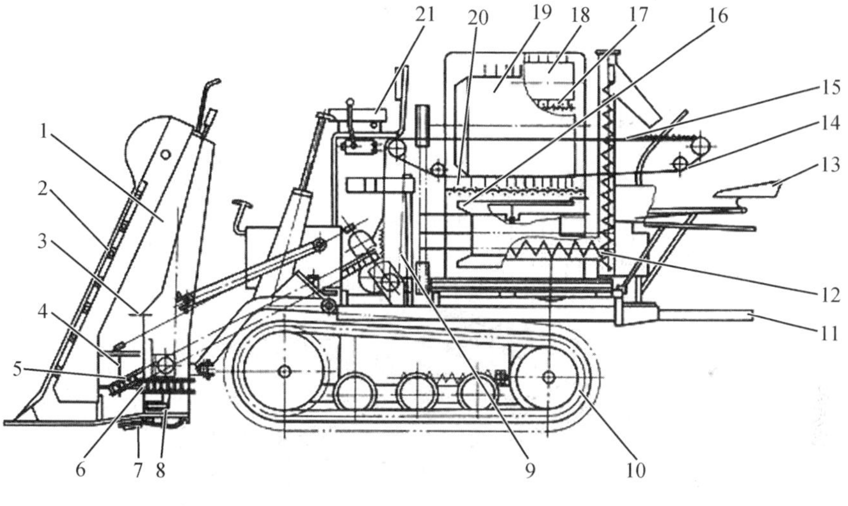

1—立式割台；2—扶禾器；3—上输送链；4—拨禾星轮；5—中间输送上链；6—中间输送下链；7—切割器；
8—下输送链；9—二级夹持链；10—履带；11—卸粮台；12—水平螺旋；13—卸粮座位；14—脱粒夹持链；
15—竖直螺旋；16—风扇；17—副滚筒筛板；18—副滚筒；19—主滚筒；20—凹板；21—驾驶台

图 5-39 半喂入式水稻联合收割机

粒。这种机型的生产效率不够高。

传统全喂入式稻麦联合收割机如图 5-40 所示，主要由收割台、脱粒部分等组成。其中收割台由拨禾轮、切割器、割台螺旋推送器、伸缩扒指和输送链耙等组成，功能是完成作物切割，并向脱粒部分输送；收割台通过铰链与脱粒部分相连接，通过液压系统调整收割台的升降。

以收获小麦为主的联合收割机都是全喂入式的，主要由收割台、输送装置、脱粒装置、分离装置、精选装置、粮箱和动力装置等组成。

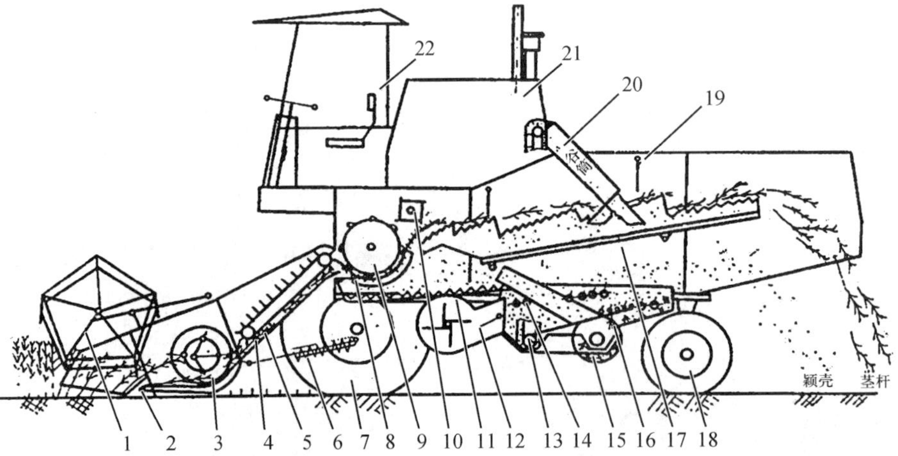

1—拨禾轮；2—切割器；3—割台螺旋推送器和伸缩扒指；4—输送链耙；5—倾斜输送器(过桥)；6—割台升降油缸；7—驱动轮；8—凹板；9—滚筒；10—逐稿轮；11—阶梯状输送器(抖动板)；12—风扇；13—谷物螺旋和谷粒升运器；14—上筛；15—杂余螺旋和复脱器；16—下筛；17—逐稿器；18—转向轮；19—挡帘；20—卸粮管；21—发动机；22—驾驶室

图 5-40　传统全喂入式稻麦联合收割机

与传统式联合收割机相比，轴流式联合收割机(全喂入式联合收割机的一种，图 5-41)有很多优点：生产效率高，比同尺寸的传统式联合收割机高约 20%；脱净率高，脱粒小麦比传统式脱粒装置增加 4%～7%；破碎率低，对收获大豆和种子作物更有意义。

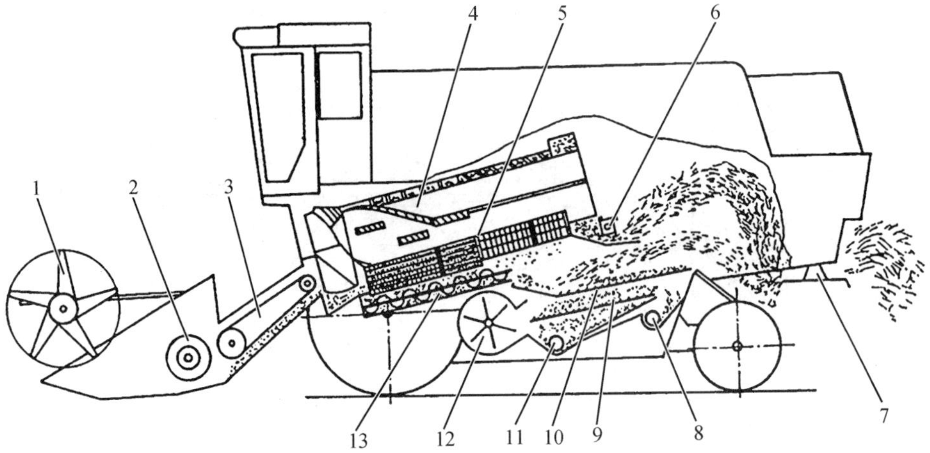

1—拨禾轮；2—割台螺旋推运器；3—输送链耙；4—轴流滚筒；5—凹板筛；6—逐稿轮；7—分撒器；8—杂余螺旋；9—下筛；10—上筛；11—谷物螺旋；12—风扇；13—输送螺旋

图 5-41　轴流式联合收割机

轴流式联合收割机作业时，拨禾轮将作物拨向切割器，切割器离地面 3～6 cm 时将作物割下，由拨禾轮拨倒在割台上。依靠削断刀旋转的动力和作物自身质量，作物被传递到纵向宽输送带上，由左右两侧的外侧黄道护栏共同作用，防止作物横向倒拐。进行快速切断后，割台输送链随即将作物输送给中间输送装置，中间输送夹持链把垂直状态的作物逐渐变成平卧状态，将其输送到脱粒滚筒喂入端，沿滚筒轴向将穗头部分喂进脱粒滚筒中进行脱粒。脱下的籽粒经凹板筛筛孔落入清选装置，由抖动板和风扇气流配合进行清选。清洁的谷粒经谷物螺旋输送器送到粮箱，断茎秆和断穗头等则由脱粒主滚筒排至副滚筒进行二次脱粒；剩余的废料通过叶轮外壳和管道组成的扬谷器吹出机器外。轴流式联合收割机的工作流程如图 5-42 所示。

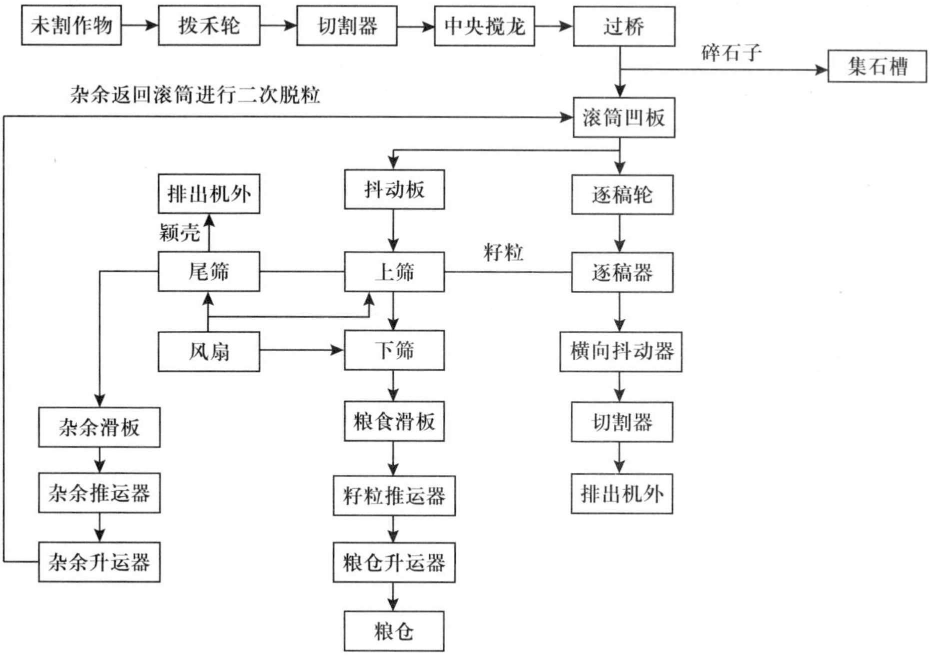

图 5-42 轴流式联合收割机的工作流程

(一)收割台

收割台的主要作用是完成谷物茎秆的收割和输送，主要由拨禾装置、切割装置和输送装置等组成。

1. 拨禾装置

拨禾装置把谷物拨向切割器，扶持茎秆，配合割刀进行切割，并及时将割断的谷物推送到输送装置。卧式割台谷物收割机一般采用偏心式拨禾轮，结构及工作原理分别如图 5-43 和图 5-44 所示。

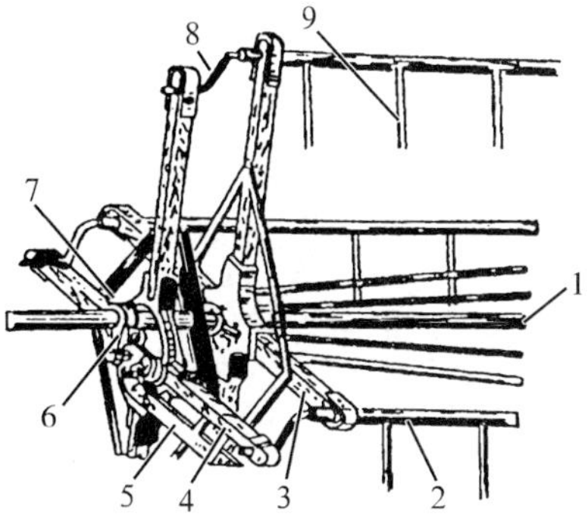

1—拨禾轮轴；2—弹齿轴；3—主动辐盘辐条；4—偏心辐盘辐条；5—弹齿角度调节杆；6—偏心环；7—偏心导杆；8—曲柄；9—辐板

图 5-43 偏心式拨禾轮的结构

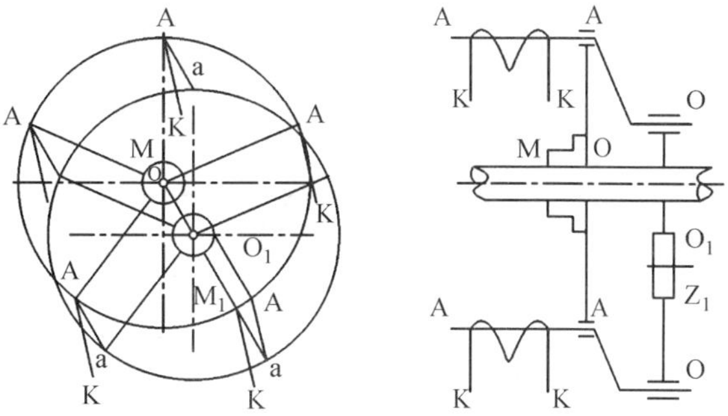

AA—弹齿轴；KK—弹齿；OA—主辐条；O_1O—偏心辐条

图 5-44 偏心式拨禾轮的工作原理

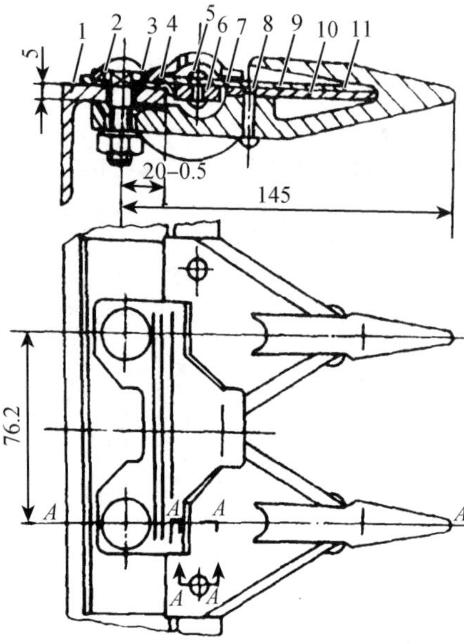

1—护刃器梁；2—螺栓；3—螺母；4—摩擦片；5、8—铆钉；6—刀杆；7—压刃器；9—动刀片；10—定刀片；11—护刃器

图 5-45　往复式切割器的结构

2. 切割器

切割器将谷物分成小束，并对其进行切割。切割器的工作性能应满足切割顺利、割茬整齐、无漏割、不堵刀、功耗小和适应性广等要求。切割器有回转式和往复式 2 种型式，其中往复式切割器应用较广。

①往复式切割器的结构如图 5-45 所示，由刀片、护刃器、压刃器、摩擦片及驱动机构等组成。

②螺旋式输送器多用于前置式割台的联合收割机上，称为割台推运器或搅龙，其结构如图 5-46 所示，主要由圆筒、螺旋叶片、伸缩扒指、推运器轴及调节机构等组成。

(二)脱粒装置

脱粒装置的作用主要是把谷粒从谷穗上脱下来，并尽可能多地将谷粒从脱出物中分离出来。脱粒装置的性能不仅在很大程度上决定了脱粒质量和生产效率，还对后期谷物的分离和清选有很大的影响。

脱粒装置一般由高速旋转滚筒和固定的凹板组成，常用的种类有纹杆滚筒式、钉齿滚筒式、双滚筒式、轴流滚筒式、叶轮式和弓齿滚筒式等。轴流滚筒式脱粒装置中的滚筒有圆柱形和圆锥形 2 种。作业时，谷物在轴流滚筒式脱粒装置中的流走路线如图 5-47 所示。

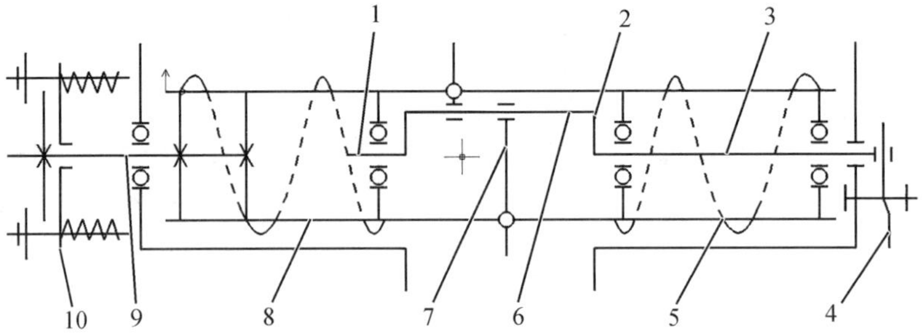

1—短轴；2—曲柄；3—右半轴；4—调节手柄；5—螺旋叶片；6—扒指轴(曲轴)；7—伸缩扒指；8—圆筒；9—左半轴；10—传动链轮

图 5-46　螺旋式输送器的结构

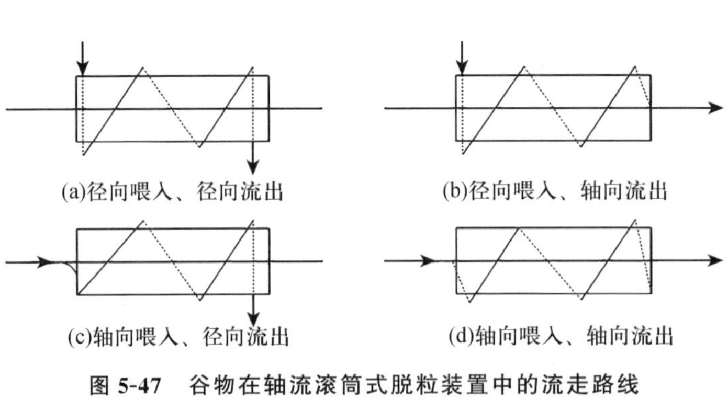

图 5-47　谷物在轴流滚筒式脱粒装置中的流走路线

(三)分离装置

分离装置位于脱粒装置的后方,其作用是将脱粒后茎秆中夹带的谷粒分离出来,并把茎秆排出机外。对分离装置的要求:谷粒夹带损失率小,一般小于 0.5%～1.0%;分离出来的谷粒中含杂质少,以便减轻清选的负荷;生产效率高,结构简单。

按工作原理不同,分离装置可分为 2 大类:一类是利用抛扬原理进行分离,称为逐稿器;另一类是利用离心力原理进行分离,如分离轮式和转筒式。逐稿器又分平台式和键式 2 种。平台式逐稿器是一个具有筛孔的平台,用前后 2 对吊杆铰接在机架上,由曲柄连杆机构驱动做前后摆动,如图 5-48 所示。

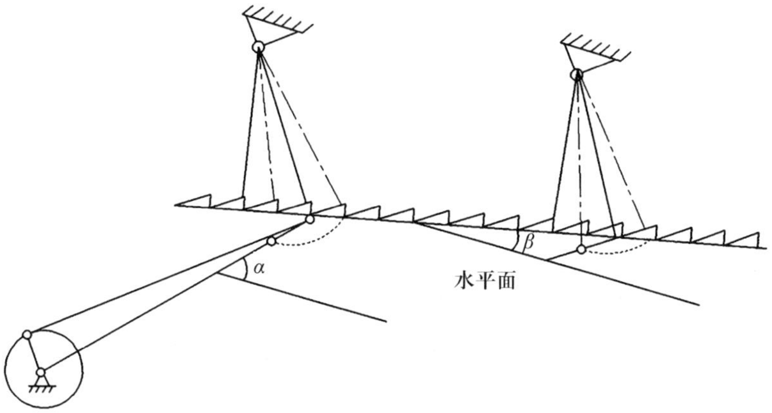

α—摆动方向角；　β—台面倾斜角

图 5-48　平台式逐稿器

轴流式分离装置主要由轴流分离滚筒与分离壳体组成。与传统型联合收割机的分离装置(键式逐稿器)相比,轴流式分离装置具有体积小、分离能力强的特点,且具备一定的脱粒功能。常用轴流式分离滚筒的结构为四叶板板齿结构或杆齿结构,分离壳体上部带有导板,用于梳理导流谷粒;下部为带冲孔的分离筛或栅格式分离凹板,实现谷粒的分离。工作时,谷物经过第 1 滚筒脱粒后抛向轴流式分离滚筒,分离滚筒带动谷物沿轴向运动,谷物运动过程中在分离滚筒、下部筛板和上部导板的作用下实现进一步脱粒。同时,在离心力的作用下,籽粒从筛孔分离并均匀落到分布搅龙上,茎秆在分离滚筒末端沿轴向排出。轴流式分离装置如图 5-49 所示。

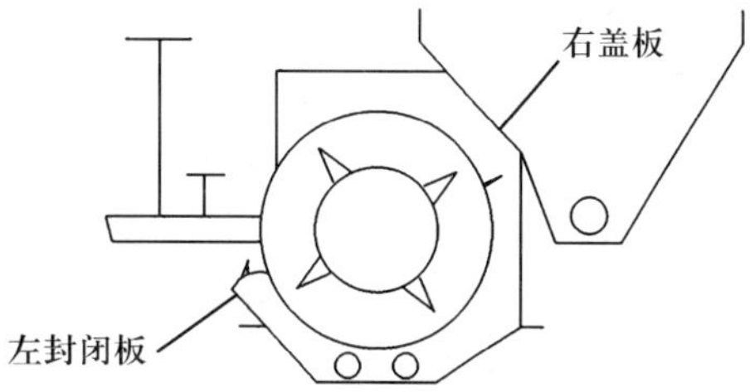

图 5-49　轴流式分离装置

(四)清选装置

清选装置用以承接从脱粒和分离装置落下的谷粒、碎茎秆及颖壳等混合物,并从中清选出谷粒。对清选装置的要求:谷粒清选率高,一般不低于 90%;损失率低,一般不超过 0.5%;生产效率高,结构简单,使用调整方便。谷物的清选一般采用气流清选、筛选和综合清选 3 种方式。

1. 气流清选

气流清选是利用谷粒和混合物空气动力特征的差异而进行清选的。不同物体在气流相对运动时，受到气流的作用力不同，利用这一差异，即可把它们分开。

①扬场机清选：工作时，脱出物被扬谷输送带以高速向空中抛扔，其中迎风面积大、重量轻的混杂物因惯性小、受空气阻力大，落地距离较近；而迎风面积小、质量大的谷粒则因惯性大、受空气阻力小，落地距离较远，从而把谷粒和混杂物分开。

②风扇清选：利用风扇产生的气流，吹向垂直下落的脱出物，质量较轻的混杂物被吹得较远，而质量大的谷粒则落得较近。

③气吸清选：工作时，风机产生垂直向上的吸气流，脱出物由扬谷器抛入下分离器中，谷粒由于质量较大而沿筒下落；质量较轻的混杂物，则被吸气流吸走，进入上分离器。由于容积突然增大，气流流速骤然降低，使较大的混杂物下落，自排杂筒排出；小而轻的混杂物随气流继续上升，经吸气管风机排出。

2. 筛选

筛选使谷粒混合物在筛面上运动，由于谷粒和混杂物的尺寸和形状不同，把谷粒混合物分成通过筛孔和通不过筛孔 2 部分，以达到清选目的。筛选所用的主要工作部件是筛子，目前应用较多的筛子有编织筛、冲孔筛和鱼鳞筛 3 种类型。

①编织筛：由铁丝编织而成，其结构简单，制造容易，空气阻力小，有效面积大，生产效率高；但筛孔形状不准确，且不可调节；一般用来清理脱出物中较大的混杂物。

②冲孔筛：在铁板上冲孔制成，常用的有长孔筛和圆孔筛 2 种。长孔筛用于按厚度尺寸差异进行清选，圆孔筛用于按宽度尺寸差异进行清选。冲孔筛的筛孔尺寸准确一致，坚固耐用不易变形；但有效面积小，生产效率低，不适合在大负荷情况下工作；一般用作下筛和精选。

③鱼鳞筛：多是由鱼鳞筛片组合而成，筛片焊在带曲拐的转轴上，各轴用带孔拉板连接，通过手柄可调节其筛孔尺寸(开度)。鱼鳞筛的筛孔尺寸精度不高，但筛孔尺寸可调，使用方便；筛面不易堵塞，生产效率高，通用性好，应用较广。

3. 综合清选

综合清选是利用筛选和风选相配合的一种清选方式。风扇装在筛子前下方，清除脱出物中较轻的混杂物。筛子的作用，除将尺寸较大的混杂物分出去以外，主要是支承和抖松脱出物，并将脱出物摊成落层以利于风扇的气流清选和延长清选时间。目前综合清选在复式脱粒机和联合收割机上应用广泛。

(五)脱谷部分输送装置

1. 螺旋式推运器

脱谷部分的输送装置包括推运器、升运器和抛掷器等，用于完成谷粒和杂余物的输送。螺旋式推运器设在清选筛和尾筛的下方及联合收割机粮箱内，用以承接并水平输送谷粒和杂余物。螺旋式推运器的结构较简单，由壳体、轴和螺旋叶片等组成。工作时，动力由轴外端传动轮传入，带动螺旋叶片转动，推运谷粒或杂余物。螺旋式推运器轴外端动力传入处设有安全离合器，当推运器负荷过大或堵塞时，离合器便打滑发出响声，传动轮转动而轴不转。安全离合器传递扭矩的大小由离合器弹簧的紧度决定。工作时，弹簧紧度应适宜，过大会使推运器堵塞，离合器不自动切离而损坏；过小则会使离合器经常打滑，推运器不能正常工作。弹簧紧度可通过拧动轴端螺母调整。

2. 刮板式升运器

刮板式升运器设在收割机的侧面，一端与推运器连接，将推运器推送来的谷粒或杂余物由低处向高处分别输送至粮箱或脱粒装置。工作时，链条回转，刮板将物料输送至顶端卸出。刮板式升运器主要由链条、刮板、链轮、外壳和中间隔板等组成。链条一般为套筒滚子链，围绕在主、从动链轮上；刮板用橡胶制成，按一定间隔固定在链条上。升运器工作时，链条紧度应适宜，过紧链条磨损严重，过松易掉链和堵塞。

二、播种机

播种是作物栽培过程的重要环节之一，良好的播种质量是保证苗齐和苗壮的基础。播种机可一次完成开沟、播种、施肥、覆土等多项工作。播种质量有如下要求：播种量符合要求，排种器不损伤种子且排种均匀；播种深度符合要求，并均匀一致；播种的行距一致，无重播和漏播；播种的同时尽量能进行施肥、打药、镇压等联合作业。

（一）播种机的分类

1. 按播种方式

按播种方式的不同，播种机可分为撒播机、条播机和点（穴）播机。撒播是将种子漫撒于田间，种子分布得不均匀，多用于牧草播种；条播是将种子播成条行，小麦、谷子等多用此法播种；点播是将单粒或多粒种子点播成穴，常用于玉米、棉花、大豆等作物的播种。牵引式免耕精量播种机如图 5-50 所示。

图 5-50　牵引式免耕精量播种机

近年来，精密播种技术得到了推广和应用，与之配套的有小麦精密播种机和玉米精密播种机等，在播种量、行距、株距、播深等方面都比较精确。牵引式免耕精量播种机的内部结构如图 5-51 所示。

2. 按作业模式

按作业模式的不同，播种机可分为施肥播种机、旋耕播种机、免耕播种机和铺膜播种机等。

3. 按排种原理

按排种原理的不同，播种机可分为机械式播种机、气力式播种机和离心式播种机等。

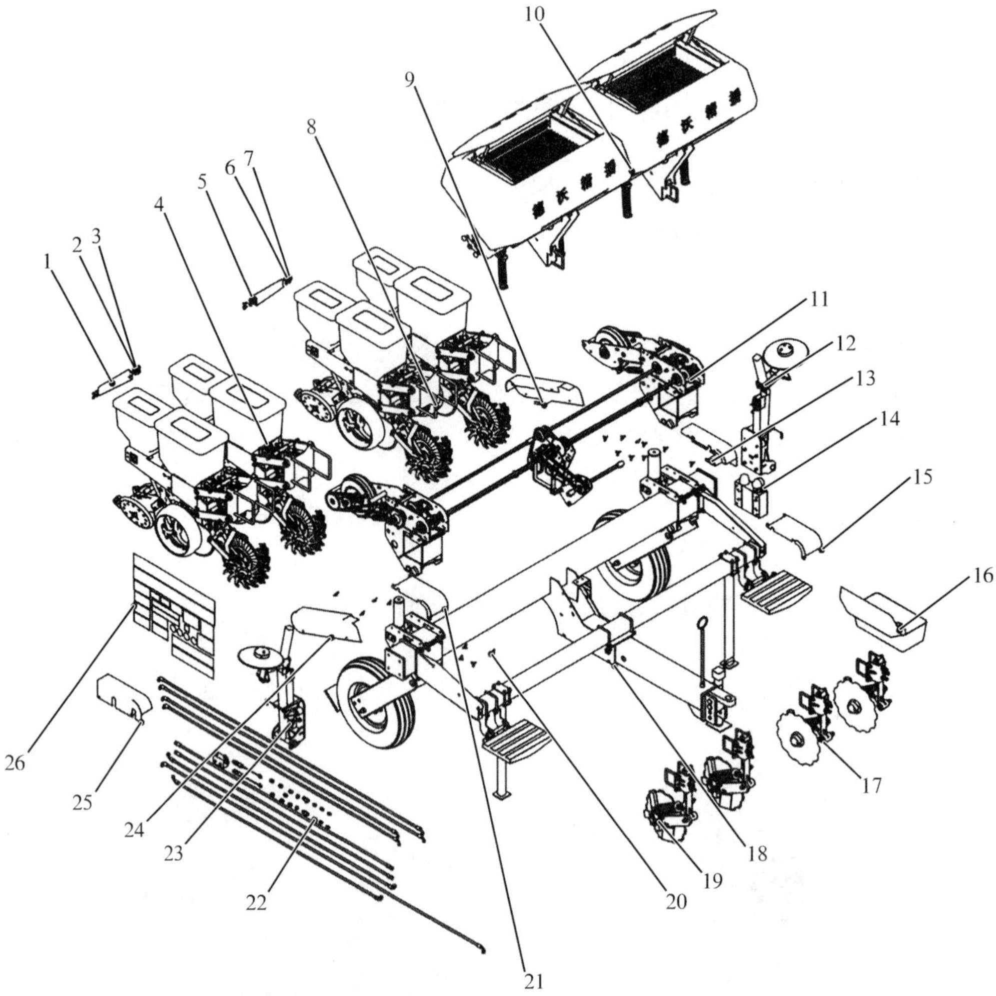

1—右侧反光条支架；2、6—平垫圈；3—扁圆头方径螺栓；4—单体装配右；5—左侧反光条支架；7—非金属嵌件锁紧螺母；8—单体装配左；9、13、24、25—护罩；10—肥箱组合；11—传动机构；12—四行左侧划印器；14—四行播种监控；15、21—上链罩；16—工具箱；17—左施肥器固定座；18—底盘；19—右施肥器固定座；20—碟形螺钉；22—液压系统；23—四行右侧划印器；26—四行标识粘贴

图 5-51　牵引式免耕精量播种机的内部结构

(二)条播机的工作原理

条播机一般由工作部件和辅助部件 2 大部分组成，主要用于条播麦类、高粱、谷子等谷物，在播种的同时能施颗粒状或干粉状化肥。条播机主要由机架、排种器、排肥器、输种(肥)管、开沟器、覆土环、行走轮、传动装置、牵引或悬挂装置、开沟器升降机构和播深调节机构等组成，如图 5-52 所示。

谷物条播机的工作过程：拖拉机牵引播种机向前行走时，地轮通过传动机构带动装在种子箱 18 下的外槽轮排种器将种子排下，经输种(肥)管 9 落入开沟器 11 所开出的种沟中。与此同时，机器前部肥料箱 1 下的星形排肥轮将化肥排下，经输种(肥)管也落入开沟器内，被开沟器分开的土在开沟器经过后，滑落进入种沟覆盖种子，覆土环 10 随后将地面拖平。

悬挂式播种机的升降由拖拉机液压机构控制。牵引式条播机装有开沟器起落机构和传动离合器(如内闸轮式升降器)，用以操纵开沟器的升降和动力离合：运输时开沟器升起，离合器

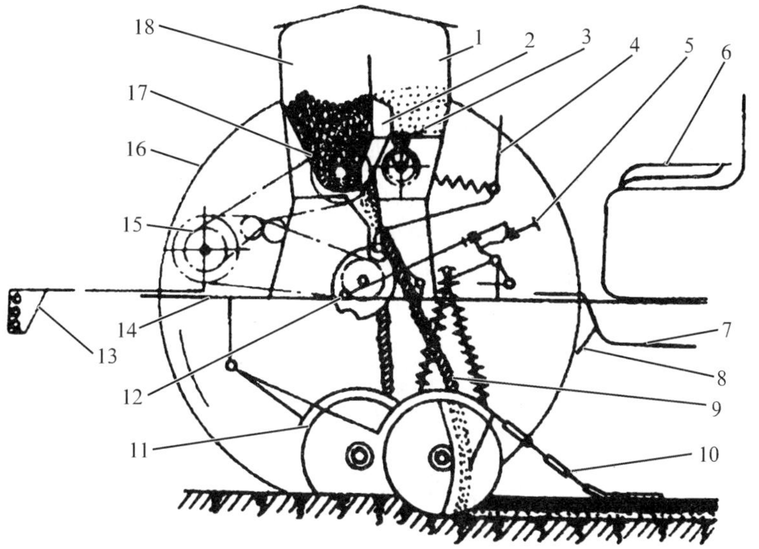

1—肥料箱；2—排肥量调节活门；3—排肥器；4—升降手柄；5—播深调节机构；6—座位；
7—脚踏板；8—刮泥刀；9—输种(肥)管；10—覆土环；11—开沟器；12—开沟器升降机构；
13—牵引装置；14—机架；15—传动装置；16—行走轮；17—排种器；18—种子箱

图 5-52 条播机的结构

分离，停止排种和排肥；工作时开沟器降落，离合器接合，排种器和排肥器进行工作。

谷物条播机常采用行走轮驱动排种器，这样可使排种器排出的种子量与行走轮的距点保持一定的比例，以保证单位面积上的播种量均匀一致。谷物条播机的行走轮直径较大，这是由于谷物条播的行距较窄，在 1 台播种机进行多行播种时，排种器常采用通轴传动，需要较大的传动力矩；同时，直径较大的轮子可以减少转动时的滑移现象，使排种均匀性好，以保证种子在行内分布均匀一致。

(三)播种机的主要部件结构

播种机的主要部件包括种子箱、排种器、排肥器、输种(肥)管、开沟器和覆土、镇压装置等。

1. 种子箱

种子箱装在机架上，位于排种器的上方，断面形状一般为梯形。为了能使种子顺利地流向排种器，确保种子不残留在箱内，一般箱壁的倾角为 60°～70°。为了满足播种作业在地一端加种的要求，种子箱要有足够的容积，但也不宜过大，否则将增加播种机的质量和阻力。在种子箱的底板上，开有与排种器数量相等的圆孔或方孔，孔的边缘制成斜面，以便种子顺利地流入排种器内。种子箱上配有箱盖，防止种子因播种机行走时颠动而跃出。

2. 排种器

排种装置俗称排种器，是播种机的核心部件，也是决定播种机质量的主要因素。因此，要求排种器排种均匀，播种量稳定；通用性好，种子损伤率低；结构简单，工作可靠，调整方便。排种器按照排种原理，主要可分为机械式和气力式 2 大类。小麦播种机上常用的排种器多为机械式。下面介绍 2 种形式的机械式排种器。

外槽轮式排种器主要用于谷物的条播，由排种盒、外槽轮、阻塞套、排种轴和排种舌等组成。外槽轮通过轴销与排种轴相连并穿入排种盒，外槽轮的一端与阻塞套套接，另一端伸入内齿形挡圈。阻塞套的突齿嵌入排种盒侧壁的缺口，使阻塞套只能在排种轴上移动而不能转动，内齿形挡圈则可与外槽轮一起移动，起到防止种子外漏的作用。排种器两端的卡箍夹紧在排种轴上，用以保证外槽轮在排种轴上的正确位置。

外槽轮式排种器分为上排式和下排式2种，如图5-53所示。工作时，种箱内的种子在重力的作用下，经箱底孔眼不断充满排种盒和外槽轮的凹槽。外槽轮转动时，槽内的种子被强制排出，槽内种子称为追动层；外槽轮外缘的1层种子，受外槽轮齿尖的拨动和种子间摩擦力的作用而被带动，以较低的速度排出，这些被带动的种子称为带动层。带动层内的种子，越靠外其运动速度越小，速度为零的外层种子称为静止层。外槽轮式排种器的排种量等于追动层和带动层2部分种子量之和，但以追动层为主，故排种量较稳定。

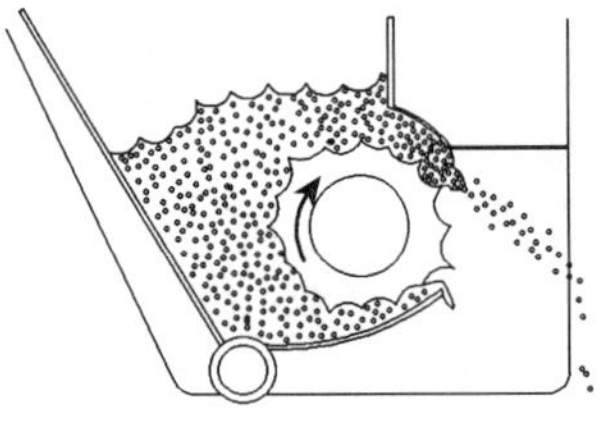
(a)上排式

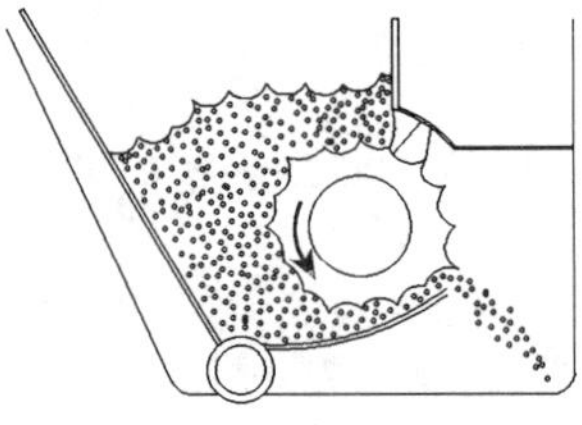
(b)下排式

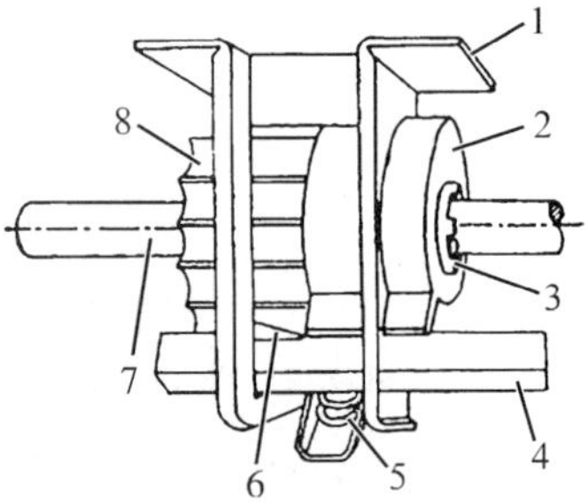

1—排种盒；2—阻塞轮；3—内齿形挡圈；4—清种方轴；5—弹簧；6—排种舌；7—排种轴；8—外槽轮

图5-53　外槽轮式排种器

外槽轮式排种器结构简单，调整方便，通用性好；由于以强制排种为主，排种量比较稳定，但排出的种子流有一定的脉动性，种子在行上的分布不均匀。为了减轻外槽轮式排种器排种的脉动性，有的播种机将排种舌出口边缘制成斜线，使外槽轮同一凹槽排出的种子先后陆续落入输种管；也有的播种机采用斜槽式外槽轮（或称螺旋式外槽轮），使相邻凹槽的排种衔接不断，排种均匀性有所改善。

3. 排肥器

目前，播种机上一般都带有排肥器，以便在播种的同时施用肥料。常用的排肥器有以下形式。

①外槽轮式排肥器：与外槽轮式排种器结构相同，适用于排施松散性好的颗粒肥。

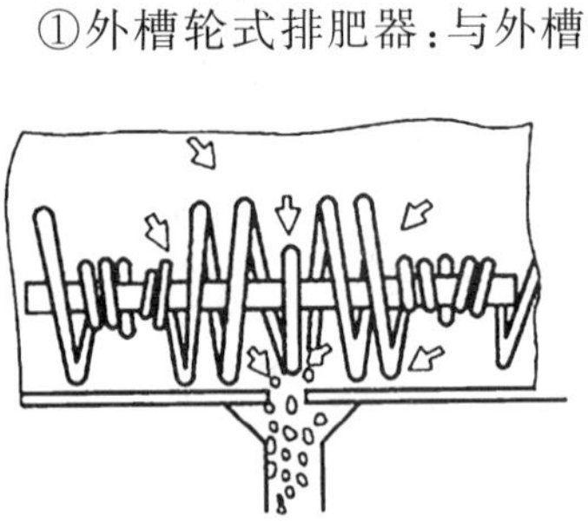

图5-54　搅龙式排肥器

②搅龙式排肥器：它的搅龙有螺旋叶片式和弹簧式2种。如图5-54所示，双向搅龙由2个焊在同一轴上的左、右螺旋叶片组成，肥料箱下部为圆锥形。工作时，由链轮带动双向搅龙转动，双向螺旋叶片将肥料推向搅龙中间集中，经排肥口进入输肥管，排出肥料。改变活门的开度大小可调节排肥量。

③振动式排肥器：如图5-55所示，工作时，振动凸轮转动，使振动板产生振动，位于板上的肥料也随之振动，在重力作用下，肥料沿振动板下滑，然后从排肥口排出。排肥量的调节是依靠改变振幅和开口大小来实现的。

4. 输种(肥)管

输种(肥)管的作用是分别将排种器和排肥器排出的种子、肥料引到开沟器所开的沟内,其上端分别与排种器、排肥器连接,下端插入开沟器中。由于开沟器在工作中需经常升起和下降以保证输种(排肥)畅通无阻,输种(肥)管需能自由弯曲和伸缩,下部能前后摆动,并有足够大的截面积。常见的输种(肥)管有漏斗管、卷片管、波纹管和直胶管 4 种,如图 5-56 所示。

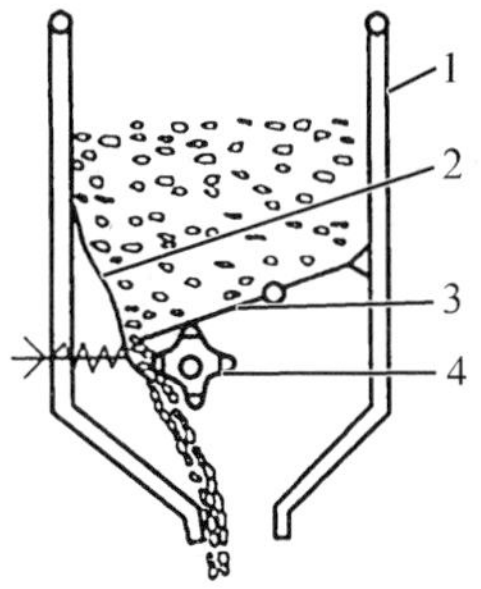

1—肥料箱;2—调节板;3—振动板;4—振动凸轮

图 5-55 振动式排肥器

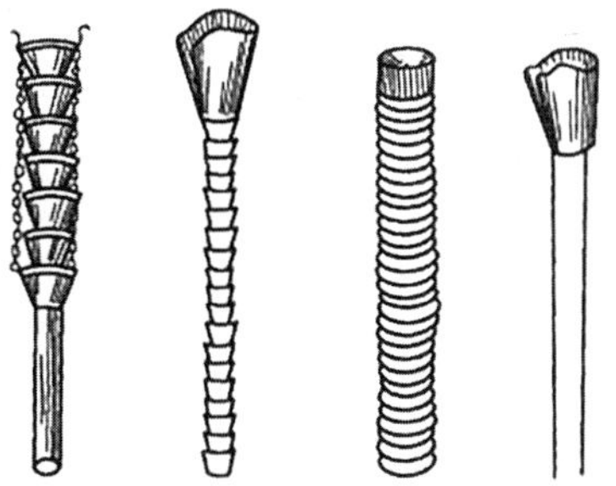

(a)漏斗管 (b)卷片管 (c)波纹管 (d)直胶管

图 5-56 常见输种(肥)管类型

5. 开沟器

开沟器按其运动形式可分为滚动式和移动式 2 类。滚动式开沟器常用的形式有单圆盘式和双圆盘式 2 种;移动式开沟器常用的形式有锄铲式、芯铧式和滑刀式等,如图 5-57 所示。

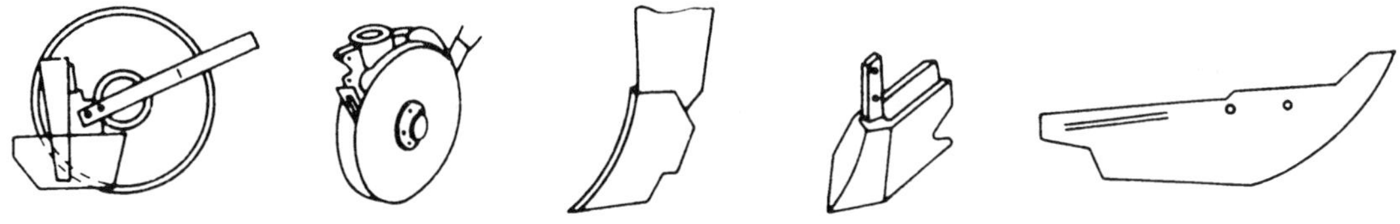

(a)单圆盘式 (b)双圆盘式 (c)锄铲式 (d)芯铧式 (e)滑刀式

图 5-57 开沟器种类

①单圆盘式开沟器:主要由单圆盘、刮土板等组成。单圆盘为一个凹面圆盘,凹面偏向前进方向,与前进方向呈 3°～8°的偏角,输种管紧靠圆盘凸面。工作时,由于单圆盘斜着向前滚动,一面以锐角切开土壤,一面使土壤沿凹面上升并被抛向一侧,其中一部分土壤沿圆盘下滑落入种沟覆盖种子。单圆盘式开沟器质量轻,结构简单,开沟阻力小,入土和切土能力强,不缠土挂草,适应性好。

②双圆盘式开沟器:由 1 对圆盘、开沟器体、圆盘轴和倒钟板组成。双圆盘式开沟器的开沟工作由 2 个倾斜圆盘完成,2 个圆盘以一定的夹角相交于前下方,交点称为聚点。工作时,圆盘受土壤阻力的作用滚动前行,切开土壤,并将土壤推向两侧形成种沟,圆盘过去后两侧湿土流入沟底覆盖种子。圆盘直径一般为 350 mm,过小易产生转动不灵和壅土现象。2 个圆盘夹角的大小将影响开沟的宽度,过大时沟底将形成 W 形凸尖,夹角常取 9°～14°。聚点位置过高或过低影响开沟质量,一般以等于开沟器的最大开沟深度为宜。双圆盘式开沟器结构复杂,质量大,入土性能差,造价高;但开沟阻力小,不挂草,不易堵塞,对整地质量要求不高,适应性较强,且利于高速作业,因此多用于机引播种机。

③锄铲式开沟器：主要由拉杆、开沟器体、开沟铲和反射板等组成。工作时，开沟铲以锐角入土，先将土壤向前推壅，在开沟铲前形成土丘，而后铲壁将土丘向两侧推挤，分开成沟。种子沿中空的开沟器体落下，由反射板导种向两侧分散，可使苗幅宽度达到 5～6 cm。铲翼侧板的后边线为斜边，以保证湿土先落入种沟覆盖种子。锄铲式开沟器结构简单，入土性能强，开沟阻力小，苗幅较宽；但工作中容易挂草和土，开沟深度不够稳定，对整地要求较高，不宜高速作业。

④芯铧式开沟器：是在东北垄作地区的机引播种机上广泛采用的一种开沟器。工作时，芯铧前部刃口水平切开土壤，土壤沿铧面上升，然后沿侧板两侧分开形成种沟，种子在 2 块侧板之间落入沟内，侧板过后，土壤塌落回沟内覆盖种子。开沟器侧板的长度和形状用来控制回土的早晚。侧板上部内倾，目的是增加覆土量和保持垄形。侧板末端的下方切去一角，目的是使湿土先覆盖种子。

⑤滑刀式开沟器：主要由滑刀、侧板、限深滑板、限深调节螺钉等组成，有的还装有推开干土和土块的推土板。滑刀式开沟器的开沟部分为滑刀。滑刀前端为刀刃，后部为 2 块侧板，形成较大的开幅。工作时，滑刀以钝角入土，切开土壤后的侧板向两侧挤压土壤形成种沟，种子从 2 块侧板之间落入沟底。侧板的后下方切去一角成斜边，以使湿土先落在沟底种子上。这种开沟器是靠本身重力入土，有的装有可调节的限深滑板，通过改变限深滑板位置可调节开沟深度；有的在滑刀下部装有底托，用以压密沟底，使播种深度一致。滑刀式开沟器开沟质量好，沟形整洁，不乱土层，适于在整地良好和土壤松软的田间工作；但开沟较窄，沟底较硬，自动覆土作用差，因此后面还需装有覆土和镇压部件，这种开沟器一般用于中耕作物播种机和棉花播种机上。

6. 覆土、镇压装置

覆土、镇压装置的作用是对播种后的种沟进行覆土，平整地面，压密土壤以保持土壤水分、利于种子发芽生长。

①覆土器在条播机上的常用形式有链环式、拖板式和钉齿式。链环式覆土器由连在一起的链条和铁环组成。

②镇压轮由钢或橡胶制成，有整体式、剖分式和双轮式 3 种形式；轮形有平面、凸面、凹面和圆链组合型等，如图 5-58 所示。

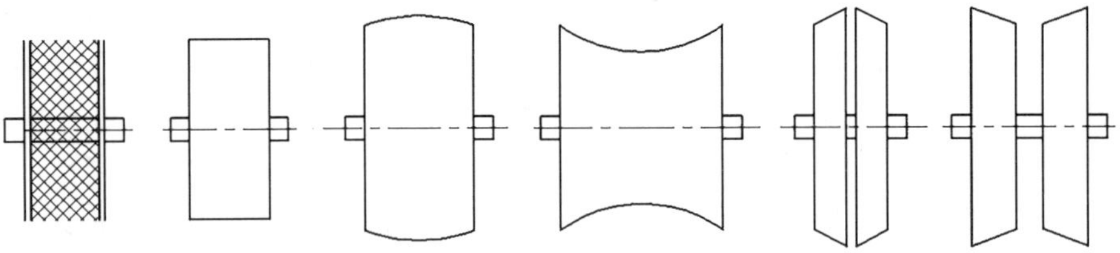

图 5-58 镇压轮轮形

平面镇压轮结构简单，应用较广。凸面镇压轮对种子上方土壤的压密作用强，使种子与土壤密切接触，防止透风，适用于干旱多风的地区。凹面镇压轮从种行两侧压密土壤而使种子上方的土层较松，利于种子出苗，适用于土壤含水率较高的地区和播种幼苗不易出土的棉花、花生等作物。凹面剖分式和双轮式镇压轮不但具有凹面镇压轮的特点，而且工作中易挂土。镇压轮一般要求相当于人脚对地面的压强，平播为 196～392 kPa，垄播为 196～496 kPa。中耕作物播种机常将覆土器和镇压轮连成一体，成为覆土镇压器。

思考与练习 5-3

1. 判断：与普通联合收割机相比，轴流式联合收割机具有生产效率高、脱净率高、破碎率低等优点，对收获大豆和种子作物更有意义。(　　)

2. 填空：排肥器主要有________式、________式、________式等类型。

3. 填空：按播种方式播种机可分为________播机、________播机和________播机等。

4. 多选：谷物联合收割机是能一次完成谷类作物的(　　)等工序，从田间直接获取谷粒的收获机械。

　A. 收割　　B. 脱粒　　C. 分离茎秆　　D. 清除杂余物

5. 多选：联合收割机都是全喂入式的，主要由(　　)、输送装置、粮箱和动力装置等组成。

　A. 收割台　　B. 脱粒装置　　C. 分离装置　　D. 精选装置

6. 简答：试说明联合收割机各组成部分的结构特点。

第四节　汽车的传动结构

汽车底盘的结构如图 5-59 所示，由传动系统、行驶系统、转向系统、制动系统 4 部分组成。汽车底盘用于支承、安装发动机及其他各部件、总成，以保证汽车正常行驶。

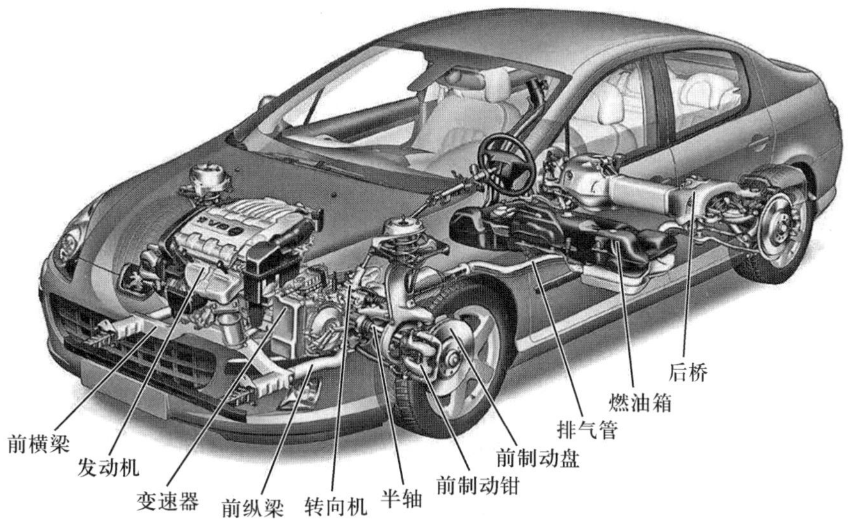

图 5-59　汽车底盘的结构

一、传动系统

传动系统一般由离合器、变速器、万向传动装置、主减速器、差速器和半轴等组成，汽车发动机所发出的动力靠传动系传递到驱动轮。图 5-60 为汽车的传动系统，包括前驱动和后驱动。

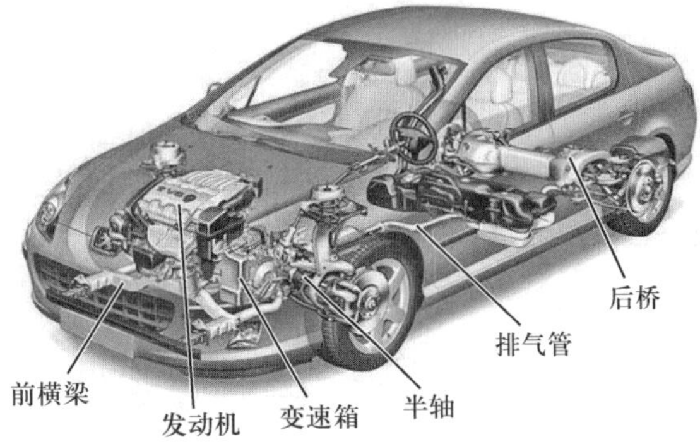

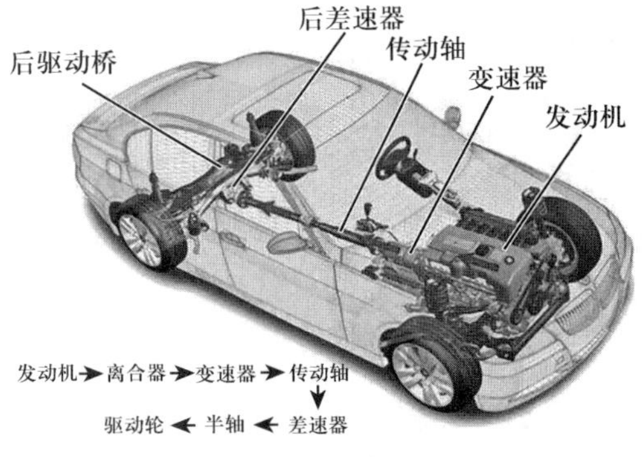

图 5-60 汽车传动系统

前置前驱动(Front engine Front wheel drive,FF)是指发动机放置在车的前部,并采用前轮作为驱动轮,传动结构如图 5-61 所示。在转向驱动桥上也有主减速器、差速器、半轴等零部件,其中半轴分为内、外 2 段。内半轴与差速器相连,承接发动机传递过来的动力;外半轴通过花键与轮毂相连,将动力传递到车轮上,驱动汽车行驶。内、外半轴通过等角速万向节相连。

前置后驱动(Front engine Rear wheel drive,FR)是指发动机放置在车的前部,并采用后轮作为驱动轮,传动结构如图 5-62 所示。FR 整车的前后质量比较均衡,拥有较好的操控性能和行驶稳定性;但传动部件多,传动系统质量大,贯穿乘坐舱的传动轴占据了舱内的地台空间。

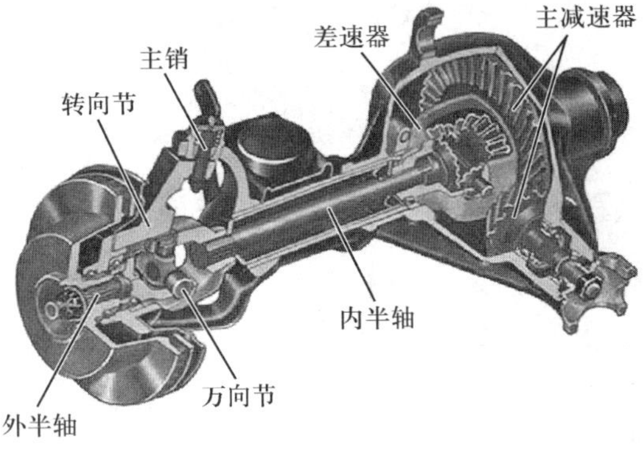

图 5-61 前置前驱动的传动结构

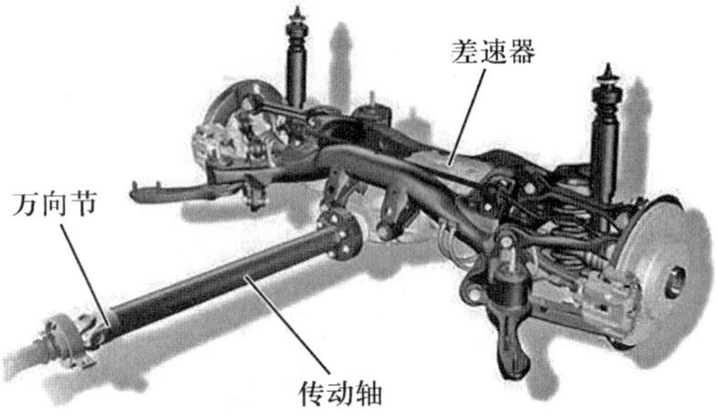

图 5-62 前置后驱动的传动结构

离合器可使汽车发动机与传动系统逐渐接合,保证汽车平稳起步;可暂时切断发动机与传动系统的联系,便于发动机的启动和变速器的换挡,以保证传动系统换挡时平顺;可限制所传递的转矩,防止传动系统过载。

离合器主要由主动部分(飞轮、离合器盖等)、从动部分(摩擦片)、压紧机构(膜片弹簧)和操纵机构 4 部分组成,结构如图 5-63 所示。离合器盖通过螺丝固定在飞轮的后端面上,离合器内的摩擦片在弹簧的作用下被压盘压紧在飞轮面上,而摩擦片是与变速箱输入轴相连的。通过飞轮及压盘与从动盘接触面的摩擦作用,发动机发出的扭矩被传递给变速箱。

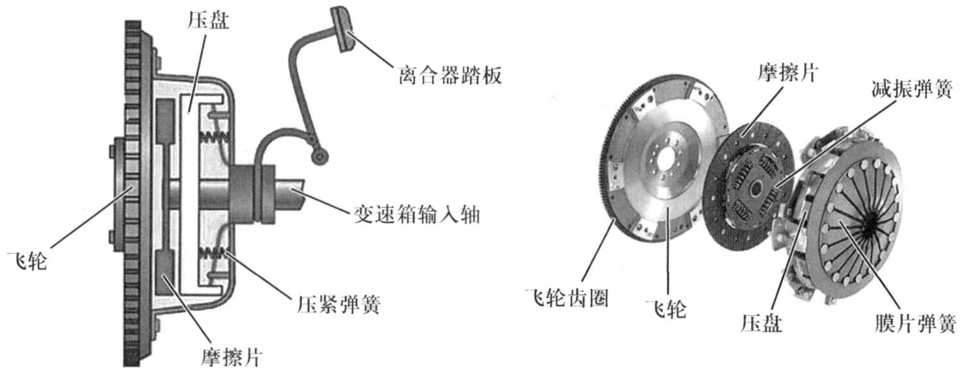

图 5-63 离合器的结构

在没踩下离合器踏板前，摩擦片是紧压在飞轮端面上的，发动机的动力可以传递到变速箱。当踩下离合器踏板后，操作机构将发动机的动力传递到分离叉和分离轴承，分离轴承前移将膜片弹簧往飞轮端压紧，膜片弹簧以支承圈为支点向相反的方向移动，压盘离开摩擦片，这时发动机动力传输中断。

二、行驶系统

行驶系统由汽车的车架、车桥、车轮和悬挂系统等部分组成，结构如图 5-64 所示。行驶系统的作用是支承汽车的各零部件总成，传递和承受车上、车下各种载荷，以保证汽车的正常行驶。

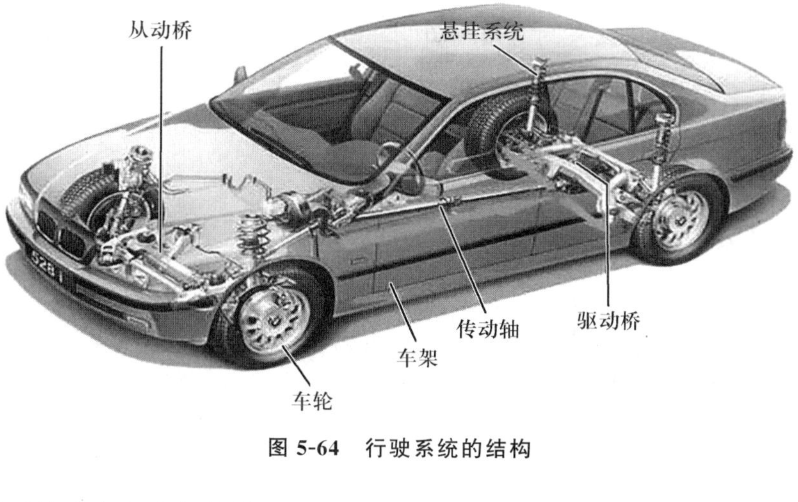

图 5-64 行驶系统的结构

汽车悬挂系统中有很多杆件结构，如图 5-65 所示。悬挂系统是指由车身与轮胎间的弹簧和避振器组成的整个支持系统。悬挂系统的功能是支持车身，改善乘坐体验，不同的悬挂设置会使驾驶者有不同的驾驶感受。外表看似简单的悬挂系统综合多种作用力，决定着轿车的稳定性、舒适性和安全性，是现代轿车十分关键的部件之一。

一般来说，汽车的悬挂系统分为非独立悬挂系统和独立悬挂系统 2 种，而这 2 种悬挂系统又细分为麦弗逊式、多连杆式、双叉臂式、空气式等类型。

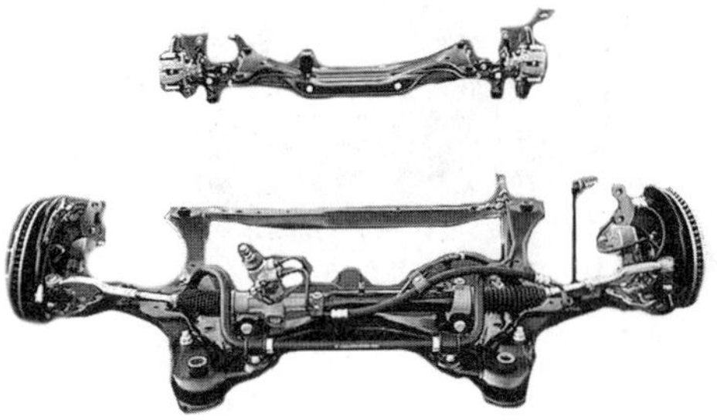

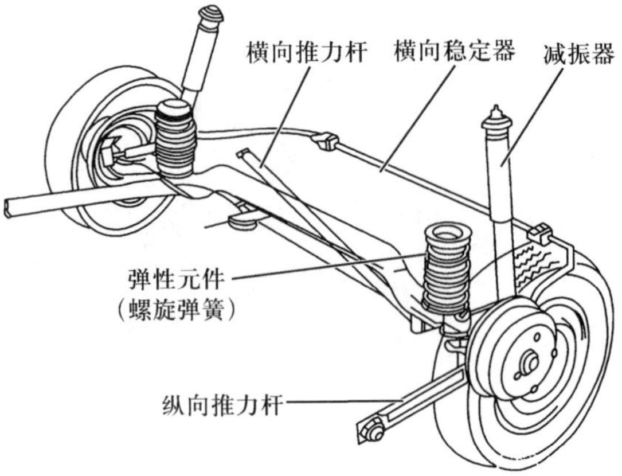

图 5-65　汽车悬挂系统

1. 非独立悬挂系统

非独立悬挂系统如图 5-66 所示，其结构特点是两侧车轮由 1 根整体式车架相连，车轮连同车桥一起通过弹性悬挂系统悬挂在车架或车身的下面。

优点：结构简单、成本低，强度高、保养容易，行车中前轮定位变化小。

缺点：舒适性及操纵稳定性都较差，在现代轿车中已不再使用，多用于货车和大客车上。

2. 独立悬挂系统

独立悬挂系统如图 5-67 所示，是指每一侧的车轮都单独地通过弹性悬挂系统悬挂在车架或车身下面。

优点：质量轻，减少了车身受到的冲击，并提高了车轮的地面附着力；可用刚度小的较软弹簧，改善汽车的舒适性；可以使发动机位置降低，汽车重心也得到降低，从而提高汽车的行驶稳定性；左右车轮单独跳动，互不相干，能减小车身的倾斜和振动。

缺点：结构复杂，成本高，维修不便。

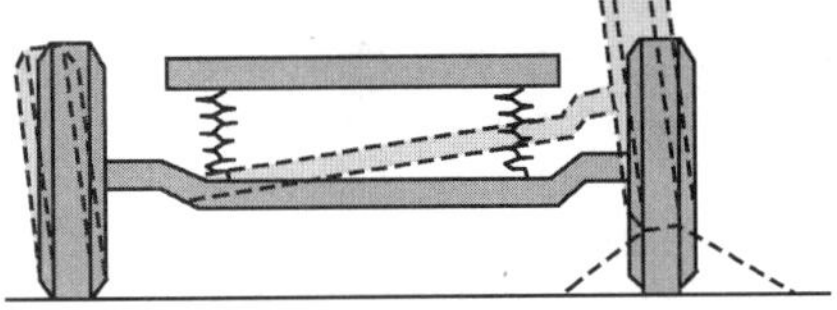

图 5-66　非独立悬挂系统

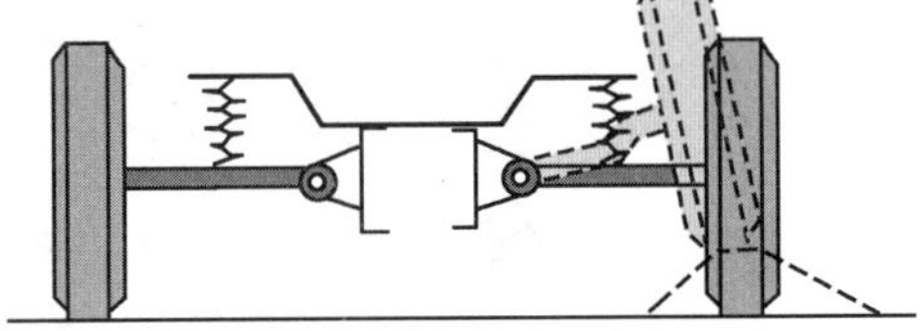

图 5-67　独立悬挂系统

3. 麦弗逊式独立悬挂系统

麦弗逊式独立悬挂系统如图 5-68 所示，它是一种经典汽车悬挂系统的名称，由美国人麦弗逊设计发明。其主要结构由螺旋弹簧和减振器组成，可以用减振器的行程长短及松紧来设定悬挂的软硬及性能。

优点：结构简单，占用空间小，操控性能好，适用度高。

缺点：稳定性差，抗侧倾和制动点头能力弱，耐用性不高；减振器容易漏油，需要定期更换。

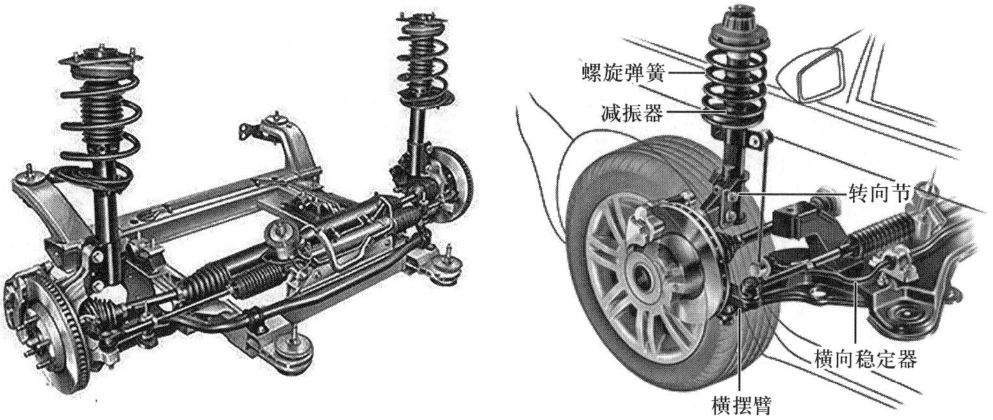

图 5-68　麦弗逊式独立悬挂系统

4. 多连杆式悬挂系统

多连杆式悬挂系统如图 5-69 所示，是通过各种连杆配置把车轮与车身相连的一套悬挂机构。连杆数量在 3 根以上的称为多连杆，目前主流的连杆数量为 5 连杆。因此，其结构要比双叉臂式和麦弗逊式独立悬挂系统复杂很多。

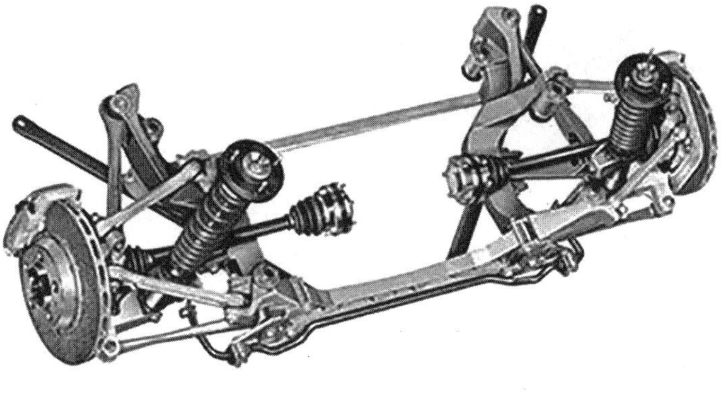

图 5-69　多连杆式悬挂系统

优点：车轮跳动时轮距和前束的变化很小，汽车处于驱动或制动状态时都可以按司机的意图进行平稳地转向。

缺点：多连杆式悬挂系统的结构相对复杂，材料成本、研发实验成本以及制造成本远高于其他类型的悬挂系统，而且其占用空间大。

5. 双叉臂式悬挂系统

双叉臂式悬挂系统如图 5-70 所示，又称双 A 臂式独立悬挂系统。双叉臂式悬挂系统拥有上、下 2 个叉臂，横向力由 2 个叉臂同时吸收，支柱只承载车身质量，因此横向刚度大。奥迪 A4L 不等长双叉臂式悬挂系统如图 5-71 所示。

优点：横向刚度大，抗侧倾性能优异，抓地性能好，路感清晰。

缺点：制造成本高，悬挂系统定位参数设定复杂；维修保养时的复杂程度高；在进行悬挂系统及四轮定位时，参数也较难确定。

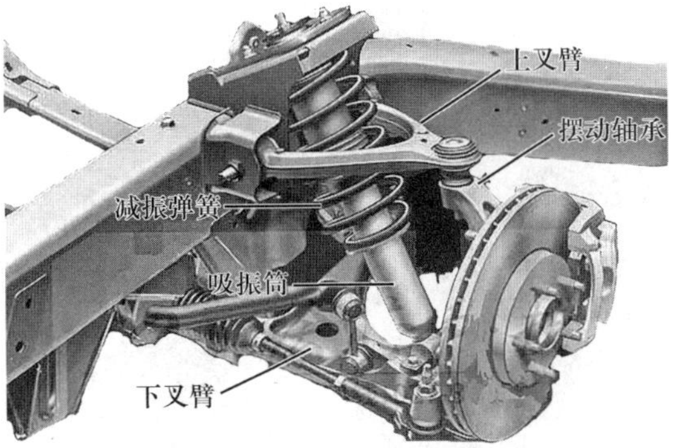

图 5-70　双叉臂式悬挂系统

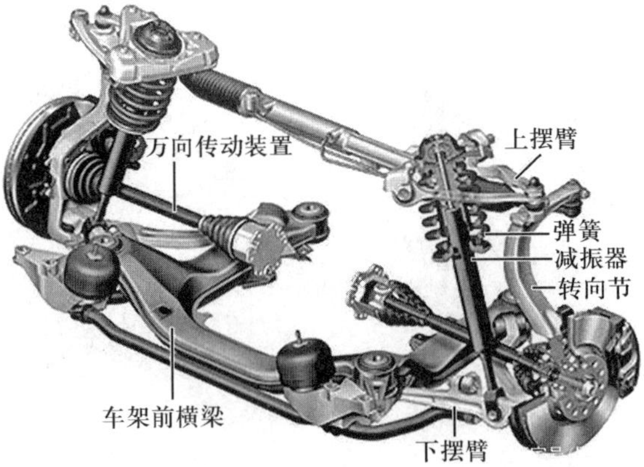

图 5-71　奥迪 A4L 不等长双叉臂式悬挂系统

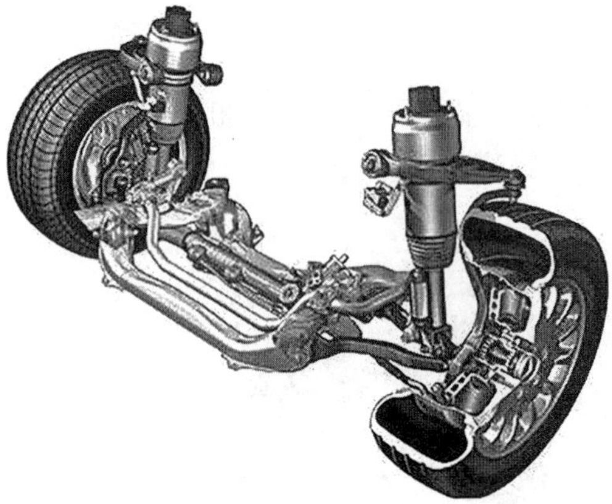

图 5-72　空气式悬挂系统

6. 空气式悬挂系统

空气式悬挂系统如图 5-72 所示。一般装配空气式悬挂系统的车型，其前轮和后轮附近都会设有离地距离传感器。按离地距离传感器的输出信号，行车电脑会判断出车身高度的变化，再控制空气压缩机和排气阀门，使弹簧自动压缩或伸长，从而降低或升高底盘离地距离，以增加高速车身的稳定性或复杂路况的通过性。

相比传统悬挂系统，空气式悬挂系统的结构较为复杂，出现故障的概率和频率高于螺旋弹簧悬挂系统；用空气作为调整底盘高度的动力来源，相关部件的密封性也是一个问题；另外，如果频繁地调整底盘高度，还有可能造成气泵系统局部过热，从而大大缩短气泵的使用寿命。

三、转向系统

转向系统是汽车上用来改变或恢复其行驶方向的专设机构。汽车转向系统可按转向能源的不同分为机械转向系统和动力转向系统 2 类。机械转向系统是依靠驾驶员操纵转向盘的转向力来实现车轮转向的；动力转向系统则是在驾驶员的控制下，借助于汽车发动机产生的液体压力或电动机驱动力来实现车轮转向的。转向系统如图 5-73 所示，用手转动方向盘，力矩通过转向轴、转向万向节、转向中间轴依次传递给整体式转向器(降速增扭)、转向摇臂、转向直拉杆、左转向节的转向节臂，使左转向节及装于其上的左转向轮绕主销偏转；与此同时，左梯形臂经转向横拉杆和右梯形臂使右转向节及右转向轮绕主销向同一方向偏转，实现汽车转向。

四、制动系统

制动系统的功能是使汽车减速、停车并能保证可靠地驻停，制动系统如图 5-74 所示。汽车制动系统一般包括行车制动系统和驻车制动系统 2 套相互独立的制动系统，每套制动系统

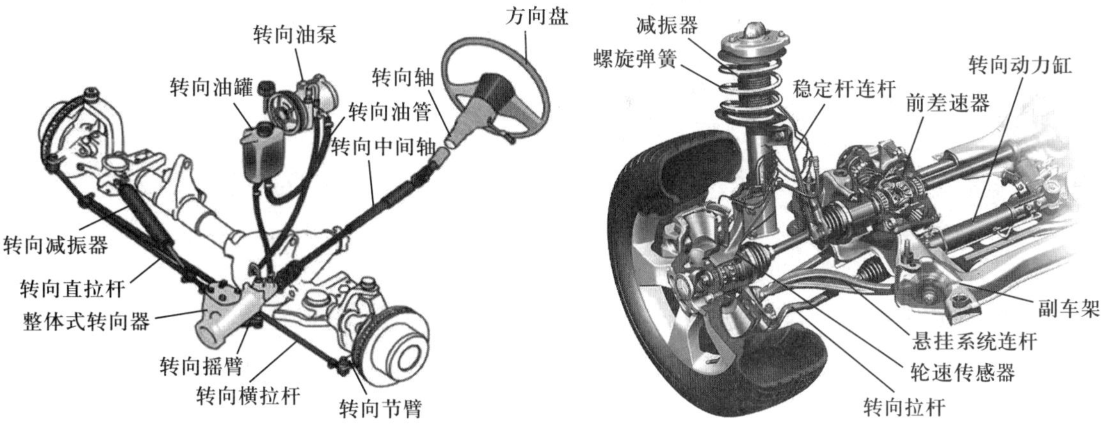

图 5-73　转向系统

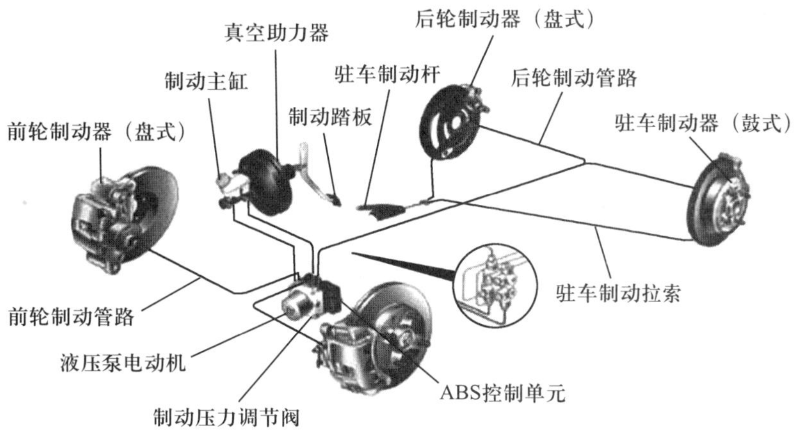

图 5-74　制动系统

都包括制动器和制动传动机构。行车制动系统主要包括制动踏板、制动助力器、制动主缸、制动盘和制动片等。当驾驶员踩下制动踏板时，制动助力器将驾驶员的力量放大，并通过制动主缸将液压信号传递到制动盘和制动片上，产生制动力。

盘式制动器如图 5-75 所示，它主要是由刹车油泵、1 个与车轮相连的刹车圆盘和圆盘上

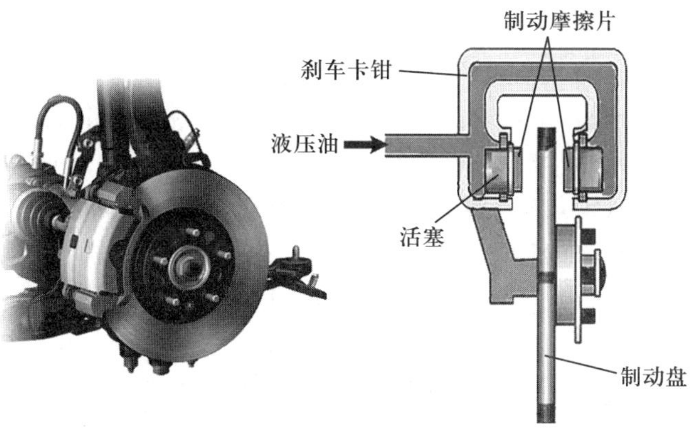

图 5-75　盘式制动器

的刹车卡钳组成。刹车时，高压刹车油推动刹车卡钳内的活塞，将制动摩擦片压向制动盘，从而产生制动效果。

思考与练习 5-4

1. 判断：前驱的传动系统不包括万向传动装置、差速器和半轴。（　　）

2. 填空：汽车底盘由________系统、________系统、________系统、________系统 4 部分组成。

3. 填空：传动系统一般由________、________、万向传动装置、主减速器、________和半轴等组成。

4. 多选：行驶系统由汽车的（　　）和悬挂系统等组成。

A. 发动机　　B. 车架　　C. 车轮　　D. 车桥

5. 多选：汽车的转向系统主要包括（　　）、转向摇臂和转向直拉杆等部分。

A. 转向盘　　B. 万向节

C. 转向器　　D. 转向节臂

6. 多选：汽车的制动系统主要包括（　　）、驻车制动杆、驻车制动拉索等部分。

A. 制动器　　B. 制动踏板

C. 真空助力器　　D. 制动管路

第五节　机械手的传动结构

工业机械手是模仿人手的动作或能完成的工作，按照给定程序实现自动抓取、搬运和操作的装置。工业机械手一般由执行机构、驱动机构、控制系统、检测装置等组成，常见的类型有关节机械手、直角坐标机械手等。

一、关节机械手

关节机械手的结构类似于人的手臂，通过多个旋转关节连接到底座。连接臂中连杆的旋转关节数量为 2～10 个，每个关节都提供额外的自由度，关节铰链可以彼此平行或正交。关节机械手的主要优势是可高速运动，占用的空间小。

1. 六自由度关节机械手

具有 6 个自由度的关节机械手是较常用的工业机械手，常用于多角度焊接（图 5-76）、搬运，为生产提供了非常大的灵活性。六自由度关节机械手具有 6 个转动自由度，也称 6 个轴，其关节运动如图 5-77 所示，自下而上依次称为 1～6 轴，分别由 6 个伺服电动机带动。

六自由度关节机械手的结构如图 5-78 所示，它模拟了人类手臂的运动形式和结构，即从底座的水平回转 1 轴、肩关节 2 轴、肘关节 3 轴、前臂转动 4 轴、手腕弯曲 5 轴至腕关节回转 6 轴。其中 1、2、3 轴主要确定了机械手末端的空间位置（x、y、z 方向），而 4、5、6 轴则确定了末端的姿态（方向和角度）。1、2、3、4、6 轴电动机直接连接减速器，增加转矩且结构紧凑。5 轴由于结构位置的原因，先经过同步带传动（精度较一般传动带高，不打滑），再经过减速器驱动。

图 5-76　多角度焊接

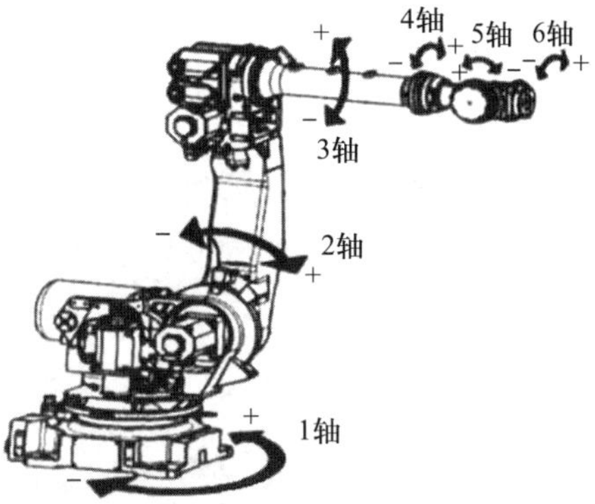

图 5-77　六自由度关节机械手的关节运动

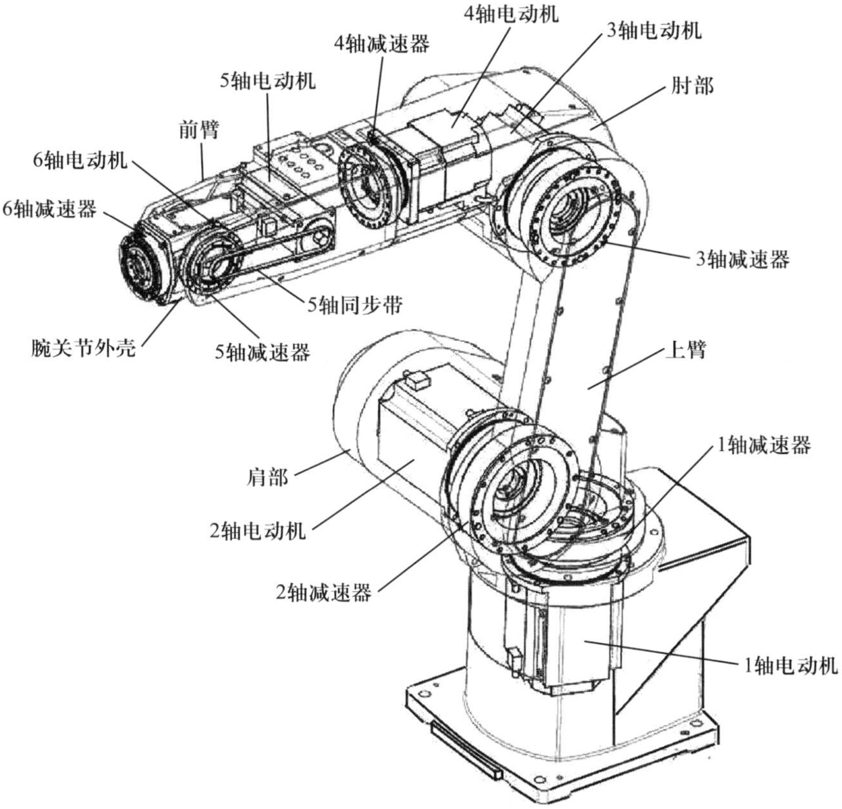

图 5-78　六自由度关节机械手的结构

2. 四自由度搬运机械手

四自由度搬运机械手的结构如图 5-79 所示。由于它只用于水平方向的搬运，实际上只需要 4 个自由度，即只需要将水平状态的物品水平放在另一个位置（也是水平状态），而不需要翻转。四自由度搬运机械手由下（机架位置）向上依次为 1、2、3、4 轴（转轴），分别由 4 个电动机带动减速器驱动，进行水平回转、上臂摆动、前臂摆动、手腕（夹爪）回转运动。上臂、上臂连杆、机座和小连杆组成的平行四边形（平行四杆机构），保证了 2 轴电动机在转动时，前臂相对机架的方向角度不改变；同样，前臂与前臂连杆等也构成平行四杆机构，保证夹爪的方向始终朝下，即抓取水平放置的料袋或箱体的方向。

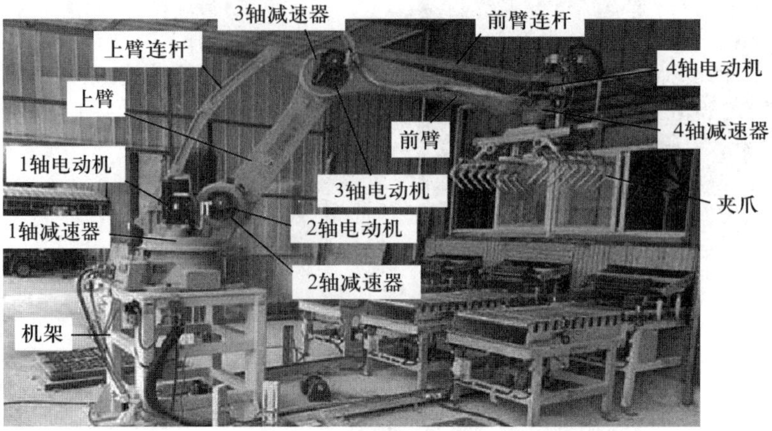

图 5-79　四自由度搬运机械手的结构

3. SCARA 机械手

SCARA 机械手就是一种广泛应用于装配作业的机器人手臂，如图 5-80 所示，属于水平关节机械手。其有 2～3 个轴线平行的旋转关节(一般为 2 个，即第 1 关节和第 2 关节)，结构简单，占地面积小，运动速度快，在生产领域得到广泛应用。如图 5-81 所示，SCARA 机械手具有 4 个自由度，即第 1 关节旋转、第 2 关节旋转、第 3 关节上下运动、第 4 关节旋转。在实际应用中，可以利用 SCARA 机械手运动学分析，来合理规划 SCARA 机械手的运动轨迹，提高机器人的重复精度，确保产品的应用性能。

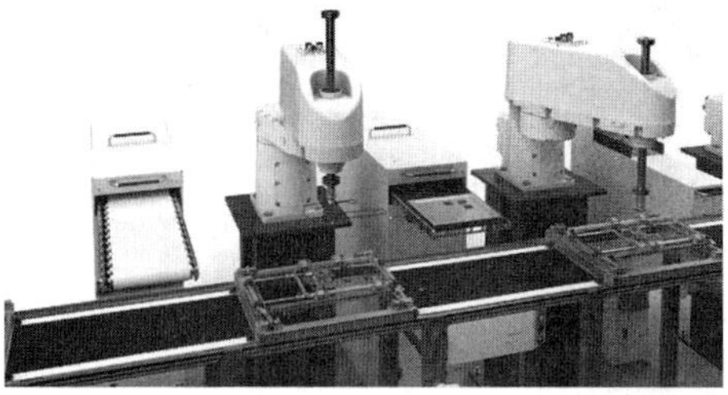

图 5-80　SCARA 机械手

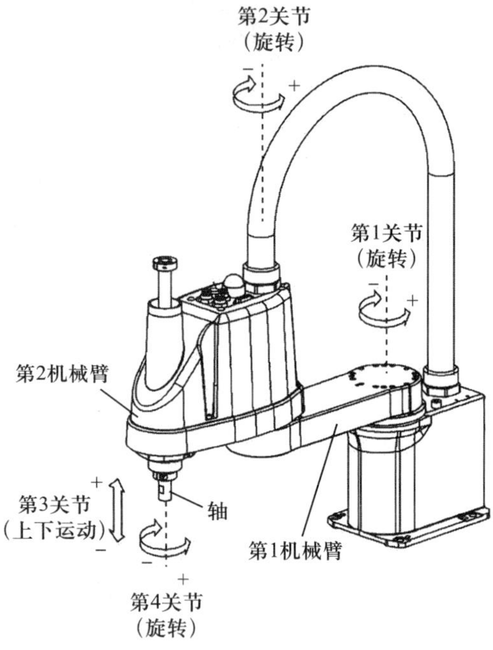

图 5-81　SCARA 机械手的自由度

SCARA 机械手的传动结构如图 5-82 所示，第 1 关节旋转电动机与减速器相连接，并固定在机架上，驱动大臂旋转；第 2 关节旋转电动机经减速后驱动小臂旋转，机座固定在小臂上；丝杠移动电动机通过同步带传动旋转螺杆，通过螺旋线传动，使丝杆上下移动；丝杠旋转电动机通过同步带传动花键套，带动丝杆做旋转运动。SCARA 机械手的爆炸图如图 5-83 所示。

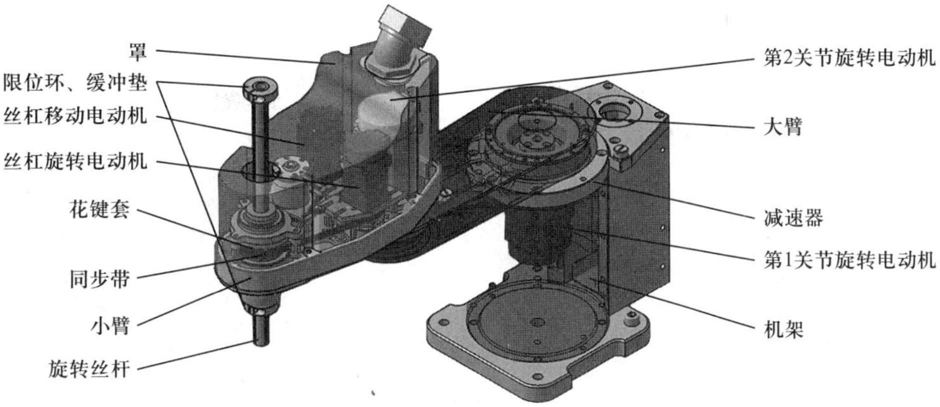

图 5-82　SCARA 机械手的传动结构

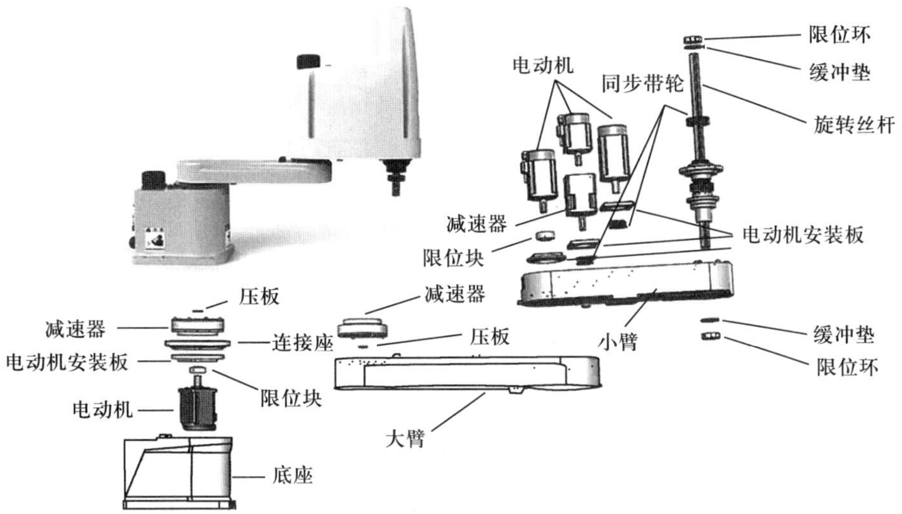

图 5-83　SCARA 机械手的爆炸图

如图 5-84 所示，当只有电动机 1 转动时，SCARA 机械手可以实现轴的上下移动（上方的同步带轮转动，带动滚珠丝杠螺母回转，此时花键螺母不转动，所以推动带有螺旋槽的轴上下移动），即第 3 关节的上下移动；当只有电动机 2 转动时（下方的同步带轮转动，带动花键螺母转动，由于花键的导向作用，带有花键的轴一直原地旋转），轴（第 4 关节）转动；当电动机 1、2 同时转动时，轴即可来回旋转，同时上下移动，实现运动的组合。

SCARA 机械手在 x、y 轴方向（水平面内）上具有顺从性，而在 z 轴（竖直）方向上具有良好的刚度。SCARA 机械手就像人的手臂，可以在限定的范围内伸展、收回，特别适合装配、搬动或取放物件，非常广泛地应用于塑料、汽车、电子产品、药品和食品工业，可以完成装货、卸货、点胶、锁螺丝、包装、固定、涂层、黏接、封装、特种搬运操作等。

二、直角坐标机械手

直角坐标机械手如图 5-85 所示，通过在其 3 个垂直轴（x、y、z 轴）上滑动来提供线性运动。它还可以附加手腕的旋转运动（图中未示出），可用来搬运较重型的工件，运动精度较高。

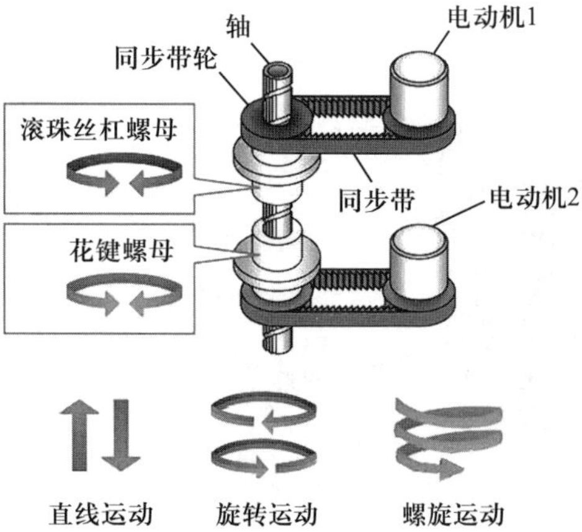

图 5-84　SCARA 机械手的第 3、4 关节运动

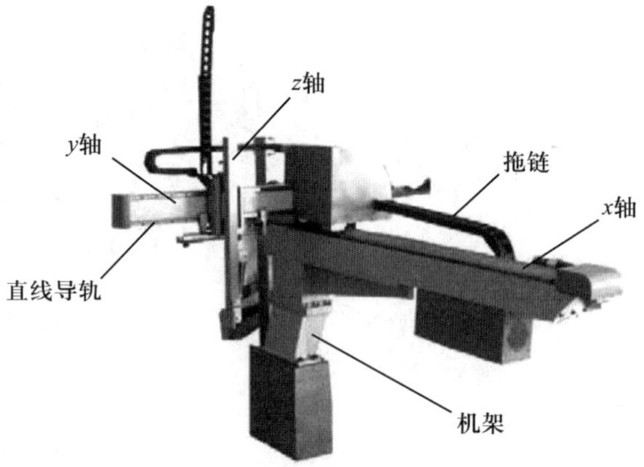

图 5-85　直角坐标机械手

为增加强度并减小质量，也可采用如图 5-86 所示的框架式结构，其 y 轴组件的末端安装有固定多个橡胶真空吸盘的支架。真空吸盘用于对大平面工件的吸取和释放，可以由真空泵或真空发生器产生负压吸力。在使用真空发生器时，由于瞬间用气量较大，一般在其附近安装储气罐，以提供瞬间的气压补充。

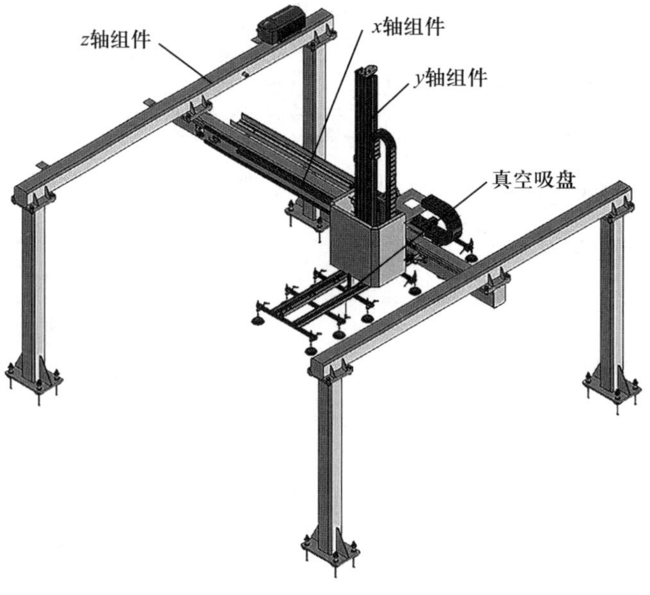

图 5-86　框架式结构

直角坐标机械手一般有 1 轴、2 轴、3 轴和 4 轴等组合方式，如图 5-87 所示，以适应不同的工作场合。

直角坐标机械手可以采用伺服电动机或气缸驱动，其中气缸驱动方式仅能实现起点和终点的点位控制（行程位置可调）。电动机驱动方式包括滚珠丝杠（较为常用）、同步带和齿轮齿条的传动方式，其中齿轮齿条传动结构如图 5-88 所示。伺服电动机一般与减速器相连接，起

图 5-87 多种组合方式

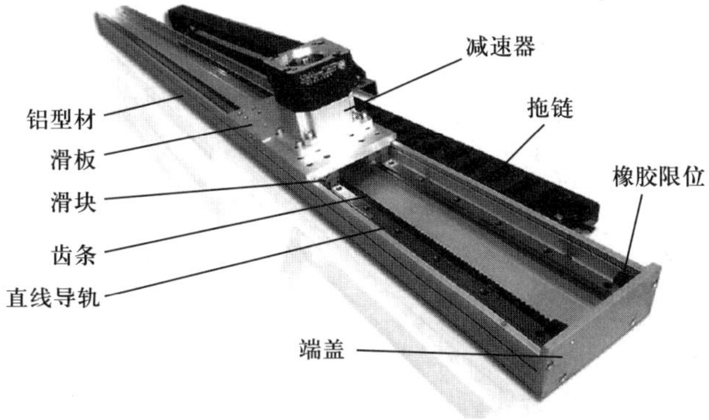

图 5-88 齿轮齿条传动结构

到减小转速、增加转矩的作用;在减速器的输出轴上安装有小齿轮,与铝型材加工面上安装的齿条配合传动,使滑块与铝型材主体相对移动。在铝型材上固定有2根直线导轨,起到支撑和导向的作用。拖链用于存放电线或气管等运动件,外加端盖和盖板防尘罩(图中未示出)起到保护内部件和防尘的作用。

滚珠丝杠传动结构如图5-89所示,伺服电动机通过梅花形联轴器与丝杠连接(在丝杠的一端有键槽孔或通过螺钉紧固),丝母在滑块的安装孔内,电动机带动丝杠转动时,推动丝母带动滑块移动。2根直线导轨用于实现导向,在设计和安装时,要保证直线导轨与丝杠轴线的平行度。

同步带传动结构如图5-90所示,电动机驱动左侧的同步带轮,右侧的同步带轮可以沿传动方向移动并紧固,起到张紧同步带的作用。在实际设计时,建议使用专门厂家提供的同步带轮和同步带,型材可定制。根据需要拉力强度选择同步带型号(标准)和长度(因同步带为非闭合的整圈结构,可自选)、宽度。同步带分为圆弧齿同步带和梯形齿同步带,其中圆弧齿同步带的传动效率更高,可达到98%以上,且在高速转动时噪声小、振动小,使用寿命长;而梯形齿同步带则更适合高负载应用,能够承受更大的负载和冲击。

三、夹爪

夹爪的作用是完成对工件或物料的夹取与释放,动力来源主要有气缸、电动机、电磁铁或液压缸。以气缸为动力的摆块机构,常被用于搬运机械手上。搬运机械手的夹爪结构如图5-91所示。安装板与机械手相连;支架采用铝型材结构,方便通过调整安装位置来调整夹爪的开口大小,以适应抓取不同尺寸的物料袋需求;气缸以铰链(轴承座)固定在支架上,气缸杆上安装有关节轴承,可空间转动并适应安装偏差,通过杆端螺纹(细牙)可调整杆长,调整后用螺母紧固;摆杆可采用带座轴承与支架连接,并固定夹爪;夹爪张开时由4个缓冲器阻尼减振,或用死挡铁限位。

图 5-89　滚珠丝杠传动结构

图 5-90　同步带传动结构

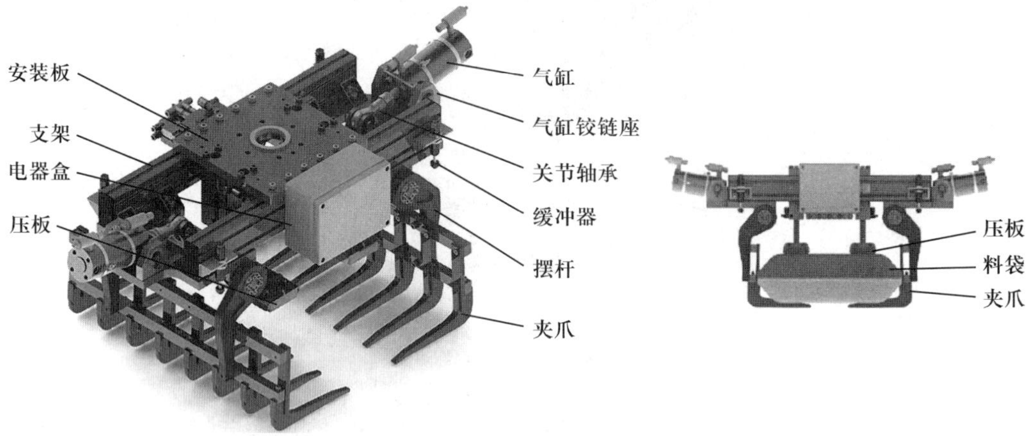

图 5-91　搬运机械手的夹爪结构

标准的气动件中有多种气动夹爪结构(可查气动件生产厂家的样品手册或销售网址),包括平行开闭夹爪、支点摆动夹爪、阔式夹爪等。其中平行开闭夹爪的结构如图 5-92 所示,活塞杆的前端有通孔(螺纹孔),活塞杆插销用来推动 L 形摇臂摆动。L 形摇臂可绕摇臂定位销转动,限位螺钉是为了形成摇臂定位销的回转孔位。每个 L 形摇臂上端推动两侧钢珠(两侧各有 1 个,2 个 L 形摇臂共 4 个钢珠),带动与夹爪连接的挡板,使夹爪来回移动,做向两侧开、中间合的运动。每个夹爪上有 2 个用于安装夹紧块的内螺纹安装孔,设计夹紧块时可利用止口定位。

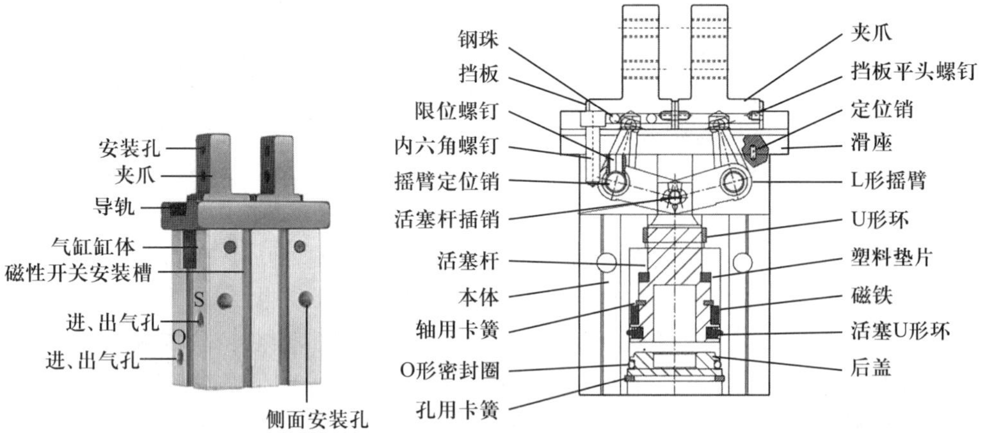

图 5-92　平行开闭夹爪的结构

支点摆动夹爪的结构如图 5-93 所示，夹爪可绕摇臂定位销回转。当活塞杆伸出时，位于活塞杆前端的活塞杆插销向上推动夹爪内侧的长孔，使夹爪向外旋转张开；当活塞杆缩回时，活塞杆插销向下拉动夹爪内侧，使夹爪向内旋转闭合。

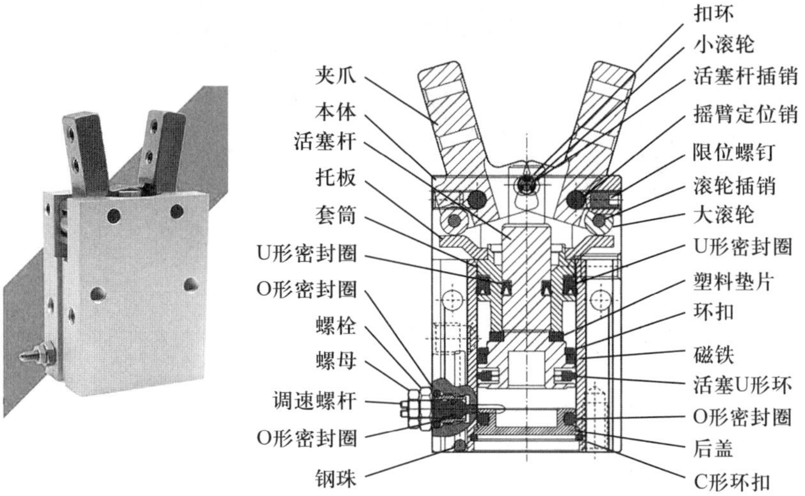

图 5-93 支点摆动夹爪的结构

阔式夹爪的结构如图 5-94 所示，它有 2 个气缸杆(在结构上实际有 2 个气缸)提供移动动力，2 个导杆起到导向的作用，保证夹紧时提供必要的拉力、压力和弯矩。导杆可以承受一定的径向力，以便抓取物料。

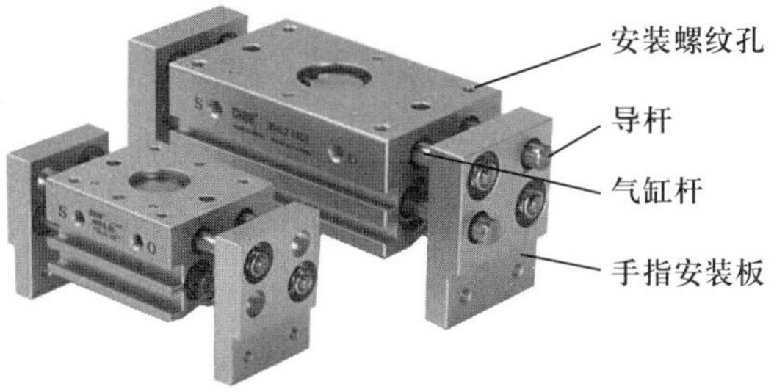

图 5-94 阔式夹爪的结构

机械夹爪的运动和驱动形式很多，其他夹爪的结构如图 5-95 所示。

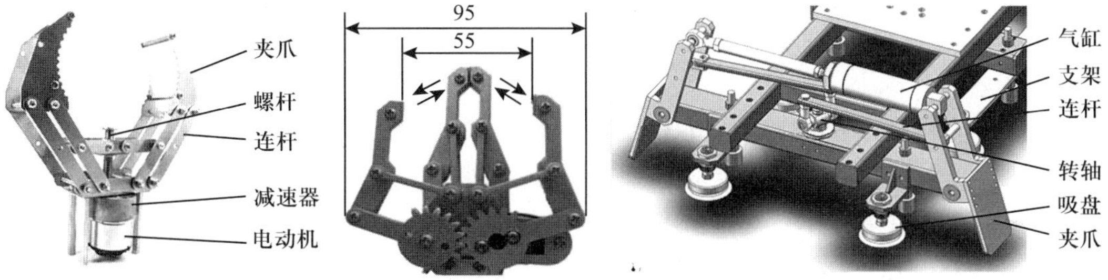

图 5-95 其他夹爪的结构

有时为便于对易碎物品的抓取，可以采用柔性材料与被抓取物接触。柔性夹爪的结构如图 5-96 所示。

图 5-96　柔性夹爪的结构

思考与练习 5-5

1. 判断：工业机械手主要是模仿人手的动作，按照给定程序实现自动抓取、搬运和操作的装置。（　　）
2. 填空：常见的工业机械手有________机械手、________机械手等类型。
3. 填空：关节型机械手有________机械手、________机械手、________机械手等种类。
4. 多选：机械手可以采用（　　）驱动等多种方式。
   A. 伺服电动机　　B. 气缸　　C. 液压　　D. 电磁铁
5. 多选：直角坐标机械手的传动结构包括（　　）。
   A. 齿轮齿条传动　　B. 滚珠丝杠传动
   C. 蜗轮蜗杆传动　　D. 同步带传动
6. 简答：试说明夹爪的结构特点和应用范围。
7. 简答：对比说明关节机械手和直角坐标机械手的传动特点。

综合项目

设计包装机生产线、自动钻床或装配设备、植树（树苗）机或马铃薯收割机，要求：自动化程度高，功能完整，可适应多种尺寸。

扫码查看彩图

第六章　机械结构的创新

第一节　机械原理的创新

产品开发一般要经过市场调研需求、原理方案设计、结构方案设计、工艺方案设计、产品的制造调试和改进等阶段。原理方案和结构方案设计对产品的结构、工艺、成本、性能和使用维护等都有很大的影响，因此，原理方案和结构方案的创新设计十分重要。应用新的原理，是快速而有效地开发新产品的重要途径，也是企业在竞争中胜出的重要保证。

实例 1：键盘的柔性化创新设计——过去几十年中键盘的主要发展演变路线为一体化刚性键盘→美国海军陆战队配备的折叠式键盘→柔性键盘→液晶触摸屏→最新的虚拟激光键盘。如果我们将键盘核心技术的这种演变过程抽象出来，会发现它是按照从刚性、铰链式、完全柔性、气体（液体）一直到场的发展路线。

很显然，键盘的进化过程是依靠设计者不断引入新技术来推进的，促进键盘的柔性化，以适应环境状况和执行方式的变化。同理，门锁进化过程为挂锁→链条锁→电子锁→指纹锁，它的进化过程也是应用了柔性化、微观化的新技术来实现产品的创新。

实例 2：轴承的创新设计——轴承的进化过程为单排球轴承→多排球轴承→微球轴承→气体（液体）轴承→磁悬浮轴承。

磁悬浮轴承设计：轴承是常用的机械零件，一般人们主要通过减少摩擦来提高轴承的旋转精度、机械效率，延长其使用寿命。人们将电磁学原理移植到轴承设计中，利用磁的同性相斥特点，开发出工作时轴颈与轴瓦不接触的磁悬浮轴承，其旋转时摩擦阻力很小，现已推广应用。例如美国西屋公司将磁悬浮轴承用在电度表上，开发出高精度的新型电度表，由此获得较高的商品附加值。

实例 3：切割技术的创新——切割技术的进化过程为原始的锯条切割→砂轮切割→高压水射流切割→激光切割。它们在本质上都是沿着和实例 1 中键盘同样的演变路线在不断进步和发展。

根据 TRIZ 理论，即发明问题解决理论，发明创造的级别越高，机械结构创新所依据的科学原理就越罕见。重大机械结构创新问题的解决主要是依据自然规律或科学的新发现，如计算机、形状记忆合金、蒸汽机、激光、晶体管等的首次发现。实际上，随着社会的发展、科技水平的提高，发明创造的等级随时间的变化而不断降低，原来初期最高级别的发明创造逐渐成为人们熟悉和了解的知识。因此，对于新原理和新技术的应用，可以先在行业内寻找答案；如若不能，再向行业外拓展，寻找解决方法。若想实现创新，就要充分挖掘和利用行业外的知识，正所谓“他山之石，可以攻玉”。吸取、借用某一领域的科学技术成果，将其引用或渗透到其他领域，用以变革、改进已有事物或开发新产品，这就是移植创新。

在机械创新设计方面，应用移植创新原理获得成功的例子比比皆是。例如，在设计汽车发动机的化油器时，人们移植了香水喷雾器的工作原理；组合机床、模块化机床的设计移植了积木玩具的结构方式。因此，移植创新也是一种广泛应用的创新原理，其主要方式如下。

①把一个学科领域中的某一项新发现移植到另一学科领域之中，使其他学科领域的研究工作取得新的突破。

②把一个学科领域中的某一基本原理或概念移植到另一学科领域之中，促使其他学科的发展。

③把一个学科领域的新技术移植到另一学科领域之中，为其他学科的研究提供有力的技术手段，推动其他学科的发展。

随着科学技术的迅速发展，利用液、气、声、光、电、磁等工作原理的机构日益增多，如液压机构、气动机构、光电机构和电磁机构等。在机械结构中，由于利用了一些新的工作介质和工作原理，较传统结构能更方便地实现运动和能量的转换，并能实现某些传统结构难以完成的复杂运动。因此，应用这些新的技术成果，可以快速实现产品性能的突破，如液压升降机、气动夹紧装置和光电动机等。

一、原理方案设计的内容

在进行一个设备的机械结构设计前，要明确所要实现的目标，将其工作过程进行功能分解，即形成若干子功能；明确每一个子功能应用什么科学原理与方法来实现。不同的工作原理对应不同的机构或结构方案。

(一)原理方案的设计特点

原理方案的设计是一个从发散到收敛的过程，可以从功能分析入手，通过创新构思探求多种方案，经优化筛选求得最佳原理方案，就可以找出可能的机构或结构方案。原理方案具有多解性，即实现同一功能目标可以采用各种不同的工作原理。

例如，在圆柱形工件表面加工出螺纹可以有多种原理方案。

①采用车削加工的工作原理：如图 6-1(a)所示，所设计的机床应具有夹紧工件、旋转工件、刀具对准工件轴线并沿轴线方向以一定速度运动的工艺动作，加工效率低，螺纹精度难以控制，但对机床要求低。

②采用板牙套丝加工的工作原理：如图 6-1(b)所示，设计出来的机床应具有夹紧工件、板牙中心轴线对准工件轴线加压后使刀具不动而工件转动或工件不动而刀具转动的工艺动作，加工效率较高。

③采用搓丝加工的工作原理：如图 6-1(c)所示，设计出来的机床应具有按一定姿势进送工件并让搓丝板压紧工件做平移运动的工艺动作，加工效率和精度高，但对机床要求也高。

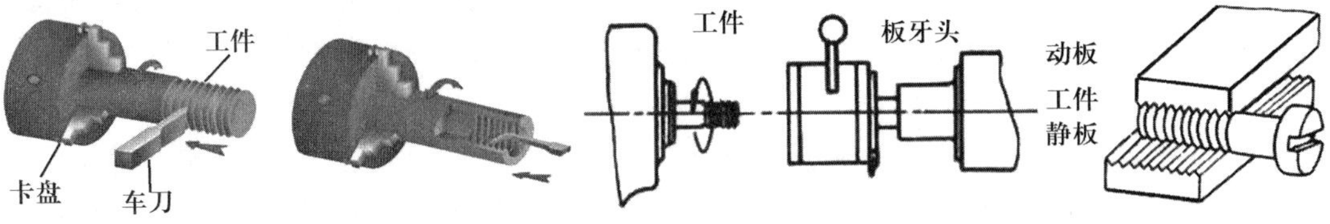

(a) 采用车削加工　(b) 采用板牙套丝加工　(c) 采用搓丝加工

图 6-1　在圆柱形工件表面加工出螺纹的原理方案

实例 4:要实现将一叠纸逐张分开,有如图 6-2 所示的切向力推开、摩擦力擦开、离心力抛开、重力脱开、黏结力黏开、气力吹开、负压吸附移开和静电吸附移开等多种方案。实际的胶印机分纸机构采用了气力吹开和负压吸附(风吹和气吸)移开的组合方式,即先利用气力从后侧分离出 1 张纸,再从前部利用真空吸盘(安装在四杆机构上)吸起,由四杆机构带动向前传送,再由滚轮带动进行输送。

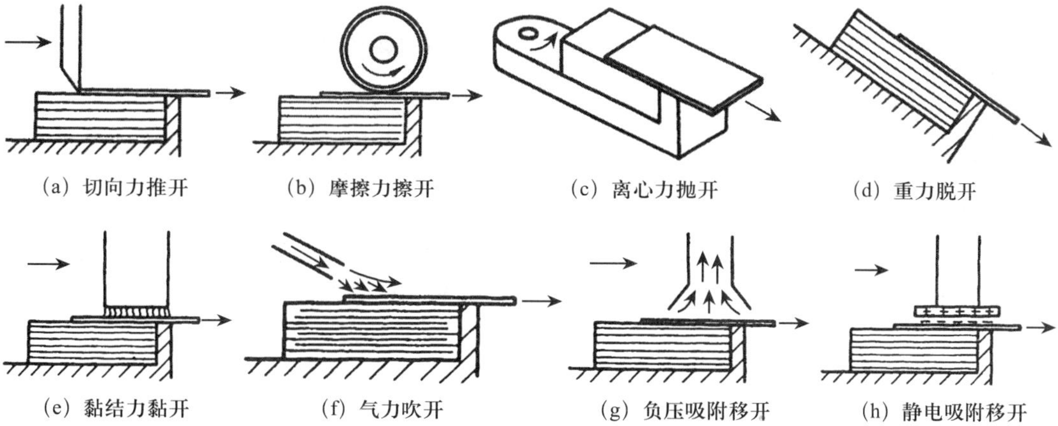

图 6-2 纸张实现分离的原理方案

在传统的原理方案设计中,纯机械式的工作原理应用十分广泛,它能表现出性能稳定、工作可靠的特性。但随着电子产品和控制元件的不断进步和广泛使用,很多的机械结构被简化。合理运用机、光、电、磁、热、化等各种物理化学效应来构思方案,往往可以得到全新的、更理想的设计效果。

实例 5:在清洗回收玻璃瓶的方案设计中,用化学液浸泡、高压水冲洗、超声波去污比用刷子做机械运动来清洗的效果更好。

实例 6:机械式钟表用纵擒机构和物理摆的工作原理来控制钟表的走时精度,纵擒机构如图 6-3 所示,钟表的结构不仅复杂,而且实现高精度报时十分困难。而利用石英晶体振荡来控制电磁摆摆动的频率,制成机电结合的石英钟表,钟表的结构得到简化,报时精度也得到很大提高。引入液晶显示技术,进一步省掉电磁摆和钟表的指针,获得一种用液晶显示时间、纯电子工作原理的电子钟表,使钟表的体积进一步缩小,报时精度得到显著提高,产品的品质发生了质的飞跃。

图 6-3 机械式钟表的纵擒机构

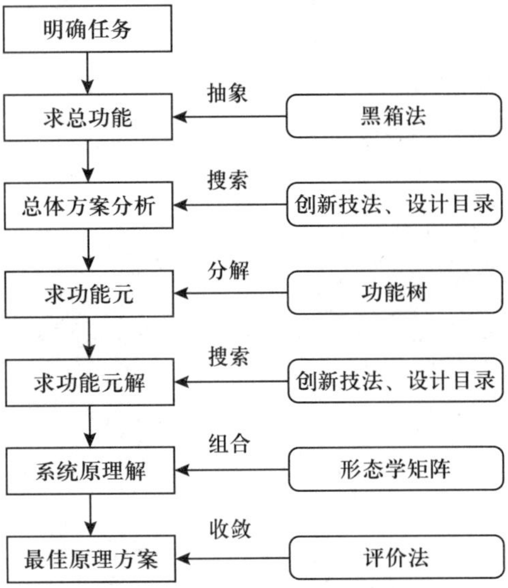

图 6-4　原理方案的设计步骤

(二)原理方案的设计步骤

原理方案的设计步骤如图 6-4 所示,一般要先明确工作任务和应完成的目标,形成任务书;然后确定设备的总体功能,并对总体方案进行分析,形成合理的子功能目标并求解;最终在多种组合方案中,找出最佳原理方案。

(三)原理方案创新设计的评价内容

原理方案是否合理,应看其能否实现既定的功能目标和带来企业效益。

①功能性:能否顺利实现机械产品的预期功能目标,与同类产品比较是否具有先进性和新颖性,其工作原理是否有创新或突破。

②经济性:从产品的设计制造成本、运行成本 2 方面评价。

③可操作性:产品操作是否方便、简单,人机关系的协调性能如何等。

④安全性:包括产品本身的安全性和对人身、环境的安全性问题。如产品是否具有安全保护装置,对操作者或使用者是否采取安全防护措施,是否考虑环境保护问题等。

⑤可推广性:从方案实施的市场效应、社会影响、可持续发展情况等方面评价。

二、原理方案设计的实例

(一)工件传送的方案设计

工件传送是物流自动化过程中的重要环节,在工件传送过程中可实现工件的分类与换位。以下是几种实现直线位移的工件换位设计方案。如图 6-5 所示,利用四杆机构的运动,工件前进的节拍一致,在同一时间被全部托起并向前移动 1 个工位,然后被放下。如图 6-6 所示,采用曲柄滑块机构,工件先被存放在竖直的料仓内,靠重力下落,在推杆推出 1 个工件的同时,可以阻挡其上方工件的下落。

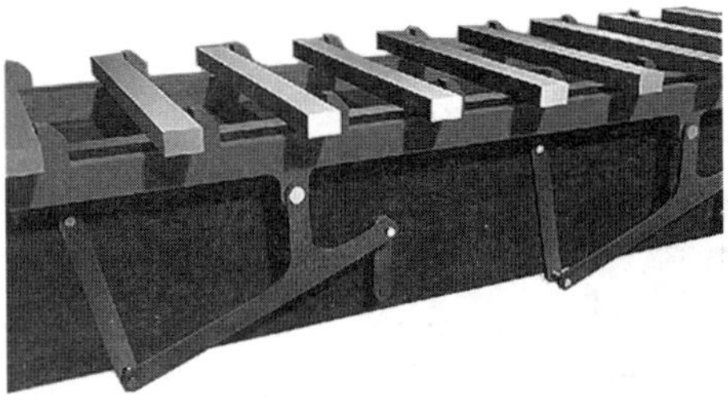

图 6-5　直线轨迹的步进输送机构

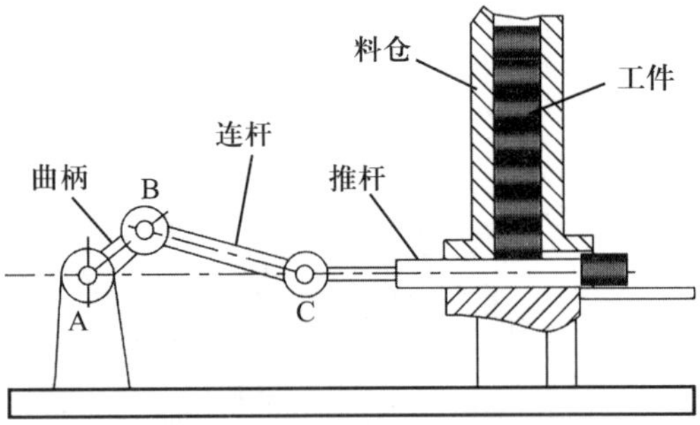

图 6-6　直线运动的供料机构

推爪供料方式如图 6-7 所示,它利用单个气缸的直线运动带动工件前行,当气缸杆向前伸出时,推爪的前端处于最上方位置,推动工件向前移动;当气缸杆缩回时,工件的重力压在推爪上，使推爪高度降低，从工件下方向左移动，并在下一个工件后方升起(推爪的左侧质量较大，推爪落在限位销上方，实现定位)，等待气缸杆再次伸出时推动工件前行。

气缸供料方式如图 6-8 所示，它采用 2 个气缸的配合结构，进给气缸用于推动工件前行，回转爪气缸用于控制回转爪的位置。当回转爪处于图示位置时，即回转爪气缸伸出时，回转爪处于工件后方，进给气缸杆伸出推动工件前行；当回转爪气缸缩回时，回转爪向上抬起，进给气缸杆缩回至原点，等待下一次推料。

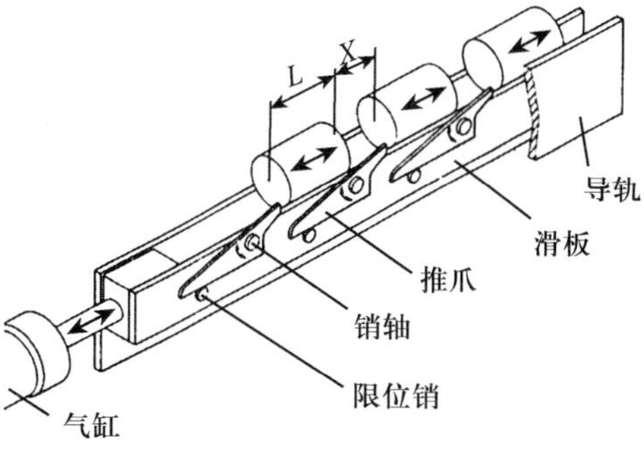

图 6-7 推爪供料方式

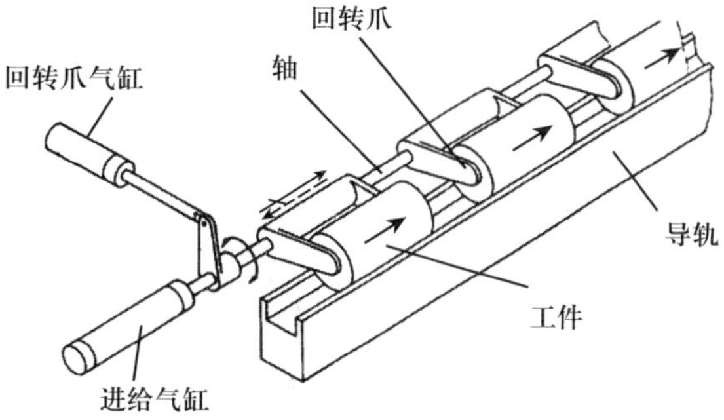

图 6-8 气缸供料方式

凸轮供料方式如图 6-9 所示，端面凸轮用于实现工件托架的前后移动，盘形凸轮实现工件的上升和下降，从而实现如图中所示的运动轨迹，即工件的上升、向右前进、下降(此时工件被放在前方等间距的固定位置)和工件托架退回。

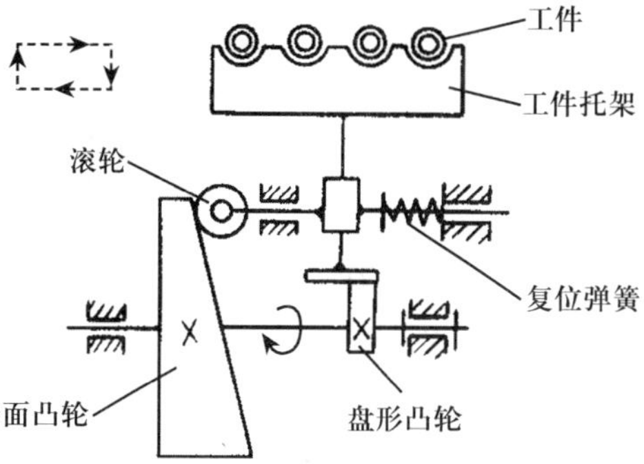

图 6-9 凸轮供料方式

(二)自动排列机构的方案设计

自动供料机构包括振动供料器(图 6-10)、自动排列器(图 6-11)等。

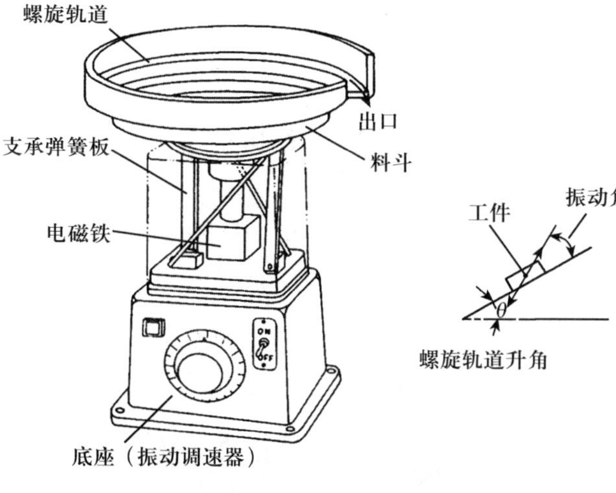

图 6-10 振动供料器

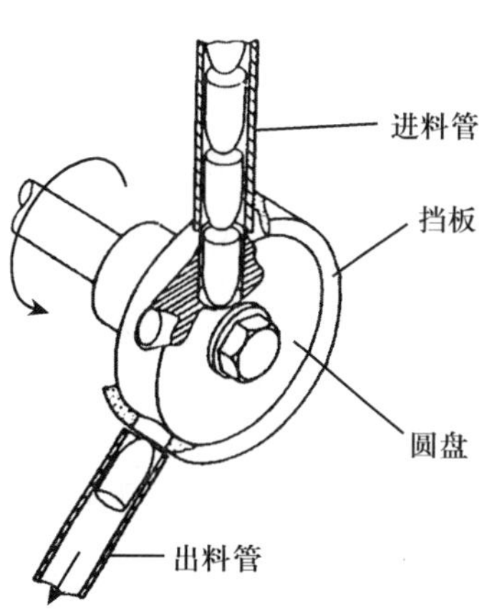

图 6-11 自动排列器

图6-12为U形件盘形振动供料器，图6-13为U形件转轮供料器，它们利用特定结构件配合重力的筛选，可以保证U形件在输出轨道上的方向正确；方向不正确的工件可落回料斗或料槽，等待下次的筛选过程。

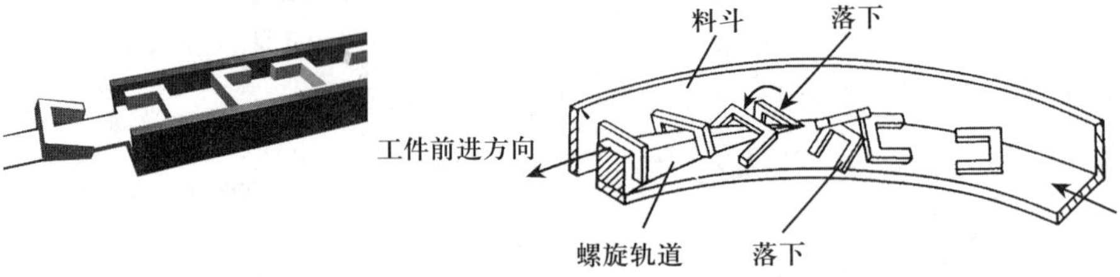

图 6-12　U形件盘形振动供料器

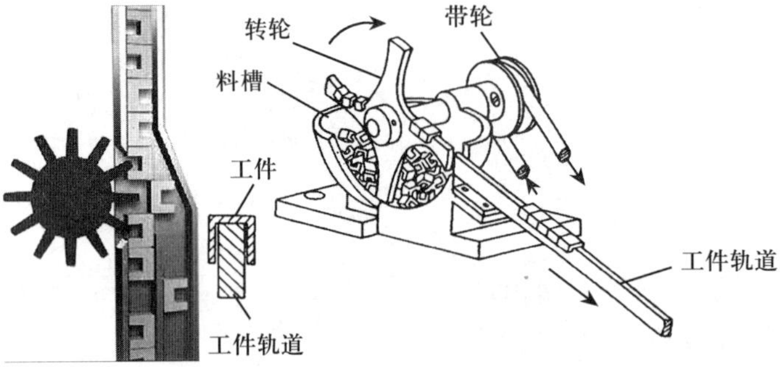

图 6-13　U形件转轮供料器

图6-14为2种阶梯轴形工件的供料结构，它是利用推板前端与工件的形状配合控制推板推出的距离，再利用挡杆或型孔控制工件下落的方向。

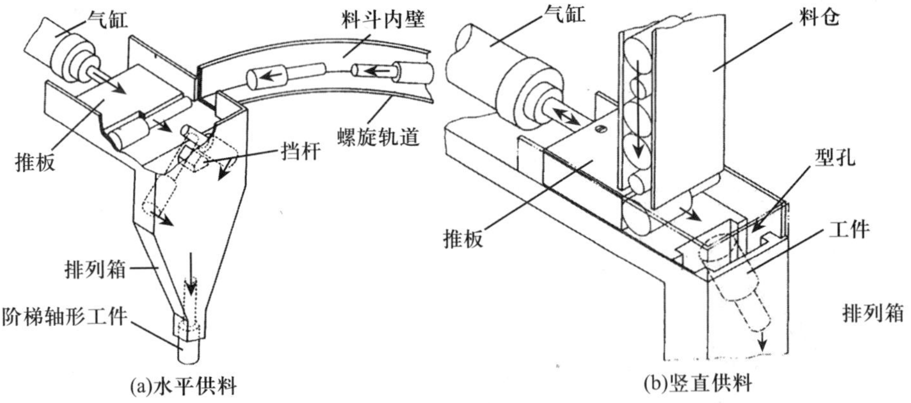

(a)水平供料　　(b)竖直供料

图 6-14　阶梯轴形工件的供料结构

单侧带孔工件的供料结构如图6-15所示，工件由料道进入，呈现2种状态，即孔朝右或朝左，最终实现孔向下方掉落，形成统一的排列规律。在图示位置(工件孔朝右)，当气缸杆带动顶杆伸出时，顶杆插入工件孔中，向左移动至最左端，此时挂钩钩住工件右侧端面；当气缸杆退回时，工件将保持在固定位置不动；而当顶杆全部退出后，工件依靠自重向右沿顺时针方向翻转(孔朝下)落入料管中。当料道上的工件孔朝左时,在顶杆推动工件的过程中,工件会顺着斜面以孔朝下的姿态直接掉落到料管中,而不会被顶杆托住。

当工件为圆锥形(即一端大、一端小)时,如图 6-16 所示,可以在长方形料槽的两端加装挡块结构,使其在物料下落时阻挡住工件的大端,而小端在重力作用下向下翻转并朝下落入排出料管。

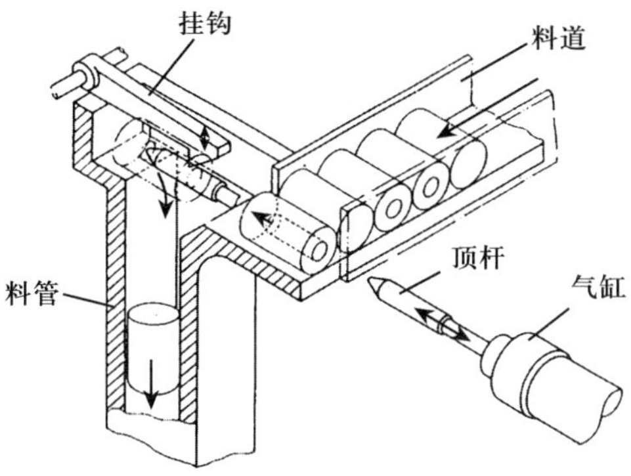

图 6-15　单侧带孔工件的供料结构

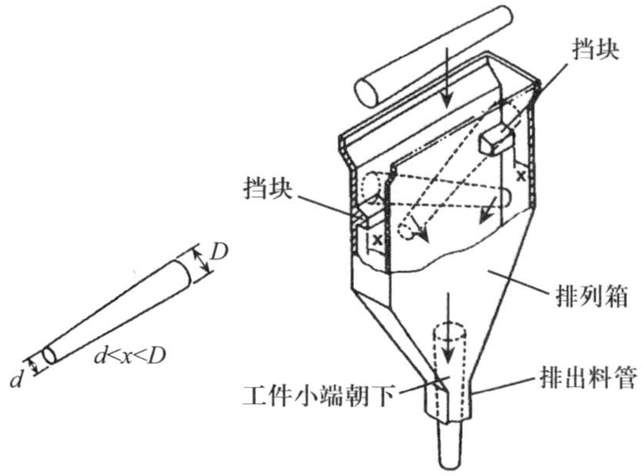

图 6-16　圆锥形工件的供料结构

(三)供料机构的方案设计

磁铁吸附供料方式如图 6-17 所示,工件被放在料槽中,电动机带动转盘旋转,在转盘一侧的外圈固定多个磁铁可将工件吸起;当转盘带动工件转至料道的入口处时,工件被“刮下”,并进入料道内向前传送。圆锥盘供料方式如图 6-18 所示,料槽下方有转动的转盘,转盘底部为圆锥形状(中间高、四周低),工件由于自重会沿外圈传动并进入出料管;没有进入出料管的工件将继续沿顺时针方向旋转,等待下一次的进入。

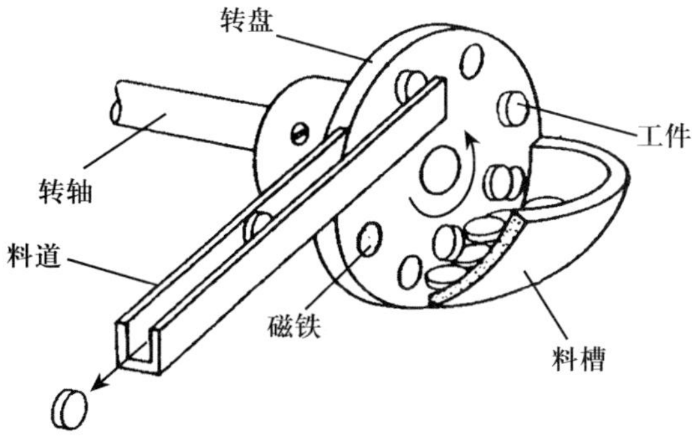

图 6-17　磁铁吸附供料方式

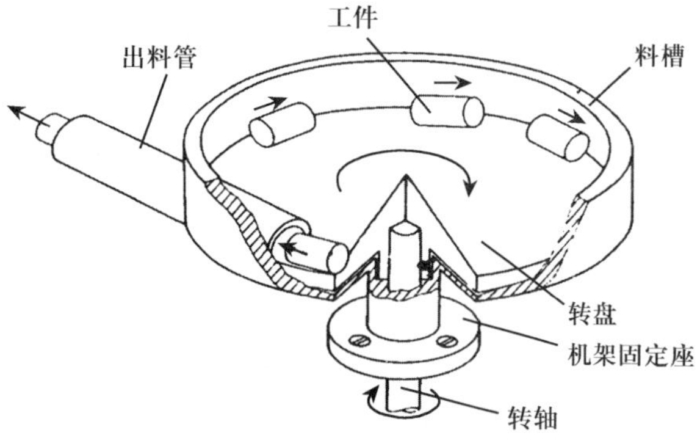

图 6-18　圆锥盘供料方式

(四)工件抓取机构的方案设计

工件的抓取机构有多种方案可供选择,如蜗轮蜗杆机构[图 6-19(a)]、齿轮齿条机构[图 6-19(b)]、齿轮式自锁机构[图 6-19(c)]、凸轮弹簧复位机构[图 6-19(d)]、气动夹爪机构[图 6-19(e)]、弹簧压紧四杆机构[图 6-19(f)]等。

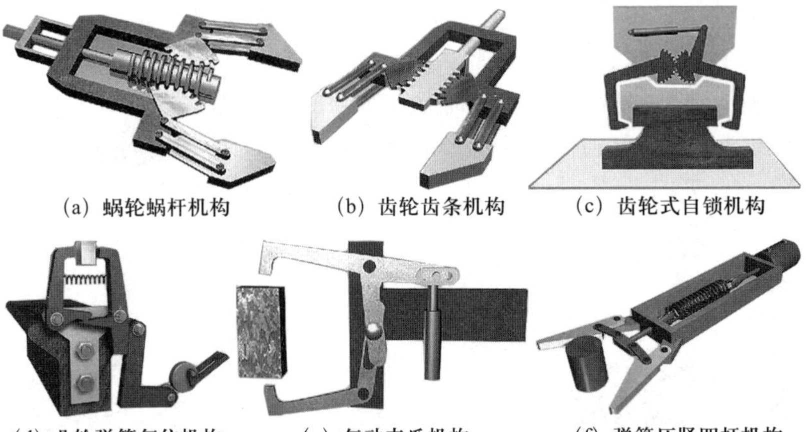

(a) 蜗轮蜗杆机构　(b) 齿轮齿条机构　(c) 齿轮式自锁机构

(d) 凸轮弹簧复位机构　(e) 气动夹爪机构　(f) 弹簧压紧四杆机构

图 6-19　工件抓取机构方案

思考与练习 6-1

1. 判断：原理方案设计和技术方案设计对产品的结构、工艺、成本、性能和使用维护等都有很大的影响。(　　)

2. 填空：产品开发一般要经过产品规划、________方案设计、________方案设计、________方案设计、产品的调试和改进等阶段。

3. 填空：工件传送是物流自动化过程中的重要环节，工件传送的功能是实现工件的________和________。

4. 填空：自动供料机构包括________机构、________机构等。

5. 填空：原理方案创新设计的评价内容包括________、________、________、________和可推广性等。

6. 填空：原理方案的设计是一个从________到________的过程。原理方案具有________性，即实现同一功能目标可以采用不同的工作原理。

第二节　机械结构的创新过程

机械结构创新是指在总体设计的基础上，根据所确定的原理方案，充分发挥设计者的创造力，利用人类已有的研究成果和经验，进行创新构思，设计出具有新颖性、创造性及实用性机械结构的一种实践活动。

机械结构创新就是利用创新方法将原理方案设计结构化，即把抽象的机械工作原理转化为具体机械实体结构的过程。原理方案及其创新需要通过结构设计来实现，因此，结构设计的质量和创新水平的高低，对机械创新的成败起着十分关键的作用。据统计，在整个机械设计过程中，平均约 80%的时间用于结构设计。图 6-20(a)为齿轮减速器的工作原理图，图 6-20(b)为对应的结构设计装配图。机械结构设计的内容不仅包括结构的类型和组成，还包括结构中所有零部件的形状、尺寸、数量、加工和装配方法。机械结构设计方案不仅要满足原理方案的要求，还必须解决与零部件相关的力学、工艺、材料、装配、使用、美观、成本、安全和环保等一系

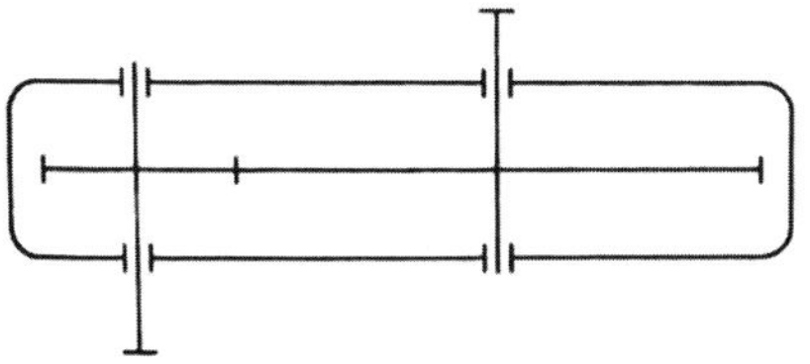

(a) 工作原理图

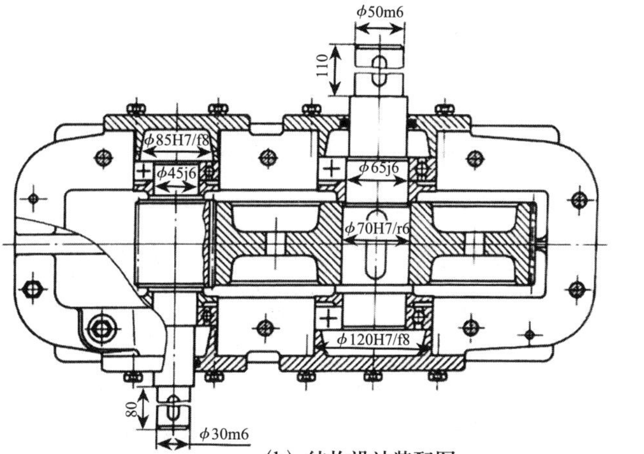

(b) 结构设计装配图

图 6-20 齿轮减速器结构设计

列问题。

由此可见,机械结构设计的重要特征之一就是设计问题的多解性,即结构设计方案是在满足同一原理方案的众多可行结构方案中优选或归纳出的经济合理的方案。现有的数学分析方案能使我们从一个可行方案出发,在一个单峰区间内寻求到局部最优解,但并不能使我们遍历全部的可行区域,找出所有的局部最优解,并从中找出全局最优解而得到最好的设计方案。因此,机械结构设计特别强调人在设计过程中的主导性及创造性作用,尤其是在总体方案、结构设计中,设计者的创新能力极大地影响着设计的最终结果。

对于由机构组成的机械系统来说,它的基本组成要素是运动副、运动构件和固定构件(即机架)。这些基本组成要素在机械系统中的功能不同,因此设计的出发点也有所不同。根据机械的基本组成要素,可从创新设计准则要求出发,分别考虑其结构创新过程中的问题。这样的过程符合结构设计初学者的思维方式,同时也为今后结构创新设计能力的培养和逐步提高奠定了基础。

一、机构构件的结构与创新设计

机械结构的功能主要是依靠零部件的几何形状及各个零部件之间的相对位置关系来实现的。零部件的几何形状由它的表面构成,一个零部件通常有多个表面,在这些表面中有的直接影响机械的工作性能,有的与其他零部件表面直接接触(通常把这一部分表面称为功能表面)。零部件的功能表面是决定机械性能的重要因素,功能表面的设计是零部件结构设计的核心。描述功能表面的主要几何参数有几何形状、尺寸、数量、位置和顺序等。

多数零部件都有 2 个或更多直接相关的零部件,故每个零部件大多具有 2 个或多个部位在结构上与其他零部件有关。零部件功能表面之间的连接部分称为连接表面。进行结构设计时,2 个零部件直接相关的连接表面必须同时考虑,以便合理地选择材料的热处理方式、形状、尺寸、精度及表面质量等;同时,还必须考虑间接相关零部件,如进行尺寸链和精度计算等。一般来说,某零部件的直接相关零部件越多,其结构就越复杂;零部件的间接相关零部件越多,其精度要求就越高。

为了获得最优的设计方案,结构设计中应拟订出尽可能多的可供优选的方案,这也是结构设计最具创造性的地方。借助工艺、材料、连接方式、形状、顺序、方位、数量、尺寸等的结构变异设计，是产生结构设计解的有效途径。轴毂连接通过对功能表面的形状、位置、尺寸和数量的变异设计，提出了实现同一技术功能的10余种结构方案，见表6-1。

表 6-1　轴毂连接的结构变异设计

方案	1	2	3	4	5	6
形状不同	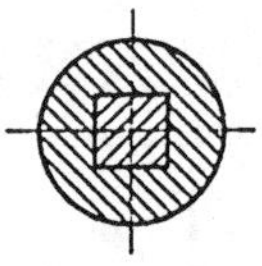	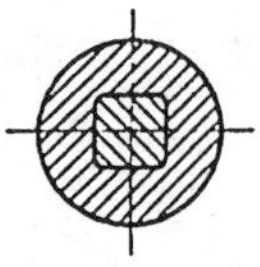	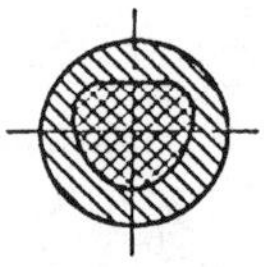	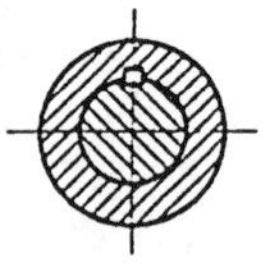	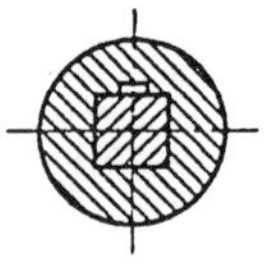	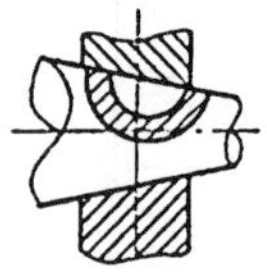
位置不同	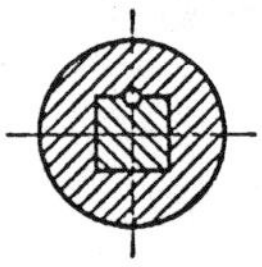	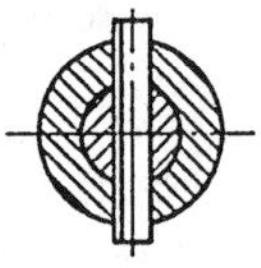	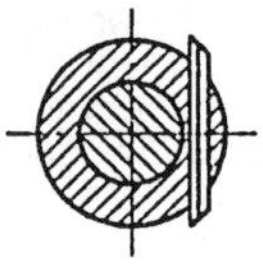			
尺寸变化	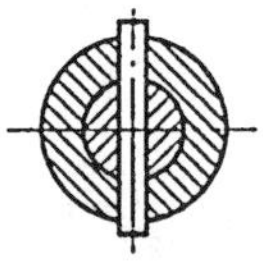	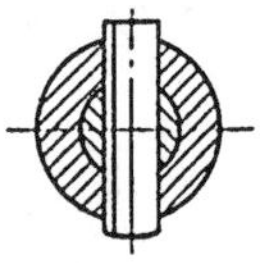				
数量不同	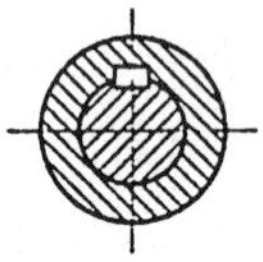	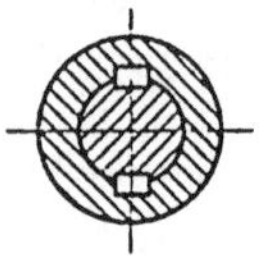	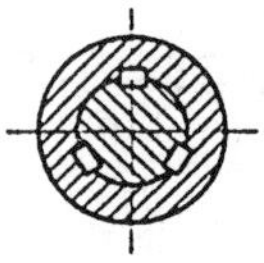	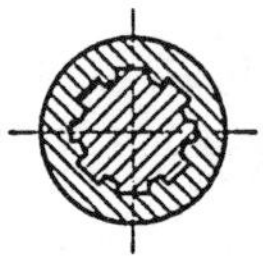		

图6-21为一个用工艺变异设计方法构成结构设计解的示例，这是一个轴承座结构，不同的工艺对应不同的结构设计方案：图6-21(a)为铸铁结构，图6-21(b)为铸钢结构，图6-21(c)为焊接结构，图6-21(d)为薄板冲压结构，图6-21(e)为单件切削加工结构，图6-21(f)为螺栓连接组合结构(无焊接条件或实验用)。

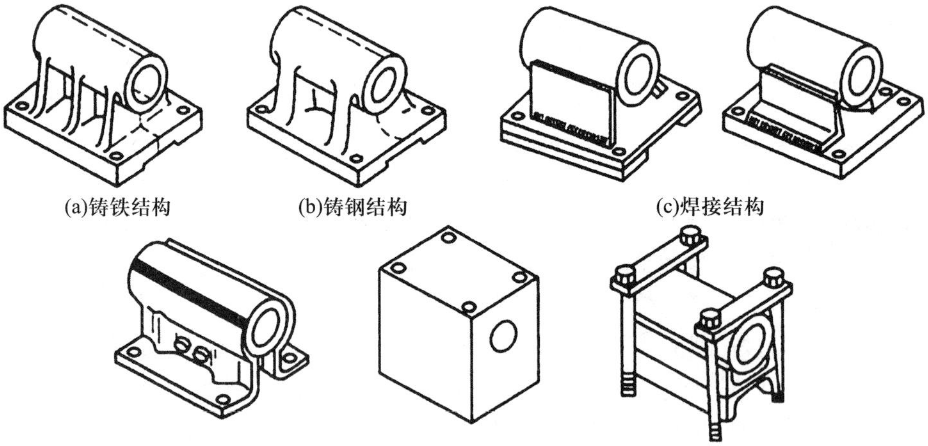

(a)铸铁结构　(b)铸钢结构　(c)焊接结构

(d)薄板冲压结构　(e)单件切削加工结构　(f)螺栓连接组合结构

图 6-21　轴承座的不同工艺结构设计方案

对于同一个连杆结构，不同的材料对应不同的结构设计方案：图 6-22(a)为钢板焊接，图 6-22(b)为铸铁，图 6-22(c)为铸钢，图 6-22(d)为塑料成型。这些方案可作为基本结构方案，通过连接方式、形状、顺序、方位、数量、尺寸的变异及组合构造更多的设计方案。

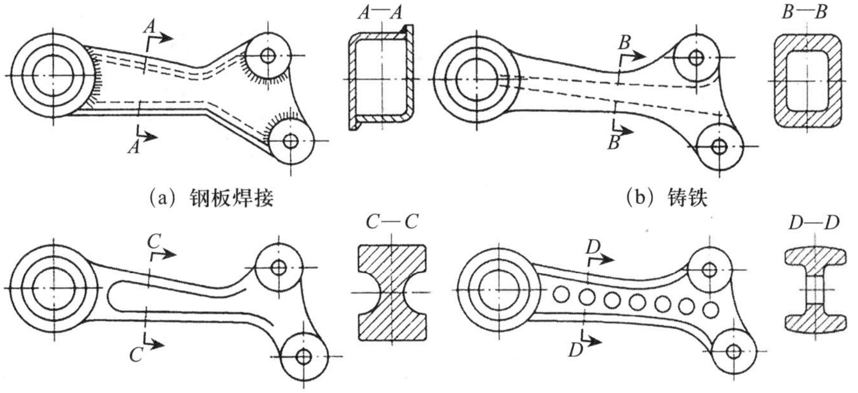

(a) 钢板焊接　(b) 铸铁

(c) 铸钢　(d) 塑料成型

图 6-22　连杆的不同材料结构设计方案

机械零部件的结构是多样的，需要通过对已有经验和知识的分解与综合，形成可供选择的多种新结构。在此过程中，不仅要充分了解现实主体，还要通过想象创造出新的事物。善于观察、善于思考是创造性的活动过程。有了大量可供选择的结构方案，再以符合实际的零部件结构设计准则进行评价和改进，才可以得到符合具体条件的最合理的机械结构。

二、机构运动副的结构与创新设计

(一)移动副的创新

图 6-23(a)为由构件 1、2 组成的移动副，其运动状态是滑动，引入中介体滚柱对移动副进行滑动与滚动的转换。图 6-23(b)引入的中介体是 2 个并联的二元滚动体——二副(1 个转动副、1 个高副)滚柱，使移动副变成转动副和纯滚动副。图 6-23(c)引入的中介体是 2 个并联的二副(2 个高副)滚柱，使移动副转换成纯滚动副。

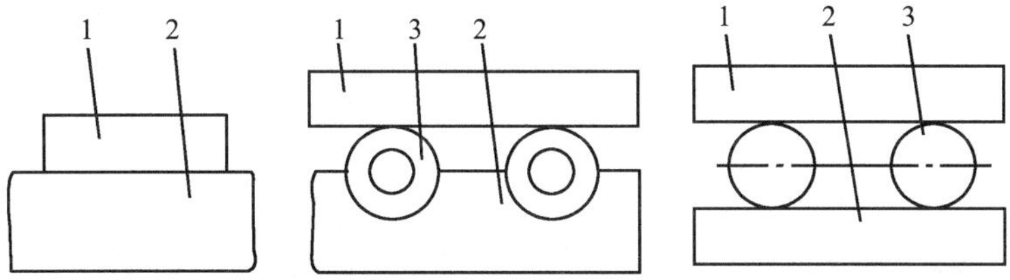

(a) 滑动　(b) 转动副和纯滚动副　(c) 纯滚动副

1—移动件；2—固定件；3—滚柱

图 6-23　移动副的滑滚转换

机床上应用的滚动导轨就是典型的移动副中介体创新的例子。通过进一步改变零部件结构本身的形态，可得到不同的滚动导轨结构形式，如图 6-24 所示。

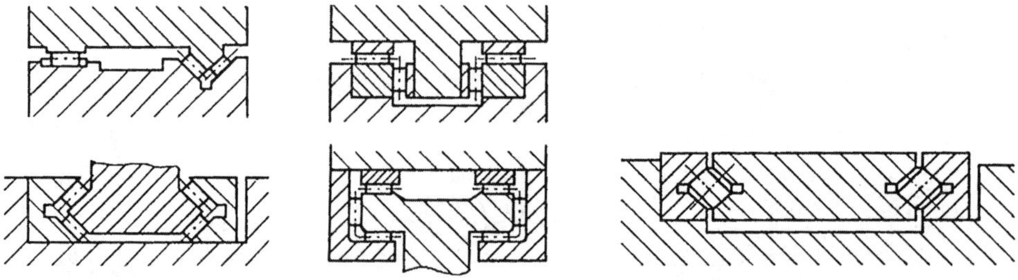

(a) 三角形滚动导轨　　(b) 矩形滚动导轨　　(c) 十字交叉形滚动导轨

图 6-24　滚动导轨结构形式

(二)转动副的创新

图 6-25(a)为由内、外圈组成的转动副(滑动轴承),其运动状态是相对滑动。引入中介体钢球,可对转动副进行由滑动到滚动的变换,如图 6-25(b)所示,2 个元素 1、2 通过中介体钢球 3 形成部分滚动。保持架 4 把中介体钢球 3 隔开,但它们之间的运动状态是滑动。如果采用附加滚动体(半径小于中介体钢球半径的 1 组钢球)替代保持架,则中介体钢球和附加滚动体之间由滑动变为滚动,如图 6-25(c)所示。由滑动轴承发展成隔离钢球滚动轴承是转动副由滑动到滚动状态转换成功的典型例子。

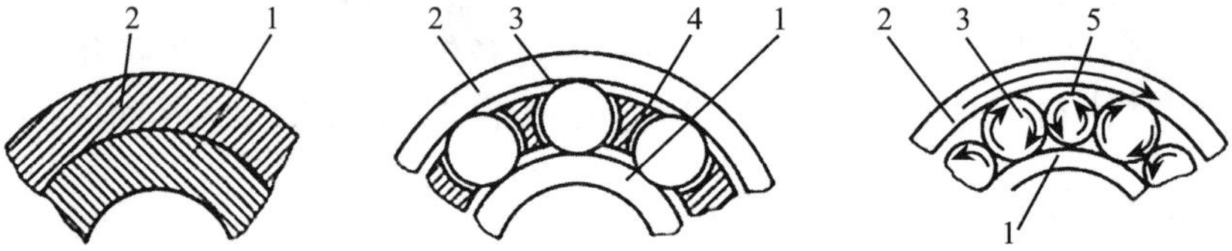

(a) 相对滑动　　(b) 部分滚动　　(c) 纯滚动

1—轴承内圈;2—轴承外圈;3—中介体钢球;4—保持架;5—附加滚动体

图 6-25　转动副的滑滚转换

(三)螺旋副的创新

图 6-26(a)为由丝杆、丝母组成的螺旋副,其运动状态是滑动。引入中介体钢珠(或滚柱)可对螺旋副进行由滑动到滚动的转换。如图 6-26(b)所示,在螺旋副 2 个元素之间引入 1 组可循环滚动的钢珠,螺旋副 2 个元素间通过中介体钢珠形成纯滚动,这就是在机械传动中已广泛应用的滚珠丝杠副。

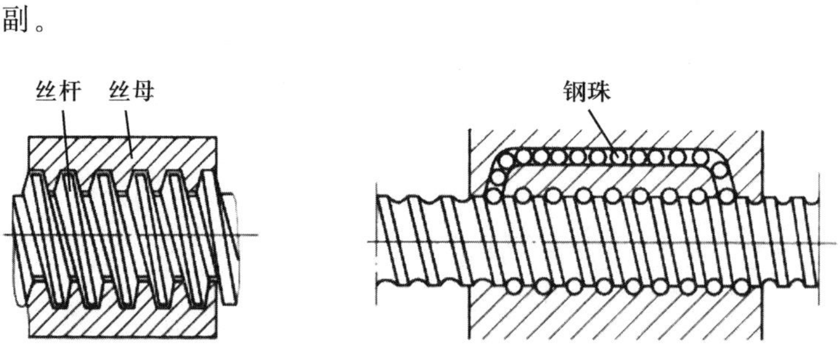

(a) 滑动丝杠　　(b) 滚珠丝杠副

图 6-26　螺旋副的滑滚转换

三、机械结构设计的准则

机械结构设计应满足作为产品的多方面要求，基本要求有功能性、可靠性、工艺性、经济性和外观造型等。此外，还应改善零部件的受力状况，以提高其强度、刚度、精度和延长其寿命。可见，机械结构设计是一项综合性的技术工作。机械结构设计错误或不合理，可能会造成零部件不应有的失效，使机器达不到设计精度的要求，给装配和维修带来极大的不方便，因此机械结构设计过程中应考虑如下设计准则。

(一)实现预期功能的准则

产品设计的主要目的是实现预期的功能要求，因此实现预期功能的设计准则是结构设计应首先考虑的问题。要满足功能要求，可从以下几点来考虑。

1. 明确零部件的主要功能

应明确零部件的主要功能，如承受载荷、传递运动和动力，以及保持有关零件或部件之间的相对位置或运动轨迹等。设计的结构应能满足从机器整体角度对它的功能要求。

2. 功能的合理分配

产品设计时，根据具体情况，通常有必要将任务进行合理分配，即将 1 个功能分解为多个分功能。每个分功能都要由确定的结构承担，各部分结构之间应具有合理、协调的联系，以实现总功能。多结构零件承担同一功能可以减轻零件负担，延长使用寿命。图 6-27 为 V 带截面结构，它是任务合理分配的一个示例。承载层中的纤维绳用来承受拉力；橡胶填充层承受带弯曲时的拉伸和压缩；包布层与带轮的轮槽作用，产生传动所需的摩擦力。又如，螺栓连接若只靠螺栓预紧产生的摩擦力来承受横向载荷，会使螺栓的尺寸过大，这时可增加抗剪元件，如销、套筒和键等，以分担横向载荷。

3. 功能的集中

为了简化机械产品的结构，降低加工成本和便于安装，在某些情况下，可由 1 个零件或部件承担多个功能。图 6-28(a)为实现紧固连接的螺栓组件结构，通过功能集中，简化为图 6-28(b)所示的合成结构。但功能集中会使零部件的形状更加复杂，所以要适度，否则会影响加工工艺，增加加工成本，设计时应根据具体情况确定。

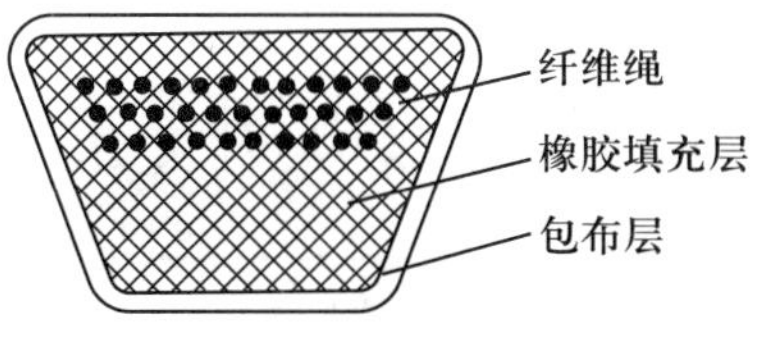

图 6-27 V 带截面结构

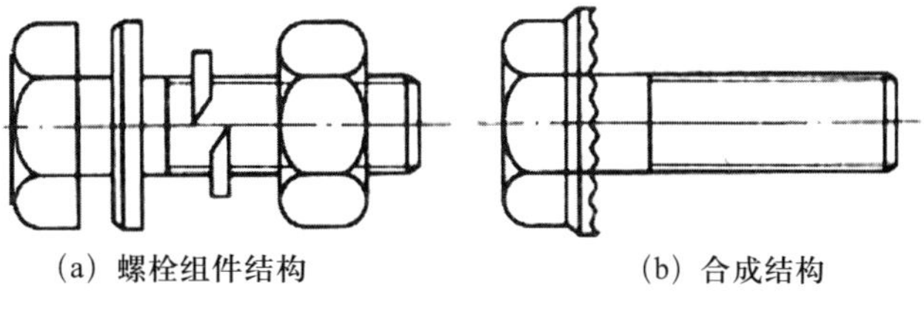

图 6-28 螺钉集成结构

(二)满足强度和刚度要求的准则

1. 等强度的结构

零件截面尺寸的变化应与其内应力的变化相适应，以使各截面的强度相等。按等强度原则设计的结构，材料可以得到充分的利用，从而可减轻质量、降低成本，如板弹簧支承、阶梯轴的设计等，如图 6-29 所示。

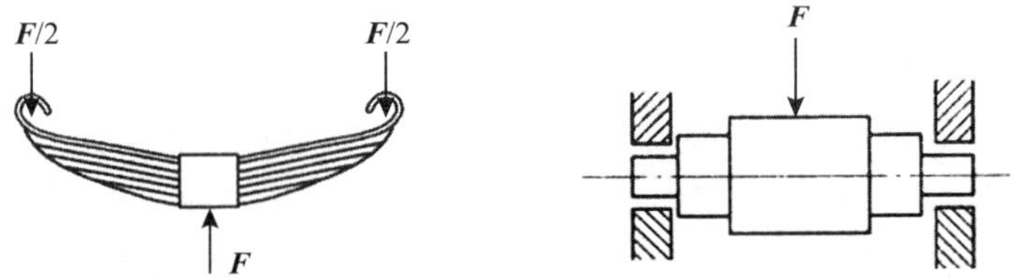

(a) 板弹簧支承　　　　(b) 阶梯轴

图 6-29　板弹簧支承、阶梯轴

2. 力流合理的结构

为了直观地表示力在机械构件中的传递状态，将力的传递状态看作犹如水在构件中流动，这些力线汇成力流。力流在结构设计中起着重要的作用。

力流的一个特性是在构件中不会中断，任何一条力线都不会突然消失，必然是从一处传入，从另一处传出。力流的另一个特性是它倾向于沿最短的路线传递，从而在最短路线附近密集，形成高应力区；其他部位力流稀疏，甚至没有力流通过，从应力角度上讲，材料未能得到充分利用。因此，为了提高构件的刚度，应尽可能按力流最短路线来设计零件的形状，减少承载区域，从而使累积变形变小，提高整个构件的刚度，使材料得到充分利用。图 6-30 为典型支承结构中的力流结构，图 6-30(a)为力流沿支架的直角路径传递，图 6-30(b)为力流沿支架斜边路径传递。显然，改进后的方案力流传递路线短，构件的刚度和强度高于改进前的方案。

3. 减小应力集中的结构

当力流方向急剧转折时，力流会在转折处过于密集，引起应力集中。应力集中是影响零件疲劳强度的重要因素，因此在结构设计时，应尽量避免或减小应力集中，采取措施使力流转向平缓，如增大过渡圆角、采用卸载结构(图 6-31)等。

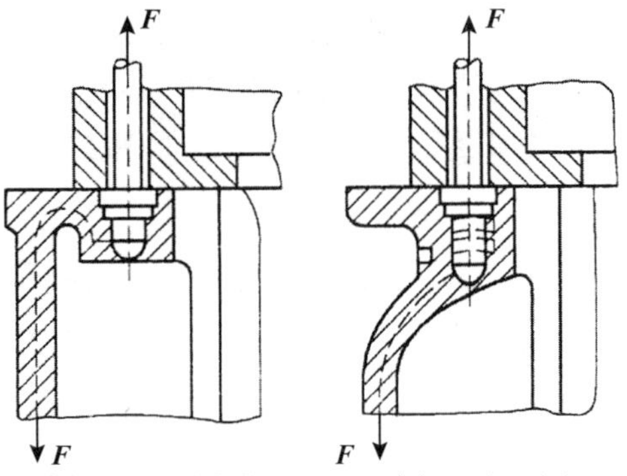

(a) 力流沿支架的直角路径传递　　(b) 力流沿支架斜边路径传递

图 6-30　典型支承结构中的力流结构

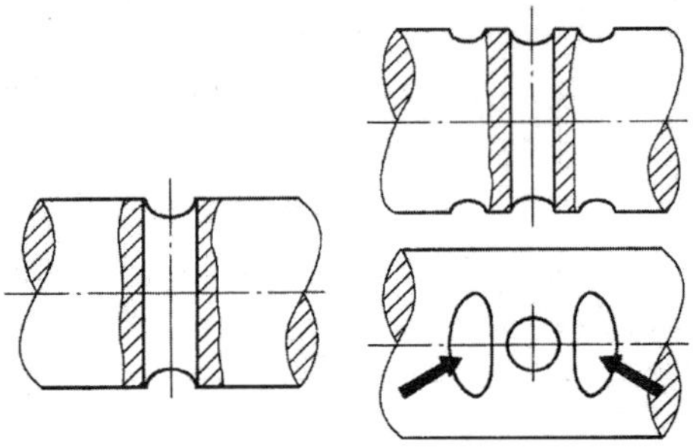

(a) 改进前　　(b) 改进后

图 6-31　卸载结构

4. 使载荷平衡的结构

机器工作时，常产生一些无用的力，如惯性力、斜齿轮轴向力等，这些力不但增加了轴和轴承等零件的负荷，降低其精度和缩短寿命，而且也降低了机器的传动效率。所谓载荷平衡就是指采取结构措施部分或全部平衡无用力，以减轻或消除无用力的不良影响。这些结构措施主要包括采用平衡元件、对称布置等。例如，对于同一轴上的 2 个斜齿圆柱齿轮所产生的轴向力，可通过合理选择齿轮的旋向及螺旋角的大小使其相互抵消，使轴承负载减小。分流式齿轮布置如图 6-32 所示。

5. 有利刚度的结构

结构刚度是指在外载荷的作用下抵抗其自身变形的能力。为保证构件在使用期限内正常地实现功能，必须使其具有足够的刚度。结构系统的刚度包括构件刚度和构件之间的接触刚度 2 方面。

①用拉、压载荷代替弯曲载荷：杆件受弯矩作用，在中性层处的应力为零，其附近的材料不能充分发挥作用；而拉、压载荷在任一截面上所产生的应力则是均匀分布的，材料得以充分发挥作用。因此，用拉、压载荷代替弯曲载荷可以获得较高的刚度。根据上述原理，受到横向力的铸造支座，由图 6-33(a)所示的结构改为图 6-33(b)所示的结构，辐板便由单纯受弯曲载荷变成部分地受拉、压载荷，从而使其刚度提高。

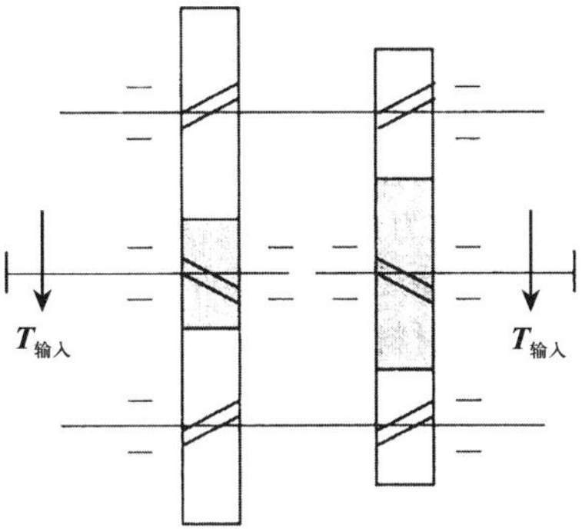

图 6-32　分流式齿轮布置

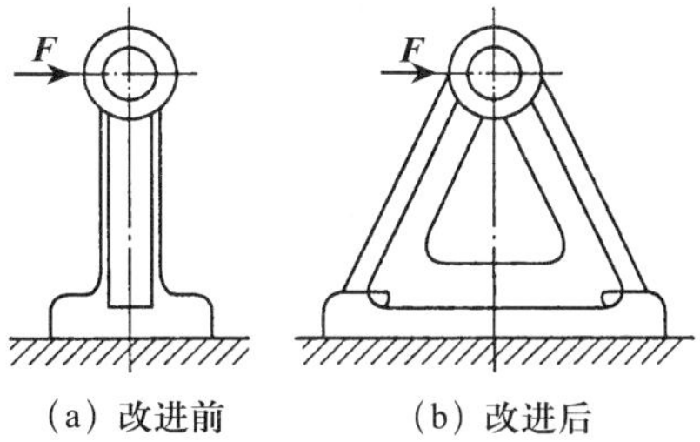

图 6-33　铸造支座

②合理设计断面形状：构件的抗弯和抗扭刚度与其截面惯性矩成正比。在截面面积相同时，工字梁的抗弯惯性矩相对值最大，即抗弯刚度最大，但抗扭刚度最小；圆形截面的抗扭刚度最大。

③用加强肋板或隔板增强刚度：平置矩形截面梁的弯曲刚度很小，当必须采用这种结构时，可用肋板加强其刚度，如图 6-34 所示。

④增加或合理布置支承：这对增加弯曲刚度特别有效。机床主轴附加虚约束支承可以提高主轴系统的刚度，由于悬臂结构的弯曲刚度差，应尽量避免采用悬臂轴之类的结构，以减少悬臂长度。履带轮安装后受到较大的履带张紧力，为了防止由于轮轴的偏斜造成脱带，轮轴的悬臂长度应尽可能短，如图 6-35 所示。

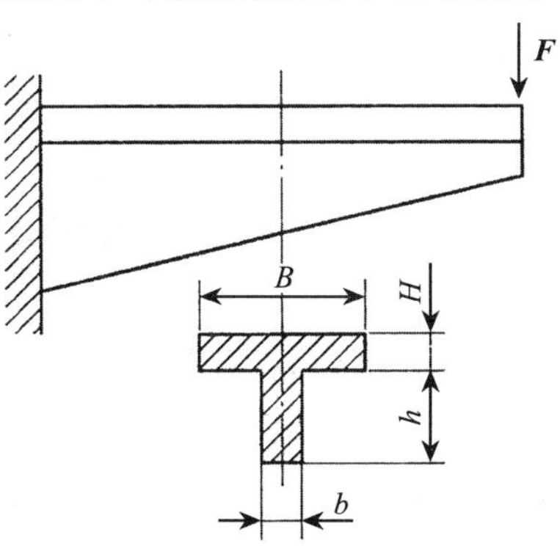

图 6-34　平置矩形截面梁肋板

图 6-35　较短的轮轴悬臂

⑤提高接触刚度:构件接触表面的接触刚度会影响结构体系的整体刚度。影响接触刚度的因素包括接触表面的表面粗糙度、实际接触点数及其均匀分布的程度,构件材料的弹性和塑性等。

(三)考虑制造工艺的准则

结构设计的结果对产品零部件的生产成本和质量有显著的影响,在结构设计中,要力求使产品有良好的加工和装配工艺性。所谓良好的加工工艺性是指零部件的结构易于加工制造的特性。如图 6-36 所示的零件,根据功能要求得出了图 6-36(a)所示的结构设计方案,由于表面均为切削加工得到,无法加工,工艺性很差。图 6-36(b)所示的结构方案明显改善了加工工艺性。任何一种加工方法都有可能不能完成某些结构表面的加工,或生产成本很高,或质量受到影响。各类加工对零部件的结构工艺性要求参见机械制造方面的相关教材。

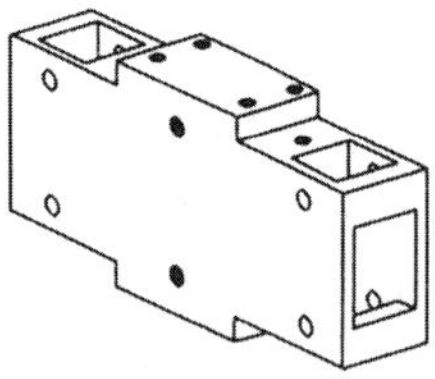

(a) 改进前(加工困难)

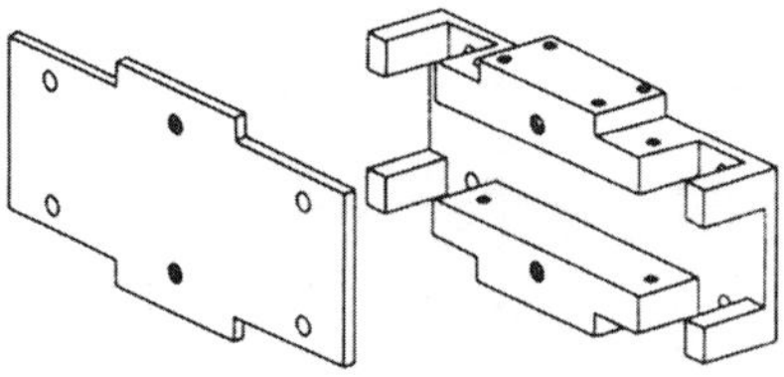

(b) 改进后(便于加工)

图 6-36　零件的 2 种结构

装配工艺性是指所设计的机械结构易于装配组合的特性。零部件的结构对装配的质量、成本有直接的影响。有关装配的结构设计要求简述如下。

1. 合理划分装配单元

整机应能分解成若干可单独装配的单元(部件或组件),以实现平行的装配作业,缩短装配周期,并且便于逐级技术检验和改进。分析历年“全国大学生工程训练综合能力竞赛”等大赛任务可以发现,参赛作品的装配质量是由小车底盘、传动装置、转向控制机构等装配单元的装配精度和难度所决定的。

2. 使零部件得到正确安装

如图 6-37(a)所示的结构无径向定位基准,装配时不能保证 2 个孔的同轴度。为避免安装位置不准确,在使用普通螺栓连接 2 个法兰盘时,可采用如图 6-37(b)所示的以相配合的圆柱面(止口)作为定位面的结构方式更为合理。

为避免双重配合,即一个零件上同一方向上的 2 个表面不应与另一个零件的 2 个表面同时配合,图 6-38(a)中的零件 A 有 2 个端面与零件 B 配合,由于制造误差,不能保证零件 A 的正确定位位置,也就是说这 2 个面不可能同时接触定位,而图 6-38(b)所示的结构合理(1 个面定位)。

应在结构上防止装配错误。轴承座利用 2 个销钉定位,在图 6-39(a)中 2 个销钉反向布置,且距离螺栓的距离相等,装配时很可能将支座水平旋转 180°,导致再次安装时座孔中心线与轴的中心线位置偏差增大。因此,可以将 2 个定位销布置在如图 6-39(b)所示的同一侧,或使 2 个定位销到螺栓的距离不等。

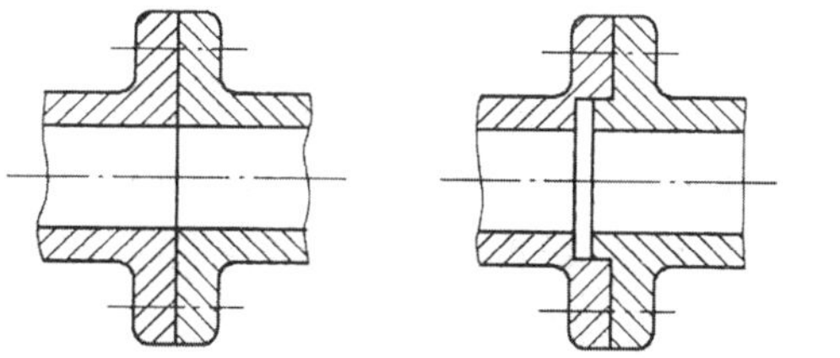

(a)改进前　　(b)改进后（止口定位）

图 6-37 法兰结构

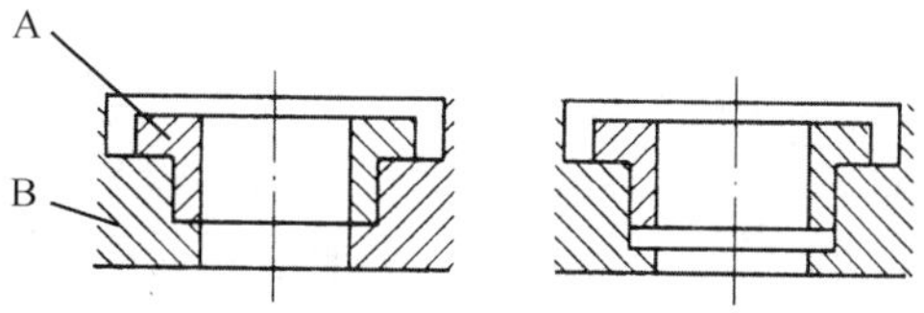

(a)改进前（过定位）　　(b)改进后

图 6-38 避免双重配合

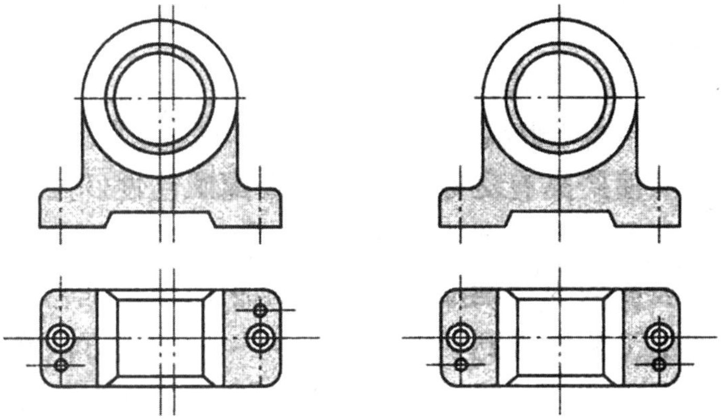

(a)改进前（容易装反）　　(b)改进后（方向固定）

图 6-39 销钉布置

3. 使零部件便于装配和拆卸

在结构设计中，应保证有足够的装配空间，如扳手空间；为便于拆卸零部件，应给出安放拆卸工具的位置，如轴承的拆卸工具安放位置；应避免过长配合，以避免增加装配难度、擦伤配合表面，如图 6-40 所示。

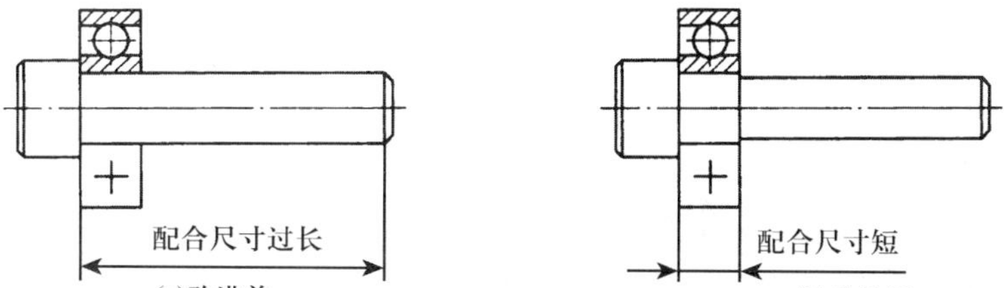

(a)改进前　　(b)改进后

图 6-40 避免过长配合

应当注意，机械创新设计所完成的样机制作的主要目的之一是实现对机械功能原理的认证，这与成熟的、市场化的产品设计有所不同。受制造时间与条件的限制，零部件结构通常以加工简单、容易实现为原则，所以结构设计时应更多地考虑实际制造加工的现场条件。

(四)考虑造型设计的准则

产品的设计不仅要满足功能要求，还应考虑产品造型的美学价值，使之对人产生吸引力。同时，造型美观的产品可让使用者减少因精力疲惫而产生的错误操作。外观设计包括 3 个方面:造型、颜色和表面处理。

考虑造型时,应注意下述3个问题。

1. 尺寸比例协调

在结构设计时,应注意保持各部分外形轮廓尺寸之间均匀协调的比例关系,应有意识地应用“黄金分割法”来确定尺寸,使产品造型更具美感。

2. 形状简单、统一

机械产品的外形通常由各种基本的几何形体(长方体、圆柱体、锥体等)组合而成。结构设计时,应使这些形体配合适当,基本形体应在视觉上平衡,避免产生倾倒的感觉;尽量减少形体和位置的变化,避免过分凌乱。

3. 色彩、图案的支持和点缀

在机械产品表面进行涂装,除具有防止腐蚀的功能外,还可增强视觉效果。恰当的色彩可使操作者眼睛的疲劳程度降低,并能提高对设备显示信息的辨别能力。

单色只适用于小构件。大的构件,特别是运动构件,如果只用1种颜色就会显得单调无层次。在多个颜色并存的情况下,应有1个起主导作用的底色,和底色相对应的颜色叫对比色。一个产品上,色调的数量不宜太多,否则会给人一种华而不实的感觉。

视觉舒服的色彩大约位于从浅黄、绿黄到棕的区域,这个区域的色调趋势是渐暖;正黄、正绿往往显得不舒服;强烈的灰色调显得压抑。冷环境应用暖色,如黄、橙黄和红;热环境应用冷色调,如浅蓝。所有颜色都应淡化。另外,通过一定的色彩配置可使产品显得安全、稳固。形状变化小、面积较大的平面配置浅色,而运动、活跃轮廓的元件配置深色;深色应安置于机械的下部,浅色置于上部。

四、机械结构设计的工作步骤

不同类型机械结构设计的具体情况差别很大,设计时不必以某种步骤按部就班地进行。通常是先确定完成既定功能零部件的形状、尺寸和布局。结构设计过程是综合分析、绘图、计算三者相结合的过程,其过程大致如下。

1. 明确任务,分解功能

明确待设计结构件的主要任务和限制因素,将实现其目的的功能分解成几个子功能。从实现机器主要功能(指机器中对实现能量或物料转换起关键作用的基本功能)的零部件入手,通常先从实现功能的结构表面开始,考虑与其他相关零件的相对位置、连接关系,并逐渐同其他表面一起形成零件,再将这个零件与其他零件连接成部件,最终组合成实现主要功能的机器。然后,再确定次要的、补充或支持主要功能的部件,如控制、密封、润滑及维护保养等。

2. 绘制草图,初定功能结构

在分析确定结构顺序的同时,根据实现功能的主参数要求,粗略估算构件的主要尺寸,绘制出零部件的结构草图。图中应表示出零部件的基本形状、主要尺寸,运动构件的极限位置、空间限制、安装尺寸等。同时,结构设计及草图绘制过程中要充分注意标准件和通用件的应用,以减少设计与制造的工作量。

3. 功能综合,生成方案

找出实现功能的各种可供选择的结构,再经过评价、比较形成结构方案。具体可通过改变工作面的大小、方位、数量、相互间距，构件的材料、表面特性、连接方式等产生新方案。综合分析更多的是以直觉方式进行的，而不是以系统的方式进行的。人的直觉是有道理的，它是人根据多年在生活、生产中积累的经验而产生的判断能力，在设计中起着很大的作用。

4. 计算校核，改进完善

对承载零部件的结构进行载荷分析，必要时计算其承载强度、刚度、耐磨性等内容。通过完善结构使其能更加合理地承受载荷，提高承载能力及工作精度；同时考虑零部件装拆、材料、加工工艺的要求，对结构进行改进。在实际的结构设计中，设计者应对设计内容进行想象和模拟，头脑中要从各种角度考虑问题，想象可能发生的问题，这种假想的深度和广度对结构设计质量起着十分重要的作用。

5. 综合分析，完善结构

按技术、经济和社会指标要求，寻找所选方案中的缺陷和薄弱环节，对照各种要求和限制，反复改进。考虑零部件的通用化、标准化，在结构草图中注出标准件和外购件。重视安全与舒适性（即劳动条件，如操作、观察、调整是否方便省力，发生故障时是否易于排查），对结构进行完善。

6. 平衡形状，设计外观

要考虑物体外观是否匀称、美观。外观不匀称时会造成材料或机构的浪费，当出现惯性力时会失去平衡，在很小的外部干扰力作用下就可能失稳，抗应力集中和抗疲劳的性能也弱。

总之，机械结构设计是从内到外、从重要到次要、从局部到总体、从粗略到精细、权衡利弊、反复检查、逐步改进的过程。

思考与练习 6-2

1. 判断：对于同一个零件结构，比如连杆或轴承座，不同的材料会对应不同的结构设计方案。(　　)

2. 填空：阶梯轴的中间部分直径较大，是体现了________原则，使材料可以得到充分的利用，从而减轻质量、降低成本。

3. 填空：机械结构的设计准则有________的准则、________的准则、________的准则和________的准则。

4. 简答：什么是机械结构方案设计？

5. 简答：说明机械结构设计的工作步骤。

第三节　机械结构的创新方法

为了保证创造性活动的正常开展，一方面要充分调动人们的创造性思维，另一方面要掌握并正确运用创新方法。创新方法是创新实践、创造力发挥的创意技术，是通过对创造活动的实践经验进行总结和提炼而得到发明创造的一些基本技巧和方法。其基本原则是打破传统的思维习惯，克服思维定式和妨碍创新设想产生的各种消极心理，给予启发激励，按照一定的原理、步骤取得创新成果。应用创新方法可以帮助人们在设计和开发产品时得到创造性解，因此，创新方法体现了人们对创造性思维和创造理论加以具体应用的技巧。

除了原理创新外，在进行机械结构设计时，还有很多实用的创新方法和思路。

一、结构组合的创新方法

在发明创造活动中，按照所采用技术的来源可将发明分为2类：一类是在发明中采用全新的技术原理，称为突破型发明；另一类是采用已有的技术并进行重新组合，从而形成新的发明，称为组合型发明。从人类技术发展的历史中可以看出，进入19世纪50年代以来，突破型发明在总发明数量中所占的比重在下降，而组合型发明的比重在增加。在组合中求发展，在组合中实现创新，这已经成为现代技术创新活动的一种趋势。

结构组合创新方法是指按照一定的技术原理，通过将2个或多个功能元素结构合并，从而形成一种具有新功能、新工艺及新材料的创新方法。结构组合创新方法有多种形式，如按组合的内容区分有功能组合、结构组合、材料组合等；按组合的方法区分有同类组合、异类组合等；按组合的手段区分有技术组合、信息组合等。现将部分常用的结构组合创新方法简介如下。

(一)同类组合

同类组合是将同一种功能或结构在同一种产品上重复组合，以满足人们更高的要求，这也是一种常用的创新方法。例如，双色或多色圆珠笔上通过安装多个不同颜色的笔芯，使有特殊需要的人减少了必须携带多支笔的麻烦。

多面牙刷将多组毛刷设计在1个牙刷上，两侧的毛刷向中间弯曲，中间的1束毛刷呈卷曲状，如图6-41所示。使用这种牙刷刷牙时，两侧的毛刷可以包住牙的2个侧面，中间的短毛可以抵住牙齿的咬合面，这样就可以同时将牙的内侧、外侧及咬合面刷干净。

船舶制造中，瘦长的船身底部造型使船的行驶阻力减小，但同时也使船的稳定性和灵活性降低。如图6-42所示，双体船的造型是将2个同样形状的瘦长船体组合成1艘船，既可减少行驶阻力，又能保证船的稳定性和灵活性。

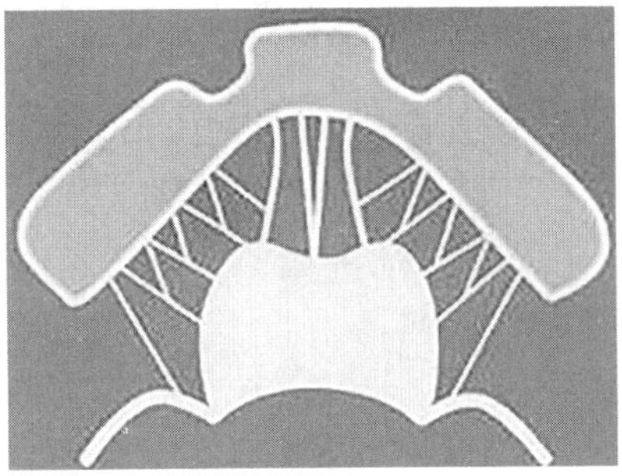

图6-41　多面牙刷

图6-42　双体船

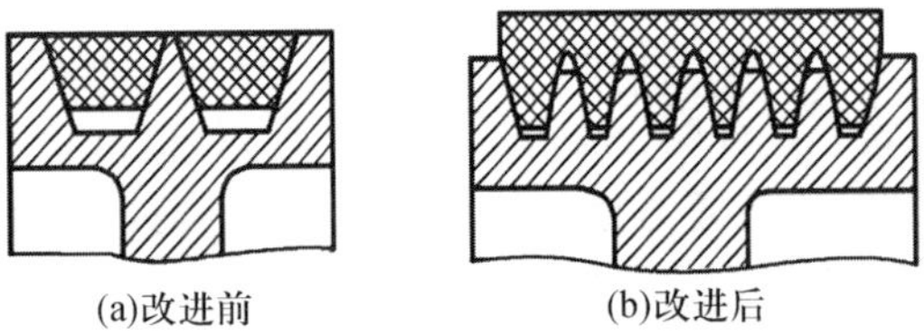

(a)改进前　(b)改进后

图6-43　多根V带和多楔带

V带传动中可以通过增加V带的根数来增强承载能力，如图6-43(a)所示。但是随着V带根数的增加，由于每根V带的长度不一致，导致V带与V带之间的载荷分布更加不平衡，这使多根V带不能充分发挥作用。图6-43(b)所示的多楔带将多根带集成在一起，保证带长的一致性，提高了承载能力。

(二)异类组合

在商品生产领域中进行创新活动的目的是用新的商品满足用户的需求,从而获得最大的商业利益。人们在从事一些活动时经常会同时有多种需求,如果能够将满足这些需求的功能组合在一起,形成一种新的商品,就会使人们在从事活动时不会因为缺少其中某一种功能而影响活动的进行。这将会使人们的工作、学习、生活更加方便,同时商品生产者也将获得相应的利益。

例如,人们在使用螺丝刀时因螺钉头部形状、尺寸的不同,常需要同时准备多种不同形状、尺寸的螺丝刀。根据这种需求,有人发明了多头螺丝刀,即为1把螺丝刀配备多个可方便更换的刀头,使用者可根据所需要的形状和尺寸随时更换合适的螺丝刀头。

在收音机和录音机的电路中,大多数的元器件是相同的。将收音机和录音机组合,生产出的收录机的体积远低于二者的体积之和,价格也便宜许多,方便了人们的生活。

数字式电子表和电子计算器的晶体振荡器、显示器和键盘都可共用,所以现在生产的很多计算器都具有电子表的功能,很多数字式电子表也具有计算器的功能。

将多种具有切削加工功能的机床加以组合,使其共用床身、动力、传动及电器部分的功能,就产生了多功能机床。图6-44所示为将车床、铣床、钻床进行组合的多功能机床。

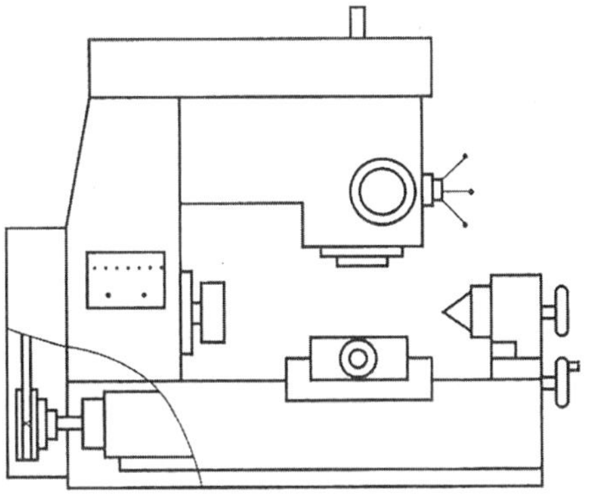

图6-44 多功能机床

将冷冻箱与冷藏箱组合,使其共用制冷系统、温度控制系统及散热系统,就产生了现代家庭常用的冰箱。

人们不会同时使用有些商品的不同功能,将这些不同时使用的商品功能组合在一起,通常可以起到节省空间、方便生活的作用。

夏季人们需要使用空调,冬季则需要使用取暖器,冷暖空调将这2种功能组合在一起,既可共用散热装置和温度控制装置,又可节省空间和总费用,省去季节变换时的保存工作。

白天人们需要用沙发,晚上睡觉时又需要用床,沙发床的设计将这2种功能合二为一,节省了对室内空间的占用。

老年人外出行走时需要拐杖,坐下休息时需要凳子,有一种带有折叠凳子的拐杖对于老年人外出就很方便。

(三)功能附加组合

对于有些商品,通过组合为其增加一些新的附加功能,可适应更多用户的需求。

人们使用铅笔时难免写错字,一旦写了错字就需要使用橡皮进行修改。为了适应人们的这种需要,有人设计出了带有橡皮的铅笔,它的主要功能仍是书写,但由于添加了橡皮,使它除书写功能之外还具有了一种附加功能。

自行车的主要功能是代步,通过在自行车上添加货架、车筐、里程表、车灯、后视镜等附件,使它同时具有了载货、测速、照明、辅助观察等功能。

家用空调器的主要功能是制冷,现在空调器生产厂在原有空调器制冷功能的基础上增加了暖风、换气、空气净化等功能,实现了一机多用。

为婴儿喂奶时常需要判断奶瓶中奶水的温度,新生婴儿的母亲因缺乏经验,判断奶水温度

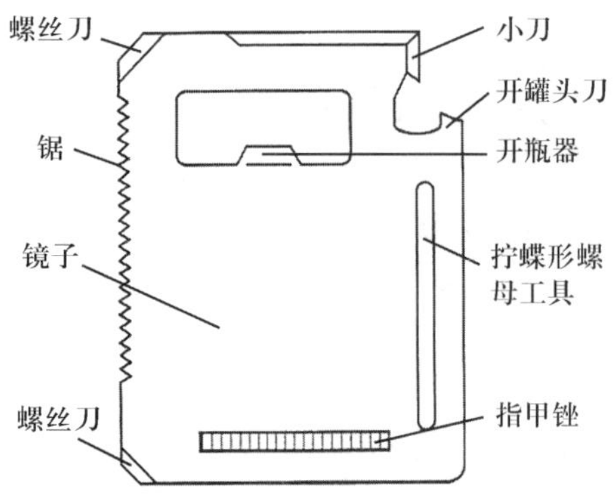

图 6-45　多用工具

既费时又不准确。为解决婴儿母亲的这种需求，有人将温度计与婴儿奶瓶加以组合，生产出具有温度显示功能的婴儿奶瓶。

图 6-45 所示的多用工具是将多种常用工具的功能集于一身，为旅游和出差的人员带来方便。

(四)材料组合

有些应用场合要求材料具有多种特征，而实际上很难找到一种同时具备这些特征的材料，通过一些特殊工艺将多种不同材料加以适当组合，可以制造出满足需要的特殊材料。

V 带传动中要求材料具有抗拉、耐磨、易弯、价廉的特征，若使用单一材料很难同时满足这些要求，通过化学纤维、橡胶和帆布的适当组合，设计出被普遍采用的组合 V 带材料(图 6-27)。化学纤维在内部抗拉，橡胶在内部易弯和变形，帆布在外表面耐磨。

建筑施工中需要一种抗拉、抗压、抗弯、易施工且价格便宜的材料，钢筋、水泥和砂石的组合(称为钢筋混凝土)很好地满足了这种要求。

通过锡与铅的组合得到了比锡和铅熔点更低的低熔点合金，即焊接电路板用的焊锡。

供电中使用的导线要求具有导电性能好、机械强度高、容易焊接、耐腐蚀性强和成本相对较低的特点。铜具有良好的导电性、耐腐蚀性，并容易焊接，但是其力学性能较差；而铁具有力学性能好、价格便宜的优点。根据这些特点，人们设计出铁芯铜线，这种导线的芯部用铁材料制作，表面用铜材料制作。高频交流电流有集肤效应，电流主要经导线的表面流过，焊接性和耐腐蚀性也主要由表面材料体现，而处于表面的铜材料正好同时具有这几方面的优点。这种组合充分地利用了 2 种材料的优点，并巧妙地掩盖了各自的缺点，满足供电系统对导线的使用要求。

(五)结构合并

按通常的结构设计方法，指甲刀应具有图 6-46(a)所示的结构。通过将多个零件的功能集中到少量零件上的组合设计方法，指甲刀改为图 6-46(b)所示的结构。

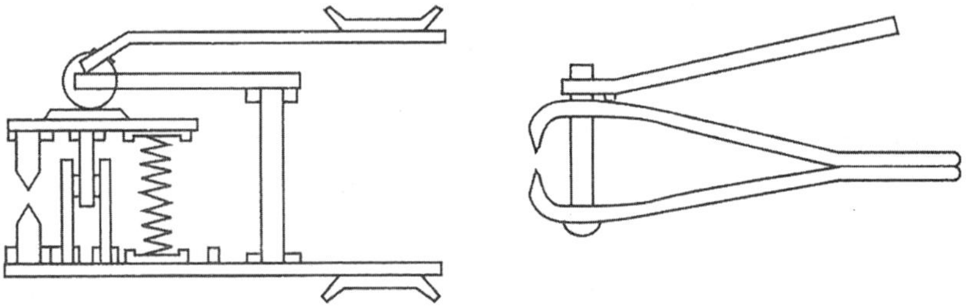

(a)改进前　　(b)改进后

图 6-46　指甲刀整体结构设计

二、仿生的结构设计

地球上的生物经历了上亿年的演化过程，形成了各自适应生存环境的肢体结构和运动形式。小到蚊虫，大到鲸、象，还有人类，都能较好地完成正常的生理活动。正因为如此，人类根据鸟类的飞行原理，制造出飞机；根据青蛙眼睛的特殊构造，制造出电子蛙眼，用来监视飞机和人造卫星；模仿蝙蝠超声波避障，制造出雷达；模仿鱼类，制造出潜艇；模仿屎壳郎，制造了盾构机；模仿人的手臂，制造出机械手（图 6-47）和挖掘机（图 6-48）。还有企鹅→雪地汽车、袋鼠→跳跃机、苍蝇→平衡竿和振动陀螺仪、长颈鹿→抗荷服、响尾蛇→红外线感受器、鳄鱼“流泪”→仿生海水淡化器等。可见，人类从仿生设计中获得了很多灵感和经验。指南车（图 6-49）的原理已被揭秘，传说中诸葛亮研制的“木牛流马”不知是怎样的机械结构？随着传感器、人工智能的发展，人形机器人（图 6-50）的研制也取得了很大的进展。

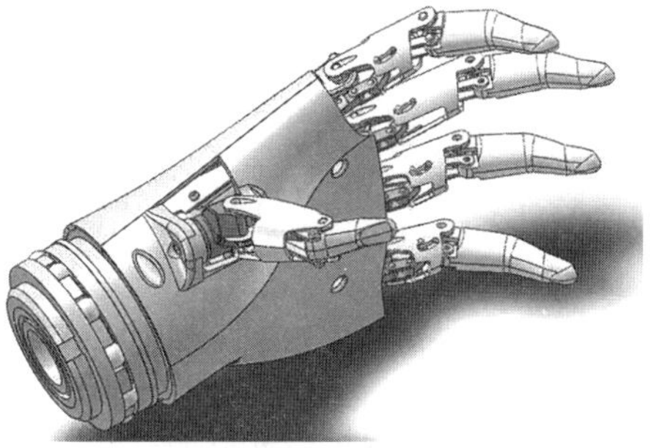

图 6-47　机械手

图 6-48　挖掘机

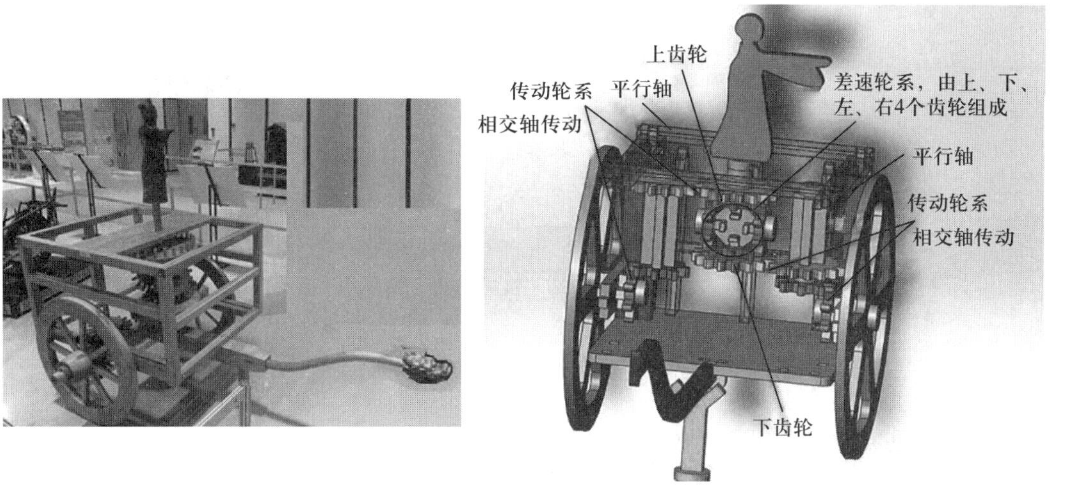

图 6-49　指南车

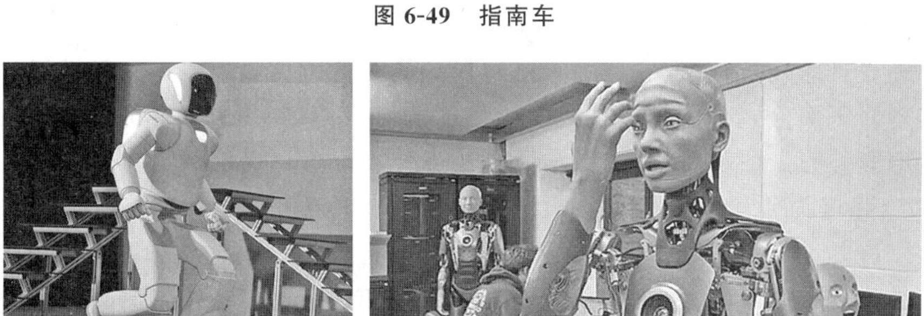

图 6-50　人形机器人

猎豹机器人(图6-51)做得比较好的机构主要有2家,一家是波士顿动力,另一家是麻省理工学院。波士顿动力的猎豹机器人通过背后的铰链关节来回运动,通过改变运动的步长和步频来实现机器人速度(步长×步频=速度)的改变,模仿真实动物的运动特性。

鸟儿们在空中飞翔时会躲避周围的障碍物。机械仿生鸟相机(图6-52)运用了仿生技术,它可以像鸟一样自由飞翔而不必担心撞到墙,即使撞到了也不必担心,因为它的翅膀有很好的缓冲效果。机械爬虫(图6-53)是模拟虫子爬行时的腿部动作而研制出来的。

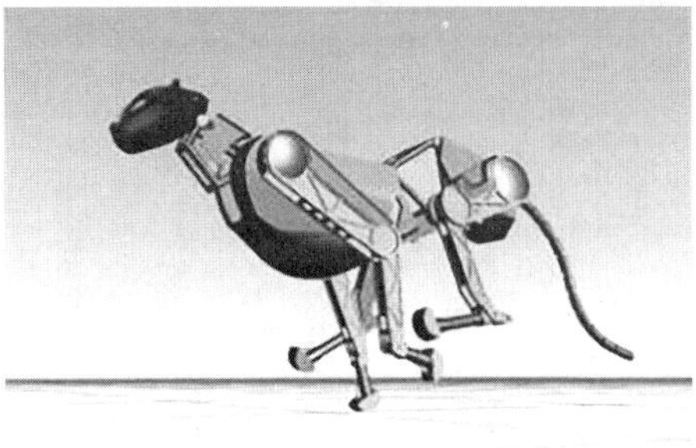

图6-51　猎豹机器人

图6-52　机械仿生鸟相机

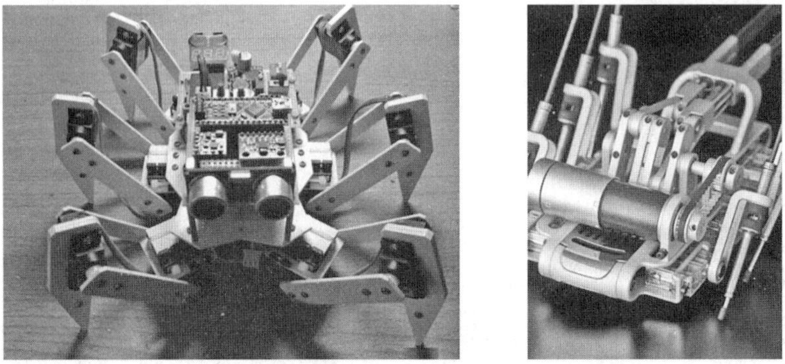

图6-53　机械爬虫

纺织机械(图6-54)是模拟了人类的纺纱、织布过程和步骤而研制出来的,包装机械、农用机械等也是模拟了人类的操作动作。应当指出,仿生不是一个盲目地照搬照抄的过程,应根据实际的需求加以取舍、创造、改进和优化。

三、提高性能的结构设计

不但原理设计影响机械产品的性能,结构设计的质量也直接影响产品的性能,甚至影响产品的功能实现。下面分别分析为提高结构的强度、刚度、精度、工艺性等而常采用的创新设计方法和设计原则,通过这些分析可为结构的创新设计提供可供借鉴的思路。

(一)提高强度与刚度

强度与刚度是结构设计时需要考虑的基本问题,正确设计结构可以减小单位面积上所引起的材料应力和变形量,提高结构的承载能力。强度和刚度都与结构受力有关,在外载荷不变的情况下减小结构受力是提高强度与刚度的有效措施。

图 6-54 纺织机械

1. 载荷分担

载荷引起结构受力，如果多种载荷作用在同一结构上就可能引起局部应力过大。结构设计中可将载荷由多个结构分别承担，这样有利于减小危险结构处的应力，从而提高结构的承载能力，这种方法称为载荷分担。

带轮与轴的连接结构如图 6-55 所示。改进前的方案[图 6-55(a)]在将带轮的扭矩传递给轴的同时，也将压轴力传给轴，压轴力在支点处产生了很大的弯矩。弯矩所引起的弯曲应力为交变应力，弯矩和扭矩同时作用使轴受到较大的应力。改进后的方案结构[图 6-55(b)]中增加了 1 个支承套，带轮通过端盖将扭矩传给轴，通过轴承将压轴力传给支承套，支承套的直径较大，而且所承受的弯曲应力是静应力，通过这种结构将弯矩和扭矩分别由不同零件承担，提高了结构整体的承载能力。

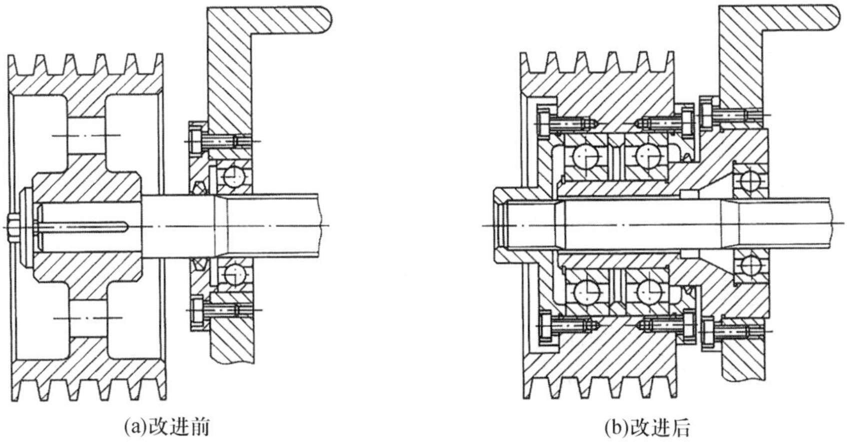

(a)改进前　　(b)改进后

图 6-55 带轮与轴的连接结构

2. 载荷平衡

在机械传动中做功的力必须使其沿传动链传递，而不做功的力应尽可能使其传递路线变短。如果使其在同一零件内与其他力构成平衡力系，而其他零件不受这些载荷的影响，有利于提高结构的承载能力。

在图 6-56(a)所示的单行星齿轮机构中，齿轮啮合使中心轮和系杆受力；在图 6-56(b)所示的结构中，对称布置的3个行星齿轮使传动受力在中心轮和系杆上合成为力偶，减小了有害力的传播范围，有利于相关结构的设计。

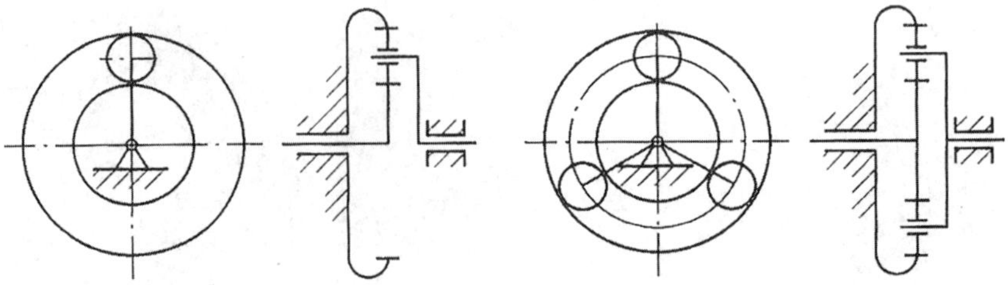

(a)改进前的单行星齿轮结构　(b)改进后的三行星齿轮对称结构

图 6-56　行星轮系结构

3. 减小应力集中

应力集中是影响结构承载交变应力能力的重要因素，结构设计应设法缓解应力集中。在零件的截面形状发生变化处，力流会发生变化。局部力流密度的增加引起应力集中，零件截面形状的变化越突然，应力集中就越严重。结构设计中应尽力避免受力较大处的零件的形状发生突然变化，以减小应力集中对强度的影响。零件受力变形时，不同位置的变形阻力不同也会引起应力集中，设计中通过降低应力集中处的局部刚度可以有效地减小应力集中。

图 6-57(a)所示的过盈配合连接结构在轮毂端部应力集中严重，图 6-57(b)、图 6-57(c)和图 6-57(d)所示的结构通过降低轴或轮毂相应部位的局部刚度使应力集中得到了有效缓解。

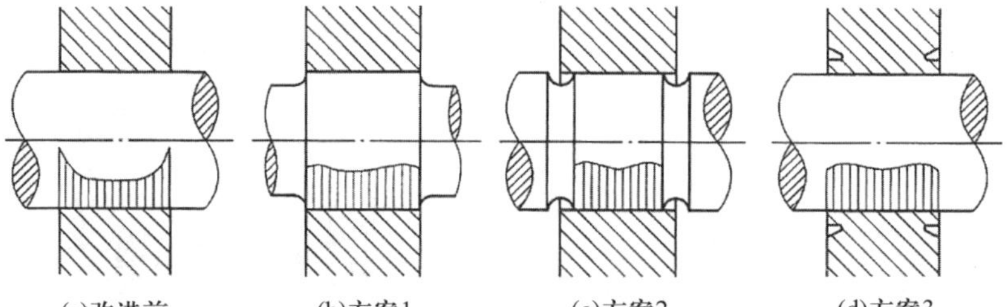

(a)改进前　(b)方案1　(c)方案2　(d)方案3

图 6-57　减小应力集中的过盈配合连接结构

4. 减小接触应力

高副接触零件的接触强度和刚度都与接触点的综合曲率半径有关，设法增大接触点的综合曲率半径是提高这类零件工作能力的重要措施。

渐开线齿轮在齿面上不同位置处的曲率半径不同，采用正变位可使齿面的工作位置向曲率半径较大的方向移动，对提高齿轮的接触强度和弯曲强度都非常有利。

(二)提高精度

现代设计对精度提出越来越高的要求，通过结构设计可以减小由于制造、安装等原因产生的原始误差，减小由于温度、磨损、构件变形等原因产生的工作误差，降低执行机构对各项误差的敏感程度，从而提高产品的精度。

制造和安装过程中产生的误差是不可避免的，通过适当的结构设计，可以在原始误差不变的情况下使执行机构的误差较小。试验证明，螺旋传动的误差可以小于螺杆本身的螺距误差。

关于机械精度的均化原理:在机构中如果有多个连接点同时对一种运动起限制作用,则运动件的运动误差决定于各连接点的综合影响,其运动精度高于一个连接点的限制作用。在一定条件下增加螺旋传动中起作用的螺纹圈数,使多圈螺纹同时起作用,不但可以提高螺旋传动的承载能力和耐磨性,而且可以提高传动精度。

在机械传动系统中,各级传动件都会产生运动误差,传动件在传递必要运动的同时也不可避免地将误差传递给下一级传动件。在图 6-58 所示的多级机械传动系统中,假设各级系统的运动误差分别为 δ_1、δ_2、δ_3,输入运动为 ω_1,传动比为 i,则输出运动 ω_4 见式(6-1)。

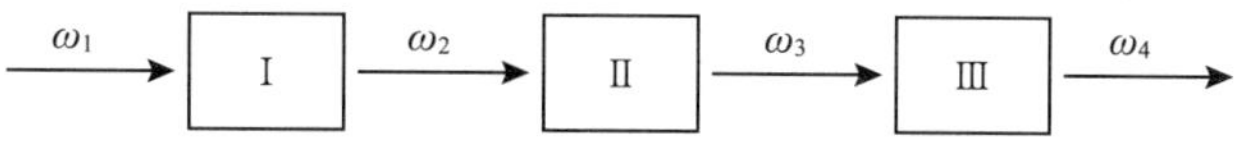

图 6-58　多级机械传动系统

$$\omega_4=\frac{\omega_1}{i_1\cdot i_2\cdot i_3}+\frac{\delta_1}{i_2\cdot i_3}+\frac{\delta_2}{i_3}+\delta_3 \tag{6-1}$$

式(6-1)中第 1 项是传动系统需要获得的运动,其余 3 项为运动误差。通过对误差项的分析可知,各误差项对总误差的影响程度不同,如果传动系统为减速传动($i>1$),则最后 1 级传动所产生的运动误差对总误差影响最大,所以在以传递运动为主要目的的减速传动系统设计中通常将最后 1 级传动件的精度设计得较高;反之,在加速传动系统($i<1$)中,第 1 级传动所产生的传动误差对总误差影响最大,通常将第 1 级传动件的精度设计得较高。

(三)提高结构工艺性

设计的结果要通过制造、安装、运输等过程实现,机械设备使用过程中还要多次对其进行维修、调整等操作,正确的结构设计应使这些过程可以进行,并且方便、顺利。

大量的零件要经过机械切削加工过程,多数机械切削加工过程首先要对零件进行装夹。结构设计要根据机械切削加工机床的设备特点,为装夹过程提供必要的夹持面,夹持面的形状和位置应使零件在切削力的作用下具有足够的刚度,零件上的被加工面应能够通过尽量少的装夹次数得以完成。如果能够通过 1 次装夹对零件上的多个相关表面进行加工,这将有效地提高加工效率。

在顶尖结构中,图 6-59(a)所示的结构只有 2 个圆锥形表面,用卡盘无法装夹;图 6-59(b)所示的结构中增加了 1 个圆柱形表面,这个表面在零件工作中不起作用,只是为了实现加工过程而设置的,称为工艺表面。

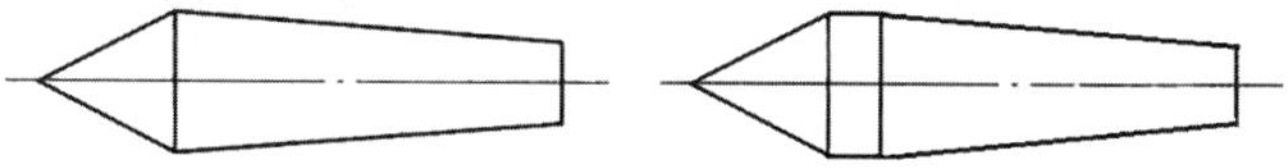

(a)改进前　　(b)改进后

图 6-59　顶尖结构

在图 6-60(a)中,将轴上的 2 个键槽沿周向呈 90°布置,这 2 个键槽必须进行 2 次装夹才能完成加工;在图 6-60(b)中,改进后将 2 个键槽布置在同一周向位置,使其可以通过 1 次装夹完成加工,减少装夹次数,提高了加工效率。

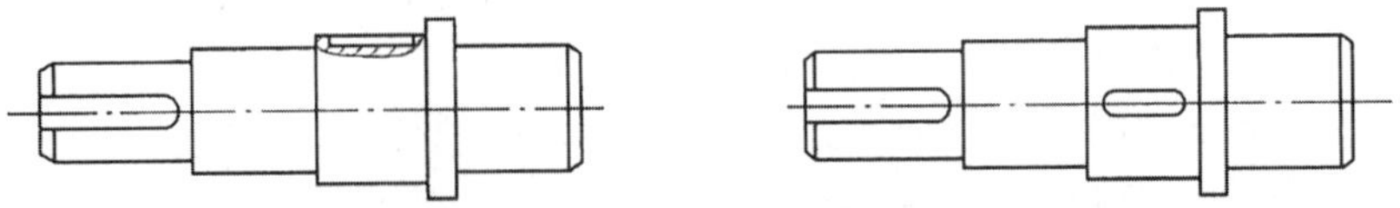

(a)改进前　　(b)改进后

图 6-60　减少装夹次数的设计

四、人机工程的结构设计

传统的机械设计以产品设计为主要目标，更多地考虑产品本身功能的实现，很少规范化地考虑人的因素，这就很难保证机器操作效率达到最佳。为了解决这一问题，人机工程学逐渐发展形成，它强调将人和机器作为相互联系的 2 个基本部分构成一个整体，形成人机系统。人机工程学是研究人的特性及工作条件与机器相匹配的科学，指出机器应具有什么样的条件才能使人付出适当的代价后可获得整个系统的最佳效益，是以人为本设计方法的一种创新。人机系统是在特定的环境中进行工作的，环境对人机系统的工作效能有很大的影响。为了保持人机系统的高效性、可靠性和持久性，机械结构所创设的环境首先要保证对人体不造成伤害，其次还必须考虑操作者的舒适性。因此，对现有机械设备及工具的仿生宜人化改进是机械结构创新设计的一种有效方法。下面基于操作者的生理和心理特点，分析机械结构创新设计中应考虑的基本要求。

(一)减少操作疲劳

结构设计时应考虑操作者的施力情况，避免操作者长期保持一种非自然状态下的姿势。图 6-61 为各种手工操作工具改进前、后的结构形状变化，改进前结构形状呆板，操作者使用时长期处于非自然状态，容易疲劳；改进后，结构形状柔和，操作者在使用时处于自然状态，长期使用也不容易疲劳。

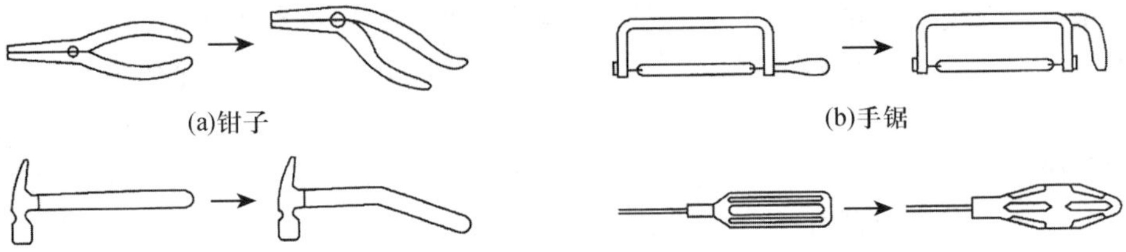

(a)钳子　　(b)手锯

(c)手锤　　(d)螺丝刀

图 6-61　各种手工操作工具改进前、后的结构形状变化

(二)提高操作能力

在操作机械设备或装置时需要用力，操作者处于不同姿势、不同方向或采用不同方式用力时的发力能力差别很大。一般人的右手握力大于左手，握力与手的姿势及持续时间有关，当持续一段时间后握力显著下降。推拉力也与姿势有关，站姿前后推拉时，拉力要比推力大；站姿左右推拉时，推力大于拉力。脚力的大小也与姿势有关，一般坐姿时脚的推力大，当操作力超过 50～150 N 时宜选脚力控制。图 6-62 为人脚在不同方向上的力量分布。因此，用脚操作时最好采用坐姿，座椅要有靠背，脚踏板应设在座椅前正中位置。

一、计算机辅助设计的一般过程

(一)开发设计中的应用

开发设计指的是进行非标准设备的设计过程，或者是对已有产品的改造工作，以提高产品的性能。计算机常用的机械设计软件有 Pro/ENGINEER、SolidWorks、UG、CATIA、Inventor 等。在实际工作中熟练掌握 1～2 种就可以，CAD 一般更适合平面图的整理。在使用软件时一般有以下几个步骤。

①用三维软件建立零件模型，并利用各种约束进行装配，形成固定约束或移动、转动、接触高副等相对运动；根据零件的运动范围，检查尺寸和运动干涉，以及能否运动到指定的工作位置。

②用公式模拟驱动力，测量输出力的变化。检查受力状态，保证正常驱动下最大受力点处输出的力或力矩。调整齿轮参数、杆件长度等指标，对结构尺寸进行优化。

③进行有限元分析。给定零件的刚度和强度参数，校核零件最大危险处的变形量和实际应力值是否小于许用强度，并调整零件的形状和尺寸，对零件的结构进行优化。

④将三维图导出为二维图，在 CAD 中进行尺寸标注和对技术要求的说明，重点是 3 种公差，即尺寸公差、形位公差和表面粗糙度。现在的很多软件不需要在 CAD 中进行处理，其自带的工程图输出能力也很强。

(二)反求设计中的应用

反求设计也称逆向工程，一般是先有了性能可靠和功能合理的模型，根据实际尺寸，再进行图纸设计的过程。反求设计在仿制、改进等研究领域应用较广。

1. 数据采集

在产品设计和试验过程中，数据的测量与采集非常重要。一般利用三坐标测量仪、3D 数字测量仪、激光扫描仪、高速坐标扫描仪或其他测量仪器测量工件的形体尺寸和位置尺寸，将工件的几何模型转化为由测点数据组成的数字模型。

2. 数据处理

利用计算机中的数字化数据处理系统将大量的测点数据进行编辑处理，删掉奇异数据点，增加补偿点，进行数据点的密化和精化。

3. 建立 CAD 模型

通过三维建模、曲线拟合、曲面拟合、曲面重构等方法及理论建立相应的 CAD 几何模型。

4. 数控加工

产生数字控制(NC)代码后，对有关数据进行刀具轨迹编程，产生刀具轨迹，进行数控加工。为了保证 NC 加工质量，实现加工过程中的质量控制，CAM 系统可生成测头文件及程序，用于联机 NC 检验。图 6-65 为计算机辅助设计过程。

二、机械结构设计软件的应用

(一)系统应用软件的主要功能介绍

在计算机辅助设计中，系统应用软件是不可缺少的工具。系统应用软件由产品设计和制造的数值计算及数据处理软件包、图形信息交换和处理的交互式图形显示程序包以及工程数据库 3 部分组成，其主要功能如下。

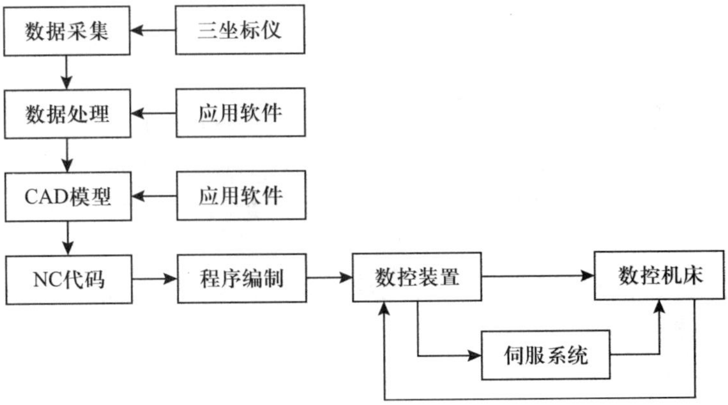

图 6-65 计算机辅助设计过程

1. 曲面造型功能

系统应用软件可根据测量所得到的离散数据和具体的边界条件，定义、生成、控制、处理过渡曲面与非矩形曲面，提供设计与制造某些由自由曲面构造产品几何模型的曲面造型技术。

2. 实体造型功能

系统应用软件可定义和生成体素，用几何体素构造法(CSG)或边界表示法(B-rep)构造实体模型，并且能提供用规则几何形体构造产品几何模型所需的实体造型技术。

3. 物体质量特性计算功能

系统应用软件可根据产品的几何模型计算其体积、表面积、质量、密度、重心等几何特性，为工程分析和数值计算提供必要的参数与数据。

4. 三维运动分析和仿真功能

系统应用软件具有研究产品运动特性及仿真的能力，提供直观、仿真的交互设计方式。

①三维几何模型的显示处理功能：具有动态显示、消隐、彩色浓度处理的功能，解决三维几何模型设计复杂空间布局的问题。

②有限元网格自动生成功能：采用有限元法对产品结构的静态特性、动态特性、强度、振动进行分析，并能自动生成有限元网格，供设计人员精确研究产品的结构。

③优化设计功能：具有用参数优化法进行方案优选的功能。

④数控加工功能：具有在数控机床上加工的能力，并能识别、校核刀具轨迹，显示加工过程的模态仿真。

⑤信息处理与管理功能：实现设计、制造和管理的信息共享，达到自动检索、快速存取及不同系统信息交换与输出的目的。

(二)系统应用软件介绍

1. CATIA

CATIA 是法国达索系统公司与美国 IBM 公司联合开发的工程应用软件，集自动化设计、制造、工程分析于一体，应用于机械制造与工程设计领域。它具有原理图形设计、三维设计、结构设计、运动模拟、有限元分析、交互式图形接口、接口模块、实体几何、高级曲面、绘图、影像设计、数控加工等多项功能。特别是采用 1～15 次贝塞尔(Bezier)曲线、曲面和非均匀有理 B 样条计算方法，具有很强的三维复杂曲面造型和加工编程的能力。

CATIA 的主要模块及其功能见表 6-3。

表 6-3 CATIA 的主要模块及其功能

模块名称	主要功能
基本模块	1. 产生立体、透视或用户定义的视图； 2. 进行几何平移、三维旋转、比例变换、静态和动态消隐； 3. 模型或几何元素的组合与覆盖； 4. 几何元素的成组处理与图像处理； 5. 进行模型和文件管理、用户界面及显示管理； 6. 与外部设备连接等
三维设计	1. 具有产生、修改和分析三维线框及曲面几何的能力； 2. 用点、直线、曲线、样条和平面构成线框曲面； 3. 产生一系列由网格点生成的网格曲面； 4. 对线框及曲面元素进行修改，对曲面进行布尔运算； 5. 对 Bezier 控制点进行操作，改变曲线、曲面形状； 6. 对曲面进行装配，构成确切的体积； 7. 对所有曲面进行加工编程
结构设计	生成平面和三维结构件
原理图	快速定义逻辑图、流程图
运动模拟	1. 模拟二维线框、三维线框、由曲面和实体构成的运动机构； 2. 模拟机构的运动状态，进行运动分析； 3. 提供由 20 多种运动机构组成的任意机械结构
有限元分析	1. 由 CATIA 的实体生成有限元分析模型； 2. 生成网格模型； 3. 提供 MSC/NASTRAN 和 ANSYS 有限元分析软件接口程序
接口模块	提供 CADAM 软件双向接口程序
交互式图形接口	提供用户在 CATIA 环境下开发应用功能的交互工具
实体几何	1. 提供设计、修改和分析实体的快速有力工具； 2. 设计与制造能力结合在一起
高级曲面	1. 进行参数化曲面设计和曲面/实体的集成； 2. 能处理由 Bezier、Coons、NURBS 数学表达式表示的曲面； 3. 自动展开三维直纹曲面； 4. 在 2 个曲面间产生过渡曲面； 5. 能对曲线、曲面进行修改、控制和剪裁
绘图	具有二维、三维绘图功能和尺寸标注功能
影像设计	1. 产生光滑、有明暗度的高质量的三维几何图像； 2. 能交互输入图像参数，定义多种色彩光源、环境光源等； 3. 应用三维纹理生成部件的真实图像； 4. 在曲面上进行数控刀具分析，提供像素交换标准接口

续表 6-3

模块名称	主要功能
建库	1. 存储和检索图素、二维或三维元素、数控机床、参数化几何等； 2. 快速建立和修改图形库
数控机床	1. 输出 APT 文件和刀位文件； 2. 对刀位轨迹进行仿真； 3. 选择不同的数控加工机床
机器人	1. 通过图像显示定义和模拟机器人； 2. 产生运动轨迹； 3. 模拟柔性制造系统

2. I-DEAS Master Series

I-DEAS Master Series 是美国 SDRC 公司研制开发的具有设计、绘图、机构设计、机械仿真工程分析、注塑模拟、数控编程和测试功能的综合机械设计自动化软件系统，其特点如下：

①具有 70 个集成模块，使从设计、绘图、仿真、测试到制造的整个机械产品开发过程实现自动化；

②在产品初始设计阶段就能模拟产品的实际性能；

③以实体模型为基础，具有先进的图形功能和基于人工智能技术的用户界面，实现 70 个模块的并行连接；

④采用工程关系数据库，将 I-DEAS 的几何元素、测试数据和分析数据传输到其他应用程序；

⑤具有很强的工程测试和工程分析能力。

3. Pro/ENGINEER

Pro/ ENGINEER 是美国 PTC 公司研制开发的机械设计自动化软件。它实现了产品零件或组件从概念设计到制造的全过程自动化，提供了以参数化设计为基础、基于特征的实体造型技术。

Pro/ ENGINEER 的主要模块及其功能见表 6-4。

表 6-4　Pro/ ENGINEER 的主要模块及其功能

模块名称	主要功能
基本模块	采用参数化定义实体零件，具有贯穿所有应用的完全相关性
曲面造型	1. 具有编辑复杂曲线和曲面的功能； 2. 提供生成平面、曲面的工具
特征定义	提供集成建模工具，生成带有复杂雕塑曲面的实体模型
装配设计	1. 支持设计和管理大型结构、复杂零件的装配； 2. 采用参数化设计零件、组件和组件特征，在组件内自动替换零件
组件设计	1. 采用参数化的草图设计，自动装配零件为完整的参数化模型； 2. 分层次的装配布置
工程制图	1. 自动生成视图和投影面，自动标注尺寸、公差等特征参数； 2. 具有二维非参数化制图功能
复材设计	自动设计、制造复合夹层材料部件，产生加工文档

续表 6-4

模块名称	主要功能
模具设计	1. 由工件几何模型自动生成模具型腔的几何模型； 2. 生成模具浇口、绕道及分型线，可进行模具注塑模拟
钣金设计	1. 提供参数化的钣金造型、组装、弯曲和展平功能； 2. 进行多种平面图案组合并指定生产程序
有限元网格	1. 对实体模型或薄壁模型提供有限元网格； 2. 进行交互性修改
加工编程	1. 提供生产规划，定义数控刀位轨迹； 2. 具有铣、车、钻孔等功能，可实现 5 轴加工
数控检验	1. 提供图形工具模拟加工时切除材料的过程； 2. 快速校验和评价加工过程中的刀具与夹具
标准件库	1. 提供 2 万多个通用标准零件； 2. 用户可从菜单中选用符合工业标准的零件进行组件设计
数据管理	提供大规模复杂设计的一系列数据管理工具
用户开发工具	提供开发工具，用户自己编写的程序可结合到 Pro/EIGINEER 中
标准数据接口	1. 提供与其他设计自动化系统的标准数据交换格式； 2. 具有输入二维和三维图形及曲面的能力； 3. 具有输出 SLA、RENDER、DXF、NEUTRAL、IGES 等格式的能力
与 CATIA 接口	提供与 CATIA 的双向数据交换接口
与 CADAM 接口	提供与 CADAM 的双向数据交换接口

三、计算机辅助几何造型技术

几何造型是 CAD/CAM 系统的核心技术，也是实现计算机辅助设计与制造的基本手段。常见的计算机辅助几何造型主要包括线框造型、曲面造型、实体造型和特征造型。用户可根据计算机应用软件提供的界面选择几何造型技术，输入产品的数据，在 CAD/CAM 系统中建立物体的几何模型并存入模型数据库，以备调用。

1. 线框造型

线框造型由一系列空间直线、圆弧和点组合而成，在计算机中形成三维映像，用以描述产品的外形轮廓。用线框建立的物体几何模型只有离散的空间线段，没有实在的面，所以比较容易处理；但几何描述能力较差，不能进行物体的几何特性计算，不便消隐，所构成的图形含义不够确切。

2. 曲面造型

曲面造型能对给出的一系列离散点数据进行逼近、插值、拟合而构造曲面，为形体提供了更多的几何信息，可自动消隐，产生明暗图，计算表面积，生成数控加工轨迹。

3. 实体造型

实体造型是以立方体、圆柱体、球体、锥体、环状体等基本体素为单元体，通过集合运算生成所需要的真实、唯一的三维几何形体。实体造型可以对复杂的机械零件进行几何造型，提供完整的几何、拓扑信息，在 CAD/CAM 系统中的应用日渐广泛。

4. 特征造型

特征造型是包括几何、拓扑、尺寸、公差、加工、材料、装配等与产品设计、制造相关的系统。目前的线框造型、曲面造型、实体造型功能只能支持产品的几何性质描述，不能充分反映设计意图和制造特性；而特征造型不但能定义产品的几何形状，而且能表达公差、表面处理、表面粗糙度和材料信息，是实现 CAD/CAM 集成的理想途径。由于特征识别的难度较大，目前市场上仅推出初级的特征造型系统。

思考与练习 6-4

1. 判断：计算机辅助设计技术可以提高产品的质量，缩短产品的设计与制造周期，降低产品的成本。（　　）
2. 简答：说明 CATIA 的主要模块及其功能。
3. 简答：说明 Pro/ ENGINEER 的主要模块及其功能。
4. 简答：说明计算机辅助设计的作用。
5. 简答：试结合自己所经历的创新设计过程，说明机械结构创新的重要性。

综合项目

设计仿生弹跳青蛙的机构，要求：弹跳高度较高，落地平稳，可向前跨杆，设置储能机构。（也可根据需要设计越障、管道检测、屋顶清扫机器人、水下机器人或采摘、假手机构）

扫码查看彩图

附　录

附录一　创新类大赛的内容要求和评分标准

目前国内有很多创新类的机械设计大赛，总体要求也有相似之处，例如创新大赛都要求一定的创新性和实用性，最好有实物或应用展示。在作品的内容上一般都要求有三维模型、爆炸图、产品设计说明书，最好再有二维工程图、仿真成果、实物成果、专利等内容。现仅就部分创新类大赛的要求和评分标准说明如下。

一、全国 3D 大赛

全国 3D 大赛全称为“全国三维数字化创新设计大赛”，一般要求提交三维源文件（包括零件图、装配图或爆炸图）、产品介绍 PPT（一般包括设计背景、原理方案、结构分析、产品设计参数、创新点、优化设计、仿真和应用分析等部分）、产品设计说明书、产品介绍视频（可结合 PPT）等内容。全国 3D 大赛的作品要求和评分标准见附表 1-1。

附表 1-1　全国 3D 大赛的作品要求和评分标准

序号	项目	具体要求	省赛分数分配	国赛分数分配
1	作品的创意性	要求建模作品的仿真分析角度具有独创性和想象力	35 分	25 分
2	方案的完整性	要求方案提交素材完整、清晰，方案中应阐明仿真应用案例的应用背景、产品需求、建模关键流程和步骤、方案所研究或解决的问题等内容；线上提交作品需包括模型文件和方案的完整说明	35 分	25 分
3	应用的成熟性	要求仿真建模作品本身具有一定的复杂度，参数设置合理，仿真结果准确，仿真应用界面设计简洁美观，对于解决的工程问题有准确的描述和分析	20 分	30 分
4	工程的实践性	要求仿真建模作品具有明确的应用场景与一定的商业价值	10 分	20 分

二、全国“互联网＋”大赛

全国“互联网＋”大赛全称为“中国国际‘互联网＋’大学生创新创业大赛”，该大赛职教赛道项目中的创意组评审对创意性要求较高，一般需要上交商业计划书（包括市场分析、产品功能说明及组成、商业模式、竞争对手分析、团队介绍、业务发展目标和规划、财务预测等内容）、项目介绍 PPT 和路演视频。例如，2021 年第七届中国国际“互联网＋”大学生创新创业大赛评审规则见附表 1-2。

附表 1-2　第七届中国国际“互联网＋”大学生创新创业大赛评审规则

序号	评审要点	评审内容	分值
1	创新维度	1. 具有原始创意、创造； 2. 具有面向培养“大国工匠”与能工巧匠的创意与创新； 3. 项目体现产教融合模式创新、校企合作模式创新、工学一体模式创新； 4. 鼓励面向职业和岗位的创意及创新，侧重于加工工艺创新、实用技术创新、产品(技术)改良、应用性优化、民生类创意等	30
2	团队维度	1. 团队成员的教育、实践、工作背景、创新能力、价值观念等情况； 2. 团队的组织构架、分工协作、能力互补、人员配置、股权结构以及激励制度合理性情况； 3. 团队与项目关系的真实性、紧密性，团队对项目的各类投入情况，团队未来投身创新创业的可能性情况； 4. 支撑项目发展的合作伙伴等外部资源的使用以及与项目关系的情况	25
3	商业维度	1. 商业模式设计完整、可行，项目已具备盈利能力或具有较好的盈利潜力； 2. 项目目标市场容量及市场前景，项目与市场需求匹配情况，项目的市场、资本、社会价值情况，项目落地执行情况； 3. 对行业、市场、技术等方面有翔实的调研，并形成可靠的第一手材料，强调实地调查和实践检验； 4. 项目对相关产业升级或颠覆的情况，项目与区域经济发展、产业转型升级相结合的情况	20
4	就业维度	1. 项目直接提供就业岗位的数量和质量； 2. 项目间接带动就业的能力和规模	10
5	引领教育	1. 项目的产生与执行充分展现团队的创新意识、思维和能力，体现团队成员解决复杂问题的综合能力和高级思维； 2. 突出大赛的育人本质，充分体现项目成长对团队成员创新创业精神、意识、能力的锻炼和提升作用； 3. 项目充分体现多学科交叉、专创融合、产学研协同创新等发展模式； 4. 项目所在院校在项目的培育、孵化等方面的支持情况； 5. 团队创新创业精神与实践的正向带动和示范作用	15

三、中国大学生工程实践与创新能力大赛

中国大学生工程实践与创新能力大赛原名为“全国大学生工程训练能力竞赛”。早期大赛内容主要为无碳小车的设计制造和调试，包括现场比赛、拆装调试和设计资料打分等部分。现场比赛分以小车越过杆的多少和行走距离评判，设计资料包括装配图、爆炸图、零件的加工工艺等内容。拆装调试要求在指定时间内完成拆卸和装配过程，按拆装零件是否完全和是否在规定时间完成计分，需要保证装配质量，因为还有装配后的比赛过程。

2023 年大赛内容有了很大变化。2023 年的大赛内容包括“新能源车”“智能＋”“飞行器设计仿真”“工程场景数字化”“企业运营仿真”“智能网联汽车设计”6 个赛道。其中，“新能源车”赛道的评分项目和分数分配见附表 1-3。

附表 1-3 "新能源车"赛道的评分项目和分数分配

序号	环节	赛程	评分项目 / 赛程内容	分数
1	第 1 环节	初赛	任务命题文档	20
2	第 2 环节		作品创意设计	10
2	第 3 环节		现场初赛	70
初赛总分				100
说明：产生决赛名单并现场发布任务命题				
3	第 4 环节	决赛	创新实践环节	30
4	第 5 环节		现场决赛	70
决赛总分				100

"新能源车"作品创意评价指标和分数分配见附表 1-4。

附表 1-4 "新能源车"作品创意评价指标和分数分配

序号	评价指标	指标含义	分数
1	创新性	符合主题，外形结构和内部结构有新意、创新	4
2	美观性	整体美观、合理、实用	3
3	合理性	外壳和内部结构制造精细、拆卸方便	3
总分			10

"新能源车"现场初赛成绩分类和分数分配见附表 1-5。

"新能源车"现场决赛的成绩分类和分数分配见附表 1-6。

附表 1-5 "新能源车"现场初赛成绩分类及分数分配

序号	成绩分类	成绩符号	分数
1	标记成功率	C1	50
2	有效运行距离	C2	20
合计			70

附表 1-6 "新能源车"现场决赛的成绩分类及分数分配

序号	成绩分类	成绩符号	分数
1	标记成功率	E1	40
2	有效运行距离	E2	15
3	标记播报成功率	E3	15
合计			70

四、全国大学生机械创新设计大赛

每届全国大学生机械创新设计大赛的作品要求不同，但一般都要求提供实物作品，并进行现场演示和答辩，评委根据作品的工作效果、可靠性、应用性、创新性等进行评分。该大赛对于实物产品的外形尺寸和质量一般有限制，比如 2023 年的大赛主题为"机械创新推进农业现代化、自然和谐迈向仿生新高度"。内容为设计与制作：①用于生产国产杂粮和 10 种蔬菜的播种、管理和收获的小型专用机械（简称"兴农机械"）；②以提高仿生机械运动性能为目标的"仿生青蛙"和"仿生蝴蝶"（简称"高性能仿生机械"）。

由于每次的产品不同，对于具体的评分指标也不同。例如，"仿生青蛙"的运动性能比赛为其原地跳远距离，跳远比赛分＝跳远长度（单位：cm）×1 分/cm，总成绩为：跳远比赛分（占 80%）＋仿生设计评审分（占 20%）。其中仿生设计评审包括结构合理性与美观度，设计图纸质量，作品性价比，智能、数字和 5G 通信技术的应用，现场答辩与质疑。

兴农机械作品的评审采用综合评价，见附表 1-7。

附表 1-7　兴农机械作品的综合评价

序号	评审要点	评审内容
1	选题评价	1. 新颖性；2. 实用性；3. 意义或前景
2	设计评价	1. 创新性；2. 结构合理性；3. 工艺性 4. 智能、数字和 5G 通信技术的应用；5. 设计图纸质量
3	制作评价	1. 功能实现；2. 制作水平与完整性；3. 作品性价比
4	现场评价	1. 介绍及演示；2. 答辩与质疑

附录二　角钢、槽钢、工字钢的尺寸

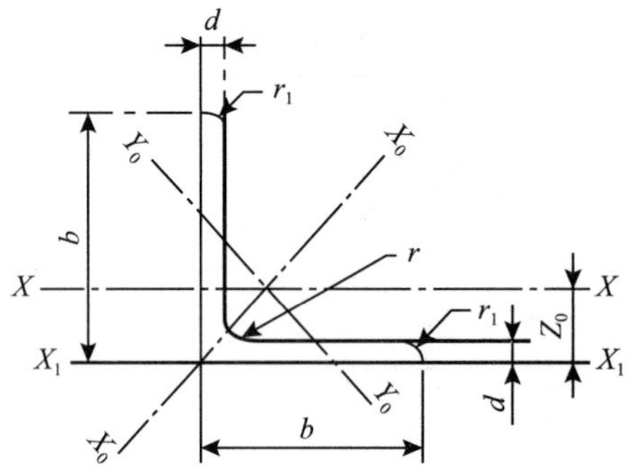

b—边宽度，mm；
d—边厚度，mm；
r—内圆弧半径，mm；
r_1—边端圆弧半径，mm；
Z_0—重心距离，mm。

附图 2-1　等边角钢截面图

附表 2-1　等边等角的截面尺寸、理论重量(GB/T 706—2016)

型号	截面尺寸/mm			理论重量/(kg·m^{-1})	型号	截面尺寸/mm			理论重量/(kg·m^{-1})
	b	d	r			b	d	r	
2	20	3	3.5	0.89	5	50	3	5.5	2.33
		4		1.15			4		3.06
2.5	25	3		1.12			5		3.77
		4		1.46			6		4.46
3	30	3	4.5	1.37	5.6	56	3	6	2.62
		4		1.79			4		3.45
3.6	36	3		1.66			5		4.25
		4		2.16			6		5.04
		5		2.65			7		5.8
4	40	3	5	1.85			8		6.57
		4		2.42	6	60	5	6.5	4.58
		5		2.98			6		5.43
4.5	45	3		2.09			7		6.26
		4		2.74			8		7.08
		5		3.37					
		6		3.99					

续附表 2-1

型号	截面尺寸/mm			理论重量/(kg·m^{-1})
	b	d	r	
6.3	63	4	7	3.91
		5		4.82
		6		5.72
		7		6.60
		8		7.47
		10		9.15
7	70	4	8	4.37
		5		5.40
		6		6.41
		7		7.40
		8		8.37
7.5	75	5	9	5.82
		6		6.91
		7		7.98
		8		9.03
		9		10.1
		10		11.1
8	80	5		6.21
		6		7.38
		7		8.53
		8		9.66
		9		10.8
		10		11.9
9	90	6	10	8.35
		7		9.66
		8		10.9
		9		12.2
		10		13.5
		12		15.9
10	100	6	12	9.37
		7		10.8
		8		12.3
		9		13.7
		10		15.1
		12		17.9
		14		20.6
		16		23.3

型号	截面尺寸/mm			理论重量/(kg·m^{-1})
	b	d	r	
11	110	7	12	11.9
		8		13.5
		10		16.7
		12		19.8
		14		22.8
12.5	125	8	14	15.5
		10		19.1
		12		22.7
		14		26.2
		16		29.6
14	140	10		21.5
		12		25.5
		14		29.5
		16		33.4
15	150	8		18.6
		10		23.1
		12		27.4
		14		31.7
		15		33.8
		16		35.9
16	160	10	18	24.7
		12		29.4
		14		34.0
		16		38.5
18	180	12		33.2
		14		38.4
		16		43.5
		18		48.6
20	200	14		42.9
		16		48.7
		18		54.4
		20		60.1
		24		71.2

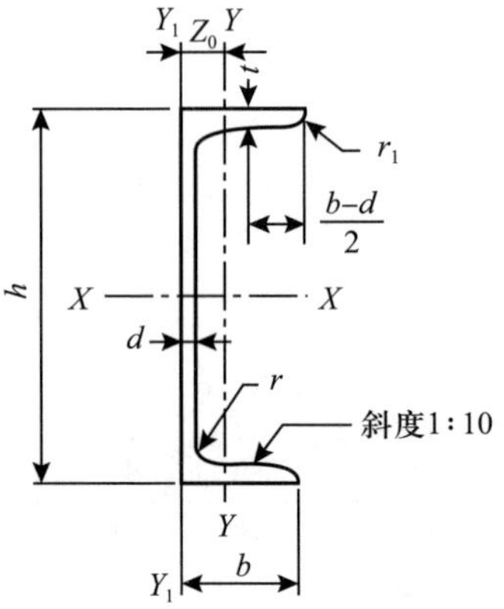

h—高度，mm；
b—腿宽度，mm；
d—腰厚度，mm；
t—腿中间厚度，mm；
r—内圆弧半径，mm；
r_1—腿端圆弧半径，mm；
Z_0—重心距离，mm。

附图 2-2　槽钢截面图

附表 2-2　槽钢的截面尺寸、理论重量(GB/T 706—2016)

型号	截面尺寸/mm						理论重量/(kg·m^{-1})	型号	截面尺寸/mm						理论重量/(kg·m^{-1})
	h	*b*	*d*	*t*	*r*	r_1			*h*	*b*	*d*	*t*	*r*	r_1	
5	50	37	4.5	7.0	7.0	3.5	5.44	27a	270	82	7.5	12.5	12.5	6.2	30.8
6.3	63	40	4.8	7.5	7.5	3.8	6.63	27b		84	9.5				35.1
6.5	65	40	4.3	7.5	7.5	3.8	6.51	27c		86	11.5				39.3
8	80	43	5.0	8.0	8.0	4.0	8.04	28a	280	82	7.5				31.4
10	100	48	5.3	8.5	8.5	4.2	10.00	28b		84	9.5				35.8
12	120	53	5.5	9.0	9.0	4.5	12.1	28c		86	11.5				40.2
12.6	126	53	5.5	9.0	9.0	4.5	12.3	30a	300	85	7.5	13.5	13.5	6.8	34.5
14a	140	58	6.0	9.5	9.5	4.8	14.5	30b		87	9.5				39.2
14b		60	8.0				16.7	30c		89	11.5				43.9
16a	160	63	6.5	10.0	10.0	5.0	17.2	32a	320	88	8.0	14.0	14.0	7.0	38.1
16b		65	8.5				19.8	32b		90	10.0				43.1
18a	180	68	7.0	10.5	10.5	5.2	20.2	32c		92	12.0				48.1
18b		70	9.0				23.0	36a	360	96	9.0	16.0	16.0	8.0	47.8
20a	200	73	7.0	11.0	11.0	5.5	22.6	36b		98	11.0				53.5
20b		75	9.0				25.8	36c		100	13.0				59.1
22a	220	77	7.0	11.5	11.5	5.8	25.0	40a	400	100	10.5	18.0	18.0	9.0	58.9
22b		79	9.0				28.5	40b		102	12.5				65.2
24a	240	78	7.0	12.0	12.0	6.0	26.9	40c		104	14.5				71.5
24b		80	9.0				30.6								
24c		82	11.0				34.4								
25a	250	78	7.0				27.4								
25b		80	9.0				31.3								
25c		82	11.0				35.3								

注：表中 r、r_1 的数值用于孔型设计，不作为交货条件。

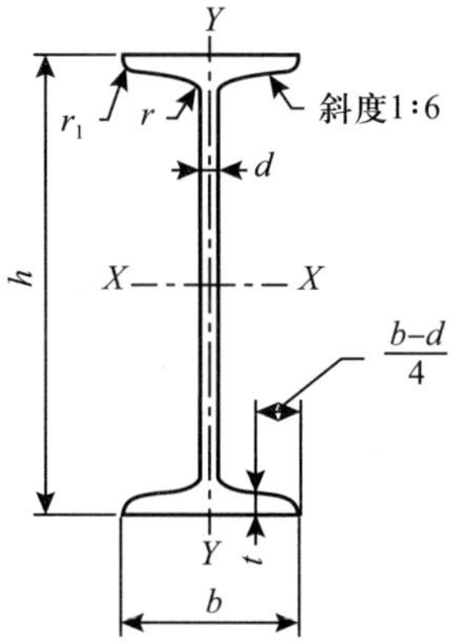

h—高度，mm；
b—腿宽度，mm；
d—腰厚度，mm；
t—腿中间宽度，mm；
r—内圆弧半径，mm；
r_1—腿端圆弧半径，mm。

附图 2-3　工字钢截面图

附表 2-3　工字钢的截面尺寸、理论重量(GB/T 706—2016)

型号	截面尺寸 /mm						理论重量/	型号	截面尺寸 /mm						理论重量/
	h	b	d	t	r	r_1	(kg·m^{-1})		h	b	d	t	r	r_1	(kg·m^{-1})
10	100	68	4.5	7.6	6.5	3.3	11.3	36a	360	136	10.0	15.8	12.0	6.0	60.0
12	120	74	5.0	8.4	7.0	3.5	14.0	36b		138	12.0				65.7
12.6	126	74	5.0	8.4	7.0	3.5	14.2	36c		140	14.0				71.3
14	140	80	5.5	9.1	7.5	3.8	16.9	40a	400	142	10.5	16.5	12.5	6.3	67.6
16	160	88	6.0	9.9	8.0	4.0	20.5	40b		144	12.5				73.8
18	180	94	6.5	10.7	8.5	4.3	24.1	40c		146	14.5				80.1
20a	200	100	7.0	11.4	9.0	4.5	27.9	45a	450	150	11.5	18.0	13.5	6.8	80.4
20b		102	9.0				31.1	45b		152	13.5				87.4
22a	220	110	7.5	12.3	9.5	4.8	33.1	45c		154	15.5				94.5
22b		112	9.5				36.5	50a	500	158	12.0	20.0	14.0	7.0	93.6
24a	240	116	8.0	13.0	10.0	5.0	37.5	50b		160	14.0				101
24b		118	10.0				41.2	50c		162	16.0				109
25a	250	116	8.0				38.1	55a	550	166	12.5	21.0	14.5	7.3	105
25b		118	10.0				42.0	55b		168	14.5				114
27a	270	122	8.5	13.7	10.5	5.3	42.8	55c		170	16.5				123
27b		124	10.5				47.0	56a	560	166	12.5				106
28a	280	122	8.5				43.5	56b		168	14.5				115
28b		124	10.5				47.9	56c		170	16.5				124
30a	300	126	9.0	14.4	11.0	5.5	48.1	63a	630	176	13.0	22.0	15.0	7.5	121
30b		128	11.0				52.8	63b		178	15.0				131
30c		130	13.0				57.5	63c		180	17.0				141
32a	320	130	9.5	15.0	11.5	5.8	52.7								
32b		132	11.5				57.7								
32c		134	13.5				62.7								

注：表中 r、r_1 的数值用于孔型设计，不作为交货条件。

参考文献

[1] 尹章伟,毛中彦. 包装机械[M]. 北京:化学工业出版社,2006.

[2] SCLATER N. 机械设计实用机构与装置图册[M]. 5 版. 邹平,译. 北京:机械工业出版社,2014.

[3] 陈旭东. 机床夹具设计[M]. 2 版. 北京:清华大学出版社,2014.

[4] 张春林,李志香,赵自强. 机械创新设计[M]. 3 版. 北京:机械工业出版社,2016.

[5] 刘筱霞. 包装机械与设备[M]. 北京:化学工业出版社,2012.

[6] 黄颖为. 包装机械结构与设计[M]. 北京:化学工业出版社,2018.

[7] 汪哲能. 机械创新设计[M]. 北京:清华大学出版社,2011.

[8] 徐起贺. 机械创新设计[M]. 2 版. 北京:机械工业出版社,2016.

[9] 卢铁钢,李梅. 机械设计基础[M]. 北京:北京航空航天大学出版社,2019.

[10] 李绍炎,钟健,熊伟棠. 自动化装配生产线结构原理及节拍优化设计[J]. 深圳职业技术学院学报,2008(1):22-24.

[11] 耿瑞阳,张道林,王相友,等. 新编农业机械学 [M]. 北京: 国防工业出版社,2011.

[12] 许光驰. 机电设备安装与调试[M]. 5 版. 北京: 北京航空航天大学出版社,2022.

[13] 宋亚林,张正祥. 一种小型数控立式铣床的结构与选型设计[J]. 鄂州大学学报,2020,27(2):104-106.

[14] 常同立. 液压控制系统[M]. 北京:清华大学出版社,2022.

[15] 尚涛. 液压挖掘机作业及行走系统节能控制研究[D]. 长春:吉林大学,2005.

[16] 罗玉福,王少岩. 机械设计基础实训指导[M]. 7 版. 大连:大连理工出版社,2022.

[17] 曹善华,顾迪民. 中国土木建筑百科辞典:工程机械[M]. 北京:中国建筑工业出版社,2001.

[18] 史文库,姚为民. 汽车构造(下册)[M]. 6 版. 北京:人民交通出版社,2013.

[19] 高志,黄纯颖. 机械创新设计[M]. 2 版. 北京:高等教育出版社,2010.

[20] 任小鸿. 机械创新能力开发与实践[M]. 北京:化学工业出版社,2019.

[21] 陈长生,周纯江. 机械创新设计实训教程[M]. 北京:机械工业出版社,2013.

[22] 马晓丽. 机械产品设计[M]. 北京:机械工业出版社,2010.

[23] 杨振东. 给纸机分离头的机构动力学研究[D]. 北京:北京工业大学,2003.

[24] 肖兴宇,王平会. 作业机械使用与维护[M]. 北京:北京航空航天大学出版社,2016.